遺伝子の窓から見た動物たち

フィールドと実験室をつないで

竹中　修　企画
村山美穂
渡邊邦夫　編
竹中晃子

京都大学学術出版会

ベトナム在来牛（メス）(I 部 1 章)

霊長類研究所のニホンザル「若桜」グループ (II 部 1 章)

パタスモンキー（II 部 2 章）

ニジカジカのペニスが挿入された瞬間（II 部 3 章）

ボノボのオス同士の尻つけ（撮影：古市剛史氏）（II 部 4 章）

ヤクシマザルの交尾（II 部 5 章）

御崎馬（岬馬）（II 部 7 章）

マイマイガの成虫．白い個体がメス，茶色い個体がオス．未交尾メスは腹部の先端からフェロモンを放出し（A），そこにオスが飛来して，交尾が成立する（B）．（II 部 8 章）

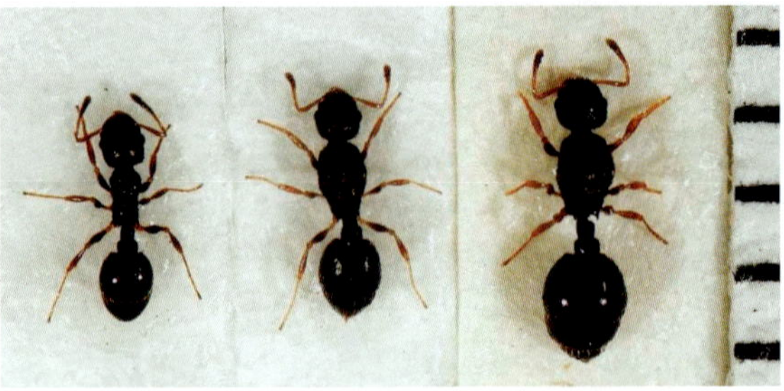

ワーカー　　　　小型女王　　　　大型女王

アリの女王の体サイズ二型（II 部 9 章）

ミュラーギボンの若いオス (II 部 10 章)

小笠原諸島近海で群れ泳ぐハンドウイルカ．餌づけなどはおこなわれていないが，イルカ次第では，海中での間近の行動観察ができる．(II 部 11 章)

交尾中のチヂミボラ．オス (右) がメス (左) の殻の上に乗りペニスを挿入している．(II 部 12 章)

カフジ山のヒガシローランドゴリラ（Ⅲ部１章）

スラウェシ島にて循環調査．右：竹中修，左：濱田穣（Ⅲ部２章）

カニクイザルの親子．尾は頭の先からお尻までの長さに匹敵し，アジアのマカクの中で最も長い．赤ん坊は少し成長すると母親の背中に乗って運搬されるようになる．（Ⅲ部コラム）

コサギ（Ⅳ部２章）

スラウェシマカク７種の顔とシリダコの形態と分布域（Ⅳ部５章）

宮城県・金華山島のニホンザル（Ⅴ部２章）

遺伝子の窓から見た動物たち●目次
—フィールドと実験室をつないで

序

I
タンパク質化学

プリオン病はどこからきたのか
試験管内で無限増殖する異常型プリオンタンパク質
今後の展開
霊長類進化ふたたび

II
DNAによる父子判定

1　霊長類の行動の背景にある遺伝子を探る　　　　　　　　（村山美穂）　59

 一日のはじまり
 なぜニホンザルの父子判定をする必要があったのか
 実験室を歩いて，サルを見る
 子どもの数は順位を反映しない
 野生群で父子判定をする
 フィールドワークとラボワーク
 新たな領域へ：行動に影響する遺伝子
 おわりに

2　パタスモンキーの社会と父子判定　　　　　　　　　　（大沢秀行）　81

 はじめに
 パタスモンキーの社会
 パタスモンキーの社会変動
 単雄群の維持と父子判定
 社会行動の分子生物学，神経化学，ノネズミの乱婚と単婚の研究

3　交尾する魚の精子競争と生態進化—カジカから学んだこと—
　　　　　　　　　　　　　　　　　　　　　　　　　　（宗原弘幸）　99

 交尾研究の意義
 カジカの精子競争

III DNAによる地域変異と系統関係

IV
DNA でわかったこと

V フィールドワーク

序

フィールドに出て種を播いた生化学者

河合　雅雄（京都大学名誉教授）

大学２年の時，生化学に興味をもち，Ｔ教授の特論の講義を受講した．当時の動物学教室は戦後の民主化運動真っ盛りで，必修は７科目，それ以外は何をとってもよく，農学部や文学部の講義も受けにいった．生化学のおもしろさはわかったが，私の記憶力はみごとに敗退した．第一にあの長ったらしい物質名に辟易したのだが，考えてみればおかしなことで，オオウラギンスジヒョウモンという蝶の名だってずいぶん長い．しかし，一目見れば覚えてしまうのは，昆虫少年の資質である．つまり，生化学の研究にはむいていないということだ．

もう１つ生化学に訣別した理由は，見えないものを見る，という力が私には不足していることである．動物の亀は実際に見ることができるが，亀の甲の化学記号が見えるわけではない．ということで，生化学のおもしろさは理解できたが，化学者にはある種の尊敬と畏怖の念を抱きながら遠ざかった．

霊長類研究所を立ち上げるにあたって，どのような部門構成にするかなどについて，さまざまな議論がかわされた．その際，生化学の必要性を主張したのは，若き日のささやかな生化学との葛藤が底流にうごめいていたからだろう．当時また，急速に発展してきた分子生物学が，霊長類進化の分野にも歩を延してきたという声も聞こえてきていた．

1973年に生化学部門が霊長研に新設され，助教授に竹中修が就任した．32歳の若さだった．若年助教授の記録では，今もって破られていない．高橋健治教授も若く，新進気鋭の人たちに期待するところが多かった．霊長類学の中で，それまでわが国での生化学的研究は皆無であったといってよい．竹中さんは何からはじめてよいか，五里霧中の中での苦闘が続いたことであろう．1984年に43歳の若さで教授に就任，一貫して霊長類生化学のパイオニアの道を突き進み，世界的な業績を積み上げた．新しい学問分野を伐り拓く苦労は計り知れない．パイオニアの苦心談をじかに聞きたいという願いは，永久に閉ざされてしまった．残念なかぎりである．

第二に偉大な仕事は，フィールド研究と実験的研究の統合である．霊長類は原猿，広鼻猿，狭鼻猿，類人猿，ヒトと分類的にも多岐にわたる．分子系統進化の研究を進めるには，各分類群のサンプルが要る．通常は動物園や動物商を利用するのだが，竹中さんはそうした姑息な方法をとらず，積極的に野生のサルのサンプル収集に現地へ出かけた．この重要な意義は，サンプルのサルの野生の環境と生態や社会を自分の目で見て実感するということだ．進化の舞台は自然なのだ，というごく当たり前の真実をつねに思考の背景に置くことを忘れた分子生物学者が多い中で，異彩を放っていた．細切れのサンプル扱いに安住した死物学ではなく，彼は生活するいのちを対象にした生物学者の王道を歩んでいった．

スラウェシ島に生息する7種のスラウェシマカクの雑種の研究について，財団からの海外調査費の獲得のお手伝いをした縁で，1992年にスラウェシ島へ同行したことがある．日本では高級魚の1mほどもあるクエを焼き，酒盃を交しながら雑種の問題や種形成，7種のスラウェシマカクの由来などについての議論に花を咲かせた．チョウジの入った強い煙草が好きだった．この稿を書いていると，ふっとその濃厚な香がただよい，むせるような煙の中に竹中さんのにこやかな顔が浮かぶのである．

竹中修を語る時，特筆すべきは彼をとりまく多彩な研究者の群像である．軟体類や昆虫といった無脊椎動物から類人猿まで，いろんな分類群のヒトがDNA解析による研究のために集った．竹中さんは非常に感度のよいアンテナで世界のDNA情報をキャッチし，最新の技術の習得に熱心だった．DNAに関する研究は日々新たで，少し勉強をサボっているとおいてけぼりになる．広範な視野と理解力をもち，何よりも好奇心の旺盛な竹中さんの所に若い人が集まるのは当然の成り行きだった．彼のふところの深さというよりも，ひたむきな使命感のようなものが，そうさせたように思える．本書のおもしろさ，価値の真骨頂は，あたかも梁山泊に群れる多彩な個性に似た竹中スクールの人たちのユニークな振るまいぶりにあり，創造力を生みだす想像力の源泉にふれることができるであろう．

最後に，研究推進のためのオーガナイザーとしての力量をあげたい．私が竹中さんと直接つきあうようになったきっかけは，私が霊長研の所長をしていた時，竹中さんがサル類保健飼育管理施設長に就任したことである．この施設は実験用のサル類を飼育し，各種の実験を支える後方基地として重要である．サル類30種597頭を飼育し（1980年），健康なサルの供給や衛生管理には細心の注意が必要で，その上，労務管理や動物愛護派との調整等，施設長は激職である．1979年に繁殖コロニーが新設され，その運営を含めて何かと問題が多かった．竹中さんは全体の綿密な運営計画をたてて私に示したが，旧弊を改めたきわめて合理的な計画には感心させられた．施設長として6年間勤め，組織固めと実験用サルの育成に大きく寄与した．

この組織力は研究面でも遺憾なく発揮された．代表として海外調査を精力的に実施し，また，COE拠点形成基礎研究「類人猿の進化と人類の成立」の代表として，1999年より5年間，多くの研究者の学際的な総合研究をまとめあげた功績は高く評価される．

定年を迎えての死は，あまりにも痛ましく残念のきわみだった．定年後は自由な立場で若い人の創造塾を造ろうと夢見ていた竹中さん．その夢は軟体動物から類人猿まで，竹中さんが育てた若い人たちによって，確実に描かれていくことだろう．

●河合雅雄

竹中修さんのこと

西田　利貞（日本モンキーセンター所長）

竹中修さんが，2005年3月3日亡くなった．享年63．早すぎる旅立ちだった．

彼の名を知ったのは，1980年代のはじめで，私は東大理学部人類学教室に勤めていた．そのころ，スラウェシ島のマカクの種分化の研究が，よく朝日新聞でとりあげられて，竹中さんの名前を知るようになった．

実際に面識を得たのは，いつのことだったかよく覚えていないが，おつきあいのはじまったのは，日本霊長類学会をたちあげるため，私が何度か犬山へ出かけた時のことである．私が日本霊長類学会を作ろうという提案をしたら，すぐさま反応があったのが，霊長類研究所の杉山幸丸さん，竹中さん，渡辺毅さんの3人で，雑誌『プリマーテス』の編集会議が開かれた日などに，犬山で下相談をし，学会規則の原案などを作成した．

その次のおつきあいは，第7回国際霊長類学会を日本が引き受け，大会会長を江原昭善先生が，事務局長を竹中さんが務められることになったときである．1990年7月に開催されるのだが，実行委員会というか準備委員会は，1986年には第一回が開かれている．準備途中の1988年4月に私は，東大から京大へ移った．竹中さんは大学院の研究科の委員をやっておられて，毎月水曜に理学部にこられた．そのとき，「お祝いをしてあげましょう」と言って，近くの飲み屋へ案内された．じつは，動物学教室というのは“けったいな”教室で，新任教授がきても歓迎会さえしてくれない．少々寂しい思いをしていたので，これはたいへんうれしい申し出だった．

国際霊長類学会は，名古屋地区で3日間，そして1日の移動日をおいて，京都でシンポジウムを2日間おこなうことに決まった．私はシンポジウム委員長の役割だったので，事務局長の竹中さんとはしょっちゅう電話をしたり，毎月開かれた会議でお目にかかった．まだ，Eメールが普及していない時代である．外国から送られてくるアブストラクトなどは，ファックスで竹中さんに転送した．彼は開発途上国の，つまり霊長類産地国の研究者・学生を大勢招待するという計画を最優先し，募金によって得た資金の多くがそのために使われた．これはすばらしい決断だったと思う．実行委員会も，彼のみごとな采配ぶりで進行し，大会は成功裏に終わった．

その次におつきあいさせていただいたのは，"竹中COE" のときである．竹中さんは，拠点形成基礎研究費（COE）『類人猿の進化と人類の成立』を申請され，霊長類研究所は，1998年から2002年まで5年間，毎年1億円という特別研究費が支給されることになった．私は1999年から，そのメンバーに加えていただいた．ちょうど私が科学研究費を獲得できなかった年だったので，これは実にありがたかった．そのお陰で，長期研究に穴があくことなく，2005年にマハレ研究40周年を迎えることができたのである．また，この間，多くの院生をマハレへ送ることができた．これは，いくら感謝してもしきれない恩恵である．

この研究費で，私はチンパンジーの文化行動の開始と発達過程についての研究をはじめ，基盤研究費を2000年度から獲得する準備が整った．チンパンジーの個々の個体は，環境とのかかわりの中でさまざまな試行錯誤を繰り返し，新たな学習行動をはじめる．たとえば，枝を鼻腔に入れてくしゃみを誘発して詰まった洟を出したり，川水に葉をつけて水をなめたり，サルの毛皮を水中につけて洗ったり，威嚇のために腹を叩いたり，地面を毛づくろいしたり，赤ん坊を口にくわえて運んだり，といった個体特異的な行動が見つかっている．1997年には，川の中に膝まで浸かって藻を食べるのを坂巻哲也君が発見した．それは，他所から転入した若いメスだった．こういった行動が，他の多くのメンバーによって社会的な学習により獲得されれば，ここに新しい文化が生まれたり，集団間に文化の伝播が起こるはずである．

この研究は，子どもを対象とした20年以上の継続した研究が必須であり，竹中さんのおかげで，1999年より行動の発達過程を追うことができるようになったのは，ほんとうにありがたかった．

竹中さんの最大の貢献は，ミクロの研究者でありながら，生態学，行動学，心理学，形態学などマクロの研究者との連携を深くお考えになり，実行に移されたことである．父子判定法を開発され，ニホンザルのオスの順位と繁殖成功度の関係をはじめて明らかにするなど，社会生物学に大きな貢献をされた．第一回の日本霊長類学会研究奨励賞は，こうして文句なしに愛弟子の井上（村山）美穂さんに輝いたのである．

ニホンザル，カニクイザル，ボノボ，ギボン，パタスモンキーなど霊長類だけでなく，イルカ，ウシなどの哺乳類，サギなどの鳥類，カジカ，ボラなど魚類，アリやガなどの昆虫にまで，竹中さんの興味はつきなかった．霊長類学各分野の統合をもたらしたという意味では，竹中さんはこの数十年の最大の功績者ではなかったかと私は思う．

チンパンジーの父子判定については，1999年から集めた資料は竹中実験室に保管されている．現在マハレにいる井上英治君は，学部の卒業研究，修士論文とも，竹中さんの指導を受け，マハレのチンパンジーの遺伝学研究という竹中さんの残された仕事を完成させようとしている．

竹中さんは，生涯に171本という膨大な英文論文を発表された．多くの国際シンポジウムを組織され，国際霊長類学会アジア担当理事も務められた．また，学会誌『霊長類研究』の編集長，『プリマーテス』誌の編集委員を務められた．

竹中さんを記念する本書の出版には，霊長類だけでなく，多様な生物の研究者が名をつらねている．生物多様性は，現代生物学のキーワードであり，竹中さんは，その発展を支えてきたもっとも重要な人物の一人だった．

ご冥福をお祈りし，一人でも多くの人びとが本書を読まれるよう切望する．

遺伝子の窓から

竹中　修

はじめに

現在地球上には1000～5000万種にもおよぶ生物が存在するとの計算がある．それらは40億年前に誕生した簡単な生物体から進化してきた．この進化の機構について最もよく知られているのがダーウィンが提唱した自然選択説である．要約してしまうと，生物の集団には個体間に変異があり，しかもそれらは遺伝する．他方，一般に生物は生存が可能な子孫の数より多くの子どもを残す．環境により良く適応した個体は，生存しやすくより多くの子孫を残す．やがて適応的な形質をもつ個体の数は増加し集団全体がそのような形質をもつようになる．進化に関する議論はこのダーウィンの説を中心に進められてきた．

しかしこの自然選択説では説明できない現象があり，じつはダーウィンも気がついていたという．その1例はハチやアリで観察されるハタラキバチ，ハタラキアリ（ワーカー）である．1匹の女王とワーカーからなる真社会性のハチやアリのコロニーでは通常ワーカーは産卵しない．子孫を残さない，したがって適応度が極端に低いそのような行動がなぜ進化し得たのか説明できなかった．この問いかけに近代的な解答を与えたのがハミルトン[1][2]である．ダーウィンからほぼ100年後の1964年のことであった．ハミルトンは個体が利他行動により，たとえ自らの適応度を下げても，その個体と同じような遺伝子をもつ個体の適応度が上がるならば，そのような行動が進化することを数学のモデルとして提唱し，包括適応度あるいは血縁選択という概念を導入した．すなわち個体Aがその遺伝子の一部を共有する個体Bを助けた場合を考えてみる．Aの取った利他行動によりAの適応度が減少した分cより，個体Bの適応度が上昇した分bと両者の血縁度rとの積rbの方が大きければその利他行動は進化するというモデルである．

生物の染色体は一般にオスもメスも倍数体（2n）である．子どもは母親および父親の染色体の片方を引き継ぐ．親と子どもの血縁度，兄弟姉妹間の血縁度は平均して0.5である．他方，ハチやアリが属する膜翅目の昆虫ではメスが倍数体であるのに対し，オスは半数体（n）である．オスである息子は母親の染色体のうち片方を引き継ぎ，父親はいない．ワーカーであるメスの姉妹は母親の片方と父親の染色体のすべてを引き継ぐので，姉妹間の血縁度は0.75となり，他の生物の兄弟姉妹間の血縁度より高い．ハミルトンは単数倍数性の生物では姉妹間の血縁度が高く利他行動が進化したと考えた．

この考え方は，そのころ盛んになりつつあった動物の行動観察研究に大きな影響を与え，社会生物学の誕生につながった．これもまた要約してしまうと，社会生物学とは動物の行動を規定する遺伝子的なものを想定し，その遺伝子的なものが適応的であればその遺伝子のコピー数，つまりそのような行動をとる個体数が増加し動物の行動が進化するという考え方である．

動物がみせるいささか理解に苦しむ行動も社会生物学の考え方で理解できる場合が多い．霊長類で見られる子殺しを例に取ってみよう．ハヌマンラングールはインドにすむサルで1頭のオスと複数のメスからなるハレム型の繁殖構造を取っている．あぶれたオスたちはオスグループを作りハレムオスと拮抗関係にある．数年に一度群の乗っ取りが起こる．群を乗っ取ったオスは群のオスたちすべてを子どもに至るまで追い出し，ついでメスが抱いている赤ん坊を攻撃し死にいたらしめる．赤ん坊が死んだメスは発情し新しいボスの子どもを身ごもる．この場合メスが子育てを終わるのを待っているいわばハト派のオスがいたとしよう．サルの場合子育ては期間が長くその間は発情しない．子育てを待つ間に群を乗っ取られたら自分の子どもは残らない．子殺しをするいわばタカ派のオスの場合，種全体の繁殖にはマイナスであるが自分の子どもが残るチャンスはあることになる．したがって子殺しをする遺伝子的なものをもつオスの子どもの方が多くなり，子殺し行動が進化したと説明できる[3]．このようなオスによる群の乗っ取りと新しいオスによる子殺しはライオンやアカホエザル等多くの動物種で観察されている．

霊長類の中でもわれわれに最も近いとされるチンパンジーでも子殺しが観察されている．チンパンジーは複数のオスとメスとが乱婚的な交尾をする繁殖構造を取る．父系の社会でオスは生まれた群にとどまり，メスが集団間を移籍する．新しい子連れのメスが群に加わった場合，そしてその子どもがオスの場合群のオスたちはその子どもを殺し，仲間で食べてしまう．これも理解に苦しむ行動である．犠牲者にオスの子どもが選ばれるのは群のオスにとっては血縁がないし，将来自分たちの競争者となる可能性があるからであり，他方子どもがメスの場合殺されないのは将来いわば群の維持のための資源となるからと説明されている．このように動物たちは自分の遺伝子や血縁の遺伝子のコピー（個体）数を増やすべくきわめて利己的に振る舞っているというのが現在の動物行動学の考え方である．

霊長類での父子判定

以上簡単に述べたように，動物の行動を理解する上で動物の血縁関係の把握とそれに基づいた議論が必須となってきた．霊長類をはじめとする哺乳動物では子どもの哺乳や養育行動で母親と子どもの関係を調べるのは容易である．しかしながらオスは養育行動を示さない場合が多く父親と子どもの関係がわからないのがほとんどである．われわれの身近にいるニホンザルもその例である．ニホンザルも複数のオスとメスとが乱婚的に交尾をする繁殖構造を取る．チンパンジーとは異なり母系の社会である．オスの間には比較的安定な順位があり，メスには家系ごとの順位があることが観察により明らかにされてきた．しかしながら40年におよぶ観察記録があるにもかかわらず，父親と子どもの関係はブラックボックスであった．タンパク質のアミノ酸が変異したアイソザイムを電気泳動法により見出す父子判定法はニホンザルの個体間変異が小さく事実上不可能である．われわれはまずDNAフィンガープリント法により父子判定をおこない，1）射精を伴う交尾はオスの順位と相関するが，オトナオス3頭の残した子どもの数は順位があるにもかかわらず差がなかった．2）メスは違ったオスとの間に子どもを残し，オスメス間の長く続くペア関係はない．3）オスは自分の母親の家系のメスたちとの交尾はみられるものの子どもを残しておらず，インセスト回避の傾向がある．他方父と娘，異母兄妹間では子どもができていた．

4) オスとメスとがいつもいっしょにいて交尾を繰り返すコンソート関係は，メスの妊娠後にみられ相手のオスは自分が翌年出産する子どもの父親でない例が圧倒的であった．以上これまで知られていなかったオスの繁殖へのかかわりを明らかにすることができた[4][5][6]．

ついでニホンザルゲノムからマイクロサテライト領域をクローン化し，PCR法のためのプライマーをデザインした．この方法により 1) 複数の子どもの遺伝子型より死亡した個体の遺伝子型を推定できること，2) 死亡した個体で微量の血液や皮革標本が残っていれば血縁判定が可能であること，3) 一時捕獲による調査が困難な場合，糞表面の腸管細胞等を用いることも可能であることを示した[7]．

最近の塩基配列の比較からわれわれヒトに最も近い霊長類はチンパンジーあるいはピグミーチンパンジー（ボノボ）であるとされる．上にも述べたようにチンパンジーも複雄複雌の繁殖構造を取り，30 年を越える観察研究があるにもかかわらず，父親と子どもの関係はブラックボックスである．体力的にわれわれをはるかに凌駕するチンパンジーを一時的にもせよ捕獲し採血するなどということは不可能である．そこでチンパンジーゲノムからもマイクロサテライト領域のクローン化と塩基配列決定をおこない PCR プライマーをデザインした[8]．現在野生チンパンジーでの父子判定をおこなっている．この場合かれらにサトウキビなどの繊維質の食物を与えた場合に吐き出すしがみ滓（ワッジ）を分析試料とした．西アフリカのボッソウの群では群外婚が発見された[9]．また繁殖コロニーでの父子判定例では，1) 3 頭の上位オス間に年齢差があった間は順位（年齢）の高いオスが多くの子どもを残したが，年齢差が少なくなると 1 位，2 位のオスの子どもの数は同じに近づいた，2) メスがオスを選んでいる，3) メスは子供の父親を変えている，ということがわかった[10]．

動物での血縁判定

いままで述べてきたように動物の血縁関係を明らかにすることにより，かれらの行動をよりよく理解できる可能性が大きくなった．しかしながらこれはそうやさしいことではない．行動観察のみで確実に父や母と子等の血縁関係が同定できる例は哺乳動物の母子等を除きまれである．鳥類にしても同種内托卵

図1　DNA の構造（絵：清原なつの氏）

（メスが別の巣に卵を産みつける）の可能性の否定はできない．そこで何らかの遺伝マーカーによる分析が必須となる．血液型，タンパク質や酵素の電気泳動分析も有力な手段ではあった．しかし，1）多型性が乏しい場合も多い，2）分析のための充分な試料採取が困難，さらには3）環境によるタンパク表現型が変化することもある等の限界があった．DNA フィンガープリント法は多型性の点では申し分ないが，数 μg の DNA を必要とし実験操作も習熟が必要である．PCR 法によるマイクロサテライト増幅分析は，ヒト用に開発されたものを各種動物にそのまま応用することは不可能と考えられ，それぞれにクローニングと塩基配列決定が必要である．しかしその段階を終えればルーティン分析は容易である．増幅して分析という特徴から上にも述べたようにひと昔ならば考えられなかった生物試料を対象とすることができる．ここでは名古屋大学の濱口京子，伊藤嘉昭氏と共同でおこなったアリでの血縁判定について述べたい[11]．

対象のハリナガムネボソアリは河川敷等で枯れ枝の空洞内で営巣している．この種は真社会性のアリとは異なり，1つのコロニー（巣）内に複数の女王がいることが特徴である．1）複数の女王すべてが産卵しているのか，1匹の女王だけが産卵しているのか，2）育った新女王は結婚飛行の後営巣をはじめたりコロニーに合流するが，いったい何匹のオスと交尾するのか等，DNA 分析によらないとわからないことが多い．体重はワーカーが平均 400 μg，女王が 700 μg で 1 個体から取れる DNA はそれぞれ 150 ng と 400 ng であった．マイクロサテライトが唯一の分析手段である．外来 DNA による汚染の可能性が少ない蛹を出発とし DNA を調整し，マイクロサテライトを含む DNA 領域をクローニング，10 種類のプライマーセットをデザインした．このうち 7 セットが有用でとくにそのうち 3 セットは高い多型性を示した．分析結果では 3 匹の女王がいたあるコロニーではすべての女王が子孫を作っており，女王の貯精嚢から精子を取り出し調べたところ複数のバンドが得られた．アリの場合オスは半数体であるから複数のオスと交尾していることになる．現在はコロニーメンバー間の血縁度等の分析を進めている．

以上 DNA の多型領域を分析し動物たちの血縁を明らかにすることにより，かれらの行動やかれらの社会の成り立ちをよりよく理解できる例を示した．さらにマイクロサテライトの PCR 法増幅分析を利用すれば，一時的に捕獲し血液を採取しなくても極微量の細胞ないし死んだ細胞からでも分析可能であることがわかった．体毛，糞，尿，動物にサトウキビのような繊維に富んだ植物を与え，しがんで吐き出したしがみ滓でも可能であることがわかった．対象も霊長類であるチンパンジーをはじめとして，イルカ，1 g にもみたないアリ，マイマイガ，卵塊を守るオスの魚と卵の血縁関係，海産のマキガイ．方法論はほとんど同じなのであとは腕力のみ．

遺伝子の窓を通していろいろな動物の生態や行動が覗けるようになっている．

「DNA 多型　DNA 多型研究会編　Vol. 2 pp. 16 〜 19, 1994」および「京大広報　洛書 2004, 3」より抜粋，一部改変

文献

[1] Hamilton WD: The genitical evolution of social behaviour I, II. J Theor. Biol. 7: 1–52, 1964.

[2] Hamilton WD: Altruism and related phenomena, mainly in social insects. Ann. Rev. Ecol. Syst. 3: 193–232, 1972.

[3] Sugiyama Y: On the social change of Hanuman Langurs (*Presbytis entellus*) in their natural condition. Primates 6: 381–418, 1965.

[4] Inoue M, Takenaka A, Tanaka S, Kominami R, Takenaka O: Paternity discrimination in a

Japanese macaque group by DNA fingerprinting. Primates 31: 563–570, 1990.

[5] Inoue M, Mitsunaga F, Ohsawa H, Takenaka A, Sugiyama Y, Gaspard SA, Takenaka O: Male mating behaviour and paternity discrimination by DNA fingerprinting in a Japanese macaque group. Folia Primatol 56: 202–210, 1991.

[6] Inoue M, Mitsunaga F, Ohsawa H, Takenaka A, Sugiyama Y, Soumah AG, Takenaka O: Paternity testing in captive Japanese macaques (*Macaca fuscata*) using DNA fingerprinting. In: Paternity in Primates: Genetic Tests and Theories. (ed) by Martin RD, Dixson AF, Wickings EJ. S Karger, Basel, 1992, pp. 131–140.

[7] Inoue M, Takenaka O: Japanese macaque microsatellite PCR primers for paternity testing. Primates 34: 37–45, 1993.

[8] Takenaka O, Takasaki H, Kawamoto S, Arakawa M, Takenaka A: Polymorphic microsatellite DNA amplification customized for chimpanzee paternity testing. Primates 34: 27–36, 1993.

[9] Sugiyama Y, Kawamoto S, Takenaka O, Kumazaki K, Miwa N: Paternity discrimination and inter-group relationships of chimpanzees at Bossou. Primates 34: 545–552, 1993.

[10] Takenaka O, Kawamoto S, Udono T, Arakawa M, Takasaki H, Takenaka A: Chimpanzee microsatellite PCR primers applied to paternity testing in a captive colony. Primates 34: 357–364, 1993.

[11] Hamaguchi K, Itoh Y, Takenaka O: GT Dinucleotide repeat polymorphism in a polygynous ant, *Leptothorax spinosior* and their use for measurement of relatedness. Naturwissenshaften 80: 179–181, 1993.

執筆者紹介――歴史とともに

竹中　晃子

ヘモグロビンを中心としたタンパク質化学とフィールドワーク

霊長類研究所に赴任した竹中修は，はじめのころはヘモグロビンを指標にして，霊長類の生息環境とのかかわりを明らかにしようとした．ニホンザルの胎児が低酸素にどう対応しているか，高所に生息するゲラダヒヒはヘモグロビン分子レベルで高所適応を獲得しているかという問題を，ヘモグロビンの酸素親和性を測定することとアミノ酸配列を決定することで検討した．実際にニホンザルを乗鞍岳へ連れて行き，呼吸数，脈拍，血液性状の変化を直接観察した．これがはじめてのフィールドワークであった．

ヒトではアフリカ人が多く保有しているヘモグロビンS（鎌状赤血球貧血症）はマラリアに対して抵抗性があるということが知られていた．多くの霊長類も熱帯地域に棲息し，9種類ものサルマラリアがあるため，マラリア抵抗性を引き起こすヘモグロビン変異がないかを探した．伊豆半島や下北半島でのヘモグロビンIzu[1][2]やインドネシア・バリ島でのヘモグロビンBaliのアミノ酸変異も決定すると同時に，それぞれの地域に棲息しているマカカ属のサルたちの血液性状を現地で調べた．残念ながらヘモグロビンのアミノ酸置換による変異とマラリア抵抗性との関連は見出されなかった．しかし，このフィールドワークにおいて，インドネシア・スマトラ島において著しい貧血症状をもつカニクイザルたちを見つけ，後にマラリアにかかっていることがわかり，ヘモグロビンを構成するα-グロビン遺伝子座の多重複がマラリア耐性の一因の可能性を指摘した（**竹中晃子**）．

インドネシア・スラウェシ島は本州とほぼ同じ面積であるが7種ものマカカ属のサルが棲息している．また，ウォーレス線とウェーバー線の間に位置しオーストラリア区と東洋区の移行地帯である．狭い地域で種分化した理由，7種の間の近縁関係に興味をもち**渡邊邦夫**さんをはじめとする生態学，形態学（**濱**

田　穣，**渡辺　毅**，**Bambang Suryobroto**，**岩本光雄**さん），遺伝学，獣医学それぞれの立場の研究者とチームを作ってスラウェシ島に入った．はじめはインドネシア側の対応者であるエディ・ブロトイスウォロ（Edy Brotoisuworo）さん，後に**バムバング・スリョブロト（Bambang Suryobroto）**さんとサル棲息地域に飼育されているペットモンキーを聞き取りをしながら採血，身体計測，糞採取などの調査をした．帰国後，採血した血液試料のヘモグロビンの等電点電気泳動と，アミノ酸配列決定をおこない，スラウェシマカクの二波到来仮説を立てた．

同じころ，**並河鷹夫**さんから，家畜化されている世界のウシの系統を調べ，民族の移動の関係とを考察しようというテーマのもとに共同研究の申し入れがあり，アジアの家畜牛の野生牛からの起源を探る目的で，ブラックボックスであったヘモグロビンβ-Xのアミノ酸配列決定をともにおこなった．さらに，並河さんの学生であった**椊　裕永**さんはインドネシアでは農作業用にウシと同じように使用されているスイギュウの系統を明らかにする目的でやはりヘモグロビンのアミノ酸配列を決めた[3]．現在椊さんは競走馬の血統を管理する目的で，系統間で差が出るDNAのマイクロサテライトの開発と2万5千頭に及ぶ解析をおこなっている．

霊長類は実験動物としてラットなどのげっ歯類よりヒトに近く，免疫機構などの研究に用いる場合に，どの程度ヒトに近いのかを見きわめておく必要がある．**村山裕一**さんはニホンザルのリンパ球の表面抗原に対する抗体を作製していた[4][5][6]．現在は狂牛病の病原体として知られているプリオンタンパク質の増殖機構を探っている．

タンパク質化学からDNAフィンガープリント法を用いた親子判定へ

フィールドワークで収集した血液試料からヘモグロビンを抽出してタンパク質化学的に解析する方法から，α-グロビン遺伝子解析をきっかけとして，もっと情報量の多いDNA解析へと舵をきった．さらに，霊長類が棲息環境の中でどう生きているかという視点から，DNAを指標とすることにより，霊長類が仲間たちどうしの中でどう生きているかに視点を移すことが可能になった．生物は血縁の遺伝子を残すべく行動しているという社会生物学が提唱されていた．

ニホンザルの群は複数のオスがいる複雄複雌であり，行動観察からは順位の高いオスが多くの交尾をおこなっていることが明らかにされていた．しかし，実際に産まれた子ザルの父親を決定する方法がなかったが，**井上（村山）美穂**さんと DNA 解析をはじめることができた．放飼場に飼育されているニホンザルの群の交尾行動を夜明け前から日没後まで生態学専門の杉山幸丸さんや**大沢秀行**さんの指導を受けながら 7 人のチームを組んで観察し，春に産まれてきた子ザルの採血をして父子判定をおこなった．また，その群の全個体の 15 年間にわたる父親も決定することができた．放飼場群であるとはいえ，霊長類の父子判定をおこなった世界初の仕事となった．その後，宮崎県幸島の野生群についても父子判定をおこなった．さらにアフリカ・カメルーンで単雄群の野生パタスモンキーの生態を研究していた**大沢秀行**さんのフィールドへ出かけ，オスが交代するときの父子判定を一時捕獲による血液試料からおこなうことができた．いずれも社会行動と関連づけて考察した．

学会発表を機に，**宗原弘幸**さんから交尾をするニジカジカ（魚）のオスが卵を養育するがほんとうに育てているオスの子どもかどうかを調べたいという申し出があった．このころはまだフィンガープリント法しかおこなっていなかったので，多くの DNA を必要とした．そのため，卵を稚魚にまで育て，その 1 匹 1 匹から DNA を抽出した．また，プローブとの結合をおこなわせる温度条件やイオン強度がサルとは異なり，条件設定に時間を必要とした．

マイクロサテライト法へ（マイクロサテライト釣り）

フィンガープリント法は 1 回の実験に 4 μg もの DNA を使用するため，白血球から DNA を採取しなければならなかった．その後 PCR 法で DNA を増幅するマイクロサテライト法を採用することになると 0.25 μg 以下の DNA があればよいことになった．

高崎浩幸さんはタンザニアのマハレ国立公園でチンパンジーの生態を観察していたが，いつか役に立つかもしれないと毛を収集していた．チンパンジーのような賢い霊長類を捕獲することはできない．マカカ属のサルでも野生状態そのままにサンプルを収集することができれば，サルの信頼を損ねる捕獲作業はしないので，生態学者との共存が可能である．マハレのチンパンジーはサトウキビで餌づけされていたので，そのしがみかす（ワッジ）に含まれる口腔内の細胞からDNAが抽出できないか[7]，糞も腸管を通ってくるので，上皮細胞があるだろうと飼育されているチンパンジーで検討した．その結果，いずれでもDNAが増幅でき，血液の場合と同じバンドパターンを見ることができた．一度ギニア共和国のボッソウ村のチンパンジーのワッジを集めるのにオレンジを用いたことがあった．しかしオレンジは酸を含むため，70％エタノールに入れてもDNAが酸で分解されだめであった．

もう一点マイクロサテライト（GTGTなどの反復配列の長さの差を検出する）法がフィンガープリント法と異なる点は，ヒトに用いられているプライマーをニホンザルや他の生物で利用できないことであった．タンパク質に読み取られるような安定したDNA配列ではないために，種によって反復配列が挿入されている周辺の塩基配列が異なっているので，PCR法で増幅できない．そのため，ニホンザル（**村山（井上）美穂**，ザビエル・ドミンゴ・ローラ Xavier Domingo Roura），イルカ（**篠原正典**），ハリナガムネボソアリ（**濱口京子**），アイナメ（**宗原弘幸**），マイマイガ（**小汐千春**），チヂミボラ（**河合　渓**）と対象生物が変わると，そのつどできるだけ多くの個体のDNAを混ぜて，制限酵素で切断し，プラスミドに連結させて大腸菌にとりこませ増幅させるクローニング法をおこなう必要があった．その後反復配列のプローブで，反復配列を含む大腸菌のコロニーを200個ほど拾って，増幅させ，塩基配列を決める．こうして拾ったコロニーの中で，反復配列の長さが10～20回程度含まれている領域を用いる（うまくいっても20コロニーくらい）．短いと変異が出にくく，長すぎるとPCRでの増幅にむらができるためである．このように決めた反復配列の両端の種特異的な22塩基配列を化学合成してもらいプライマーとし，それぞれの種内で，PCRにより個体差が出る領域のみがマイクロサテライト法に適用できることになる（5-10領域）（図1）．また，蛾や貝では近縁の種であっても同じプライマーを用いることができなかったり，同じようにコロニーを拾うことからおこなっても，反復配列がほとんど出てこないというようなことがあった．

マイクロサテライト法はごく少量のDNAで結果を出せるため，生物の身体から出てきたものを材料にDNAの増幅が可能になった．霊長類は身体が大きいので，糞やワッジ，毛からDNAが採取できた．しかし同時に，ごく少量でも増幅されてしまうために，採集しているヒトの唾液や，皮膚，髪の毛などの混

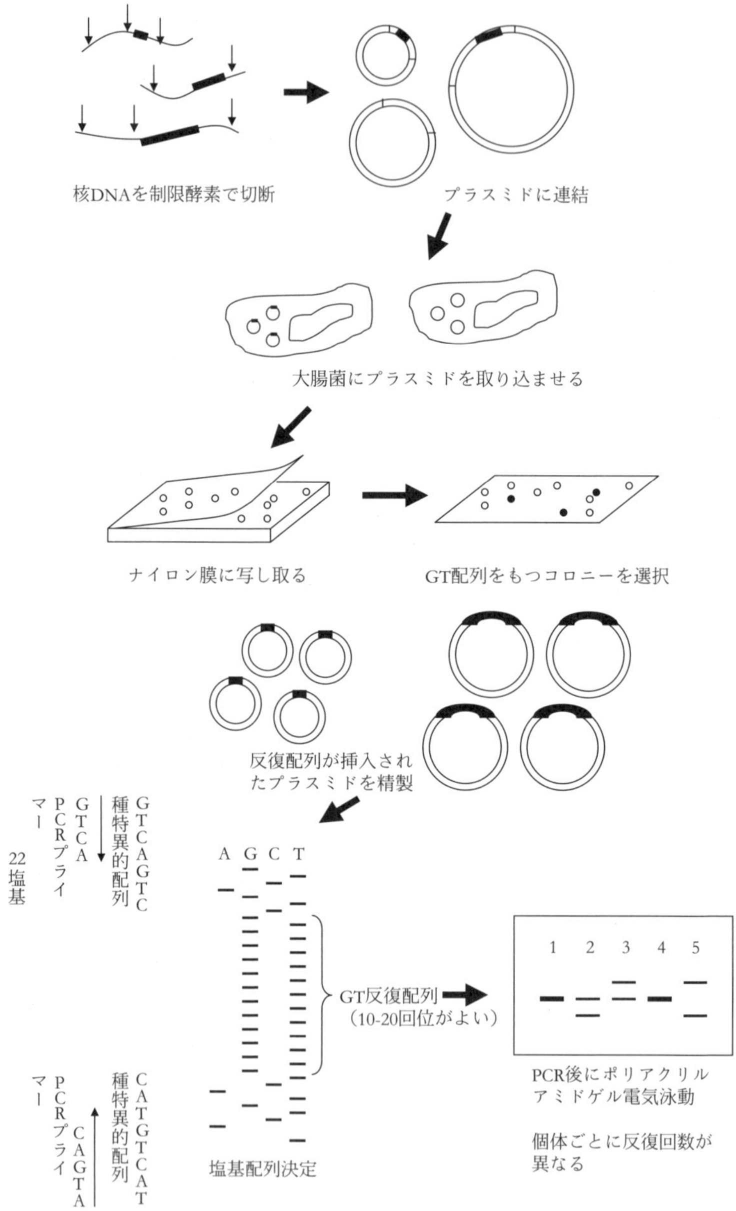

図1 核DNAから多型性のあるマイクロサテライト領域を取り出す方法

入がありうる．DNA解析者自身が採集する場合は実験技術を踏まえているので問題はないが，現地の調査助手（アシスタント）に依頼したり，行動観察のみをおこなっている生態学者に依頼する場合には，ヒトのDNAの混入も想定する必要がある．**田代靖子**さんはアフリカ各地のチンパンジーのDNA解析をおこなう中で，この問題に遭遇した．増幅させる領域にあるヒトとチンパンジーとで異なる塩基配列部分を制限酵素であらかじめ切断し，PCRで増幅するとチンパンジーだけのDNAが増幅できた．

非侵襲的DNAサンプリングのさまざま

糞には腸内細菌や食物としてとった生物のDNAが混在する．毛は自然に抜けたものには毛根がほとんどついていない，ワッジを出さない霊長類が多いなどの問題点があった．ヤクシマザルは餌を与えたり，捕獲することは禁じられている．**早川祥子**さんは尿や精液からDNAを取れないかと気づき，飼育下のニホンザルで試みたところ，血液と同じバンドが得られることがわかった．

海産哺乳類のイルカは海の中に糞をする（**篠原正典**）．白鷺として知られるコサギは川の中や石の上で糞や尿をする（**能田由紀子**）．鳥では白い部分が尿で，同時に出てくる茶色の糞には食べた魚のDNAが含まれるが，尿には鳥のDNAだけがある．コサギの尿は糞との分離がむずかしくうまくいかなかったが，陸鳥では離れた部分を採取して成功した．DNAサンプリングとしておもしろいのはチヂミボラである．カタツムリのように歩いた痕に粘液を残す（**河合　渓**）．はじめは足の一部を切ってDNA抽出に使ったが，スライドグラスの上を這わせて足跡を生理食塩水に浮遊させ，遠心するだけで細長い細胞がたくさん沈殿した．これらの成果はアジア・サイエンスセミナーにおいてワークショップとしてアジアの研究者たちにも伝えられた．

飼育下生物から野生生物の血縁関係判定へ

初期のころには**村山（井上）美穂**さんによる飼育下ニホンザルや一時捕獲による野生幸島群やパタスモンキー（**大沢秀行**さんとの共同研究）の父子判定がおこなわれたが，フィンガープリント法から，マイクロサテライト法への技術革新をおこなうことによって，非侵襲的サンプリングが可能となり，捕獲をせずに野生生物の血縁関係を調べることができるようになった．霊長類では**橋本千絵**さんによりボノボの移籍するメス間の血縁関係，**岡　輝樹**さんによりテナガザルが森林火災に際してなわばりを血縁間でどう使用したか，ヤクシマザル（**早川祥子**）や嵐山野猿公園のニホンザル（**井上英治**）のメスはどんなオスの子どもを残したかなどが明らかになってきた．井上英治さんは現在，タンザニアのマハレのチンパンジーの行動観察とDNA用のサンプルを採取中．

太地で捕獲されたイルカの群では，胎児の父親は群内オスかどうか，何歳で子どもは群から離れるかなどが明らかになった（**篠原正典**）．ハリナガムネボソアリは多女王巣と単女王巣とを作るが，多女王巣において働きアリはどの女王の子どもか，複数の女王間に血縁関係があるのか，交尾後の女王の受精嚢にあるのはどの巣のオスの遺伝子かなどの問題が解けた（**濱口京子**）．マイマイガのオスは交尾後ガードをおこなうがどのくらいの時間ガードしていれば有効か（**小汐千春**）．チヂミボラは7か月間という長い交尾期間をもっている．卵は卵嚢の中で稚貝となる．はたして1つの卵嚢の中には何匹のオスの遺伝子に由来する稚貝がいるのであろうか（**河合　渓**）．

DNAから探る系統関係

生物の系統関係をDNAレベルで調べることは，1つのアミノ酸に対して3つの塩基が対応するため，情報量が多い．ミトコンドリアDNAは卵母細胞由来のため，母系遺伝を調べることができるのに対し，Y染色体特異領域を調べれば父系遺伝を調べることができる．常染色体上の遺伝子からは両方の遺伝を知ることができる．

スチンダ・マライヴィジットノン（Suchinda Malaivijitnond）さんはタイ各地のフィールド調査により，カニクイザルから採血し，そのミトコンドリアDNAのDループの塩基配列から，マレー半島のつけ根に位置するクラ地峡を挟んでメスの遺伝子交流がないことを示した．リナ・ヘルニナ・スワルジョノ（Rina Herlina Suwarjono）さんはスラウェシマカクのミトコンドリアDNAの解析をおこない，スラウェシマカク7種の系統樹を作成し（Ⅳ部5章），さらにヘッキとトンケアナの境界領域においてヘッキのミトコンドリアDNAが残っていることを示した（V部1章）．この頃，スマトラ島でブタオザルの生態学的研究をしていた**大井　徹**さんのフィールドを見学させてもらった．

長年ゴリラの生態を研究している**山極寿一**さんから，カフジ—ビエガ国立公園の東ローランドゴリラの毛や糞のサンプルが届けられ，ミトコンドリアDNAの解析をおこなった．

しかし，1つ解決できていない問題も残ってしまった．日本ではオオカミは絶滅してしまい，その系統関係を明らかにするには剥製からDNAが採取できなければならない．分類学が専門の**相見　満**さんとライデン博物館の御好意により入手はできたものの薬品処理のためか現段階ではPCRによる増幅は不可能であり，技術の進展を待たねばならなかった．

DNAでわかったその他のこと

チンパンジーは複雄複雌の乱婚型社会構造である．ゴリラは単雄複雌のハーレム型である．一方オスの精巣の重さはチンパンジーが125 gもあるのに対して，ゴリラは30 gしかない．チンパンジーは5年に一度発情するメスを獲得するために，同じ群の中にいるオスと競争して交尾行動をしなければならない．一度に必要な精子の量も多いほうが有利である．遺伝的な精巣の大きさが社会行動を決めているのかどうかは，興味あることである．精巣の重さはどのような遺伝子で決められているのか，ヒトはどうなのかという疑問のもとに類人猿のY染色体の構造研究をおこなった．本稿では**ヒースー・キム（Heui-Soo Kim）**さんによりヒトのY染色体の研究の歴史と展望が述べられている．スン・スック・ユ（Sung Sook Yu）さんはニホンザルの発達過程に伴う精巣特異的遺伝子の発現量の差を調べた[8][9]．

能田由紀子さんは一見してはわからないコサギの性判別を一時捕獲して得た血液0.02 mlからDNAを抽出しておこない，形態的に性的二型があること，なわばりを護るのは性別ではなく，身体の大きい個体であることを明らかにした．

霊長類の色覚異常に関する研究は岡崎国立共同研究機構の生理学研究所，基礎生物学研究所，京都大学霊長類研究所の共同研究でおこなわれた．大西暁士さんが3000個体にものぼるマカカ属サルのDNA試料を遺伝子レベルで解析しても色覚異常は見出されなかったが，最後に竹中らがインドネシアジャワ島パンガンダランからマラリア研究のために得たばかりのDNAサンプルの中にはじめて5頭が見出された．これをきっかけに**三上章允**さんたちとのフィールドワークがはじまった．

栄養についても興味を抱き，日ごろ自分が食べている食品の成分を成分表で調べていた．**中川尚史**さんが宮城県金華山に生息するニホンザルの年間栄養摂取量を調べるための栄養分析をともにおこなった．また，カニクイザルにコレステロール含有食を食べさせると血中コレステロール値に個体差があることを見つけ，さらに**竹中晃子**とともに飼育下と野生群マカカ属サルの血中コレステロール値に著しい差があることを示した[10]．その後LDL受容体遺伝子変異をインド産アカゲザルの一家系に見出すことができ，家族性高コレステロール血症のモデル動物とすることができた[11]．さらにニホンザルが食べる植物の脂肪酸分析を小山吉人さんとともにおこなった[12]．

綾部貴典さんは外科医であるが，遺伝子変異と病気との関連を研究するため，アデニル酸キナーゼという，高エネルギーリン酸化合物であるATPの供給量を調節する酵素の研究をおこなった．この酵素の遺伝子を発現ベクターに組み込み遺伝子改変させて，アミノ酸が変異した酵素を大腸菌に発現させ，その酵素活性を調べるという手法を使った．変異したアミノ酸と酵素の活性との関連を調べ，本来の酵素の活性部位の役割を知ろうとした研究である．

研究の合間のエピソード

研究の合間や飲み会などで，この本の著者たちが披露したエピソードを書いてみよう．6人の机と真ん中に大きな机のある居室が教授室でもあり，談笑の場でもあり，研究の話の場でもあった．6人の机もフィールドに出ていて留守の時は外から来ていた人が使うというほど立て込んでいたこともよくあった．めざす目的や方法は異なっても，お互いにそばにいてお茶を飲みながら誰かの話を聞いているだけで，ヒントが得られることもあり，また助言を与えることもできる．院生室は5階にあっても，実験の合間には「この居室になるべくいるように」と竹中が勧めたのもこうした交流が大事と思ってのことであったと思う．「盗み取れ」は研究をはじめたころから下級生にいっていたことであり，悪い意味ではなく，どん欲に吸収して伸びていってほしいという願いであったろう．

Ⅰ　タンパク質化学

並河鷹夫（なみかわたかお）：タンパク質をカラムクロマトグラフィーで分取するのにフラクションコレクターを使っていた．一本々々試験管に液が入って決めた液量になると自動的に動いていくのを納得がいくまで感心して眺めていましたね．釣りが大好きで釣った魚をみんなで料理したのが忘れられない．（名古屋大学　農学部　現：名古屋大学大学院　生命農学研究科）

村山裕一（むらやまゆういち）：一番弟子でも，修士課程は終わっていたので，すべて独力で．実験技術抜群．でも恥ずかしいのか人に教えるのが苦手．それとも面倒くさかったのかな？　だんだん完全に昼夜逆転．これからは独立法人化したので，事故があったらたいへんとかで，大学院生は教官のいるときしか実験したらいけなくなるんですって．日本の研究もだめになるかな？（京都大学　霊長類研究所　現：農業・生物系特定産業技術研究機構・動物衛生研究所）

Ⅱ　DNAによる父子判定

村山（井上）美穂（むらやま（いのうえ）みほ）：やっぱりこれをいわなくっちゃ．安全ピペッターって吐き出すときにゆっくり玉の部分をプカプカやると気泡ができるだけでなかなか落ちないのよね．家にもって帰る？　翌日「はい．お風呂で練習してきました」．高崎山調査の時，泊まっていたお寺でヤモリを手に載せていましたね．

（京都大学　霊長類研究所　現：岐阜大学　応用生物科学部）

大沢秀行（おおさわひでゆき）：カメルーンでの夜は棘のあるアカシアの木の枝を組んだ垣根の中の庭に，蚊帳付きベッドを持ち出して満天の星空の下で眠るそうだ．昼間パタスモンキーを観察しているそばを象が行進していくこともあるとか．

（京都大学　霊長類研究所）

宗原弘幸（むねはらひろゆき）：小魚を1匹ずつ試験管に浮かせて55℃でインキュベーション．みんな卵から育てたんですって．受精卵は細胞1つだからDNA2組しかないものね．実験の待ち時間の合間に「温泉へ行って来ました」．犬山に温泉ありました？「いや，鬼岩温泉です」（北海道大学　水産学部　現：北海道大学北方生物圏フィールド科学センター　臼尻水産実験所）

橋本千絵（はしもとちえ）：アフリカでの経験談楽しかったな．日本人は薬をいっぱいもって行っているから，村人に頼られてしまうらしい．トビヒがひどくなった人を日本では見たこともないはずなのにどうしてわかったの？　女一人アフリカで過ごすの大丈夫？「もし何かしたらその人は村にすんでいられなくなるから大丈夫」．

●竹中晃子

（京都大学　霊長類研究所）

早川祥子：屋久島の台風を何度も経験．中部とは比べものにならないらしい．道路が寸断されても屋久杉は大丈夫．声が大きく，きれいな日本語，独り言が多いので何を考えているかすぐわかる．姿勢がよいのは大学時代競技ダンス部で全日本戦に出場したほどの腕前だから．（京都大学　霊長類研究所）

井上英治：嵐山のサルの毛を抜くのに，抜こう抜こうと思って近づくと感づかれてしまう．何となくそばに立っている振りをして，ぱっと抜くそのコツがむずかしいそうだ．抜いた後は「えっ，何かあった？」という感じで知らん顔していると相手もちょっと痛かったなくらいですむ．びっくりするほどすべての行動が理詰めで参考になる．（京都大学　大学院理学研究科）

梅　裕永：体は大柄なのに字がとってもきれい．漢字にくわしくて，よく「木偏のつく字」とかみんなで競争したな．「口が入る字」はほんとうにむずかしかったのにすらすら．いつ覚えたの？

（名古屋大学　農学部　現：競走馬理化学研究所　遺伝検査課）

小汐千春：首を傾げていつも穏やかな話しぶり．「蛾の調査で行ったパナマでナマケモノを見てきました」「昆虫をやっていると統計学は必要なので」と控えめ．学生に頼まれてバレー（踊りの方ですぞ）の舞台の隅の方で踊り，ポーズをつけて立っている大勢の中の一人になるとか．（鳴門教育大学　学校教育学部）

濱口京子：シャーレに細い枯れ枝を入れて，「ありんこ」を飼っていましたね．虫眼鏡でのぞかせてもらったな．卵がきらきら光ってきれいだった．リトルワールドのペルー館で民族衣装を着て楽器を演奏するバイトをしていましたね．

（名古屋大学　農学部　現：森林総合研究所　昆虫管理研究室）

岡　輝樹：学会や研究会での発表がすばらしい．むずかしいことをいっているはずなのにするするとわかってしまう．聴衆の心をとらえることができるのは普段から自分もそのように考えているからなんだろうな．授業の参考にさせてもらわなきゃ．（京都大学　霊長類研究所　現：森林総合研究所　東北支所）

篠原正典：イルカといっしょに泳ぐ人．そういうのにただ憧れて来る女性がこのごろ多いらしい．ちょっとおつきあい苦手といっていたな．実験室ではとにかく何とかして要領よく手抜きをしようとがんばる．でもそれから電気泳動のゲルを毎回作らなくてよくなった．それでも驚くほど筆まめで，小笠原から何通も絵はがきもらったな．

（京都大学　大学院理学研究科　現：財団法人環境科学技術研究所）

河合（かわい）　渓（けい）：竹中修の絶好の飲み友達．貝をスライドグラスの上を這わせて粘液からDNAをとってみようという発想も活発になった脳の働きから出てきたアイディアか？　イギリスに6年．ウェールズはグレートブリテンの一地方．みんな一生懸命英語の発音を直してくれるそうですよ．

（北海道大学　水産学部　現：鹿児島大学　多島圏研究センター）

Ⅲ　DNAによる地域変異と系統関係

山極寿一（やまぎわじゅいち）：アフリカの調査地で，突然の天候変化に木の洞での野宿を強いられたときの経験談にさすがすごいなと思いました．

（京都大学　霊長類研究所　現：京都大学　大学院理学研究科）

田代靖子（たしろやすこ）：野鳥観察も大好き．オオルリの鳴き声を聞き分ける．いっしょに茶臼山へ行った時はじめてオオルリのオスの姿をフィールドスコープで見せてもらったな．ほんとうに美しい瑠璃色だった．（京都大学　霊長類研究所）

濱田（はまだ）　穣（ゆずる）：波勝崎，高崎山，タイとフィールドワークを何度もいっしょに行きました．生体計測では50項目位もあるのに，すべて番号と計測箇所が頭に入っていて，すらすらと．（京都大学　霊長類研究所）

渡辺（わたなべ）　毅（つよし）：波勝崎，下北，志賀高原などなど分野は形態学と異なっても，野外調査ではいつもいっしょでした．生物の進化について持論を展開されていましたね．（京都大学　霊長類研究所　現：椙山女学園大学　人間関係学部）

Bambang（バムバング） Sryobroto（スリョブロト）：霊長類の指掌紋分析が専門．インドネシアでの調査では必ずお世話になりました．宗教は異なってもdeep mindは同じと意気投合．いつも冷静で，穏やか．1月15日中央アルプス駒ケ岳へのバスは他に乗客はなく，ニホンザル，カモシカが見え，ちょうど降ってきた雪の結晶がきれいでしたね．

（Bogor Agricultural University, Dept Biology）

岩本光雄（いわもとみつお）：霊長類の形態学において草分け的存在のお一人．日本におけるマカク属サルの指掌紋研究の創始者であり，また生きているサルを一時捕獲し形態計測する方法をはじめられ，現在に引き継がれている．

（京都大学　霊長類研究所　現：京都大学　名誉教授）

●竹中晃子

Suchinda Malaivijitnond：日本ではジーパンに赤いセーターだけど，タイのバンコクではアダルトセンスのすてきな洋服にハイヒール．見違えちゃった．フィールドではみんなに号令をかけ，漁網にかかったサルたちを網の上からつぎつぎに麻酔．この時はもちろんジーパン．たくまし〜いけど情に厚く涙もろいのよね．（Chulalongkorn University, Faculty of Science）

相見　満：分類学者だけあってことばの定義には非常に厳密．以前は屋久島に生息するニホンザルの亜種をヤクザルと呼び慣わしていたが，ヤクシマザルでなければと提唱．スマトラ島パダンのインド洋に面した海岸で夕日をともに眺めたのが忘れられません．（京都大学　霊長類研究所）

Ⅳ　DNAでわかったこと

三上章允：脳の研究者で怖いかと思ったら，何にでも関心を寄せ，調べたことを話してくださる．北京の学会の時には北京ダックの店を調べ，連れて行ってもらった．その店で竹篭に入った虫の鳴き声がコオロギだと突き止めていましたね．（京都大学　霊長類研究所）

能田由紀子：もう一人独り言をいう人．声が低いのですぐわかる．賀茂川でコサギを追ってじっとしていると，おっちゃんから「ねえちゃん，何してんねん？」と声をかけられることがあるという．どの程度説明したのかしら？　また，賀茂川は夏の夕べはアベックがいっぱいすわっていて，じっと見られていたそうだ．グランドピアノと茶道で憂さ晴らし．

（京都大学　大学院理学研究科　現：国際電気通信基礎技術研究所　人間情報科学研究所）

Heui-Soo Kim：韓国の人はどうしてそんなに礼儀正しいの？　目上の人の前ではたばこは吸わない．ビールを飲むときには横を向いて飲む．ビールをコップにつぐときは左手をかならず右手に添える．日本に長くいて韓国の礼儀を忘れてしまいませんでしたか？　日本も少し見習った方がいいですね．

（京都大学　霊長類研究所　現：Pusan National University, College of Natural Sciencee, Division of Biological Science）

綾部貴典：若いのに見かけは貫禄充分．今はほんとうの貫禄も出てきたでしょうね．研究室で飲み会をやっていて，一人気分が悪くなり戻したときの処置の素早いこと．汚物を見る間にティッシュで拭き取り「はいおしまい」．さすがにお医者さんだ〜．（宮崎大学　医学部）

竹中晃子（たけなかあきこ）：ニホンザル５頭，ブタオザル１頭，フサオマキザル１頭，ツパイ６頭，ジャコウネズミ１頭のお母さんでした．毎年年賀状にサルの版画．１年一度の芸術活動．できのよい年もそうでない年も．

（京都大学　霊長類研究所　現：名古屋文理大学　健康生活学部）

V　フィールドワーク

渡邊邦夫（わたなべくにお）：もう一人竹中修の飲み仲間．福島なまりで「う〜ん．そうだな〜．……じゃないかな〜」とトツトツと．いつも穏やかで，フィールドワーカーの粘り強さを感じる．マーサ，天一，茶々，久子（みんなニホンザルの赤ちゃん）がお勉強のお邪魔をしてお世話になりました．（京都大学　霊長類研究所）

大井　徹（おおいとおる）：立派なひげの温厚な顔立ちの中にきらきらと輝く目が印象的．穏やかな話しぶりに，アジアからの留学生にも信頼されていた．

（森林総合研究所関西支所　生物多様性研究グループ長）

中川尚史（なかがわなおふみ）：廊下を乾燥植物試料の入ったデシケーターを乗っけたワゴンでごろごろ．遠くからでも「あっ，来たな」とわかりました．２階には重さをはかりに来ただけだったから．（京都大学　霊長類研究所　現：京都大学　大学院理学研究科）

竹中　修（たけなかおさむ）：みんなに白紙を渡して「日本地図を書いて」とにやにや笑っていた．すんだことのある地方の地図はみんな大きくしっかり書けるんだと，みんなのを集めて喜んでいた．それと「地平線を書いて」とやっぱり白紙を渡していましたね．大地を大きく取るか，空を大きく取るかでロマンチストかどうかわかる？（京都大学　霊長類研究所）

文献

[1] Takenaka O, Nakamura S, Takahashi K: Hemoglobin izu (Macaca): 83 (EF 7) Gly-Cys. A new hemoglobin variant found in the Japanese monkey (*Macaca fuscata*) . Biochim. Biophys. Acta 492: 433–437, 1977.

[2] Takenaka O, Takenaka A, Hayasaka K, Kawamoto Y, Shotake T, Nozawa K: Hb Izu (Macaca) β 83 (EF 7) Gly-Cys: The major hemoglobin of the Japanese monkey (*Macaca fuscata*) in a troop at Shimokita, the northern limit of its habitat. Primates 26: 472–478, 1985.

[3] Kakoi H, Namikawa T, Takenaka O, Takenaka A, Amano T, Martojo H: Divergence between the Anoas of Sulawesi and the Asiatic Water Buffaloes, inferred from their complete amino acid sequences of hemoglobin β chains. Z. Zool. Syst. Evolut. -forsch 32: 1–10, 1994.

[4] Murayama Y, Noguchi A, Takenaka O: Comparative study of mitogenic responses in man and Japanese monkeys (*Macaca fuscata*): Responses to T-cell subsets, accessory cell dependency, and interleukin-2 receptor expression. J. Med. Primatol. 16: 373-387, 1987.

[5] Murayama Y, Noguchi A, Takenaka O: Development of a series of monoclonal antibodies recognizing leukocyte differentiation antigens of Japanese monkeys (*Macaca fuscata*). J. Med. Primatol. 18: 99-109, 1989.

[6] Murayama Y, Ishida T, Hashiba K, Noguchi A, Takenaka O: UH Series of monoclonal antibodies recognizing major histocompatibility complex class II antigen (s) of Japanese monkeys (*Macaca fuscata*). J. Med. Primatol. 18: 111-123, 1989.

[7] Takenaka O, Takasaki H, Kawamoto S, Arakawa M, Takenaka A: Polymorphic microsatellite DNA amplification customized for chimpanzee paternity testing. Primates 34: 27-35, 1993.

[8] Yu SS, Takenaka O: Molecular cloning ,structure, and testis-specific expression of MFSJ1, a member of the DNAJ protein family, in the Japanese monkey (*Macaca fuscata*). Biochem. Biophys. Res. Commun. 301: 443-449, 2003.

[9] Yu SS, Takenaka O: Molecular cloning of protamine-2 and expression with aging in Japanese monkey (*Macaca fuscata*). Primates 45: 147-150, 2004.

[10] Takenaka A, Matsumoto Y, Nagaya A, Watanabe K, Goto S, Suryobroto B, Takenaka O: Plasma cholesterol levels in free-ranging macaques compared with captive macaques and humans. Primates 41: 299-309, 2000.

[11] Takenaka A, Amano A, Yoshida A, Ikai H, Watanabe M, Kamanaka Y, Terao K, Takenaka O: Substitution of Tyr for Cys61 in exon3 of the LDL receptor gene causing familial hypercholesterolemia in rhesus macaques. 投稿中.

[12] 小山吉人・竹中晃子・上野吉一・村瀬誠・竹中修「野生のニホンザルが採食する植物性食餌の脂肪酸組成について」『霊長類研究』20 (36)： 47, 2004.

執筆者年表

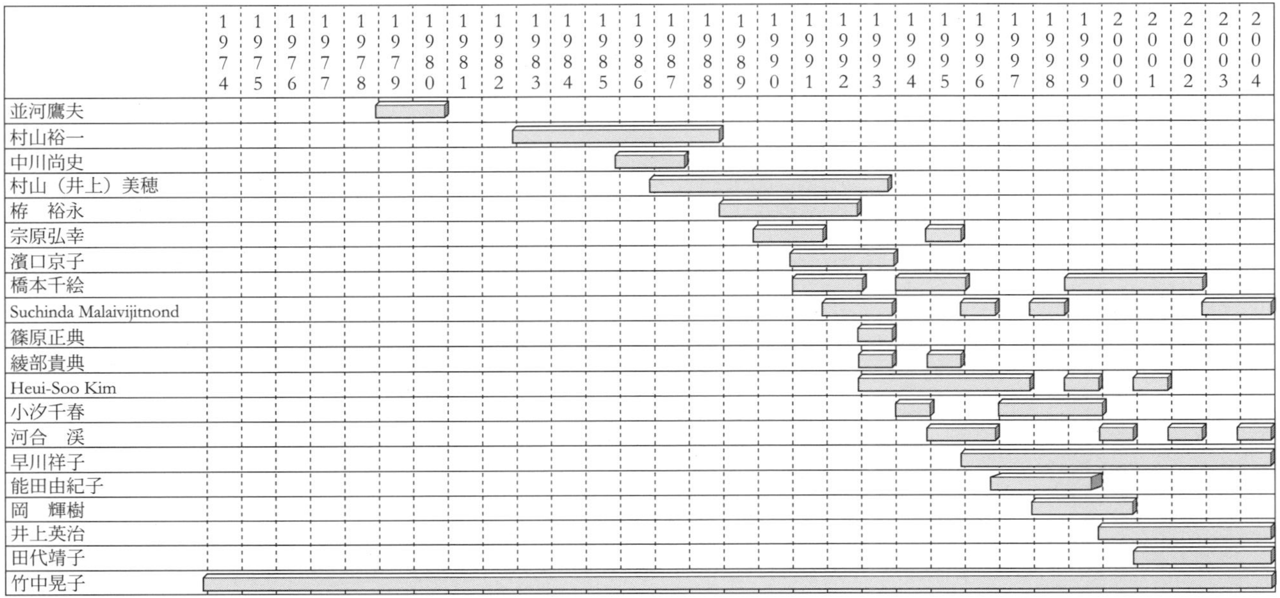

研究室で実験をおこなった著者について，研究室滞在期間を年単位で示した．

I

タンパク質化学

1

ウシのヘモグロビンのアミノ酸配列から系統関係を調べる

並河鷹夫

竹中修先生とその仲間のおかげで1980～95年のころ，ウシ，スイギュウ類のヘモグロビンに関する論文がいくつかできた．最初の論文原稿を先生にみせた時，並河さんはすごくむずかしい英語をつかうんですね，と言われた．枝葉末節だらけの拙稿を柔らかく批判されたのである．私としては一生懸命「厳密」に記述したつもりであったが，「生化学的」分析方法・データがうれしくて，くどくど素人講釈をしたようだ．たしかに私は本来くどいと思う．竹中先生の書かれたものはスッキリしてわかりやすく，親切である．20年以上前，ある“長い”講演を聞いていたとき，横にいた竹中先生が「僕だったら20分やねー，……15分でできる」と言ったのを覚えている．本稿はできるだけサラリと思い出すがまま記せればと思う．

京都大学霊長類研究所に通いはじめた

京都大学霊長類研究所（霊長研）には1969年ごろから変異研究部門（当時）のセミナーなどでほとんど毎週通った．高蔵寺（春日井市）から交通ラッシュの中を名古屋方向に通勤するより，霊長研（田舎？）に向かって走るほうが楽しかった．途中，満開の桃畑，水を張った田んぼ，たわわに実った柿畑など，季節ごとの風景を眺めながらの「余裕の通学」にはサボりにも似た快感を覚えた．加えて，霊長研には，花見やコンパ，山歩きや沢登り，あるいは農業（？）に熱心な方々がおられ，多彩な話題に接することができ，また仲間に入れていただき貴重な経験ができた．霊長研の研究者は先生も院生も一人ひとりが大きく見えた．

1971年バンコクの動物園で見たバンテン

そのころ，台湾，フィリピン，タイなどで，在来牛の形態的遺伝学的調査をしていた．アジアの家畜牛の系統分化や家畜化起源の研究である．東南アジア一帯には「黄牛」と総称される在来牛が広く分布する（写真1, 2）．小さな肩峰と胸垂（インドの牛にみられる肩の瘤と下垂した頸部の皮膚）をもつ小柄な牛で，日本，韓国，ヨーロッパの品種とは容貌が全然違うし，ゼブ系（インド系）品種（写真3）とも違う．

1971年バンコクの動物園でバンテン（Banteng, *Bos javanicus*）をはじめて見た．メス1頭であった．東南アジアに棲息する野生牛である．その顔つきが「黄牛」のメス（写真1）にあまりにも似ているのに驚いた．その後も東南アジアでの調査を続けていた．

写真1　ベトナム在来牛（メス）

写真 2　ベトナム在来牛（オス）

写真 3　レッドシンディ種（オス）

写真4 バリ牛（オス，メス）

1974年の秋，近藤恭司先生（当時の講座教授）から突然現金80万円也をいただいた．35日間ほど，友人（アンボン出身のレオナルド・レハッタ氏，元名古屋大学留学生）とジャワ，バリ，ロンボク，スンバ，チモール，スラウェシ，カリマンタンの各地を回り，家畜，関連野生種などを見た．交通費で8割以上使った．インドネシア行ははじめてで，牛類に限らず実に多彩な動物を見聞きでき最高の旅行であった．ボゴール動物博物館にはオランダ時代に狩猟されたバンテンの巨大な頭骨が山のようにあった．ラグナンとスラバヤの動物園ではバンテンやアノア（小型の水牛，スラウェシ固有種）を見た．バリ島にはバリ牛（バンテンの家畜化型）（写真4），その周辺の島々にはバリ牛やその雑種らしき牛がたくさんいた[1]．

レハッタ君がデンパサール（バリ島）のと場でバリ牛12個体の血液を濾紙に染ませて採ってくれた．約1週間後，メナド市内（スラウェシ北部）の薬屋さんで蒸留水500 ccを買い，宿でヘモグロビン型の電気泳動分析をした（簡易・軽量な実験装置と調合済みの薬品をつねに携帯していた）．ヘモグロビンβ鎖（Hbβ）-XXのホモ型が10個体と，-AX，-BXのヘテロ型が各1個体で，$Hb\beta^{X}$の遺伝子頻度は92％であった．そのころの東南アジア諸地域在来牛の調査では，$Hb\beta^X$の頻度は5～25％くらいであった．バリ牛12個体の$Hb\beta^X$変異の電気泳動分析だけで，翌年春学会発表した．近藤先生が「君，収穫があったじゃないか」といってくれた．その後インドネシアには5～6回調査に行った[1]．

家畜牛の2大系統とヘモグロビン型変異

世界の家畜牛は北方系牛（ヨーロッパ系牛）とゼブ系牛（インド系牛），すなわち，肩に瘤のないHumpless cattleと瘤のあるHumped cattleの2大系統に分けられている．両者の中間型も当然いる（図1）．北方系牛は大部分が$Hb\beta^A$をもち，Y-染色体はサブメタセントリック型（次中部動原体付着型）である．一方，ゼブ系牛は平均して$Hb\beta^A$が64％，$Hb\beta^B$が36％で，Y-染色体はアクロセントリック型（極近端部動原体付着型）である．

Hbβ-AとHbβ-Bの間には3個の点突然変異型アミノ酸置換があり[2]，すべて-Aから-Bの方向への置換と推察された．一方，ヒトヘモグロビンの点突然変異型変異は百数十種知られていたと記憶するが，そのうち，まれな変異，Hb-C Harlemが唯一複数アミノ酸置換型（2個置換）の変異で，Hb-A（正常型）に比較すると，有名な鎌状赤血球貧血症を発症するHb-Sのβ鎖からさらに1個置換した型である．しかし，家畜牛においては，Hbβ-Aと-Bの間にあるはずの2つの移行型変異の存在についてまったく未知であった．

ゼブ系牛に見られるHbβ-Aと-Bのみによる高度の多型，すなわちそれらの中間型変異を欠いた多型はどのように解釈できるのであろうか．たとえば，古代エジプト王朝時代では北方系牛がゼブ系牛より早期に現れる．したがって，北方系牛が野生種（原牛 *Bos primigenius*, 1627年絶滅）から家畜化された後，Hbβ-Bとアクロセントリック型Y-染色体をもつ「別の野生種のオス」の影響を強く受けてできた家畜牛がゼブ系牛である，と考えればスッキリ説明はつく．しかし，そのような野生種は現在に至るまで同定されていない．

どうしてもHbβ-Xの一次構造決定をしたい

Hbβ-Aと-Bの間の3個のアミノ酸置換のうち2個は電気泳動法で電荷の差を

●並河鷹夫

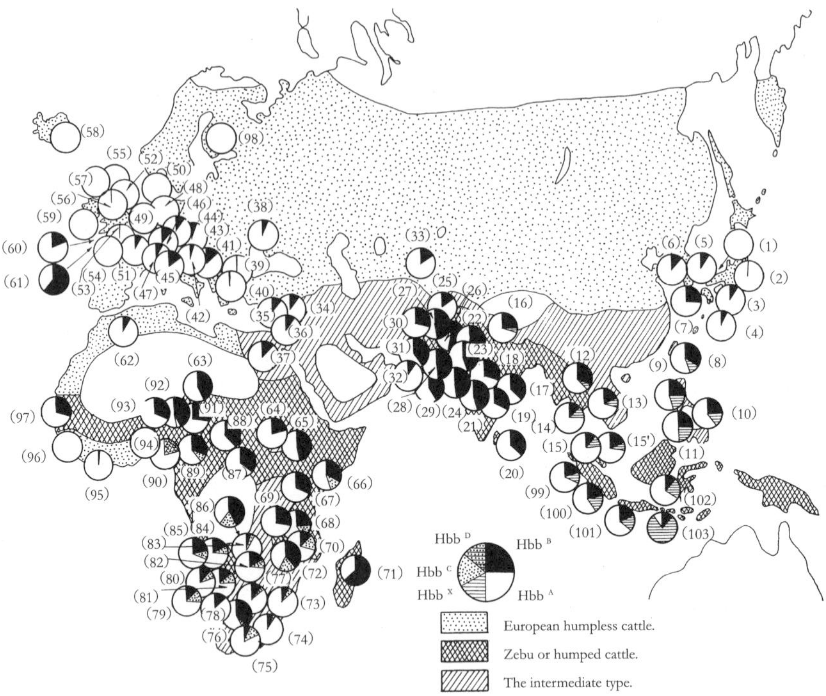

図1 家畜牛の品種や在来集団におけるヘモグロビン β 鎖の電気泳動的変異を支配する対立遺伝子の頻度分布

Hbb^A は北方系牛（Humpless cattle）でとくに高頻度で，家畜牛全般に広く分布する．*Hbb*^{B} はゼブ系牛（Humped cattle）で頻度が高く，インドを中心に分布する．アフリカに移動したゼブ系牛においても同様に頻度が高い．*Hbb*^{A} と共存して高度の多型を示す．*Hbb*^{C} は，アフリカ南部の古いタイプの家畜牛（比較的 *Hbb*^{A} の頻度が高い）に特異的にみられる．*Hbb*^{X} はバリ島のバリ牛（バンテン *Bos javanicus* の家畜化型）を中心に東南アジアに分布する[2]．

明確に示す（-A に対して -B がマイナス 2 個）．したがって，これらの間をつなぐ変異 2 種のうち 1 種は両者の中間の電気泳動的移動度を示すはずで，バリ牛やバンテンの Hbβ-X はその候補になりえた．「もし，Hbβ-X がその移行型としたら，ゼブ系牛の Hbβ-B は，-A に対して，-X と同じ分岐時間をもつ分子種ということになり，-X が一般家畜牛とは別種であるバンテンに存在することは，-B をもっていた（いる）野生牛もまた一般家畜牛とは別種であろう」，この論法はかなり気に入っていた．「ゼブ牛家畜化の多元的起源」，「東南アジア在来牛の 3 元起源説」など偉そうな用語が浮かんだりしていた．あとは，Hbβ-X がその移行型であることを祈るのみであった．

生化学研究部門（当時）での Hbβ-X の一次構造解析のことなど

1979年ごろ，霊長研の変異研究部門（当時）の先生に Hbβ-X の一次構造を調べたいと言ったと思う．すぐに，竹中先生を紹介された．すでに飲み仲間に入れていただいていたかどうかは忘れた．生化学の部屋を開けると独特の匂いがあった．それがピリジンとあとで知った．ピリサク（ピリジン-酢酸緩衝液）はペプチドのクロマト分画でずいぶん使うことになった．

α鎖とβ鎖をカラム分画することになった．5リッターの6M尿素緩衝液を作るには500g入り尿素ボトルを何本半か放り込む．溶かすというより練るという感じで，その冷えること，また重いこと，二日酔いでは危ない作業である．生化学的作業は意外に危険で重労働だと思った．緊張しながらpH調整する．流速があるとpHメーターの針が安定しない．止めると針がジワジワ動いていく（高い方へだったと記憶する）．「流速があるとpHが変わるんだよね」と竹中先生，しかし，どのくらいの流速が「適当」なのか聞かなかった．とにかく分画は問題なくきれいに進んだ．

研究室セミナーに「仕事の話」というのがあった．各自の仕事の進捗状況報告である．私は最初アジアの牛のヘモグロビン変異の地理的分布の話をした．終わったあとで，晃子先生から「たいへんな仕事ですねぇー」と言われた．ヘモグロビンの電気泳動なんぞ何でたいへんか，戸惑ってすぐに返事ができなかった．アジアの国々の各地で何百頭もの牛から試料を集めることに“感心”されたようであった．

竹中先生の後ろをついて歩くだけの毎日がずいぶん続いた．とにかく竹中先生の教え方はうまい．計画をその意味を含めながら実に頭に入りやすく説明され，実際に操作を実演される（先生の手先はほんとうに器用，繊細である）．作業が終わると，その日のまとめを鉛筆書きして渡してくださる（数本の鉛筆はいつもまことに美しく削られていた）．次に来る日に何をするかも明確にわかる．教師の端くれとしてみずからの適性に不安を感じたこともある．

ラボではいろんなことがあった．ドロップカウンター式フラクションコレクターの光電管が途中で切れ，5 ml/15 minをおおよそで“手作業分画”したことがある．結果は良好であった．ある時，やはりフラクションコレクターの故障で尿素の結晶の山ができたことがある．すくいとって試料回収できないか，こ

●並河鷹夫

んな大量のものからどうやって濃縮するかなどとあきらめきれずにいると，竹中先生が「これ，完全に純粋ですよ，回収して使いたいくらいですね」と．尿素の結晶のことである．しかし，尿素の結晶をどうやって洗うのかと思った．ある夏の日，実験で失敗したとき「喫茶店でゆっくりコーヒーを飲んでくるのが一番」とアドバイスしてくれた先生もいた．とにかく実験分析は楽しく進んだ．

Hbβ-X (Bali) の一次構造決定

ウシのHbβ鎖は145個のアミノ酸残基からなる．ブタ，その他の動物種（146個）と比較するとアミノ末端が1個欠失している．Hbβ-Bのアミノ酸配列は，-Aのそれと比較すると，15番目GlyがSer，18番目LysがHis，119番目LysがAsnに置換している[2]．このうち，18番目のLys→Hisの置換はコドン3塩基の両端2個の置換を必要とするめずらしいアミノ酸置換で，Hbβ-X (Bali) で“置換していてほしい”と願っていた．

Hbβ-X (Bali) の18番目残基にLys→Hisの置換があり，それ以外にまず置換がないことは，乏しい「生化学の知識」ながら分析途中のかなり早い段階でわかっていた．「(混在するペプチドを) カラムで分けるか，頭の中で分けたことにするか」などと冗談を言っていたころである．しかし，従来アミノ酸配列が確実に決定されていなかった部分（＝精製ペプチドを得にくい部分）のアミノ酸配列の決定に，さらに1年ほどの工夫を要した．

「生化学的」にはたった1個のアミノ酸置換を確認しただけの結果である（図2）．論文投稿中，分析データがしっかりしているとのコメントがある一方で，他のレフェリーからは，ヘモグロビン変異の報告はいっぱいある，すでに報告されているアミノ酸置換である，この種の報告にウンザリしている，などのコメントがあった．「きわめて小さな生化学的」テーマではあるが，膨大な野外データと古典的家畜研究資料から発想した課題である．家畜牛の系統史研究からみて貴重な情報が得られたと思った．家畜学の方の師匠（野澤謙先生，元霊長研変異研究部門）が著書の中で高く評価してくださった．

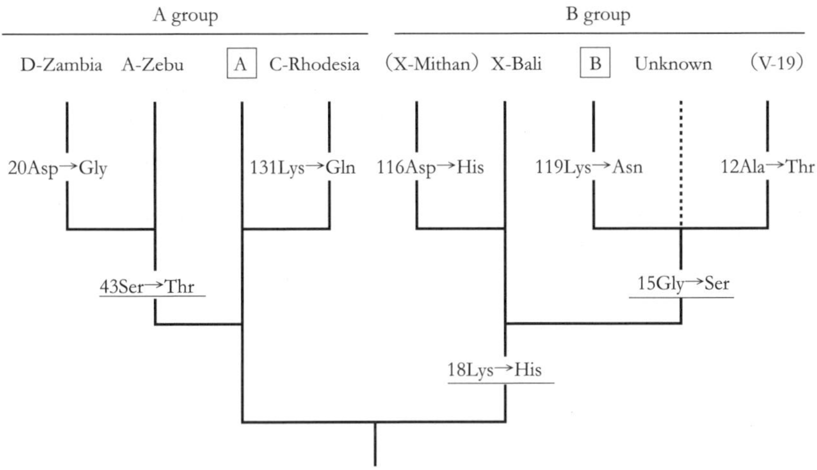

図 2　家畜牛の中で発見されたヘモグロビン β 鎖変異の分子進化系統樹

図中の数字はアミノ末端から数えたアミノ酸座位の位置を示す．アミノ酸置換の方向は近縁動物種のヘモグロビン β 鎖のアミノ酸配列との比較により推定した．（　）内の β 鎖変異は未発表である[7]．X-Bali18 のアミノ酸置換は，原牛（*Bos primigenius*）起源とみられる A グループとアジア南部起源とみられる B グループを分け[5]，A と X-Bali はそれぞれのグループの祖先型のままである．また，A-Zebu は A から D-Zambia への移行型である[6]．家畜牛の Hbβ 鎖変異には相互の間に複数のアミノ酸置換があるものが多数含まれ，変異全体としの分化度は，ヒトや野生動物種内の例に比較するときわめて大きい．しかし，家畜牛の Hbβ 鎖変異には，移行型変異もほとんどすべて存在し，すべての変異の分化過程がアミノ酸置換 1 個ずつのステップで説明できる[3][4][5][6][7]．アジア各地の家畜牛は複数の *Bos* 属近縁野生種の種々の程度の遺伝的融合から成立したのであろう．

ゆ　め

電気泳動的変異，Hb*β*-X の研究は調査地が拡大し，さらに進展した．Hb*β*-X の分布は東南アジア島嶼部のみならず，大陸部まで広がっている．ところが，大陸部の Hb*β*-X の大部分がバンテン（*Bos javanicus*）由来ではなく，もう 1 つの巨大野生牛，ガウル（*Bos gaurus*）やその家畜化型（ミタン牛）に由来する別の変異であることを次世代の「仲間」たちが DNA 試料を用いて証明しつつある[7]．楽しみである．タイ，カンボジアにはクープレイ（Couprey, *Bos sauveli*）が棲息していた（図 3）[8]．しかし，ベトナム戦争で激減し，1984 年ラオスでの目撃情報が最後である[9]．絶滅したと思う．この広くもない東南アジア地域に 3 種もの *Bos* 属近縁種が同時に棲息する（した）．これは世界に例がない．

ゼブ系牛の Hb*β*-B はインド亜大陸あるいはその周辺に棲息した（する），ガウルやバンテンに類似の *Bos* 属種に由来すると考えるのがもっとも自然である

図3 クープレイのはく製標本
1939年3月カンボジアで撃たれた老雄[8]

(図2)．じつは，クープレイもその候補の1つではないかと思っている．根拠は，見た感じで，ゼブ系牛にクープレイに似ている部分（大きな胸垂と頸部皮膚の皺など）があるというだけである．はく製標本からHbβ鎖遺伝子の塩基配列とY-染色体の形がわかればと思う．

『仲　間』

竹中修先生が記録された写真集『仲間 Coworkers, 2005. 3』の“仲間第1号の位置”に私（名古屋大学農学部家畜育種学教室，当時）の写真がある．名大豊田講堂前で竹中先生，野澤先生らといっしょに写っている．1984年3月「東南アジアの家畜牛の系統に関する遺伝学的研究」で日本畜産学会賞をいただいたときの写真である．この拙稿の表題「ウシのヘモグロビンのアミノ酸配列から系統関係を調べる」はその写真頁に竹中修先生が記されたものです．

文献

[1] 在来家畜研究会報告 10, 1983.（財）名古屋畜産学研究所

[2] 並河鷹夫「遺伝学よりみた牛の家畜化と系統史」『日畜会報』51: 235−246, 1980.

[3] Schroeder WA, Shelton JR, Shelton JB, Robberson B, Babin DR: A comparison of amino acid sequences in the β-chains of adult bovine hemoglobins A and B. Arch. Biochem. Biophys. 120: 124−135, 1967.

[4] Schroeder WA, Shelton JR, Shelton JB, Apell G, Huisman THJ, Smith LL, Carr WR: Amino acid sequences in the β-chains of bovine hemoglobins C-Rhodesia and D-Zambia. Arch. Biochem. Biophys. 152: 222−232, 1972.

[5] Namikawa T, Takenaka O, Takahashi K: Hemoglobin Bali (Bovine) : β^{A}18 (B1) Lys → His: one of the “missing links ” between β^{A} and β^{B} of domestic cattle exists in the Bali cattle (*Bovinae,Bos banteng*) . Biochem. Genet. 21: 787−796, 1983.

[6] Namikawa T, Nagai A, Takenaka O, Takenaka A: Bovine haemoglobin $\beta^{A\ Zebu}$, β^{A} (CD3) Ser → Thr: an intermediate globin type between β^{A} and $\beta^{D\ Zambia}$ is present in Indian zebu cattle. Anim. Genet. 18: 133−141, 1987.

[7] 田中和明ら（投稿準備中）.

[8] Harold Jefferson Coolidge, Jr. The Indo-Chinese Forest Ox or Kouprey. Memoirs of the Museum of Comparative Zoology at Harvard College Vol. LIV, No. 6: 417−531, 1940.

[9] 朝日新聞 1984, 6, 10.「幻の野生ウシを発見：絶滅が心配されているコープレイという野生ウシの一種が，ラオス南部で見つかった．タイ野生生物保護局のブーンソン博士が入手した情報によると，確認された群は 2 つで，ともに約 80 頭．この種としてはかなり大規模な群だという．この動物は，20 世紀に入って発見され，タイ，カンボジアなどの森林に分布している．70 年ごろまでは，かなりの数がいたが，食用にされたり，ベトナム戦争のそばづえをくって地雷に触れたりして急激に減っていた．とくにタイ国内では，ここ 7, 8 年目撃記録がなく，すでに絶滅したのではないか，とさえいわれていた．（時事 AFP）」

注

カンボジアで，クー（Cou）は牛，プレイ（prey）は森，野生を意味するので，本稿ではコープレイ（Kouprey）ではなく，クープレイ（Couprey）とした．

●並河鷹夫

2

増殖するタンパク質，プリオン

村山裕一

核酸とプリオン

日本では牛海綿状脳症（Bovine spongiform encephalopathy, BSE）に感染した牛がこれまでに22頭見つかっている（平成18年1月現在）．感染した牛の脳では，変性した細胞と細かい空胞が多数見出され，脳組織がスポンジ状になっている．感染後約5年の潜伏期をへて，異常行動，運動失調などの症状がみられ，やがて死に至る．BSEの病原体は，加熱処理や放射線照射しても滅菌されず，DNAやRNAといった核酸を消化しても感染性が残り，タンパク質分解酵素でも分解されにくい．現在では，BSEなどプリオン病の病原体の本体は，構造が変化したプリオンタンパク質であると考えられている．正常型プリオンタンパク質（PrP^{C}）は，もともと脳や脊髄，リンパ系組織などに存在している．異常型プリオンタンパク質（PrP^{Sc}）のアミノ酸配列は正常型と同じであるが，異常型になると正常型にはなかった性質，すなわち感染性と病原性を発現するようになる．細菌やウイルスなどの他の病原体が生物として核酸をもっているのに対して，異常型プリオンタンパク質は基本的にタンパク質だけで感染性と病原性を発現するようになる点が他の病原体と大きく異なっている．プリオン仮説（protein only theory）を提唱したプルシナー博士は，1997年，ノーベル医学生理学賞を単独で受賞した．病原体が核酸の関与なしに増殖するという概念は当初多くの研究者に受け入れられたわけではないが，その後，酵母にもプリオンと同じような振る舞いをするタンパク質が存在することが明らかにされている．PrP^{Sc} も PrP^{c} と同じ遺伝子に由来するので，遺伝子だけを見てもなぜ異常型になったのかわからない．プリオンタンパク質について述べる前に，遺伝子解析からわかること，わからないことを霊長類進化を例に整理してみよう．

遺伝的要因とその本体

チンパンジーの子どもを人と同じように育てても，人間と同じようにはならない．たしかにチンパンジーやゴリラは人間の“知性の起源”を彷彿とさせる能力をもっているが，そのレベルは人間のそれとは異なるものだ．したがって人間性，いいかえれば人を人たらしめているものには文化や環境要因だけではなく，人が生まれつきもっている要因もあると考えられる．このような要因を遺伝的要因という．蛙の子は蛙，というが，蛙の卵には蛙になるのに必要な遺伝情報が含まれている．人間も同様に遺伝情報を下地に，人間性を発達させているのである．この下地が人間とチンパンジーで異なっていると考えられる．遺伝的要因の本体として考えられるのは，細胞の核に存在する染色体に含まれている核酸，DNA である．DNA はリン酸，糖，塩基からなる線状の重合体で，遺伝子の化学的本体である．塩基（A, T, G, C）の並び方により生物固有の遺伝情報が決定されており，受精卵の細胞分裂に伴って DNA は複製され，細胞数を増やしていく．このとき，細胞により発現する遺伝子が異なるため，形態や特性が異なる組織や器官が形成される．このように成長と分化の過程を経て 1 個の受精卵細胞はより人間らしくなっていく．いわば，人間になるためのプログラムが DNA に記述されていると考えていいだろう．人間には総数 30 億塩基，3 〜 4 万個程度の遺伝子が存在していると推定されており，DNA はコンピュータにたとえれば，膨大な記憶容量と無数のサブルーチンをもったプログラムであるといえる．

遺伝子配列の解析からわかること

遺伝情報のセットのことをゲノムというが，ヒトゲノム塩基配列を解明しようという壮大なプロジェクトがすでに終了し，ヒトゲノム配列のほぼ全貌が明らかになった．また，ゲノム解析の対象をチンパンジーをはじめとした他の霊長類にも広げようという計画が，欧米や日本でも開始されている．ヒトと他の霊長類の遺伝的基盤における相違点を探ることによって，それぞれの種の独自性を見つけようという計画である．技術的にはヒトゲノム解析の手法を応用すればよいので問題はないが，認知度や社会的要請がヒトゲノム計画と比べると低く，まとまった予算をとることは現状ではなかなか困難なようで，ヒトゲノム解析のように急ピッチには進まないと思われる．しかし，いずれヒトと霊長類のゲノム全塩基配列を比較できるようにはなるだろう．

じつはヒトとチンパンジーのある遺伝子の塩基配列を比較した結果，ほとんど同じであったという報告が多くある．差がある場合も1～2%しか違わない．もちろんすべての遺伝子についての比較はヒトやチンパンジーのゲノム解析結果を待たねば不可能なので，現在は人間性に関与している遺伝子を見落としているだけなのかもしれない．この場合，ヒトとチンパンジー間で塩基配列がかなり異なっているか，ヒトあるいはチンパンジーにのみ存在する遺伝子が相違の原因となる候補遺伝子ということになる．DNAに蓄えられた遺伝情報は，遺伝子発現により，タンパク質に翻訳され機能を発揮するようになる．これは塩基配列が異なれば，遺伝情報が異なることを意味しており，生成されるタンパク質の構造や機能が異なってくる可能性がある．

遺伝子配列の解析ではわからないこと

ある遺伝子がコードしているタンパク質の構造や機能は塩基配列からも推定することができる．どのような機能をもっているかということと同じくらい，そのタンパク質がいつ，どこで発現するのかという点も重要である．タンパク質の機能は同じでも，そのタンパク質が発現してくる細胞や発現時期が異なるとまた違った作用をもたらすからである．目の水晶体を形成しているクリスタリンタンパク質が目以外でも発現したら，意味がないだけでなくたいへんなことになる．DNAの遺伝情報はいったんmRNAという核酸に写し取られ（転写という），mRNAで指定されたアミノ酸の配列順序にしたがってタンパク質が合成されていく．どの細胞にも発現している遺伝子もあるが，特定のタイプの細胞にのみ発現している遺伝子もあり，これらの遺伝子はおもに転写段階でその発現がコントロールされていると考えられている．人間性を決定づけている遺伝的要因とはある遺伝子の発現する場所（細胞），発現する時期あるいは発現量と関係しているのかもしれない．またヒトとチンパンジーではタンパク質レベルではほとんど同じであるにもかかわらず，ヒト化の鍵をになう遺伝子の発現パターンが異なっているのかもしれない．それでは，人間とチンパンジーの塩基配列の比較からそのような発現調節の異なる遺伝子を見つけることはできるのだろうか？

発現調節の仕方が明らかになっている遺伝子ならば，可能性はある．DNAにはタンパク質をコードしている領域に加えて，その遺伝子の発現を制御している調節領域が存在している．たとえば，プロモーター（転写を開始するシグナルがある），エンハンサー（プロモーターと共同して転写を促進する），サイレンサー（エンハンサーとは逆に転写を抑制する）という調節領域が知られている．これらの領域がもしヒトと同じならば，ヒトと同様な転写調節を受けている可能性は高いが，1～2塩基でも違うとヒトとは異なった調節を受けている可能性がある．また，配列解析だけでは不充分で，実際に転写活性を比較してその違いを調べなければならない．

一方，前例のない発現様式の不明な遺伝子についてはかなり困難であろう．調節領域には遺伝子本体とは数千塩基以上も離れた位置に存在している例や，イントロンという遺伝子に割り込んでタンパク質にならない領域に隠れている例が知られている．また，遺伝子によっては独自の塩基配列をもった調節領域が存在しており，遺伝子全部についてその調節領域を推定することはヒトにおいてさえ，むずかしいのだ．ポストゲノム解析の時代がやってきた，といわれるが，ほんとうはこれからが正念場なのである．多数の遺伝子の発現を比較するのは面倒だからだ．DNAマイクロアレイ法という新しい技術が開発され，以前に比べて遺伝子の発現を容易に調べることができるようになったが，単純な塩基配列の解析に比べるとかなりやっかいである．

タンパク質合成後，タンパク質の構造や機能が変化する例

タンパク質は，アミノ酸が直鎖状につながってできている．そしてそのアミ

ノ酸の配列の順序や長さがそのタンパク質の構造や機能を決めている．アミノ酸の配列順序は先に示したように mRNA から読みとられる．mRNA はさらに DNA から写しとられたものであるから，DNA の配列が決まれば，生成されるタンパク質の性質も自動的に決定されることになる．したがってタンパク質の合成を指令している大本は DNA であるといってよい．異なる性質をもつタンパク質はそのタンパク質をコードしている DNA の配列も異なっているはずである．しかし，この基本的原理をくつがえすタンパク質が発見された．それがプリオンタンパク質である．PrP^{c} と PrP^{Sc} はともに同じ遺伝子に由来するのでアミノ酸配列は同じだが，その性質は異なっている．通常はタンパク質のアミノ酸配列（一次構造という）が決まれば，アミノ酸の並び方によってそのタンパク質の高次構造，らせん構造や折りたたまれ方（二次構造という）も決まる．PrP^{c} ではらせん状にアミノ酸がつながっている部分が，PrP^{Sc} ではシート状の構造をとっている．PrP^{Sc} は PrP^{c} に働きかけ，異常型へと変換していく．結果として繊維状になった巨大な分子集合体（アミロイド繊維という）が形成されるようになる．

プリオンタンパク質の正体

プリオンタンパク質は，牛の場合231個，ヒトでは253個のアミノ酸からなる．ヒト，牛，マウス間では 80％以上のアミノ酸配列の相同性がある．通常はマウスからヒトへの感染といった異種間の感染は簡単には起こらない．これを「種の壁」というが，アミノ酸配列の残りの相違部分がプリオン病の種間感染の起こりやすさを決定している．プリオンタンパク質はいろいろな組織で発現しているが，とくに中枢神経系，脳で大量に発現している．プリオンの本来の機能については，細胞間の接着に関係しているとか，あるいは解毒酵素活性をもっていると報告されているが，ほんとうのところはあまりよくわかっていない．プリオン病の予防・治療法の開発には感染機構についても明らかにする必要があるが，どのようにして PrP^{Sc} が生成されるか分子レベルでの変換機構についてもほとんどわかっていない．

●村山裕一

プリオン病はどこからきたのか

プリオン病の特徴の1つとして，潜伏期が非常に長いということがあげられる．経口感染すると，異常型プリオンタンパク質は脾臓やリンパ節で最初に見つかるようになる．リンパ組織には濾胞内樹状細胞（follicular dendritic cells, FDC）が分布しているが，この細胞はプリオンタンパク質を多く発現している．FDCに感染した異常型プリオンタンパク質はFDC内で複製され，末梢神経を介して中枢神経系に感染が拡大していくと考えられている．感染動物の神経組織では正常型プリオンタンパク質が異常型へとゆっくりと変換・蓄積していき，数年の潜伏期を経て発症する．

英国でのBSEアウトブレイクは，感染動物由来の肉骨粉を牛用の餌として与えた結果発生したと考えられている．肉骨粉とは牛や豚，鶏といった家畜を解体した際，食肉となる部分を取り去ったあとの骨や内臓などの原料を加熱処理して乾燥粉砕したものである．肉骨粉は栄養価が高く，低価格なので，家畜用の配合飼料の原料として使用されてきた．英国での調査の結果，BSEが発生した牧場では肉骨粉を含んだ飼料が使われていたことが明らかになった．また，肉骨粉製造法が変わり，異常型プリオンタンパク質の不活化に有効な蒸気加熱過程がなくなり，肉骨粉に感染性が残りやすくなったと考えられる．英国では，牛肉骨粉を牛の飼料としての使用を禁止したが，国内で消費できなくなった肉骨粉はまずEU諸国，その後アジア諸国へ輸出されるようになり，その結果，英国以外にも感染が拡大したと考えられる．日本でのBSE感染源としては，輸入牛，肉骨粉，動物性油脂が疑われているが，感染経路はいまだ解明されるにいたっていない．プリオン病は牛のほか，ヒツジ，ヤギ，ミンク，オオカミ，ネコ，トラなどで確認されている．このような動物では餌を介して感染したと考えられる．ヒトのプリオン病は，クロイツフェルト・ヤコブ病（Creutzfeldt-Jacob disease, CJD）というが，CJDには外科手術等を介して人から人へと感染する経路のほかに，BSE感染牛を食した結果感染したと思われるもの（variant CJDという）もある．

試験管内で無限増殖する異常型プリオンタンパク質

プリオンが異常型へと変化していくメカニズムは先に述べたようによくわかっていない．ある種の培養細胞にも PrP^{Sc} は感染し，複製されることがわかっているが，ウイルスなどの感染に比べてその感染効率はとても低い．プリオン病の謎に迫るには人工的に PrP^{Sc} を増幅させることがぜひとも必要になってくる．現在では，試験管内で PrP^{Sc} を増幅する方法，protein-misfolding cyclic amplification (PMCA) 法が開発され，PrP^{Sc} を試験管内で短時間に増幅できるようになった[1]．PMCA 法では PrP^{Sc} から PrP^{c} への構造変換を試験管内でおこなう．健常動物の脳乳剤と極少量の感染動物由来の脳乳剤を混合し，培養すると PrP^{Sc} が核になって PrP^{c} が異常型へと変換していく．次に超音波処理によってこの核を物理的に細片に壊すと，次の培養時には，これら細片が新たな核となって異常型への変換を加速する．培養—超音波処理を数十回繰り返すと，ちょうど核酸を増幅する PCR 反応のように PrP^{Sc} を選択的に増幅させることができる，というのが PMCA 法の原理である (図 1)．この方法が画期的なのは，増幅産物を希釈し，新たに PMCA 反応を繰り返しても増幅効率は低下せず，試験管内で無限といっていいほど増幅できる点にある．これは試験管内で新たに生成された PrP^{Sc} は感染性を保持していることを示しているが，加えて PMCA 法で生成された PrP^{Sc} にも病原性があることが実験動物を使って証明されている[2]．

今後の展開

PMCA 法では脳乳剤を用いるが，これがミソである．脳をすりつぶした乳剤にはプリオンタンパク質の他に，多くのタンパク質や核酸などを含んでいる．精製されたプリオンタンパク質を用いると変換はうまく起こらないので，PrP^{Sc} への変換にはプリオン以外の因子も関与していることが推測される．RNA が変換効率にかかわっていることがすでに報告されているが，PMCA 解析により今後，プリオン変換機構や新たな変換補助因子について明らかにされると思われる．また，PMCA 法は，PrP^{Sc} の複製や蓄積を阻害する感染予防薬等のスクリーニングにも有用であると思われる．現在もっとも検出感度のよい方法は，マウスなど感染モデル動物の脳内にサンプルを接種するバイオアッセイ (図 2) である

●村山裕一

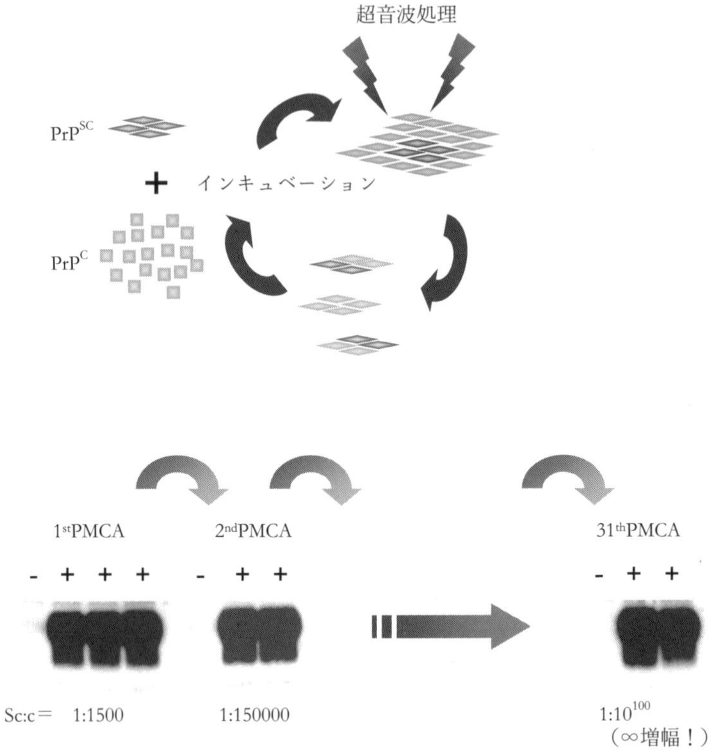

図 1　PMCA 法の原理と試験管内で無限増殖する異常型プリオンタンパク質

上図　PrP^{c} 供給源としてハムスター正常脳乳剤を使用し，極微量のハムスタープリオン感染脳乳剤を試験管内で混合する．試験管を攪拌しながらインキュベーションすると PrP^{Sc} が核となって PrP^{c} を異常型に変換していく．1 時間後，超音波を照射し，大きくなった核を細片にする．インキュベーション・超音波処理のサイクルを数十回繰り返すと PrP^{Sc} が試験管内で増幅される．

下図　増幅産物をタンパク質分解酵素で消化した後電気泳動で分離し，ウェスタンブロット法で PrP^{Sc} を検出した例を示す．－のレーンは増幅前，＋のレーンは増幅後を示している．PrP^{Sc} を 1/1500 に希釈し 1 回目の PMCA 反応をおこなうとタンパク質分解酵素に抵抗性を示す PrP^{Sc} が増幅されているのがわかる．この増幅産物を 1/100 に希釈し，2 回目の増幅反応をおこなっても PrP^{Sc} のシグナルは減少しない．増幅産物を希釈し，増幅するという反応を延々繰り返し，最終的には PrP^{Sc} が 1/10^{100} に希釈された状態でも PrP^{Sc} のシグナルは明瞭に認められる（協力：動物衛生研究所・吉岡都主任研究員）．

が，PMCA 法の感染性の検出限界は，ほぼバイオアッセイと同等レベルにあり，バイオアッセイに比べてはるかに短時間に結果が得られる PMCA 法は上記薬剤のプレスクリーニングに役立つだろう．

わが国が BSE 汚染国となった現在，より検出感度が高く，信頼性のある早期

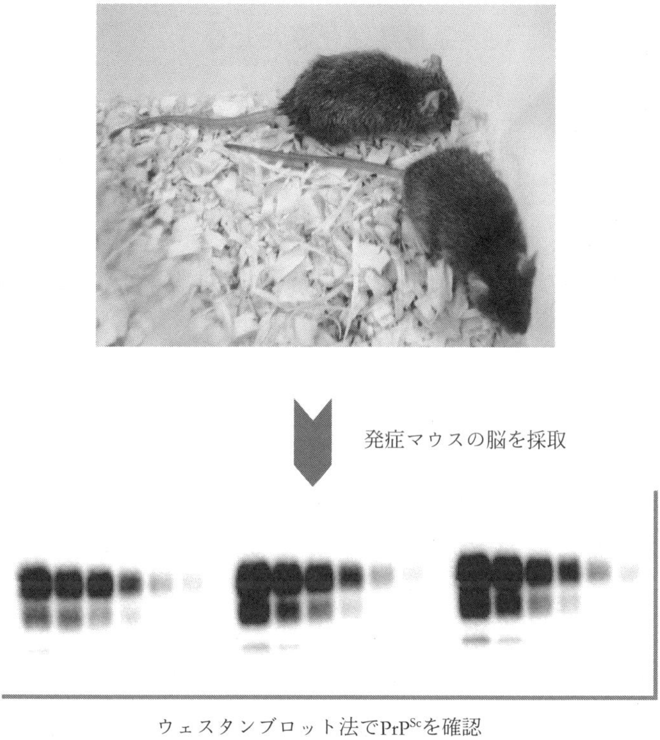

図2 バイオアッセイによる異常型プリオンタンパク質の検出

現在もっとも感度がよいといわれているのが，マウスなど実験動物に脳内接種して，感染性・病原性を検出するバイオアッセイである．写真では，プリオンに感染したハムスターの脳乳剤を，ハムスタープリオンを発現したトランスジェニックマウスに脳内接種し，その後，経過観察をおこなった例を示している．発症すると毛が逆立ち，運動量が低下し，やせ細ってくる（マウス写真の上のマウス）．発症するまでおよそ40～50日かかるが，最終的に，タンパク質分解酵素に抵抗性をもったPrP^{Sc}の脳内蓄積を確認する．下の写真は3匹の発症マウスの脳乳剤を段階希釈してウェスタンブロット法で解析した結果を示している．なお，複数のバンドはいずれも異常プリオンに由来する．

診断法が必要とされている．PMCA法がBSEプリオンの増幅にも有効であれば，高感度な診断法として応用できるだろう．現状では，BSEプリオンの無限増幅は実現できておらず，先に述べた実験動物の例のような超高感度検出法は確立されていない．動物種あるいはPrP^{Sc}の種類によって増幅様式が異なっていることもプリオンの謎の1つである．多くのプリオン病の謎が解明されたとき，また何人かのノーベル賞受賞者が生まれるに違いない．

●村山裕一

霊長類進化ふたたび

プリオンは脳に多く発現しているタンパク質であり，先に述べたようになにがしかの脳内環境が PrP^{Sc} の生成にかかわっていると考えられる．PrP^{Sc} は有害なタンパクだが，プリオンのような特徴をもった有害ではない他のタンパク質が存在している可能性も考えられる．このようなタンパク質は，周りの環境によっては構造が変化し，それに伴ってタンパク質の機能も変化するかもしれない．したがってある遺伝子の配列が同じかよく似ていても，その産物であるタンパク質の機能は，異なる環境，たとえば，人の脳とチンパンジーの脳では大きく異なっているということもありうるかもしれない．このようなタンパク質が仮に，人を人，サルをサルたらしめている機能にかかわっているなら，遺伝子の配列や遺伝子発現を調べただけではその要因を特定することはできないことになる．荒唐無稽な考えかもしれないが，ひょっとするとありうるかな，とも思っている．

文献

[1] Saborio GP, Permanne B, Soto C: Sensitive detection of pathological prion protein by cyclic amplification of protein misfolding. Nature 411: 810–813, 2001.

[2] Castilla J, Saa P, Hetz C, et al. In: vitro generation of infectious scrapie prions. Cell 121: 195–206, 2005.

参考図書

「核酸をもたない生命体“プリオン”」 S. プルシナー著『サイエンス』(現・日経サイエンス) 1984 年 12 月号.

『死の病原体プリオン』R. ローズ著　桃井健司・網屋慎哉訳　草思社　1998 年.

『プリオン病〈第二版〉BSE (牛海綿状脳症) のなぞ』山内一也・小野寺節著　近代出版　2002 年.

II

DNAによる父子判定

1

霊長類の行動の背景にある遺伝子を探る

村山美穂

一日のはじまり

……目が覚める．窓の外には，白みはじめた空に，星がいくつも瞬いている．今日は天気が良さそうだ．地面は霜が降りているから，サルたちを寝場所から観察場所へ出すのに苦労するかもしれない．観察の前に，DNA 試料を酵素で処理して，電気泳動のゲルを流し込み，2 時間観察した後，固まったゲルを用いて処理した DNA の電気泳動を開始．泳動の間に，昨夜からのハイブリダイゼーションの洗浄を開始し，先週セットした X 線フィルムを現像しよう．実験室に行ったら，まず製氷機から氷をもってくる．試薬を冷凍庫から出し，溶かす間に，チューブをとりだして番号を書き，DNA を冷蔵庫から出し，溶けた試薬を撹拌する．試薬のプレミックスを作り，チューブに分注し，DNA を加え，最後に酵素を加えるときは 3 回ピペッティングする．このように，と布団の中で手を動かしてみる．観察の一時間前には，実験を開始しないと間に合わない．もう起きなければ…….

私が霊長類研究所の大学院生であった当時，冬の朝は，たいていこのようにしてはじまった．霊長類の研究に興味をもった当初は，フィールドでの行動観察をしたいと思った．そのうち，観察では知ることができないような，行動の背後にある物質レベルの要因を解明したいと考えるようになった．「行動に関係のある研究をしたい，ただし物質レベルで」. 大学院の面接で，こんな漠然とした希望を語った私は，修士課程に入学すると，竹中先生の研究室で，遺伝子解析による父子判定というテーマにとりくむことになった.

なぜニホンザルの父子判定をする必要があったのか

ヒトを除けば最北限に分布する霊長類として知られるニホンザルは，「桃太郎」や「さるかに合戦」などのおとぎ話にも登場するほど，日本の風土に古くから根ざした動物だ. ニホンザルはオナガザル科マカカ属に分類される. マカカ属には19の種が含まれ，北アフリカのバーバリーマカク1種を除く大部分が東南アジアの広範囲に分布しており，いずれの種も，複数の雌雄が群を形成する. ニホンザルの社会行動の研究は，戦後すぐに日本の研究者らによって開始された. しかし，研究がはじまって30年以上を経ても，まだ解き明かされていない大きな謎は「父親は誰か」だった. メスが子育てをするニホンザルでは，子どもの母親は容易に判別できる. しかし群には複数のオスがおり，誰が子どもの父親なのか，交尾などの行動観察から判別するのはむずかしい. 霊長類の多くの種でも同じ問題がある.

多くの動物の行動は，「遺伝子を次世代に多く残せるように」という目的から説明できる. そのため，子ども数や個体同士の血縁関係の測定は，動物の行動生態を研究する場合に不可欠だ. 動物の多様な行動（繁殖努力）を観察し，子ども数（繁殖成功度）との関連を比較して，1つ1つの行動に具体的な意味づけがなされてきたのである.

「遺伝子を次世代に多く残す」目的は，霊長類にも通用する公式なのだろうか. われわれヒトには，子どもを残すことと直接関係ないように思われる行動もずいぶん多い. 巡り巡れば関係があるとしても，寿命が長い動物では，原因と結果がすぐにはつながらない. ニホンザルで20年，チンパンジーでは50年にも及ぶ生涯の行動は，子ども数でどこまで明確に説明できるのだろうか. 以前にもメスでの研究はあった. しかし，メスは一度に1頭しか子どもを産めないので，個体間の差はそう大きくならない. それに対してオスは，一度の繁殖期に群のすべてのメスとの間に子どもを作ることも不可能ではないのだから，オスの子ども数の情報はいっそう重要になる.

サルの子どもの父親を知ることには大きく分けてふたつの意味がある．その1つは，どのような特徴をもつ個体が子どもをたくさん残しているのかを明らかにすることである．ニホンザルの群をしばらく観察すると，メンバーの間に順位が存在するのに気がつく．たとえば尾をぴんと立てて歩き，みんなが脇へよけて場所を譲るサルがいる．一方で始終攻撃されてギャーと泣きわめいているサルもいる．順位はメンバー間の直線的な序列である．食物や交尾相手のメスをめぐって互いに争う場合，高順位のオスはたしかに有利な立場なので，順位には個体の特徴の中でもとくに重要な意味がありそうに思われる．それでは，高順位オスは繁殖成功（ここでは子どもの数）においても有利であり，低順位オスには可能性がないのだろうか．あるいは年齢や，他の特徴が子ども数に影響しているのだろうか．

ふたつめは，サルは父系の血縁を認識しているのか，ヒトの家族のような関係を築いているのか，という点である．ニホンザルの場合，群は母系の血縁を基盤にして成り立っている．オスは5〜6歳で成熟すると生まれた群を出てゆき，数年の間隔で群から群へ渡り歩く．その滞在の間に，特定のメスや子どもと親しく過ごす場合も観察されている．彼らの間に実際に夫婦や親子の関係はあるのだろうか．サルにとっての父親の役割を明らかにすることは，私たちヒトの家族の起源を考えることにもつながる．ヒトは文化によって形態の違いこそあるが，家族という小さな社会単位で子育てなどのさまざまな活動をおこなう．ヒトの進化の中でこのような形態がいつごろ出現したのかを考える上で，霊長類社会の構造，とくに繁殖構造を知ることは興味深い．

ニホンザルを対象に選んだのは，日本に棲息するサルであり，行動観察の研究の歴史が霊長類の中でもっとも長く，多くの飼育施設や各地の野猿公園で，何世代にもわたる母系の血縁関係やオスの順位などのデータが蓄積されているためである．父子判定には，当時，ヒトの法医学分野で開発されたばかりで，その有用性が注目されていた，DNA解析の手法を応用した．

実験室を歩いて，サルを見る

観察対象に選んだのは，霊長類研究所の約500平米の放飼場で暮らしていた「若桜（わかさ）」グループだった（写真1）．「若桜」は1974年に鳥取県の若桜町から導入

●村山美穂

写真1 放飼場の「若桜」グループ
オトナのサルには，すべての交尾を確実に記録するため，瞬時に識別できるように背中にヘアダイで印をつけた．屋根の上手前に1位のゴンタ，はしごの先端に3位のナオトがいる．

された10頭を繁殖させたグループで，1987年にはオス19頭，メス30頭がいた．父子関係を明らかにするだけではなく，それぞれのオスがどのメスと，どれくらい交尾しているか，といった「繁殖努力」とその「結果」としての子ども数を比較するため，1987年の交尾期に若桜グループのすべての個体の交尾行動を終日観察し，翌年春に生まれた子どもたちの父親を判定した．

実験は私が担当したが，観察は先生や学生を含む7人がチームを組み，10月から2月までの交尾期の間，夜明けから日没まで延べ1500時間，交代で放飼場を見渡せる屋根の上に陣取り，すべての出来事を記録し続けた．1人が1日のうち2時間を担当する．行動観察で国内外のフィールドに出かける場合は，ある程度調査に集中できるが，通常の仕事をしながら，毎日の観察を続けるのは，予想以上にたいへんだった．忙しい先生方は出張で不在の時もある．吹きさらしの寒さで，引いてしまった風邪が悪化し，急な交代が必要になる．1日のうちに2回，あるいは3回も担当する場合も出てくる．大雪で車が動かなかったり，サルたちが暖かい寝場所から観察場所になかなか出ようとしなかったり．それでも時間になれば，観察を開始しなければならない．ビデオ撮影も試みたが，死角をなくすのはむずかしく，やはり実際に観察するしかないという結論になった．メンバーのそれぞれが，ぎりぎりのところで当番を果たしていたと思う．

私の場合は，実験との両立に苦心した．山ではなく実験室を歩きながらサルを見る，すなわち実験とフィールド観察とデータ整理とを同時に進めるというスタイルには，遠方のフィールドへ出かけて滞在する準備や負担がないかわり，別の緊張感があった．観察は共同作業なので，直前になって時間をずらすことはできない．実験に失敗しようとも，手違いで反応時間が長引こうとも，当番の時間には最優先で観察場所へ駆けつけなければならない．今のように携帯で，観察している人と連絡を取りあうこともできない．何度か遅れてしまい，「トイレに行きたかったよ」という前の当番の人に，ひらあやまりしたこともあった．寒い中での2時間，サルから目を離せないのはいろいろつらい．実験の遅れは，1つの実験の反応時間に，別の実験をパズルのように詰め込んでカバーした．布団の中でのイメージトレーニングは，流れるように無駄のない動きで，時間を節約し失敗を防ぎたいと思ってはじめた．ところが，自分の作業で頭がいっぱいで周囲を見る余裕のない私に，機器の使用者が重なる，機器のメンテナンスが必要になる，試薬が足りなくなる，など，予想外のハプニングがこれでもかと降りかかる．家路につくころにはいつも，冬のオリオン座が空高く上っていた．

子どもの数は順位を反映しない

ニホンザルの交尾（写真2）は，写真のようなマウンティングを数回から数十回も繰り返し，時間がかかるため，順位が低いオスの場合は，射精する前に高順位のオスから攻撃されて交尾が中断されることがよくある．上位のオスは，下位オスの交尾を見つけるとすぐさま攻撃する．しかし下位のオスも目を盗んでは交尾を試み，またメスのほうも，どうやら若い下位のオスを好むようで，積極的に近づく．ぬきあしさしあし，いかにも忍び寄る格好．頭隠して尻隠さずということばどおり，上位のオスから丸見えなのに自分では隠れたつもり．自分の交尾を中断してまで他人を攻撃する嫉妬深さ．観察者の連絡会は，こう

写真2 サブ（オス）とナツノ（メス）の交尾
ニホンザルの交尾は，写真のようなマウンティングを数回から数十回も繰り返した後に射精する．射精は，白く固まった精液がメスやオスの陰部についていることで確認できる．

したエピソードで賑わった．

実験室ではこのころ，私は，ヒトでおこなわれているのと同様の親子判定法を，ニホンザルに応用する条件を検討していた．ヒトやサルの遺伝情報のうち，タンパク質に翻訳される部分は5％に満たない．翻訳されない領域には，ミニサテライトやマイクロサテライトと呼ばれる，前者は20～30塩基，後者は2～6塩基を単位とする反復配列が多く存在する．こうした翻訳されない領域は，淘汰の影響をあまり受けず，突然変異が蓄積されやすいので，反復数には個体差（多型）が存在する．しかも反復数は親子間でメンデル遺伝するので，個体識別や親子判定のマーカーとして利用できる．若桜の父子判定では，ミニサテライト領域を解析したが，現在では，同じ特性をもち，検出がより簡便なマイクロサテライト領域の解析が主流なので，図1ではこちらの方法を紹介する．

この研究をはじめるまで，私には遺伝子の実験経験はほとんどなかった．霊

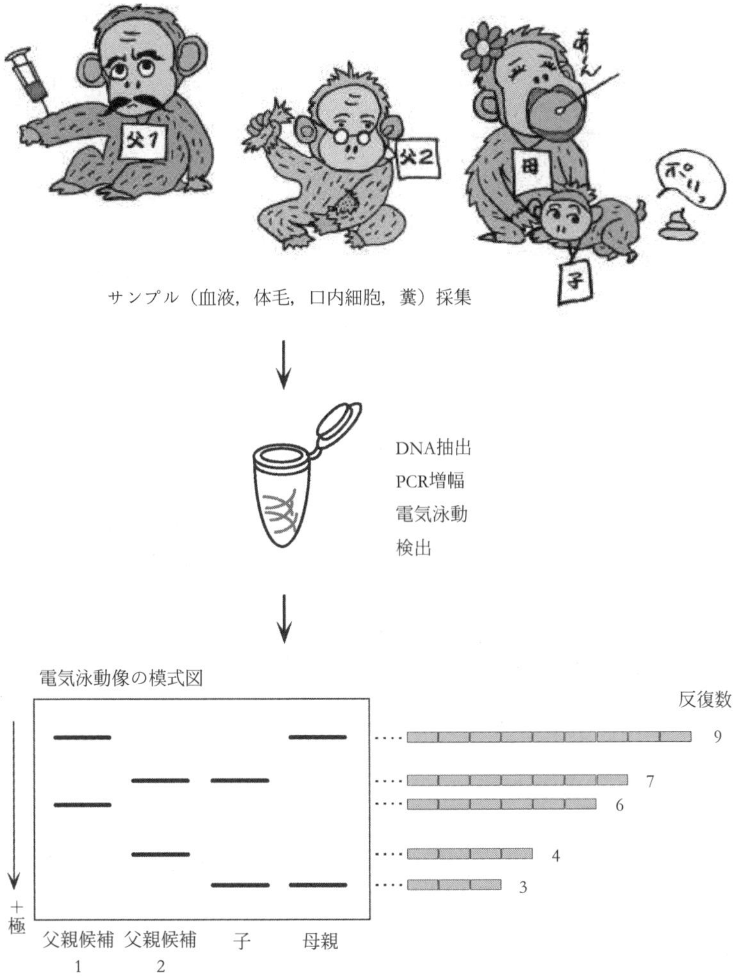

図1　DNAマーカーによる父子判定の例

子ども，母親，父親候補のマイクロサテライトの反復数を比較して，父親を判定する．子ども，母親，2頭の父親候補の細胞からDNAを抽出し，マイクロサテライト領域をPCR増幅する．増幅されたDNA断片は，電気泳動という，電流の流れるゲルの中を移動させる方法で，模式図のように長さによって並べることができる．長さはその個体のもつマイクロサテライトの反復数を反映している．子どもは父と母から1本ずつの相同染色体を受け継ぐので，子どものもつふたつのマイクロサテライトの反復数は，1つは母親と，他の1つは父親と同じである．この図では，子どもからは反復数3回と7回に相当するDNA断片が検出されており，3回反復は母親と共通である．母親から受け継いでいない方，すなわち父親から受け継いでいると思われる7回反復のDNA断片は，父親候補1, 2のうち，父親候補2のみがもっている．したがって，父親候補1は除外され，父親候補2が父親と判明する．子どもと母親，父親候補のオスすべての組み合わせで多数のマイクロサテライト領域を解析し，1頭を除くすべての候補を除外して，父親を特定する．

●村山美穂

長類研究所では，修士1年の夏休み前までは，霊長類学の全般にわたる講義がある．夏休みに入った8月ごろから少しずつ実験操作を習い，失敗を繰り返しながら，やっとミニサテライト領域の検出に成功したのは11月ごろだった．放射性同位元素で感光させたX線フィルムを現像液に浸すと，暗室の赤い光のもと，ミニサテライト領域を示す縞々が，ゆっくりと浮かびあがってきた．縞模様は個体によって違うパターンを示していた．

じつは，この結果が得られるまで，「ニホンザルの父子判定は技術的に無理かもしれない」との危惧があった．DNAの解析が可能になる以前，血液タンパク質多型を父子判定に応用することが考えられた．しかしニホンザルは多様性が小さく，候補のオスが10頭の平均的な群で父子判定をおこなうには，400種類以上の血液タンパク質を解析する必要があり，父親を1頭に絞り込むのはむずかしいと試算されていた[1]．ミニサテライト領域のような，DNAのタンパク質に翻訳されない部分の多様性はもっと高いと期待されるが，実際に解析してみるまでは充分かどうかはわからなかった．この日，ニホンザルではじめて検出できたミニサテライト領域の縞々は，父子判定の成功を確信させるものだった．

それから，冒頭に書いた日々がはじまった．若桜のすべての個体約50頭に加え，翌春生まれた子ども8頭からも採血して遺伝子型を調べた．父子判定が技術的に可能とわかっても，次に控えた問題は「父子判定する意味があるのか」だった．観察してみると，若桜グループでも，これまでに他の群で報告されているとおり，順位の高いオスの交尾数は圧倒的に多かった．子ども数もそれに比例している可能性は高い．遺伝子による判定は，それを追認するだけかもしれない．

ところが，判定結果は目を疑うものだった．あれほど交尾を独占していた1位オスのゴンタと，生まれた子どもの父子関係が，つぎつぎと否定されていった．図2に示すように，射精を伴う交尾数はオスの順位が高いほど多い．それぞれのオスの，明らかになった子どもの数は，順位に無関係で，低順位オスでも子どもを残していた[2]．従来の「高順位オスは低順位オスに比べて射精に至る交尾数が多いのだから，子ども数も当然多いだろう」という予想は，遺伝子を調べることでみごとに覆された．

この傾向は1987年に限ったことではなかった．それ以前の各年も，交尾の観察記録はないものの，滞在した成年オスの記録は残されている．若桜と，霊長

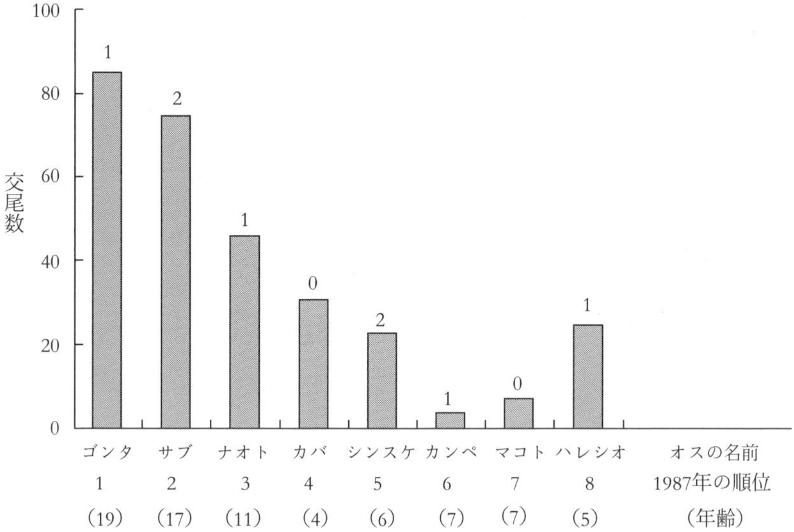

図 2　交尾数と父子判定
1987 年冬の交尾期の観察では，射精を伴う交尾数はオスの順位が高いほど多かった．しかし，判明した子ども数（バーの上の数字）は順位に関係ない．

類研究所のもう 1 つの放飼場で飼育されている「嵐山」グループの，合わせてふたつのグループ約 100 頭の DNA を調べ，計 70 頭の子どもの父親を判定した[3]．若桜では，もとからいた 1，2 位のオスに加え 3 位のオスが繁殖可能な年齢に達した 1981 年以後に生まれた 41 頭では，1，2，3 位のオスの子どもはそれぞれ 8 頭・8 頭・9 頭である．ちなみに彼ら 3 頭の順位は，グループが形成されて以降まったく変化していない．年ごとにみても，1 ～ 3 位のオスの子どもの数はかならずしも順位を反映していなかった．嵐山グループでも，若いオスが繁殖に参加しはじめた 1984 年から 1987 年の間，子どもの数は順位を反映していない．

1，2，3 位のオスは，群のオス全体では高順位に分類され，毎年着実に子どもを残しているので，順位も 1 つの要素であるが，低順位オスの戦略や，別のさまざまな要素も，子ども数に影響するようだ．メスの排卵日を推定したところ，高順位のオスは，メスの排卵日付近に交尾を独占していなかった．メスは，かならずしも高順位オスを子どもの父親に選ばないのかもしれない[4]．また，野外ではオスは数年ごとに新しい群へと移動を繰り返し，そのたびに順位が変動するので，生涯の順位と繁殖数を追跡して比較できれば，繁殖における順位の

●村山美穂

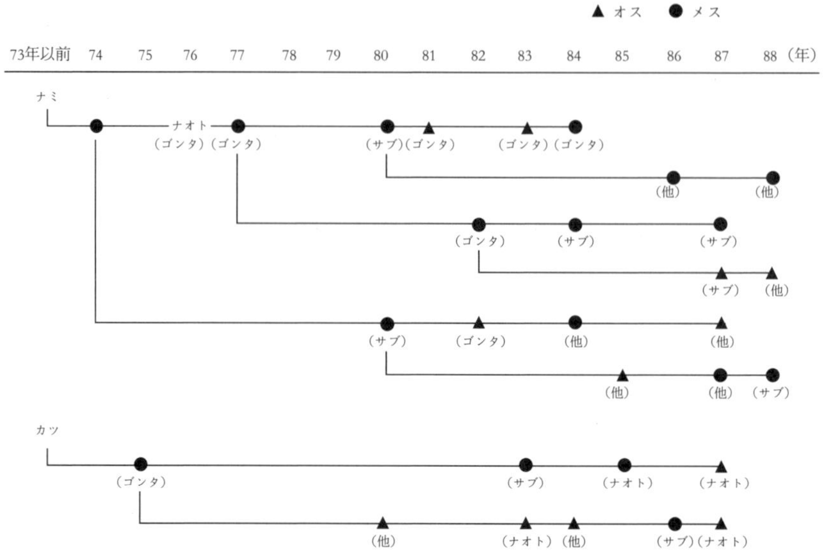

図 3　若桜群の母系図

ナミとカツというメスにはじまる家系図．ナミは 74, 76, 77, 80, 81, 83, 84 の各年に，1 位のゴンタ，2 位のサブとの間の子どもを産んでいる．ナミの 74 年生まれの娘は 80, 82, 84, 87 年に子どもを産む，というように，この家系図はナミにはじまる母系の一族を表している．遺伝子解析によって判定された，子どもの父親の名が（　）内に記されている．ナオトはナミ家系の子どもの父親にはなっていないが，母系の血縁でないカツ家系では多くの子どもを残している．

意味が，もう少しくわしくわかるだろう[5]．

父子判定のもう 1 つの目的である血縁認識についてはどうだろう．オスは自分の子どもを認識して保護するのだろうか．嵐山グループでは，けんかの際に助けたり助けられたりする個体の間に父子関係はなかった[6]．ニホンザルには父親の自覚はないらしい．

近親交配は回避されているのだろうか．野生群では，メスは生まれた群で過ごすのに対して，オスは成熟後に群を出て，数年ごとに群を移動するので，認識せずとも近親交配はほぼ避けられる．オスが出られない若桜グループでは，父娘間や異母兄弟間など父系の血縁者同士の繁殖は避けられていなかった[7]．では，母系の血縁者はどうか．図 3 は，若桜群のナミ，カツというメスにはじまる家系図である．ナミが 76 年に産んだ息子が後に 3 位となるナオトである．ナオトは，繁殖年齢に達した 81 年以降，ナミの一族に生まれた子どもの父親にはなっていない．一方，血縁のないカツの家系では多くの子どもの父親にナオトの名がある．つまり，母系の近親交配は避けているようだ[7]．ただし交尾は観察されているため，どのような回避メカニズムが働いているのかは不明である．

同じ母から生まれた兄弟の父は，同じなのだろうか．ナミやカツの子どもの父親は年ごとに変わっており，交尾行動の見かけ通りに乱婚的で，安定した夫婦のような関係はないようだ[7]．

野生群で父子判定をする

ニホンザルの放飼群で見出された結果は，野外にも当てはまるのだろうか．次に私たちは，宮崎県幸島に生息する約100頭の野生ニホンザル群をほぼ全個体捕獲して採血し，子どもの父親の判定を試みた．

幸島は戦後間もないころ，霊長類学の黎明期にニホンザルの餌づけが開始された．このころ，1頭のメスが餌のイモを海水で洗って食べるようになり，他のサルがまねをして，やがてイモ洗い行動が群の中に広まる様子が観察された．生得的ではなく後天的に学ぶ「文化」の報告で有名な場所である．1990年当時，すでに30年以上の観察の歴史があり，母子関係を記録した家系図が残されていた．

野外では，高順位オスの目を遮る隠れ場所も豊富にあり，低順位オスの交尾のチャンスがさらに広がると推定される．また幸島にはふたつの群が存在し，交尾期には別の群のオスも交尾の機会をうかがって出没する．別の群でも子どもを残すのか，すなわち群という社会単位が繁殖単位にもなっているのかという疑問は，放飼群の判定では解けない．

捕獲のためには，群の全個体が一度に入れる大きな罠をこしらえた．大きな網を木の枝から吊って，幅5 m，高さ2 mほどの立方体を作る．網の下部は埋めるか，ペグでしっかり固定し，隙間を潜って逃走されないようにする．幸島ではゴルフネットを用い，後に調査したカメルーンでは漁網を漁師から借りた．入り口に落とし戸を作る．網の中に餌をまき，数日間かけて，網に慣れさせる．できるだけ多くのサルが入ったときを見計らい，落とし戸を落とす．ついで網を吊ったひもを解くと，逃げまどうサルたちに網が被さる．体重にあわせた量の麻酔薬を入れた注射を用意しておき，サルを網の上から押さえて腿に麻酔を打つ．眠ったら身体計測と採血をする．麻酔から覚めるまでの30分から1時間，個別の檻に入れておき，完全に覚醒したら放す．

幸島では，多い年には40頭を越える父親候補が存在し，その中には死亡や行方不明のため試料が得られない個体も含まれ，判定は難航した．判定できた子どもでは，放飼群と同様に，多様なオスが父親になっている傾向が見出された[3]．近年，京都市嵐山や屋久島でも父子判定がおこなわれ，交尾の機会が少ない周辺オスや群外オスも父親になっていることが見出されている（II部5章，6章参照）．

高順位オスが繁殖を独占できないのはニホンザル特有の現象なのだろうか．霊長類の群の構造は種によって大きく異なる．私たちは，西アフリカのカメルーンにすむパタスモンキーでも父子判定をおこなった（II部2章参照）．パタスモンキーの群は，ニホンザルとは異なり，1頭の成年オスと多数のメスや子どもで構成される．判定の結果，群外オスも少なからず子どもを残していた．これは，単雄群の社会構造でも，繁殖構造は見かけ通りではなく，複雄的な場合もあることを示唆している．

幸島やカメルーンでの捕獲調査以後，解析の対象が，多量の良質なDNAを必要とするミニサテライト領域から，状態の悪いDNAでもPCR増幅して分析可能なマイクロサテライト領域へと転換したのに伴い[9]，捕獲によらないDNA採集方法が工夫された．私たちは，イヌの口内を綿棒で20回ほどこすり，生理食塩水中で綿棒にからまった口内細胞を採集している（写真3）．また，本書の他の章で紹介されているように，毛や尿からも採集が可能になり，野生群での遺伝子研究の可能性が大幅に進展した．

父子判定そのものはむずかしい技術ではないが，多数試料を同じ条件で解析するため，安定した技術力，試料を効率よく着実に処理する工夫，詳細な実験記録が必須だ．DNA試料は繰り返し使うので，汚染や劣化を避けるため保存用と解析用のチューブに分割し，詳細なリストを作るなどの管理体制も重要になる．

野外で試料を採集するのは，実験室での作業の応用問題のようなものだ．野外では設備や器具が限られるため，実験室とは異なる条件で作業をしなければならない．状況によっては，手順のいくつかを省略する場合もある．試料をよい状態に保つには，どの段階がもっとも重要なのか，解析の化学反応についての理解や経験が問われる．

設備や器具を少しでも補おうと，採集に必要な道具以外に，私はマジック，

写真3 イヌの口内細胞採取
口の中の粘膜細胞を綿棒で掻き取ることで，簡単にサンプルを採集できる．綿棒に絡まった細胞を，生理食塩水中で洗い落とし，綿棒を捨てた後，9倍量のエタノールを加え，90％エタノール溶液の状態で室温保存する．DNA抽出の際には，細胞を遠心分離で沈殿させ，生理食塩水で洗浄してエタノールを除去して用いる．数回のPCR増幅には充分な量のDNAが得られる．

ペーパータオル，大小のビニール袋，ラップ，アルミホイル，輪ゴム，パラフィルム，ガムテープ，はさみ，手術用手袋を携帯した．本来の用途以外にも，大きなビニール袋とラップやアルミホイルをガムテープで貼り合わせて，埃を避けるための簡易クリーンベンチを作ったり，空き容器にラップを敷いて新たな試料を入れる容器として再利用したり，蓋の代用にラップやパラフィルムを用いたりと，役に立つ．また，手回しの遠心分離器や，車のシガーライターに接続して使う冷蔵庫も近年改良が進んでおり，電気のないフィールドでは活躍するだろう．

フィールドワークとラボワーク

「学際的」ということばはよく使われるが，実際に野外観察と実験室での操作

●村山美穂

の両方をおこなう研究分野は多くはない.「自分の扱う対象動物を実際に見ること，そして自分で分析すること」は，竹中先生の一貫した姿勢だった. なぜその必要があるのだろうか.

行動の研究で遺伝子解析が必要になった場合，基本的に業者への外注などですませることはむずかしい. 塩基配列の解析など，過程の一部は外注できるが，条件が確立されたヒトやマウスとは異なり，野生動物の，しかも状態の悪い試料は，いわば特注品である. 解析の最初から最後まで対応できる業者はいないし，引き受けたとしても，値段はとても高くなるだろう. また，実験系の研究者との分業も簡単ではない. 父子判定のみでは，新規な研究にはなりにくいからだ. 法医学分野で開発された既存の方法を動物種に合わせて応用し，あとはひたすら多数個体を解析していくという手法から，遺伝子の研究として大きな発見を期待するのはむずかしく，行動データと合わせてはじめて，結果に価値が出る. やはり，興味をもった本人が，観察も遺伝子解析も自分の手でおこなう必要がある. その上で，観察，試料採集，解析のどれをとっても，多くの共同研究者なくしてはとうてい成立しないものだと思う. いっしょにサルを観察し，あるいは捕まえ，あるいは実験データを前に議論していただいた，論文共著者の方々に，深く感謝したい.

別な見方をすると，観察者と実験者が双方の仕事を知ることは，よりよい結果につながる. フィールドで糞を採集するとき，実際に遺伝子を解析した経験があれば，DNAの収量を増やし，解析の邪魔になる糞や土の成分の混入を避けるよう，細心の注意を払うだろう. 実験室で試料を分析するとき，何日も森を歩いたあげく，千載一遇のチャンスで得られた試料と知っていれば，貴重なDNAを節約できる解析法を選択するだろうし，次のフィールド調査までに，主要な個体の血縁関係だけでも解明を急ぐだろう. 実際に見て体験することが，細心の注意を喚起し，新しいアイディアの想起につながる. こうした小さな差の蓄積が結果に大きく影響し，研究の将来を決定する可能性もある. フィールドにいる間から実験ははじまっているし，実験結果によって次のフィールドワークの計画も立てられる.

新たな領域へ：行動に影響する遺伝子

ニホンザルやパタスザルでは，遺伝子を調べるという新たな方法を用いて，観察だけではわからなかった「父子関係」という新たな情報が得られた．この情報をもとに，順位の意味や血縁認識という，霊長類の行動や社会を理解する上で重要な事柄について，以前とは違った解釈ができるようになった．子ども数は生物の行動を解釈する上で重要な「究極要因」には違いない．しかし，解析したミニサテライトやマイクロサテライト領域は，あくまで血縁関係のマーカーにすぎない．「至近要因」として，行動に直接影響する遺伝子の機能が明らかになれば，「遺伝子でサルの行動がわかった」と，より実感できるのではないだろうか．そんな遺伝子は，はたして存在するのだろうか．

性格や気質のような複雑で環境要因も影響する形質において，遺伝子の具体的な影響を解明するのは困難だ．しかし最近の研究で，ドーパミンやセロトニンなど脳内神経伝達物質の量や感受性には遺伝的に個体差があり，性格形成に重要な役割を果たしていることが明らかにされ，行動や性格の遺伝的要因として注目を集めている．図4に示すように，ヒトの脳内神経細胞同士の連絡点，シナプスには，ドーパミンやセロトニンなどの伝達物質を受容，回収，分解するタンパク質がある．これらのタンパク質の数や感度に遺伝的な差があれば，脳が受ける刺激に対する反応が強い，弱いといった個体差としてあらわれる．ヒトのドーパミンの受容体D4のタンパク質には，そのような個体差が存在し，長いタイプの受容体をもつ人は性格テストの「新奇性追求」の項目で高い得点を示す傾向にあると，1996年にアメリカとイスラエルのグループが報告した．「新奇性追求」の得点が高い人は，少しぐらい危険でも新しいめずらしいことに挑戦する傾向がある．

論文を読んだ私は，この遺伝子の多型はヒト以外の霊長類にも存在するのか，存在するとすれば進化過程のいつごろから現れたのか，その多型はやはり個性に反映されるのか，調べてみたいと考えた．

さまざまな霊長類の種で比較したところ，ヒトから遠い原猿類では短いタイプ，ヒトに近縁の真猿類では長いタイプが多かった[10]．また，ヒトでは短いと不安を感じやすいとされるセロトニントランスポーター遺伝子の調節領域は，類人猿やサルではヒトよりも長かった[11]．この結果から，「新しいことに挑戦

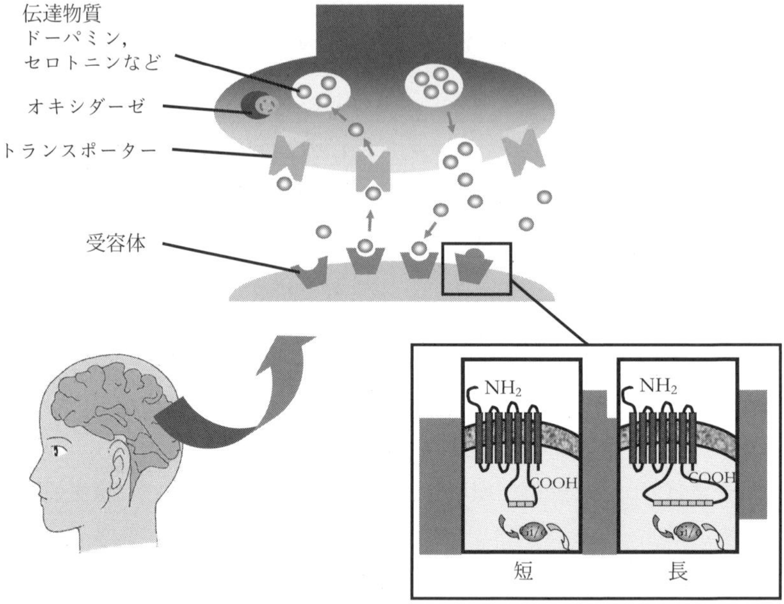

図4 シナプスにおける神経伝達物質の放出，受容，回収，分解

ヒトの脳内神経細胞同士の連絡点，シナプスでは，ドーパミンやセロトニンなどの神経伝達物質が一方の細胞から放出され，もう一方の細胞表面の受容体に受け取られることにより，興奮や抑制などの信号が伝えられる．信号を伝えた伝達物質はトランスポーターを介してもとの細胞に再吸収され，再利用されたり，オキシダーゼによって分解されたりする．

する性格が，霊長類の脳を発達させ，今日のヒトへと進化する原動力となった．一方で，森からサバンナに出て新しい生活をはじめたヒトの祖先には，不安を感じやすく用心深い性格が有利だった．こうして，好奇心が強く心配性の人類が誕生した」というシナリオが描けるかもしれない．

さらにドーパミンの回収や分解に関与する遺伝子の各タイプの機能を培養細胞で調べ，ヒトにもっとも近いチンパンジーやゴリラなどの類人猿でも，伝達効率はヒトと大きく異なっている可能性を見出した（図5）[12]．ヒトに比べて，チンパンジーやゴリラはドーパミンの回収が速く，一方，分解はチンパンジーでは遅くゴリラでは速いと推測される．すなわち，チンパンジーはドーパミンが分解されず脳内に大量に存在するので，刺激を受けると強く興奮し，一方ゴリラでは興奮が弱く，両種とも興奮は長続きしないのかもしれない．ヒトとチンパンジーの塩基配列の差異はわずか1～2%で，互いにとてもよく似ているが，このように両種で配列や機能が大きく異なる遺伝子もある．こうした遺伝

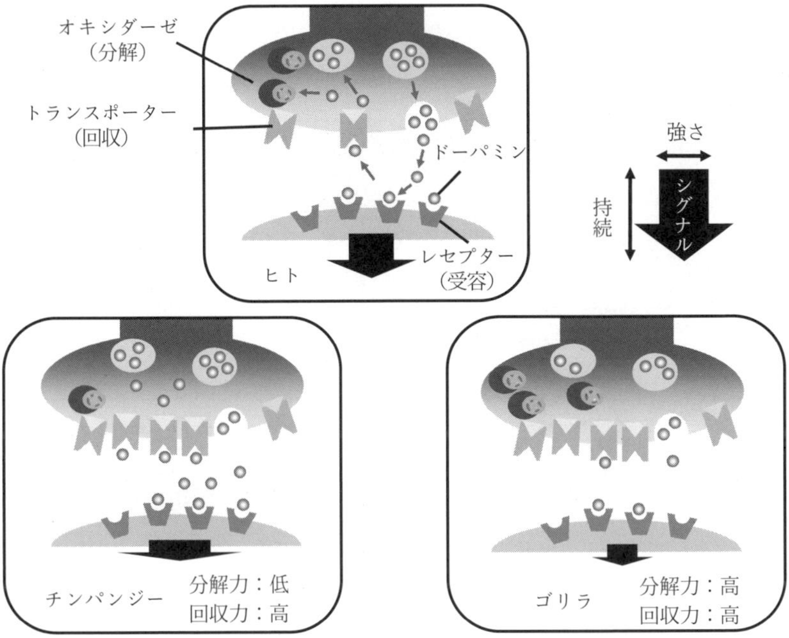

図 5　推定される脳内伝達の比較

ドーパミンの回収や分解に関与する遺伝子のタイプと培養細胞での機能を比較すると，チンパンジーやゴリラではヒトよりも回収が速く，分解はチンパンジーでは遅くゴリラでは速いと推測された．

子が，まだ解明されていない，ヒトと類人猿の違いを決定する鍵なのかもしれない．

今後は，種間比較からさらに進み，個性に富んだチンパンジーやニホンザルの，それぞれの個体のもつ遺伝子の型が行動にどう反映するかを解析したいと考えている（写真 4）．たとえば，ニホンザル若桜群のオスの繁殖戦略が個体ごとに多様なのは，遺伝子型の影響かもしれない．残念ながらニホンザルでは，これまでに調べたドーパミン受容体やセロトニントランスポーターの遺伝子には多型がなかった．行動データと比較できる遺伝子は，まだ見つかっていない．

チンパンジーでは，霊長類研究所のチンパンジー 11 個体の性格を，ヒトと同じテストで判定を試みた．この性格テストは本来，多数の質問に自己評価で回答する形式だが，チンパンジーの場合は日ごろ接している研究者に評価していただいたところ，個体ごとの性格の差が描き出された[13]．これらの個体間には，

写真4　争うチンパンジー
チンパンジー同士の複雑な社会関係はヒトを彷彿とさせる（撮影：清原なつの氏）.

遺伝子の多様性もある．将来，調査例数が増えれば，チンパンジーでも遺伝子と個体の性格の関連を見出すことができるだろう．

現在私は，家畜や家禽の遺伝子も扱っている．中でもイヌは，多くの家畜が食用なのとは異なり，おもに使役用としてヒトと親しい関係を築いてきた．チンパンジーが系統的にヒトにもっとも近い動物なら，イヌは社会的にヒトにもっとも近い動物といえるだろう．イヌという1つの種には，外見も性格も多様な400もの品種が含まれる．イヌでもドーパミン受容体D4遺伝子に多型がみられ，長い遺伝子を高頻度にもつ品種は攻撃的な傾向にあった[14]．盲導犬や麻薬探知犬などの有用犬の適性に関与する遺伝子が見つかれば，効率的な育成に役立てることができる．そこで，有用犬の個体差を比較して，行動に関与する遺伝子を探索している（図6）.

さらにニワトリでも，ドーパミン受容体遺伝子に多型を見出した[15]．ニワトリのような食用家禽においても，性格は重要な資質である．ストレスを受けにくいニワトリができれば，飼育管理の手間が省け，産卵数や体重の増加など，生産性の向上も期待できる．品種改良に向けて，行動と遺伝子型の関連を解析

図 6 遺伝子情報を有用犬の育成に役立てる
視覚障害者を導く盲導犬や，空港や港で麻薬の持ち込みを防ぐ麻薬探知犬で，遺伝子型と訓練成績を比較し，適性に関与する遺伝子を探している．遺伝子で適性がわかれば，有用犬を効率的に育成できる．

している．

おわりに

「行動の背後にある要因を解明したい」との動機からはじまった研究は，サルの父子判定から行動遺伝子の探索へと発展した．オスの子ども数に，順位の影響が小さいとしたら，他のどの要素が重要なのだろう．なんらかの行動や性格だとしたら，その遺伝子を解明できる日は来るのだろうか．

「新奇性追求」「不安の感じやすさ」などの性格傾向の形成には，環境と遺伝子の関与がそれぞれ約半分程度と推測されている．当然ながら，半分を占める環境要因の評価，すなわち行動観察も，それぞれのサルの性格を知るには不可欠だ．しかし現状では，残り半分の遺伝子要因の情報が圧倒的に不足しており，多数ある関与遺伝子のうちほんの一部しか解明されていないので，遺伝子側からのアプローチがさらに必要だと感じている．1つの性格傾向に複数の遺伝子が関与しており，それぞれの遺伝子の関与が小さいことも，解析を困難にしている．しかしながら，遺伝子に関する情報や技術は日進月歩である．ヒトゲノムプロジェクトでおおまかなDNA配列が読み終わり，今後の研究の方向が，遺伝子の協働作用へ，さらに複雑な表現型へと向かう中で，行動や性格への関与も注目されている．これら最新の情報と技術を活用して，新たな視点から研究を発展させたいと考えている．

文献

[1] Hayasaka K, Kawamoto Y, Shotake T, Nozawa K: Probability of paternity exclusion and the number of loci needed to determine the fathers in a troop of macaques. Primates 27: 103–114, 1986.

[2] Inoue M, Mitsunaga F, Ohsawa H, Takenaka A, Sugiyama Y, Soumah AG, Takenaka O: Male mating behaviour and paternity discrimination by DNA fingerprinting in a Japanese macaque group. Folia Primatol. 56: 202–210, 1991.

[3] Inoue M, Mitsunaga F, Ohsawa H, Takenaka A, Sugiyama Y, Soumah AG, Takenaka O: Paternity testing in captive Japanese macaques (*Macaca fuscata*) using DNA fingerprinting. In Martin RD et al. (eds): Paternity in Primates: Genetic Tests and Theories. Karger, Basel, pp. 131–140, 1992.

[4] Inoue M, Mitsunaga F, Nozaki M, Ohsawa H, Takenaka A, Sugiyama Y, Shimizu K, Takenaka O: Male dominance rank and reproductive success in an enclosed group of Japanese macaques: with special reference to post-conception mating. Primates 34: 503–511, 1993.

[5] Inoue M: Application of paternity discrimination by DNA polymorphism to the analysis of the social behavior of primates. Hum. Evol. 10: 53–62, 1995.

[6] Machida S, Inoue M, Takenaka O: Alliance formation in a captive group of Japanese monkeys matrilineal kinship paternity and reproductive success. In: Ehara A et al. (eds): Primatology Today. Elsevier Science, Amsterdam, pp. 131–140, 1991.

[7] Inoue M, Takenaka A, Tanaka S, Kominami R, Takenaka O: Paternity discrimination in a Japanese macaque group by DNA fingerprinting. Primates 31: 563–570, 1990.

[8] Ohsawa H, Inoue M, Takenaka O: Mating strategy and reproductive success of male patas monkeys (*Erythrocebus patas*). Primates 34: 533–544, 1993.

[9] Inoue M, Takenaka O: Japanese macaque microsatellite PCR primers for paternity testing. Primates 34: 37–45, 1993.

[10] Inoue-Murayama M, Takenaka O, Murayama Y: Origin and divergence of tandem repeats of primate D4 dopamine receptor genes. Primates 39: 217–224, 1998.

[11] Inoue-Murayama M, Niimi Y, Takenaka O, Okada K, Matsuzaki I, Ito S, Murayama Y, 2000: Allelic variation of the serotonin transporter gene polymorphic region in apes. Primates 41: 267–273, 2000.

[12] Inoue-Murayama M, Adachi S, Mishima N, Mitani H, Takenaka O, Terao K, Hayasaka I, Ito S, Murayama Y: Variation of variable number of tandem repeat sequences in the 3'-untranslated region of primate dopamine transporter genes that affects reporter gene expression. Neurosci. Lett. 334: 206–210, 2002.

[13] Inoue-Murayama M, Hibino E, Matsuzawa T, Hirata S, Takenaka O, Hayasaka I, Ito S, Murayama Y: The application of a human personality test to chimpanzees and survey of polymorphism in genes relating to neurotransmitters and hormones. In: Matsuzawa T et al. (eds): Cognitive Development in Chimpanzees. Springer-Verlag, Tokyo, pp. 113–124, 2006.

[14] Ito H, Nara H, Inoue-Murayama M, Shimada MK, Koshimura A, Ueda Y, Kitagawa H, Takeuchi Y, Mori Y, Murayama Y, Morita M, Iwasaki T, Ota K, Tanabe Y, Ito S: Allele frequency distribution of the canine dopamine receptor D4 gene exon III and I in 23 breeds. J. Vet. Med. Sci. 66: 815–820, 2004.

[15] Sugiyama A, Inoue-Murayama M, Miwa M, Ohashi R, Kayang BB, Mizutani M, Nirasawa K, Odai M, Minezawa M, Watanabe S, Ito S: Polymorphism of dopamine receptor D4 exon I corresponding region in chicken. Zool. Sci. 21: 941–946, 2004.

参考図書

『利己的な遺伝子』 R. ドーキンス著　日高敏隆ほか訳　紀伊國屋書店　1991年.

『行動の分子生物学』 山元大輔編　スプリンガー・フェアラーク東京　2000年.

『遺伝子は語る』 村山美穂著　松沢哲郎監修　河出書房新社　2003年.

『わかる脳と神経』 石浦章一編　羊土社　1999年.

『遺伝子があなたをそうさせる』 D. ヘイマー・P. コープランド著　吉田和子訳　草思社　2002年.

『人間の本性を考える（上中下）』 S. ピンカー著　山下篤子訳　NHK Books　2004年.

『やわらかな遺伝子』 M. リドレー著　中村桂子・斉藤隆央訳　紀伊國屋書店　2004年.

●村山美穂

2
パタスモンキーの社会と父子判定

大沢秀行

はじめに

竹中修さんとはじめていっしょに仕事をしたときのことである. DNAによる画期的な血縁判定法が開発されたのでこの方法をぜひともニホンザルの社会に用いてみたいと, 彼が持ちかけた. その内容と成果に関してはこの本の編者である村山美穂さんの著書や論文[1]にくわしいので詳細は省略するが, 要点は, 乱婚社会のため行動からは父親の判定ができないニホンザルの社会において父子判定をおこなったことである. その結果, オスの順位と残す子どもの数（繁殖成功度）の関係, 父系図（これまで家系図と呼んでいた母系の系譜に対応するもの）, 子どもをつくった雌雄の血縁関係等の関係や年齢等の特性, オスの生涯繁殖過程（加齢に伴ってつくってゆく子どもの数の変化）など, 父子判定をしなければわからないさまざまなことが明らかになってきた. それまでの父親がわからないというブラックボックスが明らかになり, 交尾戦略の効果がわかるなど繁殖行動研究が一気に進むこととなった. ニホンザル研究ではもちろんトピックは, オスの優劣順位と繁殖成功度の関係といえる.

他方, 鳥類などでは父子判定の技術をはじめて応用したスズメの例[2]のように, ペア関係など社会的に確立した配偶関係がどの程度完全なものかを調べる研究が多い. いわば婚外交渉の研究である. 一見瑣末なことのようにも感じられるかもしれないが，本来の配偶関係あるいは社会組織の維持機構の研究と位置づけられるものである．すなわち，もし婚外出生（鳥類学では，つがい外受精 extra-pair fertilization と呼ぶ）が多数を占めるようになると，本来の配偶関係の崩壊が予測されるからである．本来の配偶関係にあるオスの繁殖成功度が低下すると，なわばり形成や子どもの養育にかけたコストに見合わなくなる．本来の配偶関係と婚外出生の関係は，ペアだけではなく，一夫多妻（polygyny 単雄複雌群）の社会についても同じことがいえる．私が調査してきたパタスモンキーはこの単雄複雌群（以下単雄群と呼ぶ）に属し，しかも単雄群のオス（レジデントオスと呼ぶ）以外のオスが交尾に加わることを私はすでに観察していた．そこでこのパタスモンキーで実際に婚外出生があるかどうか父子判定をする調査に竹中さんと村山美穂さんを誘った．目的は，パタスモンキーの単雄群で，レジデントオスの残す子どもの数とその他のオスが残す子どもの数を調べることである[3]．

パタスモンキーの社会

パタスモンキーはアフリカのサハラ砂漠南縁に広がるサヘル地方からケニア・タンザニア北部まで広く分布する地上性のサルで，時速 55 km の速度で走行が可能な霊長類の中でもっとも俊速なサルである（写真 1）．系統的にはニホンザルなどのマカカ属やヒヒ属，オナガザル属などのオナガザル科に属し，エリスロセブス属（赤いサルという意味）という独立した属を形成するが，オナガザル属にはごく近縁の種類である．オナガザル属グループの多くは熱帯雨林に生息しているが，パタスモンキーとサバンナモンキーはオープンランドに生息し，とくにパタスモンキーは樹木のない所でも長距離移動ができる[4]．社会構造はオナガザル属の種の多くと同じく単雄群である（写真 2）．単雄群の他にはオスグループと単独オス（ソリタリー）が見られる．私がパタスモンキーの調査をはじめたきっかけは，以前に調査をおこなったゲラダヒヒ[5]とシマウマ[6]の研究にかかわりがある．両者の社会構造はともに単雄群であるが，その社会の維持の機構はまるで異なっていた．ゲラダヒヒの単雄群は基本的にはニホンザルと同じ母系集団で，メスの子どもは一生出自の群を離れないが，オスの子どもは成熟前にすべて出自群を離れてしまうものであった．群の世代を越えた継

写真 1　集団で走るパタスモンキー

写真 2　パタスモンキーの単雄群

承はメスによって担われている．他方シマウマ（3種いるシマウマのうち，ヘイゲンシマウマと呼ばれているもの）は，オスもメスも成熟前に出自群を出るので，誰も群を継がない．出自の個体が群を出るかわりに，その単雄群にはオスもメスも外部から新しい個体が移入してくる．私が知りたかったことは，パタスモンキーがどのようにして群を継承していくのかという点であった．

調査をはじめて1年ほどたつと，識別した個体の動向が把握できて，ある程度のことがわかってきた．群のメスたちの間にはニホンザルと同じ優劣順位序列があり，母親の順位が娘に継がれていく．オスの子どもは3～5歳の間に群を出る．したがって群はニホンザルと同じ母系集団であった．しかし，群に唯一いるオトナオス＝レジデントオスについては，交代があるということがわかっただけでその過程はしばらくわからなかった．これはあとでわかったことだが，パタスモンキーのオスの交代は外部オスが交尾のためにメスを求めることが契機であり，そのメスが発情するのはごく短い交尾期に限られていたためであった．その短い交尾期が当時の研究費の支給開始時期とうまくマッチしなかったため，私にはそれを観察する機会がなかっただけであった．

パタスモンキーの社会変動

レジデントオスの交代

何とか研究費を間に合わせて6月中に日本を飛び出し，7月の雨期の開始時期，交尾のはじまりにやっと間に合うように調査地にたどり着いた．パタスモンキーの調査を開始して3年目の1986年のことであった．調査地は，中央アフリカのカメルーン北部，チャド湖に近い乾燥地帯のカラマルエ国立公園である．調査開始直後，調査対象群（KK群）で最初の交尾が見られたが，その後目立ったメスの発情の兆候もなく，交尾もわずかであった．本格的な雨期が訪れた7月のある日の夕方1頭のオスが群に近づき，カットと名づけたレジデントオスに戦いを挑んだ．2頭のオスは互いに追いつ追われつ，時には正面から対峙し，長い牙で相手を咬もうとしていた．日没ごろ，激しい攻防の末に両者はメスたちを残して視界から消えた．翌朝早朝，群には昨日攻撃したオス（イエローと名づけた）がレジデントオスとして群に入り，元のレジデントオスカットは姿を消していた．その日の夕方闘争の場所から1kmほど離れた位置でカットが単独でいるのを発見したが，左腕に深い裂傷を負い，歩くのが困難なようであった[7].

群のなかでは新レジデントオスのイエローがメスと交尾をはじめた．この日に交尾をおこなった相手は12頭中3頭で，他はまだ発情していなかったようだ．この日から群の周辺に他のオスが姿を現しだした．そこで驚いたことに周辺オスたちはレジデントオスのイエローがメスと交尾をしている間に，群の広がり（容易に数百mも広がる）の中に入り，他のメスと交尾をはじめたことである．レジデントオスのほうは，時には気がつかずに，時には気がついても遠くのためかそのままメスとコンソート（交尾相手と連れ立っている）を続けることも多い．比較的近くで他のオスが交尾をしたときは，多くのばあい，レジデントオスはその交尾に介入する．まず相手のオスを威嚇し追い払い，そしてメスと交尾をする．明らかに他のどの個体より優位であり，できうるかぎり排他的に交尾を独占してはいるのであるが，メスたちの分散が大きすぎるために，実際には独占が完結しない．その後この群では，このような周辺オスが15頭入れ替わり立ち替わり群に入ってきた．多くは1日から数日の滞在であったが，中には2か月足らずの交尾期の半分をこの群で過ごす個体も2頭いた（写真3）．どの個体も

写真3　群の中に入り込むオスたち

隙があればメスと交尾をしていた．こうなると本来は一夫多妻社会とはいうものの，生まれてくる子どもの父親も誰であるか見当がつかない．ニホンザルの乱婚社会と同じ状態である．これが，私がはじめに記したパタスモンキーの父子判定を調査をしようとしたきっかけである．

この年の調査では，日本での用務のため交尾期の最後まで調査地にとどまることができず，この乱婚の状態がどのような結末になったのか，見届けることができなかった．レジデントオス交代過程の終末を実際に観察できたのは，ずっと後の1994年のことであった．この年は先に述べたKK群の隣接群でBB群という群で群オス交代が起きたため，これを集中的に観察した．先の例と同じく7月上旬交尾期がはじまってレジデントオス交代後すぐさま周辺オスたちが群に入り込み，複雄群化した．じつは前回も起こったことであるが，群をはじめに乗っ取ったオスも，途中で他のオスに打ち負かされて群を去っている．この年はこうした交代が都合6回生じたが，うち2回はレジデントオスになった個体が敗北後に復権したものであり，交代に関与したオスの数は4頭であった．さて最後にレジデントオスになったクロキズという個体は，ひととおりメスたちと交尾をした後，次に群に残っているオスたちに対して順次攻撃を加えていった．1頭を徹底的に攻撃し，相手が群を去るまでそれを続けた．そして次の標的に移っていった．もちろん，攻撃を受ける前に消失する個体もおり，一時は9頭もいたオスも急激に減っていった．オトナオスの相手がほとんどいなくなったころ，レジデントオスのクロキズは今度は群生まれの4歳半の若オス2頭をこれも順次攻撃して群から放逐した．このときには若オスたちの母親をはじめとする血縁者たちが若オスへの攻撃に対し激しく反撃したが，レジデントオスの執ような攻撃に若オスたちは他のオトナオス同様群から去っていった．

こうして，交尾期の終わりには群にはオスはクロキズだけが残り，もとの単雄群の形態に戻っていた．この2つの事例からパタスモンキーのレジデントオス交代の流れはつかめただろう．雨期のはじめにメスたちが発情し，これまでまったく群に近づかなかった群外オスたちが群に接近する．その多くはレジデントオスにはげしく追われて退散する（写真4）が，中にレジデントオスに戦いを挑むものがいる．レジデントオスが挑戦者を退散に追い込めば，群は現状維持のままであるが，挑戦者が勝つと，この節のはじめに記述したようなレジデントオスの交代劇となり，新レジデントオスとメスとの交尾開始とともに周辺

写真4　群に接近したオスを追い落とす

オスの侵入がはじまる.

周辺オスの侵入の原因

上記2つのレジデントオス交代の過程でわかることは，周辺オスの侵入はレジデントオスの交代の後に生じていることである. 交代前はレジデントオスは群に近づくオスを挑戦者もそっと忍び寄るものもすべて追い払っており，誰もメスに近づくことができなかった. レジデントオスはその間に順次メスとも交尾をしている. これが交代後になると，周辺オスはどんどん群の広がりの中に入ってくる. レジデントオスは時には攻撃はするものの，相手が悲鳴をあげて泣きっ面 (grimace) の劣位表情を見せると，交代前のレジデントオスがするような徹底的に他のオスを追い払うことはなかった. この違いが周辺オスの群滞在を許容しているようだ (写真5). なぜ新レジデントがこのように元からいるレジデントオスと異なる行動を取るのかという疑問は，資料の分析が充分でないため不明であるが，新レジデントオスが新しく知ったメスと新たな関係を確立することに集中して，他のオスの排斥がおろそかになっているように思える. 新レジデントオスが先に描写したような他のオスの追い出しにかかるのは，メ

写真5 劣位のオスが交尾していたメスを取られ，優位オスの交尾に抗議している

スとの関係が安定してきたころになってやっとできたことなのだろうか．

周辺オスの侵入を許す原因として比較的考えやすいものに，集まってくる周辺オスの数があげられる．レジデントオス交代前では，周辺オスは2〜3日に1頭ぐらいの割合で現れ，これがレジデントオスに追われるというような状態が続くが，交代の生じた争いの最中にはすでに数頭のオスが群に接近している．交代の争いはきわめて激しいので，周辺のオスが察知しやすいのかもしれない．実際先のBB群の例では3頭が，KK群の例では7頭が交代直後に群に入っている．群に入るオスの数が多いと，それだけレジデントオスのメス防衛力は減少する．多数の侵入オスの撃退に専念すると，メスとの交尾もできなくなる．とりあえずは侵入を許容せざるをえないことになる．それにしても群外オスはレジデントオスの交代が彼らにも交尾のチャンスを与えることを知っているのだろうか．

複雄化現象の一般化

ところで，ここにあげた交代は2例にすぎない．そこで観察された現象も普遍的なものかどうかわからない．そこで私が交尾期に観察した例すべてを調べて，先の例がレジデントオス交代の普遍的な姿を反映しているかどうか確かめた．1984年から2000年までの間に，同一時期の複数群の観察を含めて延べ22の群の観察をすることができた[7]．このうち6例でレジデントオスの交代が直接確認されている．これらのすべてで，多くはその日のうち，遅くとも3日以内に周辺オスが侵入し群は複雄化している．すなわちレジデントオス交代はかならず複雄化を招くといえる．一方レジデントオスの交代なしに複雄化した例が2例あった．したがって，レジデントオス交代は複雄化の必要条件であるとはいえない．ただしこの2例では，周辺オス1頭が数日群の周辺に滞在しただけで，元のレジデントオスのままで単雄群に復帰している．より完全に複雄群化するためには，レジデントオスの交代が必要条件になるのかもしれない．

交尾期の群観察22例中，10例では複雄化がなく，また同時にレジデントオス交代も観察されていない．実際にはレジデントオスは攻撃はされてはいるがすべて撃退している．これは，複雄化しなかったケースでは，レジデントオス交代はなかったいうことで，先ほどの「レジデントオス交代はかならず複雄化を招く」という表現に対して論理的には同質の意味を持つデータといえる．22例中の残りの4例は観察開始以前に複雄化しており，レジデントオス交代の有無が確認されていない．ただし，複雄化の期間がどれも長期におよび，先ほどのレジデントオス交代なしで短期複雄化の2例とは異なるため，観察開始以前レジデントオス交代があった可能性は高い．

レジデントオスの滞在年数

22例の交尾期群観察から，レジデントオス交代の頻度，レジデントオスの平均群滞在年数が推測できる．前節で述べたように，オス交代はいくらか推測が含まれるが，22例中10例で生じたと考えられる（実測観察6例＋長期複雄化しレジデントオス交代と推測した4例）．10/22 ＝ 0.45，すなわちほぼ半数の群でレジデントオスの交代が生じている，いいかえればレジデントオスの群滞在年数は約2年という計算ができる．これはかなり短い滞在年数といえる．パタスモンキーのオスの寿命，生活史がどの程度のものか資料はないが，仮に体重が同程度のニホンザルのオスの寿命，生活史と同じだとすると，長ければ20～25年は生存する．もしレジデントオスになる機会が一生に1回，2年間とすると，一生のうちおよそ1/10～1/8程度が繁殖に参加する時期ということになる．しかし

●大沢秀行

カラマルエのパタスモンキーの群サイズは，通常20～60ほどあり，オトナメスの数も10～30ほどもあり，このメスたちにすべて自分の子どもを産ませているとすれば，2年間だけの滞在でも，子どもは相当数残しているといえるだろう．また，逆に，2年だけの滞在だとすれば，多くのオスが一生の間に一度はレジデントオスになり，オス間の繁殖を巡る競争は，あまり大きくないといえるのかもしれない．もちろん，長寿をまっとうしても一度もレジデントオスの座につかないオスがいるには違いない．

ところでレジデントオスの平均滞在年数の2年というのはあくまでも平均であるがたいへん意味が大きい．周辺オスの1頭がレジデントオスとの争いに勝利して群の新レジデントオスになっても，その年には多くのオスが入り複雄化し，外部オスもいくらかは子どもを残しているに違いない．レジデントオスはしばらくしてやっと他のオスを追い出しにかかるが，そのころには交尾期は終わりに近づいている．交尾期が終わるころに他のオスを追い出して単雄群になっても，繁殖という点からはこの年にはメリットはないが，他にオスのいないレジデントオスとして次の交尾期を迎え，侵入オスをことごとく追い払うならば自分のメスを独占できる．その結果多くの子どもを残せるはずである．

いずれにしても，これらのことは長期の追跡調査となによりレジデントオスがどれほどほんとうに子どもを残しているかという父子判定が必要になってくる．レジデントオスの交代と，複雄群化の状況がわかったところで，本題の父子判定に入る．

単雄群の維持と父子判定

父子判定の目的ははじめに記したように，パタスモンキーの単雄群でレジデントオスの残す子どもの数とその他のオスが残す子どもの数を調べることである．もう一度その理由を記しておこう．もし一夫多妻の性質を保持するオス（つまり他のオスを受け入れないオス）と多夫多妻の性質のオス（他のオスとの共存を許容するオス）の遺伝的に2系統が存在するという仮定を立てると，多夫多妻の性質のオス，つまり劣位オスとしてでも群に侵入してメスと交尾しようとするオスが一夫多妻の性質のオス，つまりレジデントオスより多くの子どもを残すと，多夫多妻的行動特性が子孫に広がる．やがてはその地域の群は多夫多妻型の群，複雄群に移行してしまう．だから，父子判定によって，子どもがレジデントオスの子どもかどうかを調べれば，侵入オスが子どもを残す例があったとき，その地域の群が単雄群として安定しているか否かが明らかになる．

さて実際父子判定をするには，対象となる子どもとその母，これに父親候補オスの遺伝子が必要である．オスは複数におよぶことが多い．私はこの父子判定の調査をおこなうずっと以前にカラマルエのパタスモンキーの生態調査をはじめていて，調査地に当時いた 4 群の家系は調べあげてあったので，どの子どもの母親も判明していた．なおここでいう家系図は，ニホンザルなどの研究者が通常用いる意味での家系図で，父親は明らかではないので，正確には母系図というべきである．

この調査をした 1990 年当時，個体の DNA は血液のものをまだ使っていたため，調べるべき個体を捕獲しなければならなかった．捕獲のための予備調査をしばらくした後，竹中さんと村山さんに調査地まではるばる来ていただいた．捕獲は餌を入れた檻と網で群ごと捕獲する方式であるが，群の個体全部が檻の中にはいることはまずないので，群メンバーの 1/3 から 1/4 が檻に入れば捕獲することにした．それで捕獲できた個体は，3 群合計 98 個体中 39 個体というものだった．このうち母子ともに捕獲されたものは 12 組にすぎなかった．何とも効率の悪い仕事であるが，はじめての純野生の霊長類の父子判定ということであり，効率の悪さは我慢した．

調査地は電気のある町からははるか離れた国立公園の中，ゾウが家の 10 m そばを通るようなところで，当然電灯線は来てはいなかった．当時は DNA サンプルはタンパク質などと同じ処理保存の方法をとっていたため，遠心分離器や保存用のドライアイスが必要であった．小さな発電機を持ち込み，遠心分離器を作動させる用意をし，ドライアイスをあらかじめパリの友人に依頼し，最寄りの空港まで空輸する手配をした．大量のドライアイスを航空貨物として輸送するなど，ふつうではとてもできないように思うが，当時はおおらかだったのだろう．こうして得たサンプルは，分析のためそのまま日本まで持ち帰ったのだが，これも一苦労で各地で氷を補給した．最後は北回りヨーロッパ，日本の中継地アンカレッジで，航空会社がドライアイスを差し入れてくれたのは感激した．いずれにせよ昔日の苦労であった．

さて，こうして持ち帰った試料については，これまでにすでに報告をしているのでここではできるだけ簡単にその結果を述べる．分析したのは3群12組の母子と父親候補の3頭のレジデントオスである．小哺乳類や鳥類あるいは餌づけしたサルの研究に較べると比較にならないサンプル数であり，量的に結論づけるような結果は出せないが，それでもある程度の傾向や，質的にわかったことがある．12例中，3例は現在のレジデントオスが群に入る前に生まれた子どもであるので，現在のレジデントオスが父親はでなかったのは当然で，父子判定の正当性を支持している．残り9例のうち6例だけがレジデントオスが父親であることが判明した．細かい計算は省くが，単雄群状態と複雄群状態の両方で，レジデントオスは子どものうち2/3を，非レジデントオスが残りの1/3の子どもをつくっていることになる．はじめにあげた設問，非レジデントオスの子どもの方が多くなって，単雄群組織そのものが崩壊しないかという疑問には，レジデントオスの子どもの方が多く組織は崩壊しないという結論になる．ただし，複雄型の行動がすでに見出されているのであるから，複雄型への移行に近い状況にはあるだろう[8]．

排他的オスと非排他的オスの行動

竹中さんたちとの父子判定研究はこれまでである．社会組織の維持の可否にかかわるところの父子判定をともかく自然群の中でおこなったということに意味がある．

ところで，ここで仮定した単雄群維持にかかわる性質――すなわち排他的性質と非排他的性質の遺伝性を検討したい．この検討とはその遺伝子を見つけ出すというようなことではなく，昔ながらの比較社会学，行動学的方法にもとづく．まずニホンザルの例をあげる．ニホンザルでは個体数の小さな群で，偶然，あるいは一時的にオトナオスが1頭になることはあるが，圧倒的に多くの例が複雄群である．オスによる群乗っ取りの例[9]もあるが，これは群の上位オスの交代の機能であっても，パタスモンキーのような群を1頭で独占する機能はない．ニホンザルのオスは基本的に群独占の行動を持ち合わせていないといえる．もう一つの例で，マントヒヒとサバンナヒヒの雑種集団の例をあげよう[10][11]．マントヒヒは，追従的オスが群につくとはいえ，パタスモンキーと同じように配偶に関しては排他的なオスが1頭いる単雄群である[12]．サバンナヒヒはニホンザルと同じく多夫多妻の複雄群で，オスには排他性はない[13]．ナーゲルや菅原が調べたこの2種の雑種集団では，マントヒヒ的外貌のオスは他のオスを受け入れず単雄の小集団をつくり，サバンナヒヒ的外貌のオスは非排他的な複雄小集団を同じ群の中につくるという．またマントヒヒ的外貌のオスは，マントヒヒと同じく，ネックバイトというメスを統合する特別の行動を多く示す．ここではマントヒヒの遺伝的形質を多く引き継ぐ個体が排他的行動を示しており，排他的行動もなんらかの遺伝的行動であると考えてよいであろう．

パタスモンキーに，排他的な性質を示すものと示さないものがいたとき，それぞれの性質が遺伝的で，その両者が混在しているという考えは可能であろう．それゆえ，私はこの考えに沿って研究を進めた．パタスモンキーに近縁なオナガザル属のサルの多くの種は森林性で単雄群を形成している．唯一サバンナモンキーだけが複雄複雌群で，オスは非排他的である．また，ブルーモンキーはパタスモンキーと同じく交尾期中に複雄化し，しかもレジデントオス交代を伴うことが報告されている[14]．サバンナモンキーとパタスモンキーはサバンナに生息するサルであるが，ブルーモンキーもじつは他のオナガサル属の種に較べると比較的林縁部に生息するサルである．ここでは内容の紹介は省くが，オナガザル属およびその類縁の種の中では，複雄群化はオープンランドへの進出とともに生じたという考えがある．食物の低密度化に伴う行動域の広大化，群の分散化がメスの独占の放棄に繋がったのではないかと私は考えているが，外敵に対するオスの共同防衛等をその理由とする考えもあろう．いずれにせよ生息環境の変化とともにある性質の変化が生じたとき，それが適応的であれば定着するであろう．そして元の性質もある程度適応的であったとき，両者が一時的に，場合によっては持続的にも併存する可能性がある．

2系統の行動型かあるいは使い分けか

さて排他と非排他の2つの性質が，ある地域集団内（個体群）で併存するというのはどのような状況だろうか．この現象を深く追求すると，ゲーム理論そのものとなりじつは私の手には負えない．パタスモンキーではっきりしているのは，排他と非排他が共存していることで，それは，争ってけがをすることによるコストも大きいが，群を獲得して多くの子どもを残す利益も大きなレジデントオス型と，争うことなくコストは低いが，群に侵入し劣位者としてうまくいけば交尾し，少数の子どもを残す侵入オス型があることである．私がはじめに仮定したのは，この2型が個体によって遺伝的に決まっているということであった．タカとハトのゲームのように，両者の利得と損失のバランスによっては，両者の共存が進化的に安定していることになる．またレジデントオスの利得がきわめて少なくなるようなら，サバンナモンキーのようにすべて複雄型になるかもしれない．

他方，もう1つの仮定として上記の2型が個体の中に共存しどちらかの性質がある割合で出現する場合である．このタイプのものが純粋なレジデント型や侵入型をしのいで集団の中で唯一定着する可能性も充分ある．さらにある割合で出現するのではなく，相手の力量を見定めることによって行動型の出現が決定されるとすると，このタイプはさらに強力になり，純粋なタイプを凌駕するはずである．実際パタスモンキーのオスの行動の中にそれを探ると，レジデントオスが地位を追われたのち，すぐ後あるいは1年後に劣位オスとして群に侵入してメスと交尾をしている例が数例観察されていて，個体が両方の役を演じられることはまちがいない．また，前年からいるレジデントオスは周辺にオスが近づくとそのオスをほぼまちがいなく攻撃する．しかしごくまれに，攻撃のために相手に突進するものの，相手の10 mほど手前で，急にきびすをかえし，ゆっくり群に戻っていくことがあった．相手は完全に成熟した大きな個体だったようだ．また，周辺オスで6歳程度の明らかに小さくて若い個体がレジデントオスを攻撃した例はまったくないが，これも常識的には見定めと思われる．

このように，パタスモンキーの断片的な行動の観察から考察しただけにすぎないが，パタスモンキーの場合は，①2つの行動型出現は個体によって決まっているというのと②2つの行動型は1個体の中にでも時期を変えて出現するという2種の仮定のどちらかといえば，後者でしかも相手の力量を量る型で行動型が変わると考えるのが妥当のように思われる．前者のような単純なタカ個体とハト個体の扱いは，他のタイプの社会に進化していくような状況を考えるばあいには向いているのだろう．

社会行動の分子生物学，神経化学，ノネズミの乱婚と単婚の研究

最後に，社会進化に関する他の分野，とくに神経科学，分子遺伝学の新しい流れにふれておこう．先にパタスモンキーが単雄群から複雄群へ移行する状況

に近いという表現をした．ただし，オナガザル類の多くがほぼ同じ社会構造のタイプを示しており，その意味では社会構造はきわめて保守的で変化しにくいものと考えられる．われわれが実際に進化を目の当たりにすることはめったにないであろうし，また実際進化の過程であっても，その変化の速度は認識できる早さではないかもしれない．しかし，霊長類の中では進化が比較的認識しやすい例はまれにある．ヒヒの中で唯一群の母系的継承が見られないマントヒヒ社会は進化的には比較的短期に母系的継承が分断され，社会構造の再編が成された例であるかもしれない．またなにより人類を含む類人猿社会の多様性は，霊長類に存在する多様な社会構造のほとんどすべてを網羅し，急速な社会進化が展開したと考えられる．このように社会構造は保守的な反面，時に急速な動きを見せる面もあることが伺える．

ここで，かなり異なる面からの社会進化に関する研究を紹介して，私のパタスモンキーの社会の話を締めくくろう．すでに日本でもある程度紹介されているが，2003年から2004年にかけてノネズミ（vole ハタネズミに近縁）2種の社会とそれを支配する神経ペプチドおよびその受容体に関する研究が発表された[15]．単婚（一夫一妻）社会のプレーリーノネズミのオスには，バソプレシンという神経ペプチドの受容器の存在を調節するエリアが染色体にあるが，乱婚社会のヤマノネズミのオスにはそれが存在しないという．しかもプレーリーノネズミの受容器の遺伝子を乱婚的なハツカネズミやヌマノネズミのオスに挿入すると，それらのオスは，メスを求める嗅覚行動をはじめ，そのメスと一夫一妻的な親和的な関係になるという[16]．また，この調節エリアの突然変異こそが単婚社会を生み出したのだが，それは調節エリアの突然変異であるがゆえに，この変更は仔細な変化ですむという．

これらの研究は霊長類に較べホルモン支配がずっと強力なネズミなどの脳の小さな哺乳類で示されたものであり，そこでいわれている乱婚は単婚成立以前のいわばランダムな配偶関係で，パタスモンキーで見られる一夫多妻の発展としての乱婚――多夫多妻とは大きく異なっているであろう．それでも私には，社会進化が分子のレベルで解明されたことは脅威であり，またある仔細な突然変異で乱婚から一夫一妻への社会進化が起きうるということはたいへん興味をおぼえることであった．もちろん生態学者の任務は，それらの変異型が実際にどの程度適応的であるかを調べることにあるのだが，たぶんこれからこうした分子レベルの研究と生態学者の社会進化の研究が協力する時代がくるのであろう．かつて竹中さんたちと配偶行動と父子判定の研究をおこなったことが，いまさらのように思い出される．村山美穂さんはすでに，神経伝達物質の研究に入っていると聞いてもいる．

文献

[1] Inoue M, Mitsunaga F, Ohsawa H, Takenaka A, Sugiyama Y, Gaspard SA, Takenaka O: Male mating behaviour and paternity discrimination by DNA fingerprinting in a Japanese macaque group. Folia Primatol. 56: 202–210, 1991.

[2] Wetton JH, Carter RE, Parkin DT, *et al.*: Demographic study of a wild house sparoow population by DNA fingerprinting. Nature 327: 147–149.

[3] 大沢秀行「霊長類社会の多様性とその進化」『化学と生物』43: 305–309, 2005年.

[4] Nakagawa N: Differential habitat otilization by patas monkes (*Erythrocebus patas*) and tantalus monkeys (*Cercopithecus aethiops tantalus*), living sympatrically in northern Cameroon. American Journal of Primatology, 49: 243–264.

[5] Ohsawa H: The Local Gelada Population and Environment of the Gich Area Ecological and Sociological Studies of Gelada Baboons (M. Kawai ed), Contributions to Primatology Vol. 16, 1979.

[6] Ohsawa H: Transfer of group members in plain zebras (*Equus burchelli*) in relation of social organization. Africa study monographs 2: 53–72, 1982.

[7] Ohsawa H: Long term study of social dynamics of patas monkeys (*Erythrocebus patas*) : group male supplanting and change to multi-male situation. Primates 44 (2) . 99–107, 2003.

[8] Ohsawa H, Inoue M, Takenaka O: Mating strategy and reproductiove success of male patas monkeys (*Erythrocebus patas*). Primates 34: 533–544, 1993.

[9] 山極寿一「ヤクザルの社会構造と雄の繁殖戦略」『屋久島の野生ニホンザル』文部省・特定研究〈生物の適応戦略と社会構造〉総括班研究報告書5（丸橋珠樹・山極寿一・古市剛史） pp. 60–125　1986年.

[10] Nagel U: Social organization in a baboon hybrid zoon. Proceed. 3rd Int. Congr. Primat., vol. 3, S Karger, Basel pp. 48–57, 1971.

[11] Sugawara K: Sociological comparison between two wild croups of Anubis-hamadriay hybrid baboons. Africa study monographs 2: 73–132, 1982.

[12] Kummer H: *Social organization of hamadryas baboons.* Chicago: Univesity of Chicago Press, 1968.

[13] Altmann SA, Altmann J: *Baboon ecology.* Chicago: Univesity of ChicagoPress, 1970.

[14] Tingalia HM, Rowell TE: The behavior of andlt male blue monkeys. Z. *Tierpsychol.* 64: 253–68, 1984.

[15] Curley JP, Keverne EB: Genes, brains and mammalian social bonds. Trends in Ecology & Evolution 20: 561–567, 2005.
[16] Lim M *et. al.*: Enhanced partner preference in a promiscuous species by manipulation the expression of a single gene. Nature 429: 754–757, 2004.

●大沢秀行

3

交尾する魚の精子競争と生態進化

カジカから学んだこと

宗原弘幸

精子競争とは，1 個体のメスが生産する卵子の受精をめぐって複数のオスの精子が競争する状況をさす生態学の用語である[1]．繁殖行動や配偶システムあるいは生殖器官の構造や配偶子の形状など，生物には外部形態形質以外にもさまざまな側面で，種の多様性が認められる．こうした繁殖にかかわる多くの形質の進化に，精子競争は深く関係してきたと考えられている[2]．この章では，魚類の交尾の進化と精子競争の関係について考えてみたい．

交尾研究の意義

現存する魚類は約 3 万種を数え，全脊椎動物の約半数に相当するといわれている．そのほとんどが環境水中に産み出された卵に対し，オスがほぼ同時に放精する，水中で授精する魚たちである．このような魚種では，精子競争は水中で起こることになる．これを水中放精型と呼ぶことにしよう．水中放精型を除く 10％足らずの種は交尾をする魚たちである．胎生魚と交尾型卵生魚がこれに含まれ，精子競争は卵巣内で起こることになる．こちらを交尾型と呼ぶことにしよう．水中放精型は，魚類の専売特許といえるが，両生類でもわずかな種で採用されている．しかし，爬虫類，鳥類，哺乳類にいたると，すべてが交尾型である．これらの脊椎動物は，イルカのような例外的な動物もいるが，陸上で活動する生き物である．陸上生物では，当然のことながら，水中放精型の採用は困難だろう．したがって，交尾は脊椎動物が陸上に生活拠点を移すためには，必要な適応といえる．

水中放精型と交尾型，媒精環境がまったく異なるこの2つの繁殖様式が，どのような要因で進化してきたのか，サルや人間のルーツを辿る上でも，肺呼吸や四つ足歩行の進化の謎を解くことに匹敵する深遠なテーマであり，生物学の本質的な問題の1つといえる．水中放精型から交尾型への進化，この謎を解くには両方の型がみられる魚類，その中でも交尾型卵生であるカジカ上科魚類がもっとも適した研究材料であろう（図1）．

カジカの精子競争

カジカはカジカ上科魚類の総称で，世界で約400種が知られ，日本には北日本の浅海域を中心に100種あまりが分布している．その中には，ダイバー雑誌のグラビアを飾る美しいカジカもいれば（写真1），カジカ鍋など郷土料理の具材として賞味されるカジカもおり，多様性が非常に高いグループである．ニジカジカ *Alcichthys elongatus*（*A.alcicornis* はシノニム）も魚屋さんの店頭にならぶ仲間で，肝臓に旨（うま）みが蓄積する春先が旬とされる．このころは，それまでの生息域である沖合の砂底域から，繁殖場所である岩場へ接岸回遊する時期で，経年の調査から，このカジカの回遊はオスが先にやってきて，少し遅れてメスが接岸するということが明らかになっている[3]．

メスよりも前に，オスが繁殖場所に移動する理由の1つは，繁殖なわばりをオスが確保するためである．体長30 cm以上にもなる体躯を隠すことができて，卵が付着する平らな岩の表面を広くもつ洞窟上になった岩穴が，なわばりの適地である（写真2）．そのような場所を見つけるまでは，オスは活発に動くが，いったんなわばりをもつとそこから離れなくなる．この行動パターンは，繁殖初期にしかオスが採集されない，漁獲データから知ることができる（図2）．つまり，回遊してきた直後は刺し網にかかるが，なわばりを確保したオスのもとには，排卵したメスの方からつぎつぎとやってくるのだ．

そして，なわばりの中では，問題の場面がやってくる．

メスはオスのなわばりに入り，一連の求愛行動を経て，岩の表面に卵塊を産

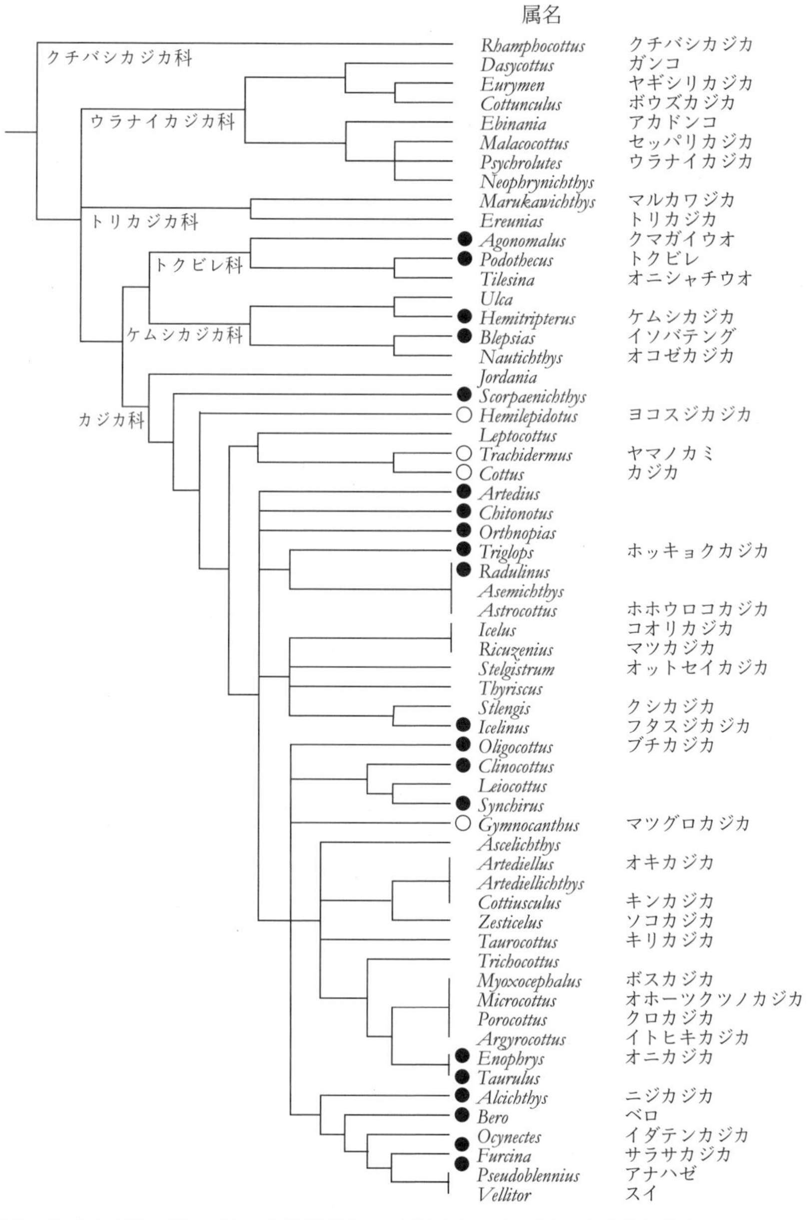
属名
クチバシカジカ科
ウラナイカジカ科
トリカジカ科
トクビレ科
ケムシカジカ科
カジカ科
Rhamphocottus クチバシカジカ
Dasycottus ガンコ
Eurymen ヤギシリカジカ
Cottunculus ボウズカジカ
Ebinania アカドンコ
Malacocottus セッパリカジカ
Psychrolutes ウラナイカジカ
Neophrynichthys
Marukawichthys マルカワジカ
Ereunias トリカジカ
Agonomalus クマガイウオ
Podothecus トクビレ
Tilesina オニシャチウオ
Ulca
Hemitripterus ケムシカジカ
Blepsias イソバテング
Nautichthys オコゼカジカ
Jordania
Scorpaenichthys
Hemilepidotus ヨコスジカジカ
Leptocottus
Trachidermus ヤマノカミ
Cottus カジカ
Artedius
Chitonotus
Orthnopias
Triglops ホッキョクカジカ
Radulinus
Asemichthys
Astrocottus ホホウロコカジカ
Icelus コオリカジカ
Ricuzenius マツカジカ
Stelgistrum オットセイカジカ
Thyriscus
Stlengis クシカジカ
Icelinus フタスジカジカ
Oligocottus ブチカジカ
Clinocottus
Leiocottus
Synchirus
Gymnocanthus マツグロカジカ
Ascelichthys
Artediellus オキカジカ
Artediellichthys
Cottiusculus キンカジカ
Zesticelus ソコカジカ
Taurocottus キリカジカ
Trichocottus
Myoxocephalus ボスカジカ
Microcottus オホーツクツノカジカ
Porocottus クロカジカ
Argyrocottus イトヒキカジカ
Enophrys オニカジカ
Taurulus
Alcichthys ニジカジカ
Bero ベロ
Ocynectes イダテンカジカ
Furcina サラサカジカ
Pseudoblennius アナハゼ
Vellitor スイ

図1　カジカ上科6科60属の系統関係および交尾型カジカ類の出現状況[5]（ただし原図は[4]）. ●は交尾種, ○は交尾しない種, 無印は不明）

●宗原弘幸

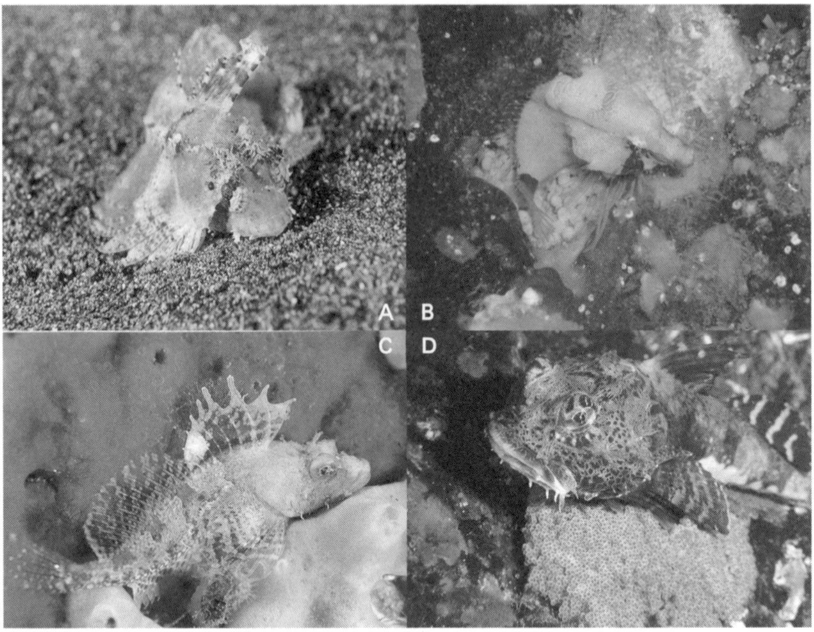

写真1 日本沿岸に生息する代表的なカジカ. A：オコゼカジカ, B：クチバシカジカ, C：ラウスカジカ, D：オニカジカ（撮影：A, C, Dが関勝則氏, Bが木村幹子氏）

む. すると, オスはメスの横後方からマウンティングし交尾試行を繰り返す. 硬骨魚類のペニスは哺乳動物のように勃起せず, むしろ蛭のような柔軟な動きをとり, その先端部がメスの生殖口を探り当てる. この魚の雌性生殖器官は, 生殖口からすぐに卵巣実質部分になっているため, 深い挿入を必要としない(写真3). だから, 挿入後すぐに射精が起こる. また, 射精の前後には, 付近の海水が精液で白濁するのがしばしば見られる. これは, 浅い挿入のため, 精液がバックフローすることと, 射精に摩擦の刺激が必要ないことにより, 挿入前に射精がはじまり精液が漏れ出るためである.

今, ニジカジカの射精の過程を詳細に記述したが, 肝心なところは2点である. 1つは, 精液はメスの卵巣内に射精されること, もう1つはその際に, 精液の一部は海水中にも放精されることである. メスが繁殖期の最初に産卵した卵は, 放精された精子で受精する. メスは繁殖期中に数日間隔で何回か産卵するので, 卵巣内に射精された精子は, 後日排卵する卵に使われることが予想される. 実際に, これらのことは, スキューバダイビングによる水中観察と水槽内

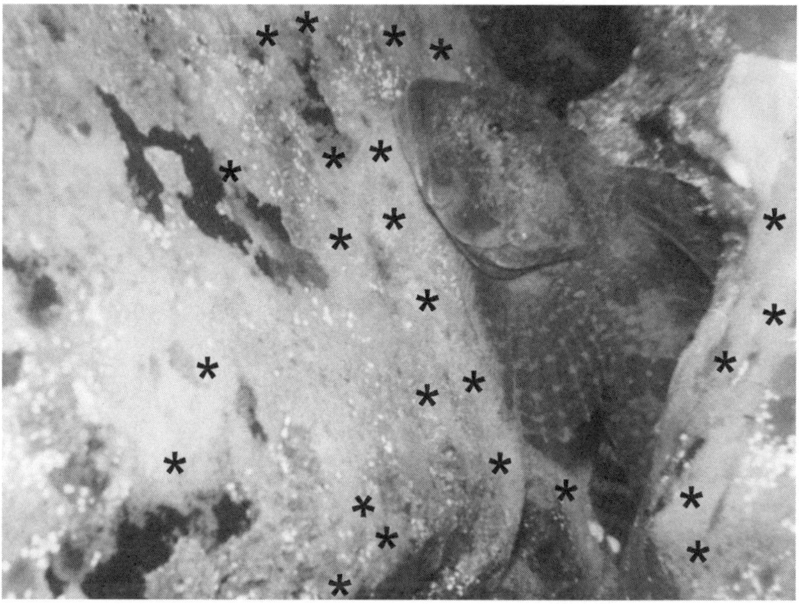

写真2　なわばりオスと卵塊（岩の表面に層状に産みつけられている．卵塊の一部を＊で示す）

での実験から確かめられている[3]．つまり，ニジカジカは水中放精型と交尾型の二刀流，まさに水中放精型から交尾型に進化する途中にある繁殖様式をとるのである．

こうした産卵し，その直後に交尾をするという産卵様式を採用しているカジカは，その後の調査でニジカジカ以外にもベロ *Bero elegans* やラウスカジカ *Icelus sekii* など何種かいることがわかってきた[5]．ニジカジカの成熟オスは，なわばりをもつ大きな個体ばかりであるが，ニジカジカ以外ではオスに多型がみられ，小型の成熟オスがいる種類もいる．そのような種類では，小型オスはなわばりオスの放精の際に，こっそりと近づきいっしょに射精する，スニーキングという行動をとると考えられる．スニーキングがある場合，ニジカジカとは異なり，メスの最初の産卵の時，水中で精子競争は起こるだろう．

さて，産卵して交尾を終えたニジカジカのメスは，すぐにオスのなわばりを去る．そして数日後，次の産卵をする時には，違うオスとつがう．そうなると，2回目の産卵後には，1回目につがったオスの精子と2回目につがったオスの精子が，そのメスの卵巣の中にはいっていることになる．これは3回目の産卵に向

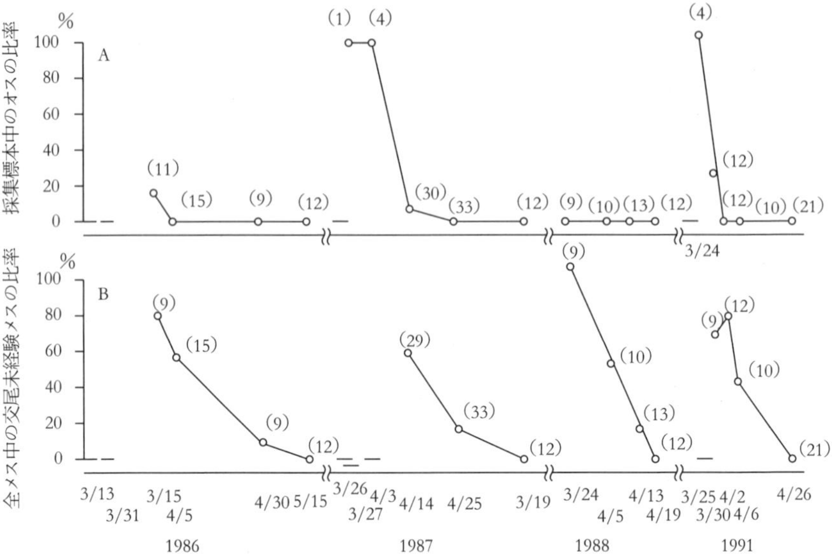

図2 繁殖期初期に刺し網で採集された標本の性比（A）と交尾未経験メスが占める割合（B）の変化．（　）内の数字は個体数，バーは採集されなかったことを示す．図Bは，繁殖初期だけ交尾未経験メスがいるが，中期以降はすべてのメスは交尾経験メスになることを示す[3]（ただし原図は［6］）．

けて，精子競争のはじまりを意味する．いや，2回目の産卵だって，オスは海水が白濁するほど精液を漏らすわけだし，海中でも卵巣中に入っていた1回目のオスの精子と精子競争が起きている可能性もゼロではない．はたして，各回，どのオスがどれだけの卵を授精させているか，これを知る必要がある．

ということで，この精子競争の結末を，遺伝マーカーを使った実験で確かめた．その結果は，血縁のない子どもを保護しているという，行動生態学的にたいへん重要な知見が得られた．この顛末については，拙著ですでに書いている[3][7]が，この章でも，簡単におさらいしておこう．

表1に示した実験結果をみてわかるように，2回目の産卵の時には，すべての卵は，やはり最初に交尾したオスの精子で受精していた．2回目の産卵と同じく，その卵塊に放精するオスの子どもが，その時に出てこないという結果は，3回目の産卵も4回目の産卵も同様だった．産卵前の卵を顕微鏡で観察すると，卵膜にある卵門と呼ばれる精子の通り道に，すでに精子が入っていることに気づく（写真4）．この観察結果は，交尾後に排卵する卵の受精は産卵するまで起こらな

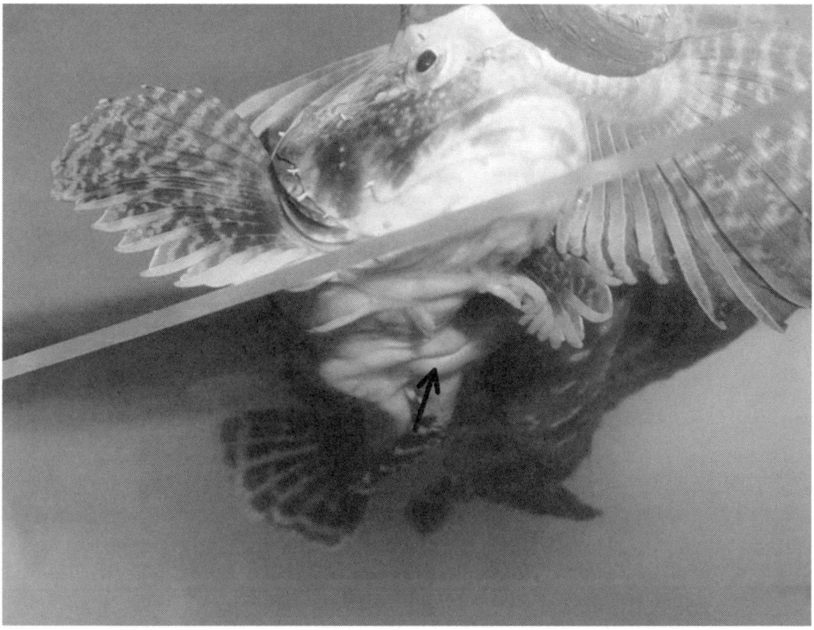

写真3　ペニスが挿入された瞬間（ペニスを矢印で示す）

表1　ミニサテライト遺伝子多型（DNA フィンガープリント法）を用いた父子判定結果[3]（ただしデータは［8］）.

産卵させたオス	調べた子どもの数	父親				判定不能
		最初のオス	2回目のオス	3回目のオス	4回目のオス	
最初のオス	49	47	—	—	—	2
2回目のオス	40	40	0	—	—	0
3回目のオス	64	60	3	0	—	1
4回目のオス	59	35	4	2	0	18

いが，授精させる精子は産卵前に決まり，精子競争の決着がついていることを意味し，血縁判定結果を裏づける．さらに，3回目の産卵の時では，最初のオスの子どものほか，わずかであるが，2回目のオスの子どもがいて，4回目の産卵の時では，3回目のオスの子どもも出た．一腹から複数のオスの子どもが生まれたという，この事実は，排卵から産卵するまでの間に，卵巣内で精子競争が起きることを示す動かぬ証拠といえよう．なお，この実験は，魚類でおこなったDNA 遺伝マーカーによる日本ではじめての血縁判定で，竹中修研究室との共

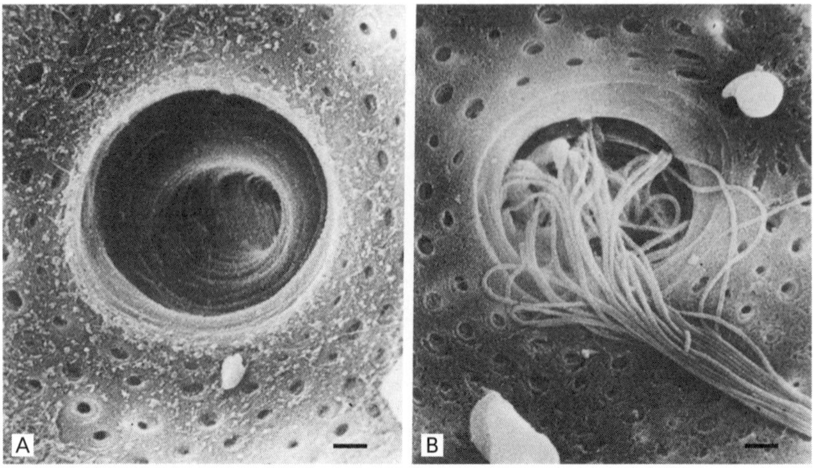

写真4　産卵前の交尾未経験メス（A）および経験メス（B）からとりだした卵の卵門の走査型電子顕微鏡写真．交尾経験メスがもつ卵の卵門には，多数の進入した精子の尾部が見える．卵門の中でも精子競争があるようだ．スケールは 5 μm[3]（ただし原図は［9］）

同研究の成果である．

ニジカジカの卵巣内で精子競争が起きていることはわかった．しかし，不思議に思うことが出てきた．そのころ（1990 年代初期），魚類よりもさかんに精子競争の研究をおこなっていた昆虫や哺乳類の研究結果は，後から交尾したオスの精子が独占的あるいはもっとも多くの卵を授精させる，という後出し有利説が精子競争の一般則になりかかっていた．それに対して，ニジカジカでは，最初に交尾したオスの精子が 3 回目の産卵でも 4 回目の産卵でも，圧倒的に多くの卵を授精させるのに使われていた．ニジカジカでは，なぜ後出し有利説があてはまらないのか，その疑問に答えたいと思った．

魚類の生殖器官の構造

後出し有利説というのは，雌性生殖器官の一部分が貯精嚢として機能し，交尾した順に精子が奥に押し込まれて，貯精嚢の入り口付近にある精子が授精の時に先に使われる．あるいは，後から交尾をするオスのペニスが貯精嚢に溜まっていた精子を掻き出して精子置換するという仕組みによることがわかっている[10]．しかし，硬骨魚類の場合，雌性生殖器官には，そのような部分はない．

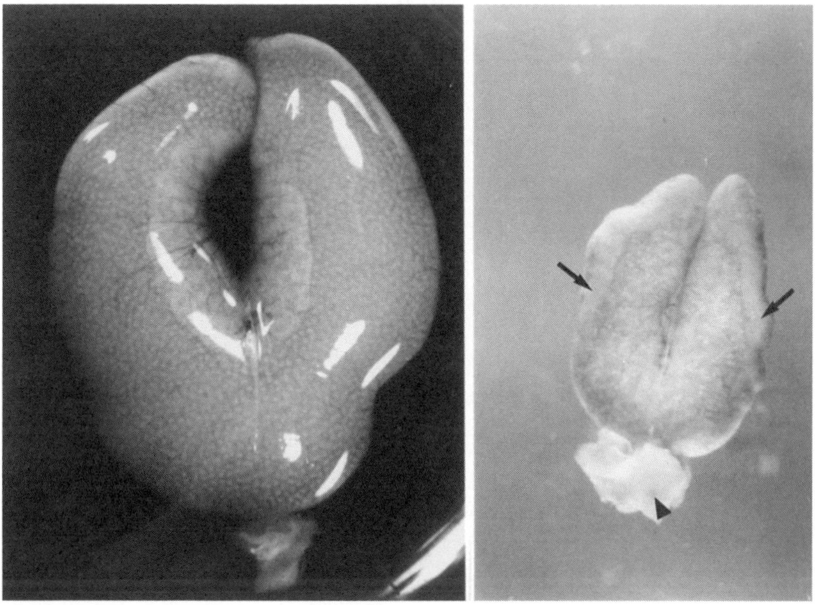

写真 5　排卵した卵巣（左）と，交尾直後に解剖したメスから摘出した卵巣（右）. 矢印で示した白く筋状に見えるのが精子の集団. 数分後には，精子は拡散し肉眼では見えなくなる. 矢の先で示されているのが生殖口[3]

繁殖生理学的に見ると，硬骨魚類の卵巣は，卵を作る卵巣の実質部分が卵巣膜に包まれる度合いと排卵された卵巣がどこに留まるかの違いで２つに大別される. しかし，いずれのタイプの卵巣も構造はシンプルである.

スーパーでサケの卵巣，つまり筋子を買ってきて，それを注意深く見てほしい. 薄い透明な卵巣膜が卵巣を覆い，その膜の一部分に縦に裂け目が入り，卵巣全体ではホットドック用のパンのようになっていることに気づくはずだ. 裸状型と呼ばれ，排卵すると卵は卵巣実質部分から直接腹腔内に落ちていく. もう１つは，実質部分全体が卵巣膜で包まれている嚢状型で，排卵した後も卵巣膜に包まれた卵巣の中に卵は留まる. 多くの魚類がこのタイプの卵巣で，ふくろ状であるという外観は，タラコを思い浮かべると想像できるだろう. このタイプの卵巣も，排卵した卵を環境水中に出すための卵の通り道になる短い輸卵管が生殖口まで続いているだけのシンプルな構造である.

嚢状型卵巣の典型であるニジカジカの排卵した状態と交尾直後の状態の卵巣を写真5に示した. 産卵の際，卵巣膜が収縮し排卵していた卵は，海中に産み出され卵巣からなくなり，その後の交尾により精子が送り込まれる．付属器官がなく卵巣だけが雌性生殖器官であるため，交尾直後には精子の集団は卵巣膜を透かして白く視認できる．しかし，瞬く間に精子は実質部分全体に拡散していく．

魚類の雌性生殖器官は，なんとシンプルなのだろう．

子宮やラッパ管など複雑な構造をもつ哺乳類はいうに及ばず，鳥類，爬虫類でも卵巣のほか多様な付属器官が生殖器官に付随する．したがって，これらの生物では，卵巣に限らずさまざまな場所が精子の滞留場所になり，それらが精子競争の戦場となりうる．オスが多様な戦術を発達させるだけでなく，メスが気に入ったオスの精子だけを受精に使うという，精子のえり好み戦術（Cryptic female choice）が発達する余地がここにあるのだろう[11]．精子競争は混沌とした方向に進化するのも当然だ．また，交尾をするゴカイ類など海産の無脊椎動物あるいは昆虫類など下等といわれる動物群でも雌性生殖器官は，多くの付属器官があり複雑な構造であることが知られている．魚類の雌性生殖器官の形態的な単純さは，傑出しており，これは，すごく驚くべきことではないかと私は思っている．

しかし，これで先の疑問にすべて回答できたというわけではない．雌性生殖器官がシンプルな構造なため，卵巣の中で精子競争が起こるということは，卵巣の中に入った精子が，等しく精を授けるチャンスがあることを示唆するだけである．つまり，後出し有利説があてはまらない理由は，雌性生殖器官の内部構造のシンプルさで説明できるが，ニジカジカで見た先出し有利を説明するものではないのだ．先出し有利説を説明する未知の要因がまだどこかに隠されているはずだ．

最初に交尾したオスにも，後から交尾したオスにも均等なチャンスがありながら，父子判定の結果はそうならない．その原因は何だろう．ひょっとしたら卵巣内に入っている精子の量，つまり射精量が最初に交尾するオスと後で交尾するオスとで違うのかもしれない．しかし，どうやって精子の量を計ったらいいのだろう．ちょうどそのころ，魚類の精子を数える研究が，カリブ海に浮かぶプエルトリコにわたった日本人女性（吉川朋子さん）らがはじめていた[12]．

スパームエコノミー

一般論からすれば，精子はいつでも授精できるだけ充分にある．どんな動物でも，精子の数は，卵に比べはるかに多く，次世代に遺伝子を残すことができずに寿命がつきてしまう精子が，ほとんどであるというのも事実だろう．また，卵に比べて精子は，数千分の1とか，数千万分の1以下の大きさしかなく，精子に運動性があるとはいえ，つがいで繁殖するような精子競争がない状況でも，卵数よりも相当多い精子を放精することで，受精率を上げることに貢献するはずだ．少なくとも，放精量と受精率の関係は，ある段階までは，正の相関関係があると考えてよい．しかし，受精率が100％に近くなると，放精量を増やしても，その効果は小さくなる．つまり，放精量を変数とする受精率の関数は，グラフ上ではS字形を描くはずだ．

この関数から予測されることは，精子の補充ができる前に，次の繁殖機会が続くことが確実である状況では，オスにとって，もっとも適応的な行動は，複数回の産卵で授精できる卵数の合計が最大となるようにふるまうことである．トータルで授精卵数を最大とするには，各回の産卵に放精する精子量を調整し，限りある精子を経済的に使うことである．断じて，最初で使いはたすことなど，してはならないことを意味する．

先に紹介した吉川朋子さんらは，プエルトリコ大学留学中に，なわばりオスがたくさんのメスとつぎつぎとペア産卵できるサンゴ礁域に生息するブルーヘッドラスというベラの仲間で，ほぼこの理論どおりになわばりオスは精子配分していることを突き止めていた．卵数の少ない小さなメスに対しては少しだけ，大きなメスとつがうときは多く放精し，さらになわばりをもたないオスたちがグループで放精し精子競争が起こる状況では，1個体当たりの放精量はペア産卵の数倍多くなることも調べ上げていた．吉川さんらは水中でブルーヘッドラスの産卵をひたすら待ち，放精を見届けると，周辺の海水をまるごと大きなプラスチックバッグに採水し，濾過した海水の中から，顕微鏡で精子を見つけ出しその数をカウントした．放精した精子を数えることができるのだ．

いよいよ，ニジカジカの精子カウント作戦の開始である．この課題に果敢に挑戦したのは大学院生の村花さんだった．ただし，ニジカジカは水温が4℃の北太平洋の初春に繁殖するため，吉川さんのように野外でおこなうところまで

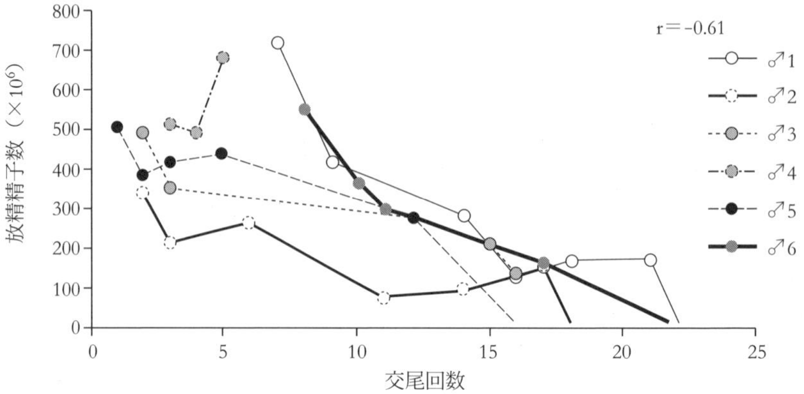

図3　交尾に伴う放精精子数の変化. 6個体のオス（♂4は途中で死亡）を毎日数個体ずつつがわせ, 3～5回おきに放精精子数の計数をおこなった. どのオスも放精精子数は漸減した.

は，真似できない．この仕事は，水槽内でやることになった．

ニジカジカのオスは，ブルーヘッドラスのように放精量を調整しているのか，交尾回数が増すにつれ放精量が変化するかを調べる実験である．ここで1つ問題に気づいた．ブルーヘッドラスと違いニジカジカは交尾をする．卵巣に入った精子を回収するにはメスを殺さねばならない．それに，単純な構造の卵巣とはいえ，濾胞細胞の間隙などから精子を集めるよりは，海水からの方が正確にできそうだ．そこで交尾する直前にガラス棒で挿入の邪魔をして，交尾をさせずに海中に放精させ海水を濾過して精子をカウントすることにした．この方法では，ペニスを挿入し交尾した場合と放精量が変わる心配があったが，前に述べたように魚の射精に挿入後の摩擦は必要な刺激ではない．同じ条件で精子を回収するかぎりは，挿入させなくても精子配分の傾向はつかめると判断した．

その結果，最初の交尾の放精数は，数千万個あったが，次第に少なくなり，15回目ごろになると，ついに放精しない個体が現れた（図3）．この段階の精巣を解剖すると，精子で満たされる腔所は，もぬけの殻になっており，精子が枯渇していることが判明した．つまりスタートダッシュの後，急速にペースダウンしてしまうのである．このようなニジカジカの精子配分は，適宜調整しているブルーヘッドラスと比べると，行き当たりばったりで無計画な放精行動に見える．しかし，ほんとうにそうだろうか．北太平洋に生息するニジカジカとサンゴ礁魚類であるブルーヘッドラスとでは，生態がかなり違う．ニジカジカの精子配分パターンは，この種の生態で評価する必要がある．

周年サンゴ礁で生活し，もっぱら水中放精型のブルーヘッドラスとの違いはたくさんあるが，ニジカジカの繁殖期が短く，繁殖場所への回遊が個体群で一斉におこなわれる点に注目したい．ブルーヘッドラスでは，価値の高い繁殖資源，この場合大きなメスの分布がランダムあるいは時間的に予測不能であるため，つねに精子を節約することが適応的なふるまいであった．それに対し，ニジカジカのオスにとって，繁殖資源として価値の高い，まだ交尾をしていないメスとつがうことができるのは，繁殖期の最初だけである．つまり，ニジカジカでは，時間とともにオスは自分の子どもを残すチャンスが少なくなるのだ．こういう状況では，中盤に息切れし失速しても，スタートダッシュが肝心であることが推測できる．ニジカジカの精子配分は，ブルーヘッドラスとは違うパターンで，精子競争に勝つための適応的な繁殖戦略になっているのだ．先に述べたオスがメスよりもかならず早く繁殖場所に現れるという意味は，オスが繁殖なわばりを確保するためというより，初回産卵のメスと交尾し，そのようなメスの卵巣に多量の精子を送り込むことこそが，オスのほんとうの目的だからではないだろうか．

ニジカジカの精子の寿命

異なるオスと交尾をしたニジカジカの卵巣内では，精子競争が起こることがわかった．次に，そのような状況で，精子はどのような自然淘汰圧を受けることになるだろう．第一に，それは精子の寿命が考えられる．ニジカジカのメスは，約ひと月の間，10 回前後繰り返し産卵する．その間，精子がずっと卵巣の中で生きていられたら，ある時の排卵に卵門に入りそびれた精子も，数日間隔でやってくる授精のチャンスをモノにできる可能性がある．しかし，魚類の精子の寿命は，数秒から数分程度と短いのがふつうだ．その理由は，放精前に精子が蓄えられている雄性生殖器官の内部の浸透圧と，放精後の環境水の浸透圧が違うからである．淡水魚であれば，放精後，精子は低張液にさらされ膨潤し，高張液である海水中では脱水してしまい，長い時間，活性を保つことができない．しかし，これは水中放精型の魚類の話であって，交尾型の魚では事情が違う．

この予測に対して，現在岐阜大学にいる古屋康則さんが中心になっておこなった実験結果が答えている[13]．それによると，予想にほぼ一致して浸透圧に対する精子運動の好適条件が，水中放精型から交尾型への進化に伴い変化してきたことが示唆された．しかも精子の運動好適条件を満たす試液におかれた場合，ニジカジカの精子は顕微鏡下で数十時間，さらに交尾後の精子にとって環境水にあたる卵巣液が乾燥しないようにエッペンチューブで保存すると，1週間以上も運動を続けられるというから驚きである．卵巣液を冷蔵庫に1週間おくと，エッペンチューブの中とはいえ腐敗臭がただよいはじめ，液の性質が変わるので，実験中止になるが，それ以上の日数も運動可能なようである．実際に，1回だけ交尾をさせた後，オスのいない水槽で飼育してメスが，3週間近くの間に10回産卵し，そのいずれの回も高い受精率であったという実験結果も得ている[14]．これらの結果は，ニジカジカの精子が，長期間，おそらく産卵期間の1か月あまり卵巣内で授精能を保持できることの証拠になる．

カジカの精子競争，次なる段階

ニジカジカの精子寿命の延長や運動好適環境の特殊化は，精子競争が自然淘汰圧を介して，交尾型カジカの放精行動だけでなく，精子の特性も進化させる力があることを示唆している．交尾型カジカには，産卵して交尾をするニジカジカのような繁殖行動をする種のほかに，産卵期の前に交尾期のある魚も知られている．また，多くの胎生魚は，出産する前に交尾期を迎える．これまで父性が調べられた胎生魚はそう多くはないが，調査のほとんどすべてがマルチパタニティー，すなわち一腹に父親が異なる子どもが混ざっていた，という結果である．ということは，交尾型魚類のオスは，卵巣の中で精子競争の渦中に置かれているということにほかならない．

交尾の順番や射精量が精子競争の勝敗に，どれだけ影響するかについて調べた研究は，ニジカジカの研究以外にまだない．しかし，本種の結果から見て，早く交尾をするというのは，魚類の場合，精子競争に勝つための重要な戦略であると思われる．生後5か月で成熟し，その後死ぬまでの7か月間，産卵期の最中まで交尾期が続くという長い交尾期をもつヤセカジカ *Radulinus darjarvi* という交尾型カジカも見つかっている[15]．精巣にエネルギーを投資し，体長が20 mm

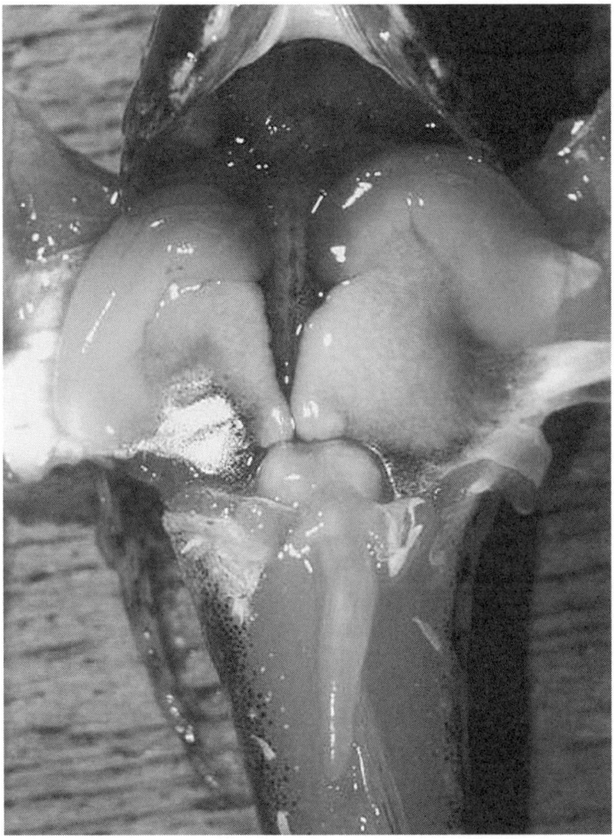

写真 6　腹腔の大部分を占めるヤセカジカの精巣

に満たないサイズで成熟し，その後死ぬまで，交尾することに多くの時間を費やす（写真 6）．この極度に早熟化した交尾型カジカの例は，進化の過程で精子競争が生活史を変える力もあることの証拠といっても過言ではないだろう．

交尾期と産卵期あるいは胎生魚であれば体内受精がおこるまでの期間，つまり射精されてから精子の出番までのタイムラグの期間が長い種では，精子は頭部を卵巣の上皮細胞膜と接触させ休止した状態で出番を待つことがある．卵巣の中で授精に有利な場所があり，先に送り込まれていた精子がその場所を占めるということもありうる．こうなれば，魚類でもメスの精子選択が起こる余地が生まれ る．交尾型カジカの精子競争は，行動，生態，生理など，生物学的なさまざまな側面に，新たな戦略の創出を迫っている．多様性に富んだ交尾型カジ

●宗原弘幸

カの生態進化の解明には，まだ長い道のりが残っていそうだ．

文献

[1] Simmons LW, Siva-Jothy MT: Sperm competition in insects: mechanisms and the potential for selection. In: Birkhead TR and MØller AP (ed): Sperm Competition and Sexual Selection. Academic Press, pp. 341-434, 1998.

[2] Parker G: Sperm competition and its evolutionary consequences in the insects. Biol. Rev. 45: 525-567, 1970.

[3] 宗原弘幸「非血縁個体による子の保護の進化」『魚類の繁殖戦略 1』桑村哲生・中嶋康裕編　海遊舎　pp. 134-181　1996年.

[4] Yabe M: Comparative osteology and myology of the superfamily cottoidea (Pisces: Scorpaeniformes), and its phylogenetic classification. Mem. Fac. Fish. Hokkaido Univ. 32: 1-130, 1985.

[5] 宗原弘幸「カジカ類における交尾行動の進化」『魚の自然史』松浦啓一・宮正樹編　北大図書刊行会　pp. 163-180　1999年.

[6] 古屋康則・宗原弘幸・高野和則「ニジカジカ *Alcichthys alcicornis* の生殖周期と産卵生態」『魚類学雑誌』41: 39-45, 1994.

[7] 宗原弘幸「魚類における子の保護行動の進化—保護者の性と非血縁個体による保護—」『動物の社会行動』(遺伝, 別冊16号) 松本忠・長谷川寿一　裳華房　pp. 100-109　2003年.

[8] Munehara H, Takenaka A, Takenaka O: Alloparental care in marine sculpin *Alcichthys alcicornis* (Pisces: cottidae): copulating in conjunction with paternal care. J. Ethol. 12: 115-120, 1994.

[9] Munehara H, Takano K, Koya Y: Internal gametic association and external fertilization in the elkhorn sculpin, *Alcichthys alcicornis*. Copeia 1989: 673-678, 1989.

[10] Waage JK: Sperm competition and the evolution of odonate mating systems. pp. 251-290, In: Sperm competition and the evolution of animal mating systems Smith RL (ed): Academic Press, 1984.

[11] Eberhard WG: Female roles in sperm competition. In: Birkhead TR and MØller AP (ed): Sperm Competition and Sexual Selection. Academic Press, pp. 91-116, 1998.

[12] 吉川朋子「サンゴ礁魚類における精子の節約」桑村哲生・狩野賢司『魚類の社会行動 1』海遊舎　pp. 1-40　2001年.

[13] Koya Y, Munehara H, Takano K, Takahashi H: Effects of extracellular environments on the motility of spermatozoa in several marine sculpins with internal gametic association. Comp. Biochem. Physiol. 106A (1): 25-29, 1993.

[14] Koya Y, Munehara H, Takano K: Sperm storage and motility in the ovary of the marine sculpin *Alcichthys alcicornis* (Teleostei: Scorpaeniformes), with internal fametic association. J.

Exp. Zool. 292: 145−155, 2002.
[15] Abe T, Munehara H: Spawning and maternal care behaviors of a copulating sculpin *Radulinopsis taranetzi*. J. Fish Biol. 67: 201−212, 2005.

●宗原弘幸

精子競争研究の現状，世界ではじめて開催された「精子競争の国際シンポジウム」

宗原弘幸

精子競争は，授精を確実にするために配偶者を選択した後にも働く自然淘汰圧で，1970年にゲオフ・パーカーによって提唱された．ダーウィン以後，今日までの性淘汰研究を牽引してきた進化学的概念で，これまでも精子競争と冠された学術洋書は何冊か出ている．しかし，意外なことに精子競争にとりくんでいる研究者が一堂に集う機会は，少なくとも筆者が調べた範囲ではなかった．それが「精子競争と繁殖戦略の国際シンポジウム（International Symposium on Sperm Competition and Reproductive Strategies）」として，2005年8月5日～7日，北海道の小樽市で開催された．13人の外国人研究者を含む，6か国36人の研究者が集い，熱い激論を交わした（写真1）．そして何よりも今シンポでは，この分野に今日のエポックをもたらしたDNA多型による血縁判定法を日本でいち早く開発した竹中修先生の功績を捧げる追悼ポスターの展示（写真2）とスライドショーがおこなわれた．

例年になく暑い北海道で，ジョナサン・エバンス（豪州）による魚類のグッピーのメスの精子選択に関した基調講演を含め18題の口頭発表と17題のポスター発表がおこなわれた．精子競争をリードしてきた昆虫類と本シンポの直前に国際哺乳類学会が札幌であったため哺乳類を扱った研究が多かったが，魚類や頭足類，それにモデルなど材料は多岐にわたっていた．

精子競争と聞けば，トンボの仲間で知られる精子置換行動や，霊長類の配偶システムと精巣重量比の相関の話が思い浮かぶ．このような生殖器官系の解剖と生殖行動の観察にもとづく研究はやはり主流で演題数も多かった．本シンポでは，外来の害虫対策に不妊化したオスを量産し，野外に放して精子置換させて繁殖抑制する研究結果や社会的地位によって精巣重量が違うタンガニイカ湖産シクリッドの話，さらに頭足類のコウイカでの精子置換行動が，鮮明な動画とともにわかりやすく紹介され関心をひいた．こうした生殖行動と生殖器官の機能形態学的研究の融合は，パーカーが当初想定していた精子競争研究であるが，30年余りの間に拡がった裾野

写真1 「精子競争の国際シンポジウム」の記念写真．前列右から2人目が筆者，4人目が共同企画者の椿宜高（国立環境研），中列右から3人目，4人目がそれぞれ同じく共同企画者の小山幸子（インディアナ大），Paula Stockley（リバプール大）

の幅を実感した．

簡便で高度な分析力を備えた遺伝マーカーによる血縁判定が普及しはじめ，個体単位で繁殖成功度を実測できるようになった1980年代後半ごろから，方法においても精度においても，これまでと違う精子競争の研究がはじまった．行動観察だけでは見えなかった生き物の営みを暴くツールを手にしたからである．本シンポでは，夜行性有袋類の配偶システムの解明など，DNA多型による血縁判定が応用された発表は8題にのぼった．特殊な生殖器官や精子の形態が精子競争に対応した構造であるという考察も，実際にマルチパタニティーが示されていると，説得力は違う．精子競争する可能性がある生き物，地中で生活する生き物などの繁殖生態研究には，血縁判定はもはや不可欠なツールだ．竹中修先生の追悼ポスターでは，日本ではじめて動物行動学にDNA多型による血縁判定が応用されたニホンザルの行動研究などが紹介された．たしかに，血縁判定のパワーは認めざるをえない．しかし，ラボよりフィールドが好きだという筆者のような研究者にとっては，ラボワークを増やした竹中修先生の功績をたまには恨みたくなる．

精子競争の最近の話題に，隠蔽されたメスの父性選択（cryptic female choice; CFC）と雌雄のだまし合いがある．前者は，複数のオスと交尾したメスが卵を受精させるとき，気に入ったオスの精子を意図的に使える仕組みを調べる研究で，後者は通常

写真2　竹中修先生の功績を紹介したポスター．交尾回数がオスの繁殖成功度の指標にならないことを実証したニホンザルの研究と放精のタイミングと放精量がオスの受精成功につながることを示したアイナメの研究のほか，研究歴が紹介された．また，竹中研の「仲間」の写真集“SAUSALITO”も展示された（ポスター左）

の配偶者選択から隠蔽された配偶者選択までを視野に入れた研究である．昆虫類のほかに魚類と哺乳類でこれに関した発表があった．ニホンザルのメスが排卵周期を隠すか，それともオスが見破れるかという課題も，CFC の視点と共通する．この最新の話題も，もとを辿れば，行動観察と血縁判定結果の不一致がさまざまな動物で報告されたこととにつながる．本シンポでは，CFC の可能性を示唆する研究はいくつかあったが，残念ながら機能形態学的に CFC の仕組みを解明した報告はなく，今後に持ち越された．モデル研究では，多回交尾の進化的意義や精子の同類認識システムの可能性など，いっそう深化し，こちらも精子競争研究の新展開を予感させた．

今シンポは，日本からの参加者が予想外に少なく，外国からの参加者の比率が高くなり，そのためか（?），講演後の議論が活発だったように思った．対象とする生物の範囲が広く，生物群でわかれた学会では知ることができない情報を得られたことが刺激になったのではないだろうか．筆者にしても，カジカやグッピーなど精子競争に直面する魚類では，束状になった精子塊を放精するのを観察してきたが，今回哺乳類や昆虫類でも同様の精子束を形成する種がいることをくわしく知れた．また，懇親会もじっくり語り合える規模だったので，連日のアフターシンポは，友達をたくさん作る機会になっただろう．

個人的には，生殖器官の構造を調べるため単孔類のハリモグラがおとなしく磁気共鳴映像装置（MRI）に入れられるスライドがどことなくユーモラスで，本シンポではもっとも印象に残った．生態学におけるオーストラリアの勢いを感じたことと，貴重動物の調査には，非解剖的な方法の開発と応用が不可欠になってきたことを実感したからだと思う．思えば，非侵襲的な方法で野生動物からのDNA収集が，竹中修先生の血縁判定後の研究テーマだった．竹中修先生が確立したワッジについた口腔粘膜，毛，糞，尿，粘液からDNAを採取する方法は，野生動物研究の世界水準になるだろう．偉業は．死してなお語り継がれる．

4

フィールドワーカーとDNA分析

ボノボの遺伝学的分析をおこなってみて

橋本千絵

はじめに

私は，アフリカのコンゴ民主共和国のワンバ村で，ずっと野生のボノボの社会行動に関する調査を続けてきた．毎日，朝から夕まで，ひたすらボノボの後を追いかける．双眼鏡でボノボの行動を観察し，フィールドノートに記録する．その記録をもとに，いろいろな分析をして，ボノボの間にどのような社会関係があるのか，どのような行動が社会関係に効いてくるのか，について研究をおこなってきた．

その一方で，竹中修先生の指導のもと，DNAを使った遺伝学的な研究もおこなってきた．もちろん，私にとっては遺伝学は専門ではないため，もっぱら技術的なことは竹中先生に頼り切り，私の方は，「こうしたことが明らかになると，社会関係の研究に役立つ」というアイディアと実際の手作業を担当して，研究を進めてきた．

本稿では，自分のおこなってきた，ボノボを対象とした遺伝学的な研究を紹介していきたい．

ボノボ

アフリカの真ん中に位置するコンゴ民主共和国（旧ザイール共和国）でも，ワンバ村はさらに赤道直下に存在する．一年中雨がよく降るワンバは，高さ約40 mで樹冠がつながる熱帯雨林に覆われている．

ここは，1973年に加納隆至がボノボの調査地を探すために，コンゴでボノボの広域調査をおこない，最後にたどり着いた場所だ[1]．それ以来，日本人を中心とした研究チームが，30年以上に渡って，野生ボノボの調査を続けてきた．

ボノボは，チンパンジーと同じ*Pan*属の類人猿だ．ボノボとチンパンジーは非常によく似ているが，強いて両者の違いをあげるとすれば，ボノボの方が，チンパンジーよりも若干ほっそりしていてなんとなく優しい顔をしている点くらいだろうか．

外見は，うり二つのボノボとチンパンジーだが，チンパンジーにはない，ボノボの一番の特徴といえば，バラエティに富んだ性行動だろう．チンパンジーを含む，ヒト以外の動物では，「繁殖」を目的とした性行動（交尾）以外の性行動はおこなわないのが一般的だ．しかし，ボノボでは，オス同士やメス同士の性行動など，繁殖に直接結びつかない性行動が頻繁に見られる．

たとえば，ボノボのオス同士では，お互いの尻をつきあわせてこすりあわせる行動をおこなう．われわれが「尻つけ」と呼んでいる行動だ（写真1）．また，メスのボノボは，抱き合うようにしてお互いの性皮をこすりあう，われわれが「ホカホカ」と呼んでいる性行動をおこなう（写真2）．

どうして，ボノボはこのようなバラエティに富んだ性行動をおこなうのだろうか．これまで長期に続けられてきた研究によると，こうした性行動はどうやら社会関係を調節するためにおこなわれているらしい[2]．たとえば，オス同士の尻つけはけんかの後によく見られ，仲直りするためにおこなわれる．また，メス同士のホカホカは，緊張した場面，たとえば大きな採食場に着いた直後などによくおこなわれる．ホカホカをすることによって，お互いの緊張を解いているのだと考えられている．

写真1 オス同士の尻つけ（撮影：古市剛史氏）

写真2 メス同士のホカホカ（撮影：古市剛史氏）

●橋本千絵

行動観察と遺伝学的分析

ワンバにおける野生ボノボの研究によって，ボノボに関するさまざまなことが明らかにされてきた．しかし，行動を観察するだけではわからないこともたくさんある．

たとえば，母親と子どもという親子関係は，生まれたときから観察をしていれば，知ることができる．しかし，父親と子どもという関係になると，ボノボのように複数のオスと複数のメスがいっしょの集団に暮らしており，かつ，交尾が乱婚的におこなわれる場合には，知ることがむずかしい．父親と子どもの関係は，遺伝学的な分析によってのみ，明らかになるのだ．

一方，サルの研究の世界では，行動観察がおこなわれている野生のサルの集団を対象とした遺伝学的な研究が長い間ほとんどおこなわれてこなかった．だからといって，研究者が遺伝学的な分析に興味がなかったわけでない．遺伝学的な研究を躊躇する原因があったのだ．

サルの行動を観察するためには，人づけといって，サルに観察者の存在に慣れさせることが多い．一方，遺伝学的な分析に必要な血液を採集するためには，サルを捕獲しなくてはならないが，捕獲した場合，せっかく築いたサルと観察者との信頼関係が損なわれる可能性が高い．とくに，知能の高い類人猿の場合は，捕獲という手段は許されないと考える人も多い．そのため，野生の類人猿を対象とした遺伝学的な研究は，ほとんどおこなわれなかった．

1980年代後半，PCR法という手法が開発された．PCR法を使えば，ごくわずかなDNAでも，分析が可能になる量まで増幅することができる．たとえば，毛や糞などにも，ごくわずかな量のDNAが含まれているが，PCR法によってDNAを増幅することによって，遺伝学的な手法が可能となる．つまり，血液を採取しなくても，毛や糞さえ集めれば，遺伝学的な分析ができるようになるのだ．その結果，類人猿を対象とした遺伝学的な研究が，PCR法の導入以後さかんにおこなわれるようになった．

ワッジを集める

こうした研究の流れをうけて，私もPCR法を使ってボノボを対象とした遺伝学的な研究をしてみようと思った．ボノボの性行動や社会関係についても，遺伝学的な分析をおこなえば，より深い理解が進むと考えたからだ．

ボノボやチンパンジーは繊維質の食物を食べるとき，食物をほおばった後，繊維だけをはきだす．このはきだされた食べかすをワッジと呼んでいるが，ワッジには，脱落した口腔内の細胞が引っかかっている．こうした細胞を集めれば，ごくわずかな量ではあるがDNAを集めることができる．

ワンバでは，行動観察のために，ボノボの遊動域のなかに50 m四方ほどの餌場を作り，そこにサトウキビをおいて，餌づけをしていた．サトウキビは，繊維質の多い食べ物なので，ボノボがサトウキビを食べるときはかならずワッジを吐き出す．そのワッジを集めて，DNA試料とすることにした．

餌場にボノボが入ってくると，ボノボたちはまずサトウキビをめいっぱい抱え，おのおの自分の好きな場所に行き，それから座って食べはじめる．約2時間後，ボノボたちはサトウキビを食べ終わると，森へと帰っていく．ボノボの座っていた場所には，サトウキビのワッジがたまっている．

DNAの試料とするには，誰がはき出したワッジなのか，わからないと意味がない．だから，ボノボたちがサトウキビを食べている間，誰のワッジがどこらへんに落ちているのか，きちんとチェックしておかなくてはならない．たいてい1回の観察ではターゲットとする個体を1～2頭にしぼり，その個体についてくわしく行動観察をおこないつつ，ワッジの行方にも目を光らせる．

ボノボたちがすべて餌場から立ち去ると，ターゲットの個体のいたところへ行き，ワッジを集める．このとき，他のDNAが混ざらないように注意が必要だ．たとえば，自分の唾液の中にも，口腔内細胞が含まれているので，ワッジの前で話をすれば，唾液といっしょに自分の細胞が試料に混入してしまう．ワッジを採集するときは，使い捨ての手袋をして，ひたすら沈黙を守りつつ，慎重に50 mlのプラスチックびんにワッジを入れる．

ワッジを入れた後，95％アルコールを容器いっぱいまで満たす．これで，日本に帰ってDNAを抽出するまでの作業は終わりだ．

実験室

実験室では，まずDNAの抽出作業にとりかかる．

ビーカーの上にガーゼを敷いて，その上に容器からワッジをとりだす．その上から，生理食塩水をかけて，ワッジを洗うようにする．ビーカーにたまった生理食塩水には，ワッジに引っかかっていた，ボノボの口腔細胞が含まれているのだ．その液を遠心して沈殿を集め，タンパク質分解酵素などを用いて，DNAを抽出する．

血液などの試料からDNAを抽出する場合には，途中の段階でも液の粘性などからDNAが存在することがわかるし，抽出し終わった段階でDNA量を測定することも可能だ．しかし，ワッジなどから採集されたごく微量な試料からDNAを抽出する場合には，途中の段階はおろか，抽出し終わった後でも，DNAがほんとうに含まれるのかどうか，よくわからない．ワッジからのDNA抽出の作業をしているとき，なんだか「はだかの王様」の衣装を縫っているみたいだなあ，と思ったものだった．

それにしても，それまで実験をしたことがなかった私が，実験をするというのは，結構たいへんだった．「ワッジを洗うための生理食塩水を作っておいて」と言われても，まず，塩化ナトリウムをどのくらい入れればいいのか，というようなことから教えてもらわなくてはいけなかった．実験をおこなう単位も，「マイクロリットル」という単位（1 ccの1000分の1）になることが多く，最初のころは，マイクロピペットをもつ手が震えて失敗することも度々だった．とくに，粘性の大きい液を扱うときは，うまく「一滴」が落とせず，四苦八苦したのをよく覚えている．それでも，実験を続けることができたのは，竹中先生をはじめとする周りの暖かい指導のおかげだと感謝している．

PCR

私がボノボのDNA試料を用いておこなったのは，集団内のミトコンドリアDNAについての分析だった．

ミトコンドリアDNAというのは，文字通り細胞内小器官であるミトコンドリアのもつDNAである．細胞核に存在する核DNAが，父と母の両方から受け継がれるのに対して，ミトコンドリアDNAは卵細胞の細胞質を通じて母性遺伝するために，母系の血縁関係の分析によく用いられる．また，核DNAが，1細胞につき1セットずつしか含まれないのに対して，1細胞につき複数存在するミトコンドリアのDNAは複数セット（細胞の種類によって違うが，100～数千）含まれるため，微量のDNAからスタートしなければならない場合には，核DNAに比べると格段に増幅することが容易となる．

分析の対象としたのは，私が行動観察をおこなっていたワンバE1集団のボノボたちだった．

ボノボは，ニホンザルやチンパンジーと同じように，複数のオスと複数のメスを含む複雄複雌の集団で暮らしている．ニホンザルは，メスが自分の出自集団に残り，オスが性成熟後に他の集団に移籍するという，母系の社会構造をもつのに対して，ボノボやチンパンジーでは，オスが出自集団に残り，メスが移籍するという父系型の社会構造をもっている．

ワンバE1集団は，ワンバで野生ボノボの研究がはじまって以来，ずっと継続して研究されてきたので，母―息子関係は行動観察によってわかっていた．しかし，外から移入してきたオトナのメスに関しては，互いの血縁関係はわからない．ミトコンドリアDNAを分析することによって，オトナのメス間の血縁関係を調べようと思った．

これまでの行動観察による研究によると，ボノボのメスたちは，非常に仲がいいことがわかっている．チンパンジーのメスたちが，お互いに疎遠でいるのに対し，ボノボのメスたちはいっしょのパーティで遊動し，グルーミングなどの親和的な行動も多くおこなう．血縁関係のないメスが，こういった親和関係をもつのはふつうは考えにくいので，メスが他集団から移入してくるとき，自分の血縁者のいる集団を選んで移入しているのではないだろうか．これを検証するために，ミトコンドリアDNAによる血縁関係の分析をおこなうことにした．

ボノボのメスの血縁関係

ワンバE1集団から得られたDNA試料を用いて，ミトコンドリアDNAのD Loop領域の中の約350塩基を対象としてPCR法を用いてDNAを増幅し，その塩基配列を調べた．

ワンバE1集団の個体は，調査時に31個体のボノボがいたが，そのなかに，10組の母子と，3頭の母親のわからないオトナのオスがいた．ミトコンドリア

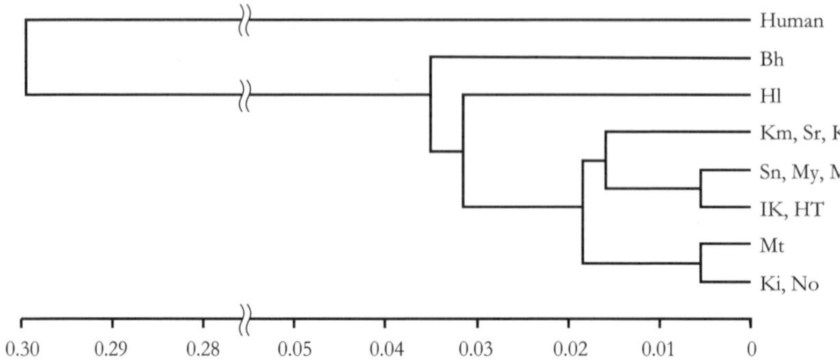

図1 ワンバE1集団に見られた，ミトコンドリアDNAの型による13の家系[3]

DNAは，母性遺伝するので，母親とその子どもたちは同じミトコンドリアDNAの塩基配列をもつと考えられる．母親のわからないオスたちがそれぞれ違う母親から生まれたと仮定すると，E1集団には13の母系の家系があることになる．ミトコンドリアDNAの塩基配列を調べた結果，13の母家系は，7つに分類されることがわかった（図1）．

その中で，移入がおこった年から考えると姉妹である可能性のあるペアに，実際に血縁があるかどうかを検討した．メスはだいたい7歳から9歳の時に出自集団から移出する．また出産間隔が約4年であることを考えると，妹が姉のいる集団に移入する間隔は，4～9年だろう．このような間隔で移入してきたのは，BhとNo，BhとMs，BhとKi，NoとMs，NoとKiの5組であるが，ミトコンドリアDNAの分析により実際に姉妹である可能性があるのは，NoとKiの1組だけであった．つまり，ボノボのメスが移入するときに，姉のいる集団を選んで移入することは少ないのではないかということが示唆された．

また，これまでの研究から，移入したての若いメスは，1，2頭の壮年メスを選びそのメスと積極的に親和的な関係をもつことが知られている．そこで，このような親和関係の見られた，新入りメスと壮年メスとの組み合わせの中に，血縁関係が見られるかどうかを検討した．新入りメスと壮年メスの親和的関係が見られたのは，NoとKm，MsとBh，KiとBh，KiとHlの4つの組であったが，この中に血縁関係がある組み合わせはなかった．新入りメスが親和関係をもった壮年メスはみな，集団内のランクが高い個体だった．新入りメスたちは，血縁ではなく，社会的地位の高さをもとに親和関係を築く相手を選んでいるのかもしれない.

さらに，血縁度と親和関係について分析をおこなった. 親和関係については，近接度とグルーミングの頻度を指標にした. その結果，両方の指標について，血縁度と親和度にはなんの関係も見られなかった. ニホンザルのような母系の社会構造をもつ種と違って，ボノボの場合には，血縁度と関係なく親和関係を築くことがわかった. 血縁関係のないメスたちが親和関係を形成できるのは，ボノボ特有に発達した性行動のおかげかもしれない.

個体識別の重要性

1990年にワンバE1集団を対象にDNA試料を採集したのだが，その後調査地のあるコンゴ民主共和国の政治状況が悪くなり，1991年から1994年まで調査をおこなうことができなかった. 1994年に調査を再開したとき，1頭の孤児を発見した. この孤児が誰の子どもか確かめるために，ミトコンドリアDNAの塩基配列を比べ，この孤児は1991～1994年の間に消失した複数のメスのうちの1頭，シロの子どもであることがわかった.

その後，1997年にコンゴ民主共和国が再び内乱状態になり，2002年まで調査中断をやむなくされた. 2002年の調査再開時には，1997年に子どもだった個体がすべてオトナになっており，個体識別がむずかしくなってしまっていた. そこで，あらたにDNA試料による分析をおこない，過去の分析結果と比較するという方法で，誰が誰であるのかを特定する作業を現在進めているところである. 類人猿の場合は，寿命が40年以上ある. その生活史を明らかにしようと思えば，少なくても寿命の40年を超えた長期にわたる研究が不可欠である. ワンバのボノボのように調査中断のために個体識別がとぎれてしまえば，それまで30年続いた蓄積がゼロになってしまう. もし，DNA分析を用いた個体識別によってつなげることができれば，長期研究の継続が可能となるのだ.

こうした個体識別へのとりくみは，父子判定のような，結果が直接学問的な興味に結びつくものではないので，あまり人の目をひかないかもしれない. しかし，行動研究の面からは，長期研究の継続といった重要な意味をもつ. こうした目立たない研究は，行動学者の方が積極的に進めなければいけないだろう.

近年，こうした野生霊長類集団を対象とした遺伝学的な研究は，いよいよ専門化がすすみ，私のように行動を研究しているものが二足のわらじでおこなうのはむずかしくなりつつある．しかし，やはり行動を研究している人にしか気がつかない点も多いと思う．自分で実際に実験をするかどうかは別としても，行動学者の方も遺伝学的な研究に関心をもち，積極的にかかわっていくことが重要だろう．

文献

［1］加納隆至「ピグミーチンパンジーを求めて」加納隆至・黒田末寿・橋本千絵編著『アフリカを歩く—フィールドノートの余白に—』以文社　pp. 3–46　2002年.

［2］加納隆至『最後の類人猿』どうぶつ社　1986年.

［3］Hashimoto C, Furuichi T, Takenaka O: Matrilineal kin relationships and social behavior of wild bonobos (*Pan paniscus*): Sequencing the D-loop region of mitochondrial DNA. Primates 37: 305–318, 1996.

5

屋久島に野生ニホンザルを追って

早川祥子

オスの優劣順位と父性

霊長類の研究ではその初期からオスたちの優劣順位というものが注目されていた．河合の『ニホンザルの生態』には，その順位の決め方は以下のように記されている[1]．2頭のサルがいる，その中間へミカンを投げる．するとどちらかがそのミカンを取るのだが，どちらが取るかは何回やっても変わらない．このミカンを取るほうを優位，取らないほうを劣位と判断するのだ．もっとも優位なオスは当初リーダー，あるいはボスと呼ばれ，高崎山などではリーダーが餌場にいるときにはワカオスなどはその中に入ることさえできないらしい．またリーダーはその他のオスたちとは異なる社会的役割があると考えられていた．それは群の防衛と他のオスたちに対する示威行動であり，それらをしないリーダーは河合から「無能」あるいは「ぐうたら」呼ばわりをされている．しかしそのニホンザルの社会がくわしく調べられるにつれ，そうしたリーダーなどといういい方はサルの社会を美化しすぎておりふさわしくないと考えられるようになった．このため，現在少なくとも学術論文ではボスやリーダーといういい方は避け，αオス，単に一番目のオスという表現をしている．

それでは残している子どもの数はどうなのだろうか？　ニホンザルの交尾期は群によって多少のずれはあるものの，秋から冬にかけての数か月間である．

この間メスはおおよそ1か月に1回発情し，オスを受け入れるようになる．発情は10日から2週間ほど続くが，その間の交尾頻度も配偶関係，つまりオスとメスの結びつきも一定ではない．再び河合の本から引用しよう．「（リーダーは）発情度最高のメスにつぎつぎとくらがえする．いわば，よいところだけをつまみ食いしている．（中略）そのあまりを他の下位のオスがもらうことになる」．もしこれがほんとうならば，群で生まれた多くの子どもたちの生物学的父親は優劣順位の高いオスであるということになる．

しかし，実際誰が子どもの父親になっているのかは，行動だけではわからない．霊長類研究所のニホンザル飼育群では高順位のオスほど頻繁に交尾をしていたが，DNAを利用した父子判定によれば，オスの順位と残した子どもの数はまったく相関しなかった．初期におけるDNAを利用した血縁判定は，DNAフィンガープリンティング法を利用したものであったが，後にPCR法という方法を用いてDNAを効率よく増幅することができるようになり，血液や組織片などだけではなく，毛や糞のようにごく少量の細胞しか含有していないサンプルや，一部壊れてしまっているDNAを使用して親子判定に用いる可能性が開けた．PCR法を用いた血縁判定では多くの場合マイクロサテライトと呼ばれる短い塩基の繰り返し配列を増幅する．増幅したものをゲル上で電気泳動し，繰り返しの回数によって分離し視覚化する．繰り返し回数の違いは，ゲル上に現れるバンドの位置の差となって判別ができる．バンドは通常2本現れ，1本は父親由来，もう1本は母親由来であるが，両親から偶然同じ繰り返し回数のものを受け継いだために見かけ上1本のバンドしか現れない個体もいる．あるオスが子どもの父親であるかどうかを調べるにはこのバンドパターンを比較すればよい．母親由来でないバンドの位置が問題のオスのバンドの位置と一致しなければ，そのオスは父親ではありえない．しかし偶然に同じ繰り返し回数をもつということもありうるので，複数のマイクロサテライト領域を増幅して比較することにより，父親であるか，そうでないかを判断することになる．

しかし，毛や糞のような質の劣るサンプルは増幅中にエラーが起こり，本来の対象個体がもっている遺伝子型とは異なる型が得られることもあることが警告されている．1997年科学雑誌『Nature』に掲載された，「チンパンジー集団の半数の子どもは群外オスの子ども」とされた論文[2][3]の結果がわずか3年後に別のグループによって否定された[4]のはこうした研究の危うさを象徴的に示す事件であった．エラーを防ぐためには，より質のよい（壊れていない）サンプルを得るようにするという方法もあるが，それが不可能な場合にはタバレットらが提唱したように，実験を繰り返しおこなうことでより信頼性の高い結果を得ることが望まれる[5]．しかしこの方法は時間と経費がかかる上に，実験が終了する前にサンプルを使い切ってしまう危険性もある．この実験の困難さが野生ニホンザルの父子判定を長い間阻むことになっていたのだった．

B 群の群外オスによる乗っ取り

1996 年秋，大学院生になった私は屋久島の西部林道と呼ばれる場所でヤクシマザルの交尾行動と父性の関係を調べることになった．屋久島は，九州最南端の佐多岬から，南海上 70 km ほどに浮かぶ，周囲約 132 km，面積約 503 km^2 のほぼ円形の島である．

群が行動する範囲を「遊動域」とよぶ．ヤクシマザルは 1 km^2 から 7 km^2 ほどの狭い遊動域に平均 30 頭ほどの小さな群がお互いに大きく重ならせつつ連続して分布していることにその特徴がある．つまり，サルたちはほんの少し歩けばすぐに他の群に出会うことが可能であり，実際交尾期には多くの群外オスが群を訪れ，メスと短期的な交尾関係を結ぶのが観察される．こうしたオスたちは周辺のあるいはもっと遠くの群に所属している（あるいは所属していた）サルであると思われる．こうしたオスたちの多くはわずか 1 日から，長ければ数週間群の周辺に出没するがいずれはまた去って行ってしまう．ただし，中にはそのまま群に留まり，群オスとなるものもいる．

調査対象である B 群の α オスはババという名前のおじさんだった．屋久島では，長期にわたる個体識別のために何頭かのオスの顔には入れ墨が入っている．ババはこの入れ墨が鼻の下にあり，さえないおじさんをますますさえない風貌にさせていた．B 群はなかなか個性的なサルがそろった群であった．メスの中でもっとも順位が高いのは，サトというおばあちゃん．彼女はやせて体毛がぼさぼさ，背中も曲がっているという見かけにもかかわらず，非常に元気で気の強いメスで，けんかが起こった時には，それがオス同士のけんかであろうとも真っ先に最前線に飛び出していくのであった．彼女といつもいっしょにいるのはビビとサラであり，サトの娘であろうと思われた．ビビはサトに負けず劣

表1　1996年B群の個体メンバー表

オトナオス		オトナメス	
順位	名前	順位	名前
1	ババ	1	サト
2	フータ	2	ビビ
3	ボリ	3	サラ
4	パズー	4	サード
5	イチロー	5	ケシ
6	ダイシ	6	ツル
		7	セリ
計	6頭	計	7頭

子どもおよびアカンボウ
計　　8頭

らずのおてんば娘であった．彼女らと対照的なのがケシとツル，そしてセリ．彼女らは群の中ではもっとも低い順位になっており，いつも群の中心からやや離れた陽だまりでひっそりとお互いの毛づくろいをしているのが印象的であった．

＜**10月14日**＞B群ではじめて交尾を観察する．それはサトとワカオスフータだった．2匹はこっそり群から抜け出し，他に誰もいない場所で交尾をはじめたのだった．いくらさえなくても，高順位であるババの前でフータがサトと交尾をすることは許されなかった．日暮れにはまだまだ時間があるがすでに日は西に傾いていた．フータは周りを警戒しつつサトの腰を押した．サトが腰をあげるとフータがサトにマウンティング（背乗り行動，写真1）をし，交尾がはじまった．交尾が終わるまでの数分間もフータは周りへの警戒をおこたらなかった．その後も，αオスであるババの交尾はほとんど見られなかった．たしかにババ以外のオスがサトと交尾しようとするとババは彼らを攻撃した．が，ワカオスに誘われ，あるいはみずから誘って群の外へ出て行こうとするサトを止めることはできなった．サトは群のワカオスたちとつぎつぎに交尾関係を結び，自由に性を謳歌していた．

＜**10月17日**＞見知らぬオスがサトといっしょに群から離れて歩いているのを見かける．2匹はあっという間に私をまいて逃げてしまったので，ただひどく

写真1　ヤクシマザルの交尾

大きなオスだったということ以外はわからなかった．

＜**10月18日**＞B群は隣のNA群と出会い，双方入り乱れてのけんかになった．屋久島の群は1つの群が利用する土地を他の群も利用するため，こうした群の衝突が頻繁に起こる．その夜NA群を見ていた先生から，このけんかのときにとんでもなく体の大きなオスを見た，といわれた．明らかにB群といっしょにいたようだったが，あれは誰だったのか，と聞かれてとっさに前日サトといたオスを思い浮かべた．私は気づかなかったが，あいつが群の中までやってきていたのだろうか？

＜**10月22日**＞再び大きなオスがB群とともにいるのが観察された．彼はB群から数km離れた群のオス，ピエロだった．あまりにも体が大きいため逆に手足が短く見えて，まるで宮崎駿監督の映画「となりのトトロ」に出てくるトトロのようにかわいらしくそして同時に滑稽な印象を与えた．

＜**10月23日**＞ピエロがビビと抱き合っているのを発見した．ビビは興奮しているとも，不満げだともとれるような「ふうーう，ふうーう」という声を出し，

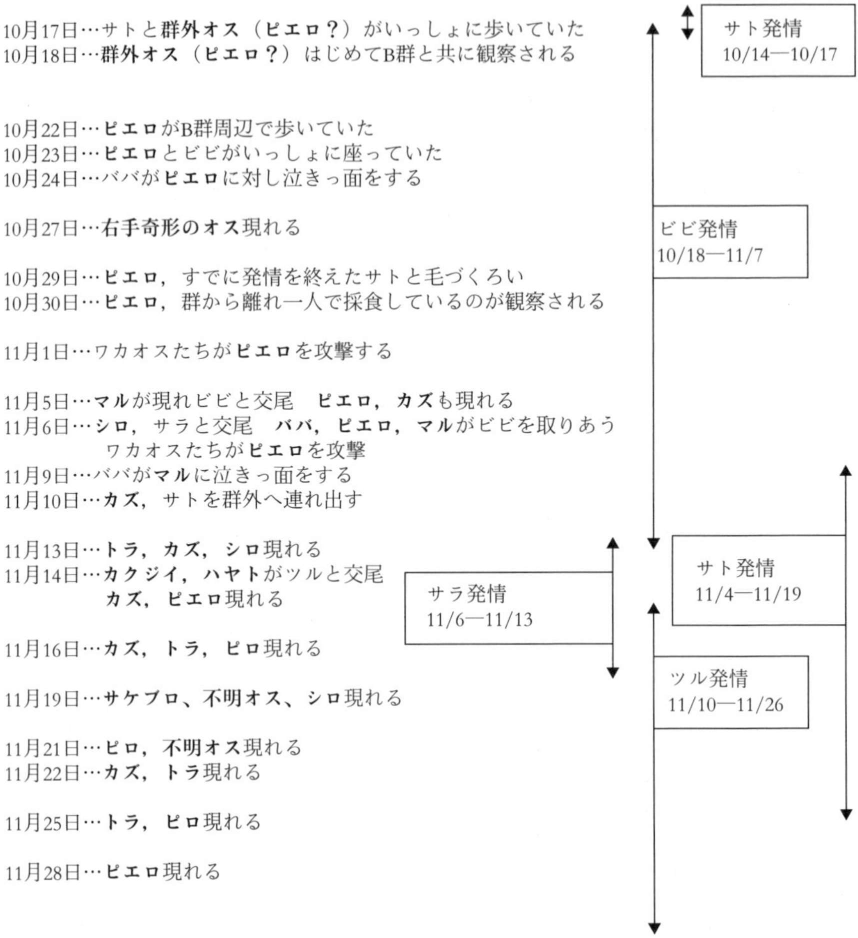
10月17日…サトと群外オス（ピエロ？）がいっしょに歩いていた
10月18日…群外オス（ピエロ？）はじめてB群と共に観察される
10月22日…ピエロがB群周辺で歩いていた
10月23日…ピエロとビビがいっしょに座っていた
10月24日…ババがピエロに対し泣きっ面をする
10月27日…右手奇形のオス現れる
10月29日…ピエロ，すでに発情を終えたサトと毛づくろい
10月30日…ピエロ，群から離れ一人で採食しているのが観察される
11月1日…ワカオスたちがピエロを攻撃する
11月5日…マルが現れビビと交尾　ピエロ，カズも現れる
11月6日…シロ，サラと交尾　ババ，ピエロ，マルがビビを取りあう
ワカオスたちがピエロを攻撃
11月9日…ババがマルに泣きっ面をする
11月10日…カズ，サトを群外へ連れ出す
11月13日…トラ，カズ，シロ現れる
11月14日…カクジイ，ハヤトがツルと交尾
カズ，ピエロ現れる
11月16日…カズ，トラ，ピロ現れる
11月19日…サケブロ、不明オス、シロ現れる
11月21日…ピロ，不明オス現れる
11月22日…カズ，トラ現れる
11月25日…トラ，ピロ現れる
11月28日…ピエロ現れる
サト発情
10/14—10/17
ビビ発情
10/18—11/7
サト発情
11/4—11/19
サラ発情
11/6—11/13
ツル発情
11/10—11/26

図1　1996年B群で観察された主な出来事．太字の名前は群外オスを示している．

何度か尻を彼に向けて交尾に誘った．しかしピエロはひたすら群オスたちをにらみつけ，交尾には至らずに群から去っていった．ビビはすぐにワカオスたちと交尾をはじめた．

＜**10月24日**＞とうとうババがピエロに対し泣きっ面（劣位を示す表情）をする．しかし，このままピエロが入群して落ち着くかに思えたB群はさらに別のオスが現れたことにより大きな変化を見ることになる．

＜**11月4日**＞ババがビビの腰をしっかりと抱え込んでいた．ババがメスに対してこのように積極的な態度に出るのははじめてのことだった．その視線は森の奥にすえられている．いたのは背中に大きなハゲのある見知らぬオスだった．マルと名づけた．体はピエロよりも一回り小さく，年齢も幾分若いように思えた．マルは尻尾を立て，肩をいからせながら群に接近しようとしていた．ビビはもがいてババから逃れようとするが，ババは離さない．目をマルのほうにすえたまま，彼はビビに何回かマウンティングした．緊張が高まったその瞬間，マルが群の中に突っ込んできた．ババは悲鳴を上げてビビを離した．ビビはまっしぐらにマルに向かって走っていき，2匹は道下に消えた．ババは憤懣やる方なく，近くにいた発情していないメスやワカオスにマウンティングを繰り返した．20分後，ビビはマルを伴って群に現れた．ビビのお尻には新しい精液がついており，すでに彼との交尾が終了したことを示していた．彼女はワカオスやババたちと10 mも離れていない岩の上でゆっくりとマルの毛づくろいをはじめた．ババは落ち着きなくワカオスパズーへのマウンティングそして毛づくろいを繰り返した．マルが彼らに見せつけるかのように玉座の上でビビと交尾をはじめた．交尾を終えた後，再び2匹は群から離れていった．ババは途中まで未練がましくその後をつけていったが，ビビたちを見失うと群に戻ってきた．午後にはピエロが現れた．彼は顔にひどい怪我を負っていた．いつの間にか群に戻っていたビビは何事もなかったかのようにピエロと交尾をした．

＜**11月5日**＞またしてもババがビビを抱え込んでいた．5 m離れてピエロがいた．彼は明らかに緊張した面持ちでババに接近しようとしてふと躊躇した．森の奥に誰かいる．マルだった．ピエロが再びババに向き直り足を踏み出した．ババは泣きっ面（自分が劣位であることを示す表情）をしながらも，ビビを手放そうとしない．するとマルがピエロに向かって3 mほど斜面を下りかけた．気づいたピエロはマルに向き直った．マルはきびすを返し，再び離れてピエロを見据えた．ババがこの膠着状態を利用してビビを抱え込んでいるのは明白であった．ピエロは三度ビビに接近しようとして，またマルが動いたのに気づき止まった．それぞれが攻撃のチャンスを待っていた．重苦しい空気が流れる．我慢できなくなったピエロが次ははっきりとババに向かって走り出した．ババがビビを手放す．ビビは倒木の下に隠れる．その瞬間マルもピエロに向かって突進した．マルとピエロ，2つの毛の塊が1つになって坂を転げ落ち，そして見えなくなった．ババは再びビビを抱え込んだ．しばらくしてピエロが現れた．顔に新しい怪我を負っていた．マルの姿はない．ピエロはババに攻撃を加えようとした．そのとき，3匹のオスがピエロを取り囲んでガガ！と怒鳴った．フータ，パズー，イチローだ．思わぬ攻撃に一瞬ひるんだピエロだったがすぐに形勢を建て直し，3匹をにらみ返した．3匹もまた硬直した．予想に反して，逃げ出したのはピエロのほうだった．3匹はピエロを追って走っていった．ババはビビを抱えたまま成り行きを眺めていた．その後は夕方までピエロもマルも群に戻らなかった．しかし，もう今日の調査を終えて帰ろうかという時間になって，ピエロがひょっこり姿を現した．ビビはそれまでいっしょにいたオスをふりきって彼についていった．2匹はB群から離れ，斜面を登っていった．B群が見えなくなると寄り添いあい，交尾がはじまると思われたその瞬間，2匹の間に割って入ったオスがいた．マルだった．現金にもビビはマルに寄り添った．マルとピエロは夕闇が彼らを包んでもまだにらみ合っていた．

その後しばらく大きな争いはなかった．ピエロもマルも断続的にB群に顔を出していたがお互いに争いを避けようとしているのか，片方が現れるといつのまにかもう片方は群から消えていた．サラの発情がはじまり，別の群外オスが2頭現れるようになった．しかし，この2頭はあくまでも群オスやピエロ，マルたちとの争いは避け，誰もいない場所でこっそりとメスたちと交尾関係を結んだ．

＜11月9日＞群は道路の上で休んでいた．母親が子どもをグルーミングする，のどかな風景であった．輪の中心にいるのはマルであった．突如ババがマルに向かって威嚇音を発した．同時に道向こうからまっしぐらに走ってきたオスがいる．ピエロだ．フータも2匹に向かって突進した．マル，ピエロ，フータの3頭はもつれ合って斜面を転がり落ちた．私は森に入って3匹を追ったが，黒い塊がもつれ合ったのが一瞬見えただけで誰が誰を攻撃したのかはわからなかった．ババは興奮してあちこちに向かって「ギャウギャウ！」と声をあげている．程なくして群は落ち着きを取り戻した．ふと見ると1匹のオスが群から離れ坂をあがってゆく．後をつけてみた．そのオスは歩みを止めることなくどんどん群から離れていく．1回だけ，そのオスは振り向いた．ピエロだった．その顔は真っ赤な血が行く筋も流れていて，目はうつろであった．ピエロはまたゆっくりと前を向き，それからは1回も振り返ることなく消えていった．私は来た道を下ろうとして，そこに1匹のメスがいることに気づいた．サラだった．彼女はたった1匹でピエロを追ってきていたのだった．ピエロが消えた方向へまた彼女も消えていった．

その後ピエロはB群に姿を見せなくなった．発情メスがサラ，サト，ツルの3頭になり，さまざまな群外オスが頻繁に現れる．彼らはメスたちとつかの間の交尾関係を結んだがマルを凌駕する個体は現れなかった．おもにマルと交尾関係を結ぶのはサトのほうであった．ツルの交尾相手はもっぱらワカオスや群外オスたちであった．が，サト，サラの発情が終わりにちかづくと彼女もマルといっしょにすごすことが多くなっていった．ふとした弾みでワカオスたちが結託してマルに「ガガ！」と威嚇する場面があったが，彼を群から追い出す効果はなかった．マルが毛づくろいをするメスや子どもたちに囲まれてなごんでいる風景はめずらしくなくなっていった．

＜**11月28日**＞マルが緊張した面持ちで木の枝に駆けあがった．気になって道に上がると，30 m ほど離れてピエロが座っていた．2週間ぶりであった．顔の傷はすでに癒えかけていたが，カサブタだらけのその顔は痛々しいとしかいいようがなかった．マルが木ゆすりをしたそのときピエロの顔がゆがんだ，と思ったらそれは泣きっ面だった．ピエロははっきりと自分がマルより劣位であることを示したのだ．ピエロはしばらく座っていたが，それ以上B群のメンバーに接近することはなく去っていった．その後ピエロをB郡周辺で見かけることはなかった．こうして1996年の交尾期は終わった．

野生のサルからDNAサンプルを取る

明らかになったのは，屋久島の群にはさまざまなオスがいるということだった．自分の群のメスをひたすら防御し，彼女らと交尾しようとする群の高順位オス．そうした高順位オスの目を盗んでメスと短期的な交尾関係を結ぼうとする群の低順位オス．そして突然現れて群を乗っ取るオス．そしていつの間にか群にやってきてメスと交尾をし，そしてまたどこへともなく消えてゆく群外オス．交尾期も終わり，春にはメスたちが子どもを生むだろう．その父親は一体誰なのか？

父子判定をおこなうためには，持ち主が誰かわかっているサンプルを手に入れなければならない．野生霊長類の研究でもっとも一般的に使用されている

●早川祥子

DNAサンプルといえば，体毛である．とくにチンパンジーやゴリラの研究では彼らが毎日就寝時に作るベッドに残された毛からDNAを採取するという方法で血縁判定をする研究が進んでいる．他方，グリズリーの研究では彼らの遊動域にワイヤーを設置し引っかかった毛を採取する研究がおこなわれている．こうした引き抜いた毛は毛根がしっかり付着しているため，自然脱落して毛根のない毛よりもよいサンプルになる．ニホンザルは毛づくろいをするときに毛根のついた毛が脱落するが，1本1本が誰のものであるかは識別できない．そこで，何か粘着性のあるテープをサルが通りそうな場所に設置して毛を引き抜いてみようと考えた．幸い，ヤクシマザルにとって主要な食べ物の1つに，アコウと呼ばれるイチジクの仲間があり，これがたわわに実っている時にはかならずサルたちがこの樹を訪れる．そうした樹の1本を選んで，まずはガムテープを設置してみた．早速サルたちがアコウの樹にやってくるのを少し離れて待つ．ところが，彼らはガムテープを避けるようにして樹に登ってゆく．見たことがないものを警戒しているのだ．テープを透明なものに変えてみても結果は同じであった．また，いろいろと貼る場所を変えてみて，一度だけ若いメスがテープの上をさっと走りすぎたが，後で回収したテープに毛は付着していなかった．どうも毛を回収するのはむずかしいようだ．

ただし，このテープによる採取方法はこうした人工物に対して警戒心をもたない群の場合にはその威力を発揮した．屋久島の東部には安房林道があり，観光客の乗ったレンタカーやタクシーが絶え間なく行き来する．この近辺のサルたちはこの車のボンネットに上がってめぼしい食べ物がないかどうかフロントガラスから車の中を物色する．餌づけは禁止されているにもかかわらず，まったく車から降りようとしないサルたちに困惑して餌を投げ与える観光客が少なくない．それがますますサルたちを増長させている．車のボンネットにテープを装着し，ゆっくりと群の前で車を停止させた．このとき使用したのは，女性が無駄毛を取り除くのに使う脱毛テープであった．早速おなかに赤ん坊を抱えたメスたちがつぎつぎとボンネットに上がってくる．1匹のメスがまさにテープの上に腰を下ろした．彼女は車の中を物色するのに懸命で，テープにはまったく気づいていない様子だ．どうも食べ物はなさそうだと諦め腰を上げたとき，彼女は毛が引っ張られているのに気づき，はじめてぎょっとしたような表情を見せた．少し運転席の私に向かって威嚇したが，そのままボンネットから降りていった．わくわくしながら脱毛テープを調べてみると，そこには毛根のついた毛が 2 本残されていた．これらから DNA 抽出に成功したことはいうまでもない．

毛は利用がむずかしそうだ．では糞ならどうだろうか？　糞もよく野生生物で利用されるサンプルである．糞の表面にはその個体の腸の上皮細胞が付着している．実際屋久島で赤ん坊の糞をどれくらい採集することができるか，丸 1 日追跡をしてみた．しかし，1 日追跡しても 1 つの糞も採集できなかった．糞をしなかったはずはない．オトナならば 2 時間から 4 時間も追跡すれば少なくとも 1 回は糞をしているものだ．しかし，まだ授乳されている赤ん坊はその回数が少ないうえに，排出したのは小指の先よりも小さな塊で，たちまち落ち葉の中にその姿を隠してしまうのだった．しかも，最初に述べたように，質の劣るサンプルは PCR 法で増幅するときにエラーが起こるかもしれない．モーリンらが霊長類の糞から抽出された DNA の濃度を測ったところ，サンプルによって差はあるものの，平均は 192 pg/ml（7％のサンプルからはまったく DNA が検出されなかった）であった．タバレットらは最低 201 pg/ml の濃度がなければ少なくとも 1 回の増幅では信頼の置ける結果を得にくいと警告している．糞サンプルの平均濃度はそれにわずかに達していない．まして赤ん坊はさらに小さな糞をするのだ．糞のみではニホンザルの父子判定を現実におこなうには不充分かもしれない．

そこでふと思いついたのは尿の利用であった．尿は，これまでにホルモンなどを解析するサンプルとしては使用されてきたが，DNA サンプルとしてはほとんど注目されてこなかった．排尿されてもすぐに地面にしみこんでしまうので一般にはその採集は困難だと考えられる．しかし，対象としている B 群の場合サルたちはしばしばアスファルト上あるいは岩場で 1 ～ 2 時間休憩をする．アスファルト上，あるいは岩の窪みに溜まった尿をスポイトを使って集めるのは比較的簡単だ．サルの尿からほんとうに DNA がとれるのかという実験は霊長類研究所でおこなわれた．研究所で飼われているニホンザルたちの個別ケージの下にバットと呼ばれる平らな入れ物を置いて 1 日分の尿を溜めてみた．この中にサルの細胞があれば目的の DNA を抽出できる．しかし，集めた尿を染色してみて驚いた．そこには真っ黒な塊があるばかりで，細胞なんてどこにもない．どうやら黒い塊はバクテリアでサルの尿を溜めている間にこれが繁殖して

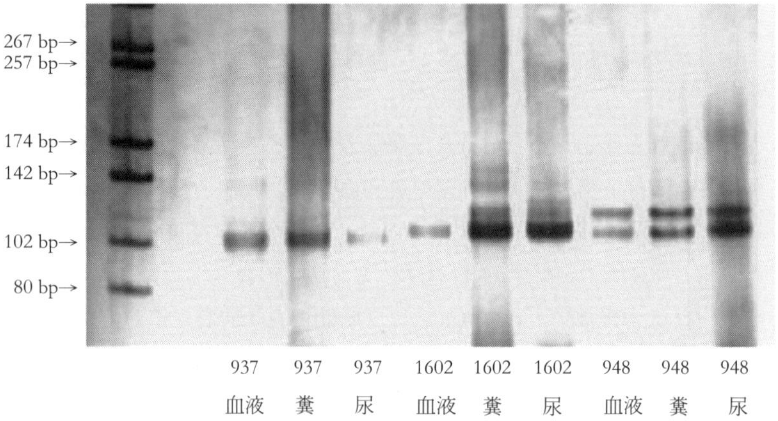

写真2 尿，糞，血液それぞれから得られたDNAをPCR法で増幅しゲル上で電気泳動をしえられたバンドパターンを比較.

細胞を食べてしまったらしい．あらためて尿の採集をやり直し，今度はサルが排尿したらすぐにプラスチックチューブに採集してアイスボックスに入れ，バクテリアが活動できないようにすることにした．今度はサルの細胞を観察することができた．これらは膀胱の上皮細胞がはがれてきたものである．このサルの尿からDNAを抽出し，比較のため同じ個体の血液と糞から抽出したDNAも増幅して，バンドパターンを比較した．写真2は，この3つのサンプルからまったく同じバンドパターンが現れることを示している．つまり，尿は利用可能なDNAサンプルであることが確かめられた．

だがもっと質のよいサンプルは他にないのだろうか？　それを見つけたのはサルたちの交尾を観察していた時だった．彼らが交尾をしていたその場所に消しゴムの一部のような白い固体が見られる．精液のタンパク質が空気に触れ凝固したものであった．また，彼らはマスターベーションをすることもある．放出した精液はサル自身が食べてしまうが，かならず食べ残しの一部が岩の上などに残っている．交尾したあとの精液ではメスの体の中でメスの体液や，その前に交尾したオスの精液と混じってしまう可能性も避けられないが，マスターベーションの場合はこうした危険も避けられる．また月経時のオトナメスから血液を採集することにも成功した．地面の上で長時間休憩していた後などは，その後に血液の塊が残っているのだ．またけんかの際に流血することもある．

血は数分で止まってしまうのでそうした血液を採集するチャンスはほとんどない．だが，彼らは血が固まりかけるとその周辺を丁寧に毛づくろいをしてさらにはカサブタを指ではがして食べてしまう．そこにはカサブタの着いた毛が落ちていることがあった．精液，血液から抽出されたDNAはいずれもタバレットらが1回のPCRで充分であるとした濃度を上回っていた．

父子判定の成功

ニホンザルの出産はおおむね春に集中している．ヤクシマザルでは3月半ばからぼちぼちとはじまり，4月にピークを迎える．私は4月1日に出産確認のために再び屋久島入りをした．

明らかにツルのおなかが大きかった．しかし，あれほど交尾をしていたはずのサトやビビはどう見てもおなかに赤ん坊にはいないようだ．1匹だけしか妊娠していないのだろうか？　気持ちばかりがあせるなか，5月13日ツルが出産した．オスの子どもであった．ニホンザルの妊娠期間は平均173日．出産日から逆算すると，受胎したのは11月の後半，マルが群を乗っ取った後だということがわかる．するとマルの子なのだろうか．早速スポイトとプラスチックチューブを片手にツルを追跡する．ところが，交尾期にはあれほど私の接近に寛容だったツルが10 mもの接近も許してくれない．しかもなるべくならわが子を人目にさらしたくないとでもいうかのように，休憩時でもかならず私に背を向けてしまう．わたしがぐるりと遠回りしつつ赤ん坊にが見える位置に動いてもまたさっと向きを変えてしまうのだ．母親とはそういうものなのだろうか？しかし，追跡しながらあることに気がついた．基本的に赤ん坊には母親の体にしっかりつかまって乳房を口に含んでいるものだが，尿意をもよおすと母親から離れていこうとすることが多いのだ．そして，母親から離れ，尻尾を上げてお尻をぷるぷると震わせたら，大概そこには黄色い水がほんの少したまっている．つまり，尿を採集するのに，母親に抱かれてよく見えないときに無理に接近したり，双眼鏡を必死で構えていたりする必要はないのだ．赤ん坊にが母親から離れようともぞもぞしはじめたら注意深く観察していればよい．これに気がついてからは母子を煩わせることなく尿を採集することができるようになった．とはいってもこうした尿を取れるチャンスは1日に1～2回しかなかった．

せっかくの尿があっというまに土や苔に吸い込まれていったり，木の上で飛び散ってしまったりしたのを何度唇をかみしめて見送ったことだろう．それでも数本のサンプルを抱えわくわくしながら研究所に舞い戻った．

実験の結果，赤ん坊はマルの子でもなく，また群オスの子でもなかった．残念ながらピエロやその他の群外オスのサンプルが充分に採集できなかったため，これらのオスとの比較はできなかった．しかし少なくとも，もともとのαオスだったババも新しく群を乗っ取ったマルも，乗っ取りを阻止しようとがんばったワカオスたちも子どもの父親にはなれなかったことだけははっきりした．さらにこの翌年，屋久島でジョセフ・ソルティスがB群の隣の群であるNA群の父子判定をおこなった．交尾期の間，彼は群外オスを見かけることはなく，よって順位の高いオスが安定してメスと交尾をしていた．NA群はもともと個体数の大きい群であった上にこの年は出産ラッシュであったことも重なり，11頭の赤ん坊が生まれ，彼はその中の9頭の父子判定に成功した．結果は高順位オスの子が3頭，中順位オスの子が3頭，低順位オスの子はなく，残り3頭は群外オスの子であった[6]．彼はこの結果を「順位が高い方がより多く子どもを残すことができる」と解釈したが，私はここでも3頭も群外オスの子どもが生まれたことに注目したい。

ニホンザルや近縁のアカゲザルの場合，高順位オスがもっとも成功する交尾戦略は，長時間メスに追随し他のオスを寄せつけないという方法だ．しかし，この方法も群外オスが現れると効力を失ってしまう．第一に多くのメスはあまり顔なじみでない新奇のオスを交尾相手として好む傾向があり，またこうしたオスたちによってαオスが大怪我を追って，メスに追随することができなくなる上に，こうしたオスによって群を乗っ取られてしまうかもしれない．そして，こうした群外オスに誘われた多くのメスたちが群の周辺部で交尾を繰り広げることにより，新たな群外オスをひきつけてしまうかもしれないのだ．ソルティスが観察したNA群は少なくとも群の中心部には群外オスが現れなかったために群の中では高順位オスが交尾成功を収めたものと思われるが，それでもなお群外オスの子が生まれたということは高順位オスの目の届かない群の周辺あるいはもっと離れた場所で発情メスが群外オスとこっそり交尾関係を結んでいたことを証明している．

こうした群外オスとの関係は屋久島の群の特徴を抜きにしては語れない．前に述べたように，屋久島には小さな群がその遊動域を大きく重ならせつつ連続して分布している．順位が高いのは成熟して体力気力ともにもっとも高い時期にあると思われるオスだ．そのようなオスの存在下，若くて順位の低いオスたちの交尾行動は大きく制限されている．しかし，ほんの数 km 離れたよその群にはオスに追随されていない発情メスがいるかもしれないのだ．こうした特徴は交尾期に群外オスが群を渡り歩く大きな要因となっていると考えられる．岡安は，群外オスは発情メスが多く，群オスが少ない群によく現れると報告している[7]．彼らは少しでも交尾のチャンスがありそうな群を選んで訪れているのだ．

メスの側の戦略もどのオスが子どもを残せるかに大きくかかわっている．一般に動物のオスが多くのメスと交尾をして広く遺伝子をばらまこうとするのに対し，一度に生む子どもの数が決まっているメスはよりよい遺伝子をもったオスと交尾をしてその遺伝子を受け継ぐ子どもを作ろうとすると考えられている．しかし霊長類の場合，ここに「子殺し」という問題が立ちはだかる．杉山によってはじめて観察された霊長類のオスによる子殺しは，自分の子ではない赤ん坊を取り除くことによってメスの発情を促し，自分の遺伝子をより多く残そうとする行動だと解釈されている．体力的にオスに劣るメスたちはこれに対抗する手段として，どのオスとも交尾をして「ひょっとしたら自分の子かもしれない」と思わせる必要がある．つまり，メスたちにとってはよりよいオスに対して選択的になると同時に，広くどのオスとも交尾をするという点も重要になってくるのだ．メスたちは群外オスが現れると彼らと積極的に交尾しようと動き回る．なぜメスが新奇なオスに惹かれるのかは明らかになっていないが，ニホンザルだけでなくアカゲザル，カニクイザルでも同じような報告がある．デ・ルイターらはこれらの行動が父性を撹乱して子殺しを防ぐと同時に，精子間競争をさせて「よい遺伝子」を残す役割があるのかもしれないと述べている[8]．ただしカニクイザルではメスのそうした好みにもかかわらず高順位オスがよりたくさんの子どもを残しているようだ．もっとも，誰が多くの子どもを残すかという問題は，先に述べた群外オスの存在やメスの好みだけではなく，周りの環境も影響する．木や岩のような障害物が多く，無限の広がりがある野外であれば，低順位オスや群外オスが高順位オスの目を盗んで交尾をする機会は多くなる．また，同時に複数のメスが発情すればいかに高順位オスであってもすべてのメスを監視するわけにはいかない．逆に障害物のない遊動域をもつ群や，周囲を壁で囲まれた放飼場の群，または個体数の少ない群で一度にメスが1頭ずつしか発情しない，といったような場合，高順位オス以外のオスがメスに接近するのはむずかしくなるだろう．こうした予想を確かめるためにはさまざまな環境のさまざまなサイズの群で父子判定をおこなう必要がある．ニホンザルの父子判定はまだそれに答えられるだけのデータの蓄積には至っていない．

文献

[1] 河合雅雄『ニホンザルの生態』河出書房　1964年.

[2] Gagneux P, Woodruff DS, Boesch C: Furtive mating in female chimpanzees. Nature 387: 358–359

[3] Gagneux P, Boesch C, Woodruff DS: Female reproductive strategies, paternity and community structure in wild West African chimpanzees. Anim Behav 57 (1): 19–32, 1999.

[4] Constable JL, Ashley MV, Goodall J, Pusey AE: Noninvasive paternity assignment in Gombe chimpanzees. Mol Ecol 10 (5): 1279–300, 2001.

[5] Taberlet P, Griffin S, Goossens B, Questiau S, Manceau V, Escaravage N, Waits LP, Bouvet J: Reliable genotyping of samples with very low DNA quantities using PCR. Nucleic Acids Res 24 (16): 3189–94, 1996.

[6] Soltis J, Thomsen R, Takenaka O: Reproductive strategies and paternity in wild Japanese macaques on Yakushima island, Japan. American Journal of Physical Anthropology: 287–287, 2000.

[7] Okayasu N: Prolonged estrus in female Japanese macaques (*Macaca fuscata yakui*) and the social influence on estrus: With special reference to male intertroop movement. In: Itoigawa N, Sugiyama Y, Sackett GP (eds): Topics in Primatology Vol 2: Behavior, Ecology, and Conservation. Tokyo: University of Tokyo Press, 1992.

[8] 杉山幸丸『子殺しの行動学』講談社　1993年.

[9] de Ruiter JR, van Hooff JARAM, Scheffrahn W: Social and genetic aspects of paternity and wild long-tailed macaques (*Macaca fascicularis*). BEHAVIOUR 129 (3/4): 203–224, 1994.

6

どんなオスが父親に選ばれるのか？

毛をサンプルとしたニホンザルの父性解析

井上英治

はじめに

野猿公園で調査をおこなっていると,「ボスは誰ですか？」と質問されることが多かった. 多くの人は, 第1位のオス(ここでは,「αオス」と呼ぶ)を見たいようだ. たしかに, 高順位のオスは体が大きく, 餌場で見ていると目立つ存在である. αオスを見た後,「このオスは, ここのメスを独占しているのですか？」と質問をする人もいた. αオスが多くのメスと交尾していて, 多くの子供を残していると考えるのは, 当然のように思われる. しかしながら, どうもそうではないようである.

ニホンザルなどの複雄複雌の集団を形成する多くの霊長類では, メスは一度の排卵周期の中で, 複数のオスと交尾をする. そのために交尾行動の調査をしているだけでは, 子供の父親が誰であるかはわからない. もし, 1頭のオスとしか交尾が観察されなかったとしても, 観察外に他のオスとの交尾があったかはわからない. そこで, 遺伝的解析が必要となる. 遺伝子の中には, 個体間で非常に変異がある領域が存在する. 母親, 子供, 父親候補のDNAを抽出し, その領域を調べると父親をかなりの正確さで決定できる.

私は, ニホンザル餌づけ群の行動観察とその観察中に受胎したメスの子供の父性解析をし, どう交尾がおこなわれ, どのようなオスが子供を残しているのかを解析した.

オスの繁殖成功・交尾成功について

多くの動物において，メスは交尾相手数を増しても子孫の数は変わらないが，オスは交尾相手を増やすだけ子孫の数が増える可能性がある．そこで，メスはよい相手を選ぶ性であり，オスは同性間で競争する性であると考えられる．この「メスの選択」と「オス間の競争」がオスの繁殖成功に強く影響する．メスの選択，オス間の競争は，交尾をめぐるものだけでなく，メスが複数のオスと交尾した場合には，メスの体内でも繰り広げられる．ここでは，メスの選択，オス間の競争と述べた場合には，交尾をめぐる選択，競争を指すことにする．実際には，オスの選択とメス間の競争も影響しているのだが，ここでは影響が比較的弱いと考えて扱っていない．冒頭で述べたように，高順位オスが繁殖成功を収めていると感じるのは，オスの順位がオス間の競争の結果であると思われるからである．

霊長類において，オスの繁殖成功と順位の相関に関する研究は多くなされている．オス間の競争により高順位のオスは，メスに近づく優先権をもっているため[1]，高順位オスが子供を残しているだろうと予想される．DNAを用いて繁殖成功を調べると，多くの集団でオスの順位と子供を残した数は，正の相関があることがわかってきた[2]．しかしながら，ニホンザルにおいては，必ずしも相関があるわけではない．それは，メスの選択の方がオス間の競争より強く働いていて，メスの選択の基準がオスの順位以外にあるからである．オスは自分より下位のオスの交尾を邪魔できるが，邪魔したオスは交尾できず邪魔されたオスがそのあと再び交尾できることが多い[3]．これは，オス間の競争よりメスの選択が強く影響していることを示唆している．また交尾相手として，メスは自分と親しいオス（近縁なオス，普段からいっしょにいることが多いオス，以前に交尾をしていたオス）を避けているようだ[4][5]．

このような観察から，高順位であっても子供を残すとは限らず，メスにとって新しいオスが子供を残していると推定される．実際には，どうなっているのだろうか？　放飼場での父性解析の結果からはオスの順位が残した子供の数と相関しないことが，屋久島の野生群では群れ外オスが子供を残していることが示されている（Ⅱ部1章，5章参照）．屋久島で群れ外オスが子供を残しているのは，新しいオスを選ぶというメスの選択の結果であろう．しかし，いずれの研究も対象とした群れのオスの個体数が少ないので，どのようなオスが子供を残しているのかを詳細に分析することはできない．ここでは，京都市にある嵐山E群れという，オスが多くオスの情報が詳しくわかっている餌づけ群を用いて，交尾期にどのような交尾がおこなわれ，数いるオスの中から，どのようなオスがメスに父親として選ばれて子供を残しているのかを明らかにしたい．

ニホンザルの交尾とは？

ニホンザルは，複数のオスと複数のメスと子供を含む数十頭の集団で生活している．オスは4歳ごろに射精が可能となるが，その後も10歳ごろまで成長を続ける．ここでは，7歳以上をオトナオス，4〜6歳をワカオスと定義する（後述を参照）．多くのオスは生まれた集団を出ていくが，メスは集団に留まる．メスは3歳ごろ初潮を迎え，発情をはじめる．発情には季節性がある．対象とした嵐山では，9月の終わりごろに交尾が見られはじめ，11月12月にピークを迎え，その後3月ごろまで交尾が見られる．しかし，受胎をする交尾は11月12月がほとんどである．妊娠期間は約半年なので4月の終わりから6月にかけての出産が多い．非交尾期のニホンザルは，長い時間毛づくろいなどをして休むことが多く，のんびりしているように見える．だが，交尾期になると，騒々しくなる．オスは顔と陰嚢が赤くなり，発情したメスを追いかけたり，時には噛みついたりする．発情したメスも顔と尻が赤くなり，叫び声を上げる．ニホンザルというと顔と尻の赤い動物と思っている人が多いかもしれないが，非交尾期のオスや発情していないメスはそれほど赤くない個体が多い．観光客の中には，「やっぱりおサルのお顔もお尻も，マッカッカだね」とうれしそうにいう人もいれば，「おサルのお顔もお尻も，赤くないんだ」と残念そうにいう人もいるが，見る時期，個体によって大きく異なっているので，印象も異なってしまうのである．

交尾のとき，オスはメスのひざの後ろに足をかけてマウントする．たいていは一度のマウントでは射精しない．マウントを数回から数十回繰り返し，射精にいたる．そのため，交尾が終わるには長い時間オスとメスは一緒にいなければならない．順位の低いオスは，上位のオスからの邪魔を避けるために群の中

●井上英治

写真1 嵐山モンキーパークいわたやまの餌場から望む京都市内の風景

心から離れ，隠れて交尾をしているのである．

調査対象とした嵐山E群とは？

調査対象とした嵐山E群は，京都市嵐山にある「嵐山モンキーパークいわたやま」(以下,「園」と略す) で餌づけされている集団である．園は，嵐山の観光場所として有名な渡月橋近くの岩田山にある．園内の餌場からは京都市内が一望でき (写真1)，サルたちは京都市内と足元に広がる賑やかな観光地を望みながら，生活している．しかし，彼らが街中へ行くことはなく，朝7時ごろ，山の奥から餌場にやってきて，昼間は餌場近くを遊動し，夕方になると再び山の奥の方へ帰り，そこで眠る．餌場の前に休憩所があり，そこでサルの餌が販売されている．お客さんは，休憩所の中から手渡しで餌をあげることができる．ここではサルではなく人が金網の中に入るのである．

餌づけが開始された当初は，30頭強の集団であったが，餌づけの影響で個体数が増加し，分裂を数回した後，約160頭の嵐山E群が餌場を利用している．現在は，メスの出産調整をおこない，個体数を保っている．通常ニホンザルの群れでは，メスの数がオスに比べて多いが，嵐山E群は，4歳以上のメス約100頭に対し，オス約30頭と，メスの数が他の集団に比べ非常に多い群れである．

嵐山E群のこの特徴は，メスの選択について研究するには適している．同時期に発情しているメスの数が多いので，高順位オスがメスをすべて独占しにくい状況にある．オスは，メスがどのタイミングで排卵するかはわからないと思われるので，多くの発情したメスの中から排卵間近のメスを選び交尾することもできないであろう．つまり，オス間の競争が影響しにくい状況にあるといえる．

どんなオスがいるのか？

約30頭いるオスのうち，餌場に来て餌を食べられるオトナオスは約10頭に過ぎない．これを「中心オス」と呼ぶ．中心オスは，他のオスよりも順位が高い．オスは通常群れを出ていくが，中心オスの中にはαメスの子供と孫が含まれている．この2頭は若い（2001年当時，7歳と11歳）が，母親の家系が影響して順位が高く，2001年には2位と3位，2002年では1位と2位であった．他の中心オスは，17歳以上で比較的高齢である．そこで，αメス家系の2頭を若い中心オスと呼び，それ以外を中年の中心オスと呼ぶ．中心オスは，多くのメスたちの近くにいて，いっしょに採食したり，毛づくろいをおこなったりする．他のオトナオスは，餌場で餌を食べることはほとんどできない．このオスたちを，「周辺オス」と呼ぶ．中年の中心オスと変わらない年齢のオスも含まれていたが，在籍年数が比較的短く，群れの中心には入れていない．中心オスとは異なり，メスたちとの交渉は交尾以外ほとんどない．交尾期になると，周辺オスは，中心オスに気づかれないようにメスたちに近づいて交尾に誘い2頭で群れの中心を離れ交尾することもあるし，発情したメスが中心オスたちから離れて周辺オスと交尾することもある．母親が健在でまだ移籍していないワカオスは，母親の周りつまり中心近くにいるが，それ以外のワカオスは周縁にいてワカオス同士で集まっていることが多い．前年の交尾期に群れに在籍しておらず，その年の交尾期に来たオスを「群れ外オス」と呼ぶ．群れ外オスは，成熟した大きな個体だと，群れのワカオスより優位に振る舞い，群れのメスとの交尾も観察された．しかし，群れ外オスは人に慣れていないことが多いので，観察は難しく，何頭くらいが毎年現れているのかはわからない．

交尾行動の観察

2001年9月から12月までの交尾期（交尾期I）と2002年9月から2003年3月までの交尾期（交尾期II）に調査をおこなった．そして，2002年の出産期（出産期I）と2003年の出産期（出産期II）に父性解析をおこなった．出産期Iに生まれた子供は交尾期Iの時に，出産期IIの子供は交尾期IIの時にできた子供である．交尾期Iではオスのみを，交尾期IIではオスと発情したメスを個体追跡した．オスは，交尾期Iでは上位11頭（すべての中心オスと周辺オス2頭）を，交尾期IIでは上位10頭（すべての中心オスと周辺オス3頭）を対象として，1日1個体を終日個体追跡した．メスは翌年出産しそうな個体を対象に，発情している日のみに1日数個体を約2時間ずつ観察した．対象とした個体のうち8頭が出産したので，その8頭のデータを分析した．

ニホンザルの仕草は人を髣髴とさせることが多く，観察しているのはとてもおもしろい．だが，個体追跡をするのは大変である．とくに交尾期のオスと発情メスは，よく走りまわる．オスは自分より下位のオスが交尾をしているのを見つけると，交尾をしていたメスを追いまわす．またオスは，メスを探して動き回ることが多い．もちろん野猿公園の道と彼らの道は異なるので，私もそこについていく．道から外れてサルの近くに座っていると「あれっ，サルかと思ったら人がいた！」なんていわれることも，間々あった．

もし野猿公園に行かれる機会があれば，少しの間1頭のサルに着目をして観察してみたらよいだろう．何となく全体の様子を見ているのとは違ったサルの世界が，味わえるのではないだろうか．

サルから毛を抜く

DNAを抽出するサンプルとして，毛を選んだ．糞，尿など，動物に直接触れないで採取できるサンプルからもDNAが抽出できるので，野外の霊長類の研

写真 2　お客さんからの餌を求め，金網につかまるニホンザルの子供

究では多く用いられるようになってきている．しかし，糞，尿から抽出できるDNA 量は少なく，うまく実験が進まない場合もある．一方，血液サンプルは，良質な DNA が抽出できるが，対象動物を捕獲する必要がある．

当初，私は糞と尿を用いて父性解析をおこなうつもりで，サンプル採取をしていた．サンプルを集めていたある日，園長さんが「サルが金網にいる時に，毛が抜けるんちゃうか？」とおっしゃった．記憶は定かではないが，サルから毛を抜こうと真剣に考えるようになったのは，そんな雑談がはじまりだった．よくよく考えてみると良案である．なるほど，嵐山のサルたちはお客さんからの餌を求め，よく金網につかまっている (写真 2)．そして，餌に夢中になっているため，容易に近づき，手で直接毛を抜くことができる．糞や尿を採取することに比べると多少サルに痛みを与えることになるが，一瞬で終わるので，サルへの影響はほとんどないだろう．また，抜いた毛のサンプルは，糞や尿に比べると抽出できる DNA 量が多いので，確実な結果が得られる．竹中先生と相談して，抜いた毛で実験をしようと話がまとまった．

●井上英治

毛を抜くと決めたはいいが，最初は緊張した．サルたちは，どんな反応をするのだろうか？　サンプルは，毛がわりの時期を中心に園のスタッフに協力してもらい，採取した．ニホンザルは，1年に一度夏前に毛がわりをし，短い毛になり，それがどんどん長くなり，冬はふさふさの毛で覆われ，夏前に抜け落ちる．毛がわりの時期に毛を抜くのは，比較的容易であった．

サンプルは，射精可能と考えられる4歳以上のすべてのオス（交尾期Iの後にやってきて，その後群れに定着した2頭の5歳のワカオスはサンプルできなかった）と出産期Iと出産期IIに生まれた子供とその母親からサンプルをした．毛は，サルの背後にゆっくりと近づき，そっと手を出して，隙をついて一気に引き抜いた．オスと母親は，手で直接抜き，赤ん坊は毛抜きを用いて抜いた．高順位の個体は，比較的恐がらないので，近づくのは簡単である．毛を抜くと，一瞬怒って威嚇してくるが，しばらくすると近づいても平気な顔をしている．しかし，すっと毛が抜けなく力が必要な場合があり，そんな時は激しく威嚇された．それでも，数時間経つと近づいても大丈夫であった．子持ちのメスの中には相当警戒心が強いメスがいた．近づいて後ろに立つとそういうメスはこちらをかなり気にする．その時になるべく関心がないように装わないと，逃げてしまう．こちらが毛を抜こうというオーラを出しているとそれに気づくようである．しばらくじっと我慢をし，こちらへの注意が逸れ，金網内の餌に集中したころに，メスと子供の位置関係などを把握する．母親は，一気に抜くだけであるが，赤ん坊はそうはいかない．毛抜きを用いて，母親および周囲の個体の様子を見ながら，静かにそして俊敏に手を伸ばし，引き抜く．これをうまくやらないと，母親に見つかって逃げられ叫び声を上げられたり，近くのオスに吠えられたりする．うまくいくと毛はすっと抜け，赤ん坊は声も上げない．1頭の母親は，私のことを警戒し，私を見ると逃げてしまうという日が続いたが，しばらくただ何もせずに徐々に近づき，恐がらなくなったときの一瞬の隙をついて毛を抜いた．サンプル採取を何日も連続しておこなっているときは，何頭かのサルは「毛を抜く奴が来た！」と警戒しているようにも見えたが，日を空けるとふつうに観察できるようになっていた．

抜いた毛は，70％エタノールに入れて保存した．手で直接抜いた場合は，人のDNAが混入する恐れがあるので，人が触れたところは切り捨てて，人が確実に触れていないところのみ，サンプルした．毛のサンプルで重要な部分は，毛根である．そのため，毛の先を切って短くしても，毛根部が残っていれば抽出できるDNAの量はほとんど変わらない．

実験室にて

DNAの実験は，霊長類研究所にて竹中先生とともにおこなった．毛からのDNAの抽出の方法は，フェノールクロロホルム法または，ISOHAIR（Nippon Gene社）という抽出キットを用いた．DNAを抽出した後，数塩基の繰り返しを含むマイクロサテライト遺伝子をPCR法（polymerase chain reaction）で増幅し，シークエンサー（SHIMADZU　DSQ-2000S）でその長さを決定した．マイクロサテライト遺伝子は，ヒト用に設計されたプライマー（DNA増幅に使う塩基の断片）とニホンザル用に設計されたプライマーを用いて，11座位を調べた．DNA量が少ないとPCRの過程で目的の遺伝子が正しく増えないことがある．抜いた毛のサンプルを使った他の研究を参考にして[6]，ホモ接合体のときには3回，ヘテロ接合体のときには2回独立にPCRをおこない結果が同じだったときに遺伝子の長さを確定した．結果が不安定なときは，同じ個体から新しいサンプルをとり再び実験をおこなった．多くの個体についてすべての遺伝子座で決定できたが，何度か試してうまくいかない場合はその遺伝子座では長さが決定できなかったとして，父性解析をおこなった．

実験の過程において特別な工夫はしていないので，他章を参考にしていただきたい．

ここでは，遺伝子の長さの決定において気になった点を記述する．長さがわかっている遺伝子を同じゲルに流して，その長さを参考にして対象の遺伝子の長さを決定した．マイクロサテライト遺伝子は，数塩基の繰り返しを含む領域で，1～数繰り返し単位での挿入，欠失が起こりやすい．この挿入，欠失の起こりやすさが，個体間の変異を生み，個体識別や血縁解析ができるのである．しかし，この挿入，欠失は，PCRの過程においても起こる．そのために，実際の遺伝子だけでなく，挿入または欠失のある遺伝子も同様に増幅される（「スリップバンド」と呼ぶ）．このスリップバンドの存在は，遺伝子の長さを決定する上で少し厄介であった．ヘテロ接合体でも，2本しかバンドがないはずなのに，3本あるいは4本に見えることがあった．しかし実験を進めていくと，同じ遺伝子座においては，同じパターンの挿入，欠失が多いことがわかった．たとえば，遺伝子Aでは，4塩基の欠失がよく起こり，他のスリップバンドはほとんど見られないというように，遺伝子内では一定しているようであった．それに気づくと，どれが本物の遺伝子で，どれがスリップバンドであるか区別するのは，比較的容易であった．これに注意せずに解析を進めてしまうと，ヘテロ接合体で2つの遺伝子の増幅量に差がある場合や，ホモ接合体の場合などで，誤りが生じる可能性があるだろう．

どれだけ正確に父親を決定できるのか？

誰が父親かは，DNAを機械に放りこめば簡単にわかるというわけではない．上記のような実験をおこない，分析することによって，かなり正確に父親を決定できるのである．では，どれくらいの精度があるのだろうか？　この問題は，行動分析と合わせ詳細な分析をおこないたいならば，検討する必要があると思われる．

まず，実験の結果がどれだけ正しいのか検討する．前述したとおり，抜いた毛のサンプルはDNA量が比較的多く，実験の結果は比較的安定していた．同じサンプルで独立に数回PCRをおこない結果が不安定であった場合は，分析から除外している．また，サンプル採取のときにサンプルを取り違える可能性も考え，20個体以上で2つ以上のサンプルを採取したが，同一個体間で結果が食い違うことはなかった．以上のことから考えて，実験の結果は，ほとんど間違いがないといえる．しかしながら，マイクロサテライト遺伝子の分析をおこなうときには，「ヌル遺伝子」を考慮しなければならない．ヌル遺伝子というのは，PCR時にプライマーと結合する部位の突然変異などの影響で，遺伝子として存在するのに，PCRで増幅できない遺伝子のことをいう．ヌル遺伝子があると，ほんとうはヘテロ接合体だが片方の遺伝子がヌル遺伝子であり見かけ上ホモ接合体になっているということが考えられる．遺伝子が交流していると考えられる集団全体からサンプルができていると，ヘテロ接合体の頻度からヌル遺伝子の存在が予想できるが，今回は，集団の全頭ではなくごく一部のサンプルのみなので困難である．しかし，調べた11座位いずれにおいても，ホモ接合体の頻度が極端に高いということはなかった．また，23組の母子の11座位のマイクロサテライト遺伝子を調べたが，母子の不一致は1つも確認されなかった．このことからヌル遺伝子が存在したとしても頻度が非常に低いと思われる．

次に父親の決定法について考察する．子供の遺伝子は，父親，母親に由来している．子供と母親の遺伝子を比べて父親由来の遺伝子を決定し，その遺伝子をもっていないオス（以下，不一致があるとする）を父親候補から排斥した．そして，すべての座位で排斥されなかったオスを父親とした．もしすべての父親候補が排斥されたら，群れ外オスを父親と決定した．

さて，この基準はどれほど正しく父親を決定できるのであろうか？　父親を間違えて判定する場合には以下の2つのミスが考えられる．①父親でないとしたオスがほんとうは父親だった，②父親としたオスが父親でなかった，というミスである．

まず，①について検討する．1つ以上の座位で不一致があったときに，父親でないとした．この不一致は，子供と父親候補がともにホモ接合体だったときは，ヌル遺伝子による可能性が考えられる．また，マイクロサテライト遺伝子は，突然変異率が高いところが長所であるが，そのために実の親子の間でも遺伝子が一致しないことがありうる．こういう不一致が存在するからこそ，個体間で変異が多いのである．では，その変異率はどれくらいなのであろうか？　これは，対象の集団，遺伝子によって変わりうるが，人を対象としたマイクロサテライト遺伝子の研究結果を参照して，1つの座位の突然変異率を0.1％であると仮定してみる．11座位を解析すると，約1.1％の確率で，親子間で不一致が起こる可能性がある．つまり99組に1組は，1つの座位で不一致が起きているということになる（2座位になると0.0055％になる）．

次に②について考える．父親としたということは，すべての座位で父親由来の遺伝子をもっていたということである．父親以外のオスが，11座位すべてで偶然に一致することがありうるのであろうか？　血縁のないオスが偶然に一致する確率が多くの研究で検討されているが，これは②のミスの確率を意味する値ではない．サンプルしたオス間にまったく血縁がないと考えられる集団ならばそれでよいが，多くの霊長類集団では，血縁個体がいる可能性はある．実の父親と血縁度がrのオスが父親と判定される確率（RIPr; Relatives Inclusion Probability）を検討する必要があるだろう．各母子のペアにおける計算式を以下のようにした．

$$RIPr = \prod RIP_l$$

$$RIP_l = 1-(1-r)\times(1-PC_l)$$

$$PC_l = 1-(1-a)^2$$

この式におけるRIP_lは，l座位の遺伝子における実の父親と血縁度がrのオスが父親由来の遺伝子をもつ確率を，PC_lは，l座位において父親由来の遺伝子を偶然にもっている確率を，aはl座位における父親由来の遺伝子のサンプル個体全体での遺伝子頻度を示している．この式では，血縁の影響と偶然一致は独立事象として考えている．最大となるのは一卵性双生児を除くと，r=1/2の時なので，$RIP_{1/2}$をすべての子供において計算したところ，平均0.053（N = 23, 最大値0.148; 最小値0.009; 標準偏差0.035）であった．つまり，約5％の確率で実の父親と血縁度が1/2のオスは子供とすべての遺伝子を共有している．もちろんこの値が②のミスの確率ではない．父親と決定したオスに血縁度1/2のオスが父親候補に含まれ，そのオスが父親になりうる確率を考慮しなければならない．これは，はっきりと決めることは難しい．今回の分析では，群れ内のすべてのオスをサンプリングしたので，問題となるのはサンプル外のオスが実の父親で，その血縁者が群れ内にいて誤って父親と判定される場合である．くわしい結果は後で示すが，父親となったオスの年齢は，8歳から17歳が多かった．それを考えると，父子のペアが父親になりやすい年齢にある可能性は低いだろう．また，父母ともが同じ兄弟であることは，メスが複数年経つと交尾相手を変えるということを考えるとほとんどないであろう．以上を考えると，父親と判定された群れ内のオスと血縁度が1/2の群れ外オスが父親候補として群れに来た可能性は低く，RIPの値の低さを考慮に入れると②のミスはほとんど起こっていないと思われる．

父親は決まったか？

23頭の子供の父性解析をしたうち，父親が1頭に決定できたのは20頭で，サンプリングしたオスがすべて排斥されて群れ外オスを父親と決定したのが3頭であった．2頭以上の候補が排斥されずに残ったケースは1例もなかった（表1）．ここで，前節で検討した父性解析の確からしさを具体的に検証したい．表1のケース1，ケース3は，前節の①のミスが起こっている可能性はほとんどない．

表1　父性解析の結果

ケース1	17例	次候補が2座位以上で不一致	父親を1頭に決定
ケース2	3例	次候補が1座位でのみ不一致	
ケース3	2例	第1候補が2座位以上で不一致	父親をサンプル外と決定
ケース4	1例	第1候補が1座位でのみ不一致	

ケース4については，第1候補は，1座位でのみの不一致であったが，これはヌル遺伝子による影響ではなかった．このオスが父親である可能性は，先ほど検討した約1.1％程度ということになる．ケース2において，次候補が父親であるためには，①，②が同時に起こっていなければならないので，次候補が父親である確率はほぼない．ケース1，ケース2で決定された父親において②のミスが起こっている確率は前節で述べたとおりほとんどないであろう．以上の分析から，今回決定した父親は，ほぼ間違いないといえる．

どんなオスが子供を残していたのか？

表2を見ると，若い中心オスは子供を1頭ずつ残しているが，中年の中心オスは子供を残していない．それに対し，周辺オスが子供を多く残していて，群れ外オスも出産期IIについては，多くの子供を残していた．周辺オスがすべての中心オスより順位が低いことを考えると，高順位オスの多くは繁殖成功を収めておらず，むしろオトナオスの中では順位の低いオスが子供を残していたといえる．

メスは親しいオスを避ける傾向があることが知られていたので，オスの群れでの在籍年数が子供の数に影響しているかを検討した．群れ内のすべてのオスで在籍年数と子供の数を比べると相関は認められない．ワカオスがほとんど子供を残していなかったことを考慮にいれ，オトナオスのみで分析すると在籍年数が短いほど子供の数が有意に多いことが示された．群れ外オスは頭数が不明なので，この分析には群れ外オスが含まれていない．群れ外オスが子供を残していたことを考えると，さらに在籍年数が短いオトナオスが子供を残しやすいといえるだろう．

次に年齢について考察する．先ほども少し触れたが，ワカオスで子供を残し

表2　子供を残したオスのタイプ

出産期 I

	オスの数	父親となったオスの数	残した子供の総数
中年の中心オス	7	0	0
若い中心オス	2	1	1
周辺オス	7	4	7
ワカオス	8	1	1
群れ外オス	2*	1**	1**

出産期 II

	オスの数	父親となったオスの数	残した子供の総数
中年の中心オス	5	0	0
若い中心オス	2	1	1
周辺オス	6	4	7
ワカオス	15***	0	0
群れ外オス	2*	3 以上 ****	5****

*　サンプルできた群れ外オスの数
**　サンプル外のオスが子供を 1 頭残していた
***　2 頭はサンプルできなかった
****　サンプルできた群れ外オス 2 頭とも子供を残しており（1 頭と 2 頭），さらに 2 頭の子供の父親をサンプル外のオスと決定した

たのは，1 頭のみであった．2 年合わせ 21 頭分析したうちで 1 頭のみなので，基本的にワカオスが子供を残すことはないと考えられる．それを考えると，出産期 II の父性解析のときに 2 頭の 5 歳のオスからサンプリングできなかったが，これらのオスが子供を残している可能性は低く，サンプル外のオスが父親であった 2 例は，群れ外オスが子供を残したと考えてよいだろう（表 2 においては，そのように扱っている）．図 1 を見ると，7 歳以下同様，19 歳以上のオスも子供を残していないことがわかる．17 歳，18 歳に注目すると，周辺オスは子供を残しているのに，中心オスは子供を残していない．よって，同じ年齢であっても周辺オスでは子供を残していたので，19 歳以上のオスが子供を残せなかったのは，高齢が影響している可能性もあるが，中心オスである（在籍年数が長い）ことが強く影響したと思われる．

表3は，子供を残したオスを列挙したものである．この2年を通じて子供をよく残したのは，周辺オスの中の Op-85（子供の数；3 頭），Bl-84（4 頭），Gl-89（4 頭）であり，合計して全体の約半分の子供を残していた（23 頭中の 11 頭）．このオス

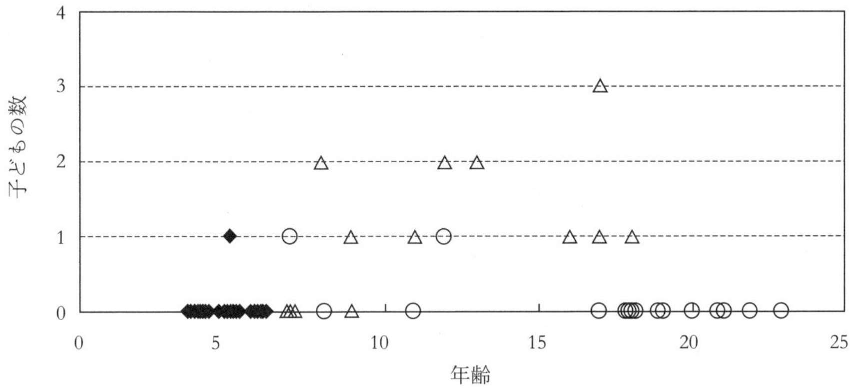

○は中心オス，△は周辺オス，◆はワカオスである．年齢は，1歳を単位にしているが，同じ座標にプロットが多数ある場合は，ずらしている．たとえば，4歳で子供の数が0のオスは，8頭いるので，4歳を中心にその前後に8つプロットしてある．

図1　オスの年齢と残した子供の数

たちは，周辺オスの中での上位3頭であり，比較的群れの中心に近い位置にいて，交尾も多く観察されていた．周辺オスのGl-94は，7歳であった交尾期Iでは子供を残していなかったが，体がひとまわり大きくなった8歳の交尾期IIでは，子供を2頭残していた．これを考えると，オトナオスを8歳以降にした方がよいのかもしれないが，Mi-94というαメスの子供は成長が早く，7歳の段階でオスの順位序列に加わっていたので，本分析では7歳以降をオトナオスと定義した．8歳以上の周辺オスで子供を残していないオスはKo-93というオスだけであった．一部の周辺オスとワカオスの順位ははっきりとわからなかったが，このオスは順位が低いようで，交尾期IIではワカオスに追いかけられていた．この順位の低さのせいで子供を残していなかったと思われる．というわけで，基本的には，8歳以上の周辺オスは子供を残していたといえるであろう．子供を残した周辺オス同士で子供の数を比べても，順位の影響はなく，ほとんど同数の子供を残していたことも注目すべき点であろう．

また，群れ外オスは，出産期Iの合計1頭に比べ，出産期IIでは合計5頭と多くの子供を残していた．この結果の差は，交尾期IIでは，2頭の成熟した群れ外オス（サンプルできたSol-02とKu-91）が交尾期の早い時期からやってきて，子供を残していたのに対し，交尾期Iでは大きな群れ外オスは交尾期の後半の繁殖と関係のない時期からよく見られるようになったことが影響しているだろう．

●井上英治

表3-1　子供を残していたオス

出産期 I

子供を残したオス *	オスの順位	残した子供の数	オスのタイプ
Mi-94	2	1	若い中心オス
Op-85	10	1	周辺オス
Bl-84	11	3	周辺オス
Gl-89	12	2	周辺オス
Gl-92	13	1	周辺オス
Ko-96	不明	1	ワカオス
群れ外オス **	—	1	群れ外オス

表3-2　子供を残していたオス

出産期 II

子供を残したオス *	オスの順位	残した子供の数	オスのタイプ
Mi-90	2	1	若い中心オス
Op-85	8	2	周辺オス
Bl-84	9	1	周辺オス
Gl-89	10	2	周辺オス
Gl-94	11	2	周辺オス
Sol-02	—	2	群れ外オス
Ku-91	—	1	群れ外オス
群れ外オス **	—	2	群れ外オス

* 嵐山での命名は，母親の名前の後に生まれた西暦の下2桁をつけている．本当の名前は，もっと長いが，今回は最後の数字のみを示している．たとえば，Mi-94はMi-63-69-74-94である．
** サンプル外のオスと決定されたオス．今回はすべて群れ外オスと決定した（本文参照）

大きな成熟した群れ外オスが交尾期の早い時期からやってくると子供を残せる可能性があるようだ．

子供を残していたオスは，交尾を多くしていたのか？

子供を多く残していたのは周辺オスであったが，周辺オスの交尾頻度は高かったのだろうか？　交尾期 I には中心オスと周辺オス2頭，交尾期 II には中心オスと周辺オス3頭を個体追跡した．図2は，それぞれの射精まで至った交尾頻度を示している．交尾期 II では周辺オスは比較的高い交尾頻度であるが，中心オスと比べて極端に交尾頻度が高いわけではない．また，表3と図2を見ると，

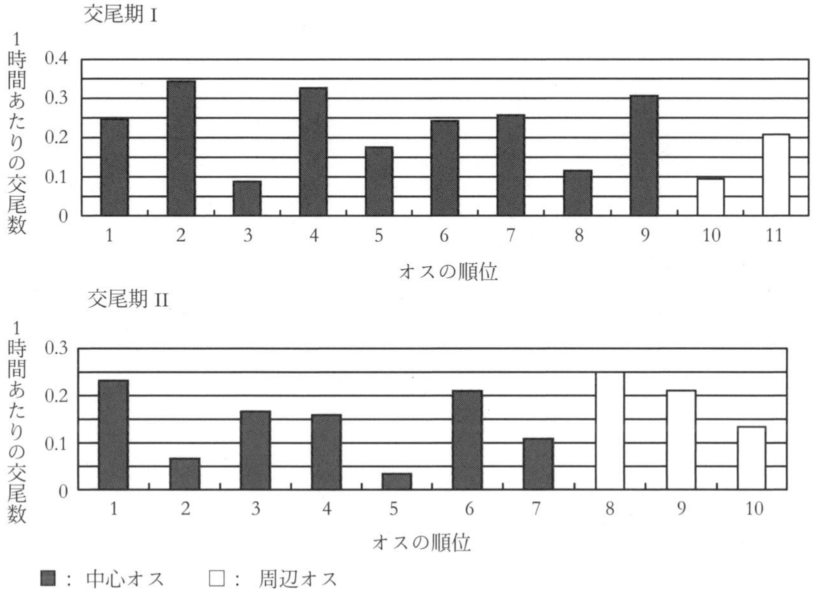

図 2　オスの交尾頻度

表 4　子供を産んだメスの交尾数

	若い中心オス	中年の中心オス	周辺オス
すべての交尾数	36	18	15
受胎周辺期の交尾数	9	1	9

子供を残したオスの交尾頻度がかならずしも高いわけではないことがわかる．

メスを個体追跡したデータの交尾数を見ると，子供を産んだメスは中心オスとの交尾が多いことがわかる（表 4）．つまり，「中心オスは子供を産んだメス以外のメスと数多く交尾をしていて，子供を産んだメスとは交尾をしなかった」というわけではない．中心オスも子供を産んだメスと交尾していたのである．では，なぜ中心オスは子供を残せなかったのであろうか？

交尾期 II のメスのデータを詳しく検討してみる．ニホンザルのメスには性周期があり，性周期に伴い，発情，排卵が起こる．性周期は，受胎後も続くことがあり，妊娠の可能性がないにもかかわらず交尾をすることがある．また，今回対象としたメスの中には排卵日より随分前に交尾をはじめたメスもいた．このようにニホンザルは排卵日から離れた日でも交尾をするので，受精につながる可能性の低い交尾を分けて考える必要がある．今回の調査では，性ホルモンの分析をおこなっていないので，受胎日を特定することはできない．そこで，ニホンザルの妊娠期間のデータを参照して出産日から逆算し，受胎した発情周期を確定して，その発情の最後の10日間を受胎周辺期とした．この受胎周辺期には，受胎した日は含まれているが，この時期の交尾すべてが受胎につながる可能性があるわけではない．受胎につながるのは，排卵にごく近い交尾だけである．しかし，受胎周辺期以外の交尾は，受胎に結びつかない交尾といえる．表4を見ると，中心オスは受胎周辺期以外の交尾が多いのに対し，周辺オスは受胎周辺期に交尾が集中している．これが子供を残すことにつながったと考えられる．群れ外オスの交尾は観察されなかったが，受胎周辺期には交尾できているのだろう．若い中心オスも受胎周辺期に交尾をしているが残した子供はそれほど多くなかった．排卵に近い日では，周辺オスや群れ外オスとの交尾がさらに増えている可能性がある．

このように，周辺オスの交尾数はそれほど多くはないが，排卵に近い時期の交尾が相対的に多いために子供を残していると思われる．では，これはメスの選択によるものだといえるだろうか？　受胎周辺期での交尾行動の変化をオスの側から説明するのは難しい．もし排卵時期をオスが推定できるのであれば，中心オスは順位が高いので，排卵に近いメスを独占しようとするであろう．しかし実際はそうはしていないので，オスはメスの排卵時期を予想できないと考えられる．周辺オスだけがメスの排卵時期を予想できるということも，まず考えられない．そこで，メスが排卵時期に行動を変化させたと考えるのが理にかなっている．

では，メスは受胎周辺期にどのような基準で交尾相手を選んでいるのだろうか？　中心オスとくに中年の中心オスとは交尾をしていなかった．受胎周辺期に交尾相手を増やそうとしていたのならば，中心オスも交尾をできていたであろう．中心オスを避けていたと考えれば，説明できるのではないか．とくに在籍年数の長い中年の中心オスを避け，群れの中心部から離れて，周縁をウロウロし，そこで出会ったオスと交尾をしているのだろう．父性解析の結果を考えると，周縁部ではあまり強い選択性はなく，大きな成熟した周辺オスや群れ外オスと交尾をしていると思われる．つまり，メスの選択として強く働いているのは，在籍年数の長い中心オスを避けるという，負の選択であろう．

まとめ

嵐山E群を対象として，フィールドワークと遺伝の実験を両立させ，受胎期近くのメスの行動の変化が影響し，周辺オスが多くの子供を残しているのを明らかにした．しかし，まだ解決してない問題もある．メスの観察において，父親となったオスとの交尾が見られていないケースも多かった．受胎周辺期に多くのオスと交尾していたので，精子競争が起こっていると思われる．今回の結果をみると，周辺オスの中では子供を残した数に差がなかったので，よい遺伝子をもったオスの精子が競争に勝ち，メスに選ばれるというわけではなさそうである．また，受胎と関係ない時期には中心オスとの交尾が多かった．中心オスとの交尾は，交尾を通じてオスと関係を築くことを目的としているのかもしれない．

繁殖成功の研究には，ここで示したように遺伝解析と行動観察の両方が重要となる．この両方を同じ研究者がおこなうことは意義深いと思われる．自分は行動観察だけをおこない遺伝解析を他の人がおこなっても（もしくは，その逆），同じであるように思われるかもしれないが，今回述べたような確からしさの問題があるので，遺伝解析をどの程度信頼してよいかが判断できないだろう．もちろん説明を受ければ理解できるだろうが，聞いて理解するのと自分でおこなうのでは，安心感（不安感？）が違う．また，遺伝解析だけでは，その動物が実際にどのような社会構造をもち，どのように交尾行動をおこなっているかがわからないので，父性解析の結果を正しく評価することが難しいだろう．もちろん，しっかりと連携をとって研究していけば独立におこなっても問題ないと思うが，どちらも自分でおこなうに越したことはないだろう．

糞や尿など野生の動物から採取できるサンプルからDNAが抽出できるようになっているので，これから野生動物の遺伝解析は多くなされるであろう．しかし，調べられる遺伝領域を闇雲に調べたのでは，フィールドに還元できる研究とはいえない．フィールド観察で得られた事実をもとに観察では知りうることのできない課題を解き明かしていくことが，両者の研究を結ぶ意義であると思われる．

●井上英治

文献

[1] Altman SA: A field study of the sociobiology of rhesus monkeys, Macaca mulatta. Annals of the New York Academy of Sciences 102: 338–435, 1962.

[2] Di Fiore A: Molecular genetic approaches to the study of primate behavior, social organization, and reproduction. Yearbook of Physical Anthropology 46: 62–99, 2003.

[3] Huffman MA: Consort intrusion and female mate choice in Japanese macaques (*Macaca fuscata*). Ethology 75: 221–234, 1987.

[4] Takahata Y: Social relations between adult males and females of Japanese monkeys in the Arashiyama B troop. Primates 23: 1–23, 1982.

[5] Huffman MA: Mate selection and partner preferences in female Japanese macaques. In: Fedigan LM, Asquith PJ (ed): The monkeys of Arashiyama: Thirty-five years of Research in Japan and the West. Albany: State University of New York Press. pp. 101–122, 1991.

[6] Goossens, Waits LP, Taberlet P: Plucked hair samples as a source of DNA: reliability of dinucleotide microsatellite genotyping. Molecular Ecology 7: 1237–1241, 1998.

7

競走馬の血統を支える親子判定

榉　裕永

「血」のバトンタッチ

今，あなたは競馬場に来て，レースを楽しんでいるとしよう．そして，次におこなわれるレースの勝馬を予想しようとする．さて，そんな時，あなたならどんな基準で勝馬を予想するだろうか？　走行タイム，過去の成績，競馬場の相性，はたまた誕生日と同じ馬番などいろいろあるのではないだろうか．そして，その中にはきっと「この馬の父馬は強い」とか「母馬は長距離が得意だ」といった，いわゆる父系や母系のデータを気にする人もいると思う．それは，私たち人間が，血のつながった親子はどことなく似通っているという漠然とした経験則をもっているからに違いない．

さて，あなたの予想が的中するか否かはレースの後の楽しみとして，ここでは，その親子の血のつながり「血統」というものに着目してみたいと思う．競走馬の血統とはどのようなものなのであろうか．歴史としてみれば，競走馬として有名なサラブレッド（写真1）は，イギリス在来の「ランニングホース」と東洋原産のウマを交配することで過去300年間改良され，1660年代その品種改良が促進され誕生した品種である．そして，その品種の根幹となったのは3頭の種雄馬であったことが知られている[1]．すなわち，現在いるサラブレッドは，その3頭の種雄馬の血を受け継いでいることになるのである．しかし，サラブ

写真1 サラブレッド
競馬で活躍する「サラブレッド」は，その名のとおり（thorough-bred，徹底して品種改良されたもの），強くて速いウマの血統を残しながら改良されてきたウマである．そして，その血統登録には厳格な制度がある．現在では，競走馬であればどんな馬でもかならずDNA型検査による親子判定を受けている（撮影：新保弘美氏）．

レッドの血統を語るにはそれだけでは充分ではない．サラブレッドの世界には，両親がサラブレッドでなければならないという厳格な登録制度が存在しているのである．血統登録は1793年イギリスではじめておこなわれ，血統書第1巻が発行されて以来，現在までずっと継続されている．日本でも，1925年から血統登録がはじめられ，1941年からイギリスの血統書の登載形式であるゼネラルスタッドブック方式に則った血統書が発行され現在に至っている[2]．このように，長い期間にわたり親から子へ，子から孫へと引き継がれる血のつながりが記録されているのである．そんな動物種は，人為的な管理を受けている家畜動物といえどもなかなかいないのではないだろうか．

このように連綿と続く競走馬の血統であるが，いかにしてこれを絶やすことなく維持していくことができるのか．ここで必要となるのが親子判定である．長きにわたる血統ではあるが，そこには数多くの親から子への血のバトンタッチが存在する．そして，このバトンタッチを正しく記録していくことが重要なのである．親子判定は，それこそ昔では親馬の交配の記録などに頼らざるをえなかったであろうが，今では血液型そしてDNA型といった科学的な分析方法を用いることによっておこなわれている．ここでは，その競走馬，とくにサラブレッドとアングロアラブ（アラブ種とサラブレッド種を交配して作出された品種）の親子判定についての話を紹介していきたいと思う（なお，本文における馬の名称表記については，固有名詞あるいは日常用語に類するものは「馬」，種属などの学術的用語，集団あるいは広義の表現に類するものは「ウマ」としている）．

親子判定のためのDNA型検査ができるまで

わが国における競走馬の血統登録事業は，財団法人日本軽種馬登録協会が管轄しており，血統登録に必要となる生化学的検査は，同協会の依頼により財団法人競走馬理化学研究所において実施されている．この生化学的検査として当初導入されたものが，昭和48年より開始された競走馬の血液型検査であった．ウマの血液型検査なので，もちろんウマ特有の血液型を調べなければならない．たとえば，人間のABO式血液型で調べると，ウマはB型ばかり（まれにAB型）になってしまい，親子判定には役立たないからである．そのため，当時の研究開発者も相当苦労したわけであるが，弛まぬ努力を重ね，国際的な研究交流もおこないながら，やがて15項目（7赤血球抗原型，8タンパク質型）による検査が実施されることになった．こうして安定した親子判定ができるようになったのである．しかしながら，その後に，国際的に血統登録事業を統括する機関である国際血統書委員会から「各国の競走馬の親子判定をおこなう研究所は，さらに検査精度を上げるように」との要請が出されたために，血液型検査に代わる有力な分析法が求められることとなった．それに応える形で，平成13年より同研究所ではDNA型検査による親子判定を実施することとなったのである．

現在おこなわれているDNA型検査は，マイクロサテライトDNAを検査項目（「マーカー」と呼ぶ）としている（図1）．生物のゲノム（DNAの総体を意味し，一般的に核DNAのことを指す）の中には，2～5塩基を単位とする繰り返し配列DNAが多数存在している．その配列を含む領域を「マイクロサテライトDNA」という．このマイクロサテライトDNAには，繰り返し配列の反復数の異なる複数のタイプ「アリル」が存在することが多く（同一集団内において，2種類以上

●栫　裕永

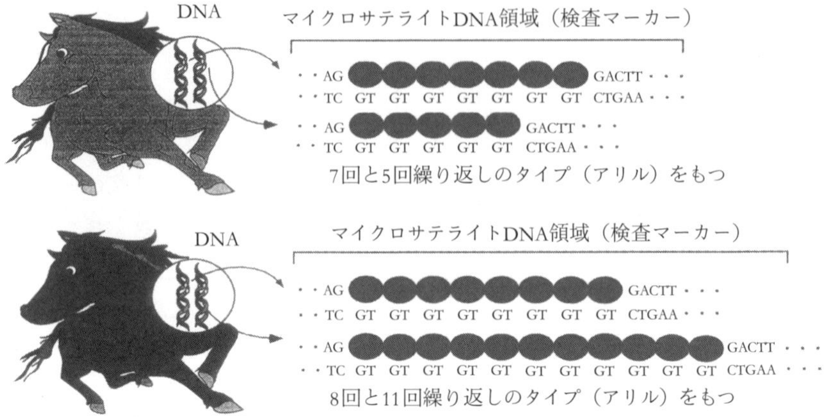

図1　マイクロサテライト DNA の概要図
マイクロサテライト DNA の繰り返し配列の反復数は，上図のように個体ごとに異なっていることが多く，またそれらは親子の間で受け継がれていく．上図の馬たちの間に子どもができた場合，その子馬がもつタイプは 7 ～ 8 回，7 ～ 11 回，5 ～ 8 回，5 ～ 11 回繰り返しのいずれかとなる．

のアリルが存在し，それらの頻度が 1％以上の割合で存在することを多型性があるという)，また，このアリルは親子間で受け継がれていく．そのため，個体識別や親子判定に利用することが可能である．ただし，このマイクロサテライト DNA すべてに多型性があるわけではないため，親子判定に用いるには多型性のあるものを選ぶ必要がある．そこで選ばれたものが 9 つのマーカーである (図2)．これらは，単に競走馬集団において多型性があるというだけではなく，世界各国の研究所が共通して用いることを目的に，国際動物遺伝学会のウマ分科会会議において決定されたものである (そのため「国際最少標準マーカー」と呼ばれている)．昨今では競走馬の国際間の輸出入などもあるので，その時に個体識別のための (輸出入先の国における血統登録のための) DNA 型検査がおこなわれているが，その際に，各国の検査が共通していれば非常に便利である．競走馬たちのパスポートともいえるのである．

こうして検査するマーカーが決まりいよいよ親子判定実施となるわけであるが，まず，この検査の親子判定能力がどの程度なのか調査しなければならない．この能力を算出するために，われわれは「父権否定率」という指標を使っている．父権否定率は，「ある母子に対して 1 頭のオス馬を父として候補にあげたとき，そのオス馬が真実の父ではないとすると，検査前に血液型や DNA 型検査

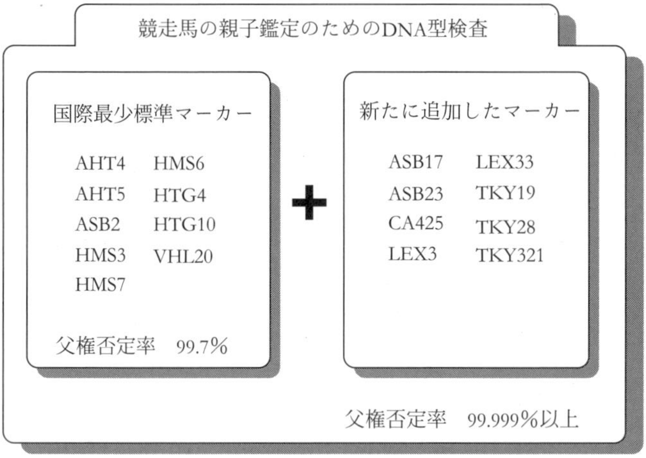

図2　競走馬の親子判定のためのDNA型検査に用いているマイクロサテライトDNAマーカーの構成およびそれらを用いた場合の父権否定率

マイクロサテライトDNAマーカーの名称は，開発した研究者や研究所が任意に命名したもので，国際的に通用しているものである．競走馬理化学研究所が開発したマーカーは，TKY（Tokyoの略）を冠名につけている．日本の競走馬集団では，各マーカーにおいて5～9個のアリルが認められる．

だけでどれだけ否定できる可能性があるか」を示す．日本の競走馬集団を対象とした場合，以前おこなっていた血液型検査ではこの率が97％であったが，DNA型検査の国際最少標準マーカーでは99.7％と算出された．格段に能力が上昇したわけであるが，それでもまだ充分ではなかった．それは，先に述べた国際血統書委員会の要請に「父権否定率が99.95％を超えること」という項目が含まれていたからである．これを解決するにはマーカーを増やせばよいということになり，今度は，検査に追加するマーカーの選択を開始することとなった．

ここで少し，競走馬集団の特徴について述べておきたい．日本では年間約1万頭の子馬が生産され血統登録がおこなわれている．これらの産駒は，基本的に生産者らによって意図的，計画的に選ばれた種雄馬と繁殖雌馬の間に産まれた馬たちである．なお意外と知られていないことであるが，競走馬は他の家畜動物と異なり人工授精は原則として認められていない．凍結保存した精子を用いたりすることはないので，現役の馬たちががんばらなくてはならないのである．そのため，生産者らに人気のある種雄馬などは毎年数多く交尾しなければならず，思うにそれはたいへんなことであろう．それはさておき，この人気についてであるが，競走馬は競馬でよい成績を出すことがメリットなので，種雄馬や繁殖雌馬はよい成績を残した馬や，その子馬の多くが優秀な馬に人気が集中することになる．また，これらの優秀な子馬たちが種雄馬になることも多分にあるのである．われわれが調査した平成12年の統計では，427頭の種雄馬のうち26頭が1父系の血縁関係がある馬たちで，それらの馬が輩出した産駒が1,975頭であり，その年までに調査した産駒13,350頭の約15％を占めていた．このように，ある特定の種雄馬や繁殖雌馬に人気が集中し，その結果ある程度偏った血縁関係が子馬の集団に認められる．また，人気が移り変わることや，人工授精がないため亡くなった種雄馬の精子が永続的には使用されないことによって，現在人気のある血統とは別の血統の馬たちが将来増えることがある．そのような特徴が競走馬集団にはあるといえよう．人為的に管理された集団ではあるものの，意外にもボスの入れ替わりがある自然の動物集団と類似している点がありそうである．

さて，追加する検査マーカーの選定にはある程度の条件が必要である．まず，1万頭の親子判定をできるかぎり短い期間でおこなう必要があるため，検査は簡便でなくてはならない．したがって，むやみやたらにマーカーを多く選べばよいというわけにはいかない．また，日本の競走馬集団において多型性の高いマーカー（アリル数が多く，それらの頻度も極端に偏らずばらついているもの）を選ぶことや，先に述べたような集団の特徴も考えることが必要である．当時は国際最少標準マーカー以外で有力なものが100を数えるほどもなかったため，マーカーの開発をおこないながら，候補となるマーカーで片っ端から日本の競走馬集団における多型性を調査することとなった．そして，最終的に，国際的に汎用性のあるもの，日本の競走馬集団で多型性が高く，それにより偏った血縁関係にある馬の識別にも耐えうると考えられるものを含めた8マーカーを選定し，合計で17マーカーによる検査法を確立するに至ったのである[3]（図2）．この検査法では，日本の競走馬集団における父権否定率が99.999％以上であり，理論上もはや判定できない親子はいないというほどのレベルにあると考えられる．また，これら17マーカーは1回の手技によって分析できるため，簡便性の意味でも有用といえる．こうしてできあがった方法が，現在の競走馬の個体識別・親子判定に用いられているのである．

父馬はどの馬？

みなさんの中には「人工授精をしないのなら，産まれた子馬の両親なんてDNA型検査をしなくてもわかるだろう」と思う方もおられるのではないだろうか．その考えは半分当たっているが，半分はまちがいである．産まれた子馬は，だいたい母馬のそばにいるので，母はわかると仮定する．しかし，父馬はどうであろうか．母と交配した記録があればまちがいなく父であるといえよう．たしかに，昨今では検査をしても親子関係が否定されるようなケースはほとんどない．しかし，競走馬の繁殖事情にはそれだけではないケースがあるのである．それは，1頭の繁殖雌馬に対して複数の種雄馬を交配させる場合である（こうしたケースを「配合変更」と呼ぶ）.「ある繁殖雌馬に1頭の種雄馬を交配してみたが，どうも受胎していないようだ．では，別の種雄馬を交配しよう．また不受胎か？　では次の種雄馬を」という具合に繁殖計画が進められるケースと考えていただきたい．こうした場合は，子馬の父の候補は複数になってしまうのである．多くのメス馬の繁殖適期は，初春から初夏にかけての時期（3～7月）で，その間ほぼ規則的に5～7日間の発情期，11～18日の非発情期を繰り返す．交配は発情期を目処にしておこなわれる．昨今まで，配合変更をおこなう時は，メス馬の1発情期間に複数の種雄馬を交配することなく，次の発情期を待っておこなっていた．それゆえ，だいたい最後に交配した種雄馬が子馬の父になるケースが多かったのである．しかし，検査精度が増したということもあり，現在はメス馬の1発情期間に複数の種雄馬を交配する場合もあるのである．さて，こうした場合，複数の種雄馬からほんとうの父馬を見つけ出せるであろうか．

表1に，DNA型検査による配合変更の親子関係解決例を示した．各マーカーにおけるアルファベットや数字記号は，マイクロサテライトDNAの繰り返し配列の反復数の違うタイプ「アリル」をシンボル化したもので，国際的に定められたものである．子馬において認められた各マーカーのアリルは，それぞれ父馬と母馬から受け継がなければならない．しかしながら，子馬と父馬候補Bの間では，7つのマーカーがこの遺伝のルールに反している．したがって，この父子の親子関係は否定され，父馬候補Aが真の父馬であるといえるのである．このように，いとも簡単に配合変更における真の親子関係を特定できるわけであるが，では，種雄馬候補同士が親子や兄弟の関係にあった場合はどうなので

●栫　裕永

表1　配合変更における親子判定の解決例

検査対象馬	検査マーカー																
	AHT 4	AHT 5	ASB 2	HMS 3	HMS 6	HMS 7	HTG 4	HTG 10	VHL 20	ASB 17	ASB 23	CA 425	LEX 3	LEX 33	TKY 19	TKY 28	TKY 321
子馬	HK	MM	PR	II	MP	OO	MP	KR	IM	GR	KL	NN	O	LQ	LP	34	LS
母馬	KK	JM	MP	II	KM	NO	MP	RR	IM	OR	JL	NN	OO	MQ	LL	34	IS
父馬候補A	HK	MM	NR	II	KP	OO	MM	KR	IM	GG	IK	JN	P	LR	MP	34	LS
父馬候補B	HO	JK	KQ	IM	PP	NO	KK	IK	MN	MO	JK	IN	H	LM	IL	17	IQ

各馬のDNA型（アリルのタイプ）は国際的に定められたアルファベットまたは数字記号によって表記している．LEX3は性染色体のX染色体上にあるマーカーのため，オス馬はアリルが1つとなっている．父馬候補Bの下線で示した7つのマーカーのDNA型は，母子馬との間において遺伝のルールの矛盾を示している．したがって，父馬候補Bは偽の父となり，父馬候補Aが真の父といえる．

あろうか．人気がある種雄馬たちは血縁関係にある場合があり，実際にそのような配合変更も結構おこなわれる．先ほど，偏った血縁関係の馬の識別にも耐えうる検査の話をしたが，それはまさにこのようなケースを解決できる能力を指しているのである．じつは，このような配合変更で真の父を見つけ出すことは，父権否定率99.7％を示す国際最少標準マーカーの分析だけではむずかしい場合があるのである．しかし，日本の競走馬集団に適するよう選ばれた17マーカーの検査では，ほとんど解決できない例はない．

サラブレッドになる日

血統登録の一翼を担うDNA型検査であるが，子馬のいる現場とはどのようなつながりがあるのだろうか．少し子馬のいる牧場に目を向けてみたい．冒頭に述べたが，競走馬には厳格な血統登録の制度がある．子馬が競走馬となるためには，かならず登録審査を受けなければならない．この審査は，日本軽種馬登録協会の職員が，各地の生産牧場を巡っておこなっており，そこでは，子馬の書類等による血統の審査（申請上の両親の確認）および毛色，頭肢部の白斑，旋毛等の特徴による個体識別の審査がおこなわれている（写真2）．ちなみに，ここで審査される特徴に毛色があるが，子馬の毛色は，両親から与えられる毛色遺伝子によって決定されるので，親子間の毛色の遺伝パターンを見ることも立派な遺伝検査といえる．さて，一通りの書類審査，個体識別審査を終えた子

写真 2　血統登録審査
競走馬となるためにはかならず血統登録審査を受けなければならない．写真は，日本軽種馬登録協会のスタッフによって，毛色，頭肢部の白斑，旋毛などの特徴が確認されているところ．この後，DNA 型検査のための毛髪のサンプリングがおこなわれる（撮影：筆者）．

馬が最後に受けるのが，毛髪のサンプリングである．毛根から抽出した DNA が DNA 型検査のサンプルとなるためである．豊かなタテガミをなびかせて……という大人の馬のイメージと異なり，子馬のタテガミはそんなにフサフサではないし，生後間もなければ意外と短くて細い．そのタテガミから，場合によっては尻尾からおよそ 30 本の毛根のついた毛を引き抜く．DNA 型検査自体は 3 〜 5 本の毛の毛根があれば充分であるが，問題ある場合の確認検査などに備え，これだけの量の毛根を確保することが必要なのである．このサンプリング，筆者も何度か体験したが，見た目より結構たいへんである．子馬によってはおとなしい者もいるが，痛がったり落ち着かなかったり，やむなく尻尾の毛を取ろうとすると後ろ足で蹴り上げる暴れん坊の馬もいる．子馬といえども力は凄く，気を抜いているととても危険なのである．1 日に何十頭もやっていると引き抜く手も痛くなってくる．毛根自体すごく小さいので，ようやく取れた毛も，野外で作業しているため毛根がついているのかわかりにくいことがある．そしてうまく取れていなければまた繰り返しとなる．まさに子馬も辛抱，人間も辛抱である．こうして日本全国で採取された貴重なサンプルが，競走馬理化学研究所に送付されるのである．そこからDNA型検査がはじまり，子馬のDNA型が確定され，さらにあらかじめデータベースに登録されている両親のDNA型との間に矛盾がないことが証明されて親子判定が終了する．この結果を踏まえ，血統登録の条件が満たされた後，ようやく血統登録書が発行される．その日，晴れて子馬はサラブレッドと認定され，競走馬としての一歩を踏み出せるのである．こうして見ると，DNA型検査は，この子馬の一生を左右しかねない重要なプロセスであり，誤りなどけっして許されないものなのである．

親子判定で見つかる突然変異

DNA型検査において親子判定をおこなった場合，その親子関係が正しければ，表1の子，母，父馬候補Aの関係のように，すべてのマーカーにおいて「子が有するアリルは，その両親からそれぞれ受け継いだものでなければならない」という遺伝のルールが認められるはずである．しかしながら，まれにこのルールに従わない例がある．その原因は，マイクロサテライトDNAに見られる突然変異と考えられる（II部9章参照）．ボーリングらの報告によれば，ウマのマイクロサテライトDNAでは1マーカーあたり$1.0 \sim 2.1 \times 10^{-4}$の確率で突然変異が観察されている[4]．1万頭を対象とした場合，1マーカーにつき1～2例，17マーカーの検査で17～35例あっても理論上おかしくないというわけである．われわれは，これまでに25,700例の日本の競走馬の親子判定をおこなってきたが，そのうち48例においてマイクロサテライトDNAの突然変異を観察している．1マーカーあたり$0 \sim 5.4 \times 10^{-4}$の確率となり，おおむね報告された率と一致しているといえよう．

さて，あるマーカーが遺伝のルールに矛盾していれば，その親子関係は否定されてしまうと思われがちだが，この突然変異現象を踏まえるとそう簡単には判断できないことがわかると思う．マーカーの矛盾に対しては，突然変異と親子の否定関係のいずれの原因によって起こったのか慎重に考えなければならない．親子判定においては，まず「2つ以上のマーカーに矛盾を認めた場合に親子関係を否定する」ことを基準とすることが肝要である．なぜならば，複数のマーカーに矛盾が起こる原因が，1マーカーあたり1万分の1の出現率の突然変異によるものとは考えにくく，親子の否定関係によると判断できるからである．逆にいえば，単一のマーカーに矛盾が認められただけでは，突然変異の疑いもあるので親子関係は否定できないといえるのである．このように，検査において1マーカーにのみ矛盾が認められた場合に，そのマーカーの突然変異を疑うことになる．こうした場合，ほんとうに突然変異なのか確認するために，他のマイクロサテライトDNAマーカー（13～14個）による親子判定を実施することとしている．そして，合計約30マーカーを調べても1マーカーのみ矛盾であったことが明らかとなった場合に，突然変異があったと判断するのである．どんな偶然にしろ，親子関係にないウマたちの間で30マーカーのうち1マーカーだけが矛盾するという現象は皆無に等しいといえるからである．もちろん，追加マーカーで矛盾が認められた場合，親子関係は否定となる（実際には今までそうした例は観察されていない）．このように，間接的に突然変異を見出すことをおこなっているが，場合によっては，分析しているマイクロサテライトDNA領域そのものの塩基配列を解読することもおこなう．検査によって判明するマイクロサテライトDNAの突然変異は，繰り返し配列の反復数の変異およびプライマー部位（分析しようとするDNA領域の起点となる部位）の変異が大半を占めている．こうして突然変異を見定めていくことは，その時の親子判定において重要な過程である．また，それ以上に，変異したアリルをもった子馬が将来親馬になった時，そのアリルは次の世代の子馬に受け継がれていくので，しっかりと記録しておくことが必要なのである．

このように突然変異が疑われるとスムーズに親子判定できない場合もあるが，これは自然界の摂理であり避けるわけにはいかない．むしろ，この現象は，生物の進化や種の分化において欠かせないことといえる．もちろん，マイクロサテライトDNAに見られる突然変異などは，生物の進化や生体の機能において重大な影響をもたらすことはないであろう．しかし，生物にとって重要な遺伝子が変化する時も，そしてさまざまな生物種が編み出される時も，その第一歩は同じようにDNAの塩基が変わる現象が鍵を握っている．生物の長い歴史の中で，1つ1つの突然変異が起こることは一瞬であるが，その一部が親子判定によって判明するわけである．まさに貴重な一瞬を見ているといえるのではないだろうか．

●栫　裕永

ウマの家畜化の歴史

前述のように，生物の進化とDNAの変化の間には密接な関係がある．このことは，DNAの変化を調べれば，その生物の辿ってきた歴史を垣間見ることができることを意味している．そして，サラブレッドの血統のような比較的近年の歴史のみならず，もっと長いウマの歴史についても見えてくるはずである．

世界中に分布しているウマ（学名 *Equus caballus*）は，およそ6000年前に家畜化されたと考えられている．それは，ウクライナにある新石器時代のデレイフカ遺跡において，ウマの家畜化がはじまったといわれる証拠が見つかっているからである．当時，周辺のステップ地帯には野生ウマが多く生息していたと見られており，これらのウマたちが捕獲され家畜化されたといわれている．では，そうしたウマたちが如何なる過程を経て現代のウマたちになり得たのか．この謎を解く手段としては，世界に分布するウマ集団や品種のDNAの違い，すなわち遺伝的な多様性を調べることが有用である．昨今の研究では，このウマの家畜化の歴史に関して，いくつかのおもしろい知見が報告されている．

ヴィラらが調査した母系遺伝（母から子に遺伝する）するミトコンドリアDNAにある超可変領域（D-ループと呼ばれる）の多様性は，多くの品種や地域集団において，ひいてはウマ全体において高いことがわかった．そして，それら多様なミトコンドリアDNAのタイプ（ハプロタイプ）を似通ったものどうしでグループ分けしたところ，いくつかのグループに分類されたが，このグループと品種や集団の区別というものがかならずしも一致しないことが明らかとなった．つまり，全然違う品種でも似たようなハプロタイプをもっているケースが多く見られるというわけである．こうした現象が見られるのは，別々の品種や集団において同じようなハプロタイプが増えていったためと考えるよりは，家畜化された祖先のウマ集団の中にもともと多くのハプロタイプがあり，それらがウマ全体に広まったためと考える方が有力である．では，なぜ多くのハプロタイプが祖先集団に存在したのだろうか．ヴィラらは，現生する野生ウマのモウコノウマ，ポニーの古い標本，更新世期のウマの骨から得たハプロタイプも調べ，それらにも多様性があることを突き止めた．すなわち，家畜化以前の野生ウマたちにも現代のウマのようにすでにミトコンドリアDNAの多様性があったといえる．それゆえ，世界中の広い地域で多くの頭数の野生ウマが家畜化されたことが，現代のウマに見られるミトコンドリアDNAの多様性につながると考えられるのである．このように広範囲にわたって家畜化という作業ができたのは，われわれ人類の間に，野生ウマの捕獲，馴致，飼養という技術が広く伝播したからではないかと思われる[5]．

ところが，リングレンらが調査した父系遺伝（父からオスの子にのみ遺伝する）するY染色体のいくつかの領域の点突然変異（1塩基の違いによる多型を指し，「スニップ」と呼ばれる）の多様性は，あらゆる品種の間においてほとんどないことが明らかとなった．簡単にいえば，世界中のウマ集団におけるY染色体がほとんど似通っていることになる．一方，モウコノウマについては違ったY染色体のタイプを示したため，家畜化以前の野生ウマのY染色体には多様性があったと推測された．これらのことから，限られた頭数の集団から家畜化がはじまったことにより，現代のウマのY染色体にみられる現象が起きていると考えられるのである[6]．

非常に興味深いことに，ミトコンドリアDNAとY染色体で得られた説はまったく違う歴史を示している．しかし，それぞれが母系遺伝や父系遺伝する指標であること，そしてウマの繁殖形態を考えると，まったく違う話とはいえない．生産地などで見る現代のウマの繁殖においては，供用する種雄馬は少なく，それに比べると交配されるメス馬は多い．馬たちを養う労力を軽減し，子馬の生産効率を上げるとすれば自ずとそのようになるのではないだろうか．また，自然の野生ウマにおいてもオス馬中心のハーレムがあったと考えられる．家畜化のはじまりにおいて，意図的ではないにせよ，このような雌雄の差がある繁殖方法がおこなわれていたと考えても不自然ではない．家畜化のスタートは限られたオス馬がいる集団からはじまった．そして，野生ウマの捕獲，馴致，飼養技術が広まるとともにこの集団から輩出されたウマが世界中に広がる．その過程においても，やはり同じような繁殖方法が用いられ，各地域の野生のメス馬が多く導入されていった．この一連の過程が現代のウマの原点となっている．こう考えると，ミトコンドリアDNAやY染色体から推測される祖先集団の情報とも合致するのではないだろうか．これは最近説かれているシナリオの1つにすぎないけれども，考古学など他の専門分野の見解やさらなる分子生物学的な研究を総合的に見つめることで，もっと詳細なウマの歴史が明らかになってくるものと思われる．

●栫　裕永

もう1つウマの歴史を語るうえで重要なことは，人間とのかかわり合いといえよう．ウマは人類史上，交通や農業，宗教，スポーツ，そして戦争において多大な役割を果たしてきたことはいうまでもない．この人とともに歴史を歩んできたパートナーは，世界の多くの地域で受け入れられ，さまざまな局面に応じて人為的な改良が施されてきた．また，世界各地におけるウマの交流は，移動手段としての優秀さもあいまって，非常にさかんであったことは想像に難くない．これらのことによって，今日に至るまでにウマには多くの品種や地域集団が編み出されている．現在，世界中で飼養されているウマの品種は200以上あるともいわれている．多くの品種には，容姿，体型，耐久力，足の速さなど人間が好んだ特徴的な形質が存在するが，それは品種改良を目的とした人為的な選抜淘汰，あるいは品種間の交雑や隔離による結果といえる．このことからすれば，品種や各地の集団の間には，相応の遺伝的な差や類似性が生じるはずである．この関係を分類できれば，現在いるウマの成立過程をさらに奥深く見ていくことができると考えられる．これまでは，血液タンパク質などの多型による分類が多くの研究者によって進められてきた．さらには，親子判定で用いているマイクロサテライトDNAの分析による分類も進んでいる．

たとえば，戸崎らは，親子判定で用いているDNA型検査マーカーを含めた多くのマイクロサテライトDNAを分析することで，日本で現在飼養されている在来馬たちの遺伝的な関係について調査している[7]．日本在来馬は，諸説あるが5世紀ごろ中国大陸から朝鮮半島を経て日本に持ち込まれたウマが起源といわれ，現在「北海道和種，木曽馬，対州馬，御崎馬（写真3），野間馬，トカラ馬，宮古馬，与那国馬」の8馬種が存在する．この研究は，宮古馬を除く7集団を対象として，マイクロサテライトDNAのアリル頻度から見た各集団の遺伝的な隔たりを解明し，それぞれの系統関係を明らかにしようとするものである．研究の結果，解析によって得られた系統樹（図3）のように，北海道和種と木曽馬のグループと南方に位置する地域で飼養されている馬集団のグループが分けられ，各在来馬の遺伝的関係がおおむね地理的関係に一致していることがわかった．これは，現在いる在来馬の成立過程においては，北方と南方においてそれぞれ遺伝的交流があったことを示唆するものである．また，この結果は，過去の歴史的事実・文献から推定されてきた日本在来馬集団の系統関係と一致するものであった．こうした研究は，多くの研究者によって世界中にいるウマを対

写真3　御崎馬（岬馬）
御崎馬をはじめとする日本在来馬は，5世紀ごろに中国大陸より導入されたウマが起源といわれている．御崎馬は，江戸時代に御崎牧が開設されて飼養されて以来，野生に近い状態で放牧されてきたことから「日本の野生馬」の愛称で親しまれている．国の天然記念物に指定されている（撮影：新保弘美氏）．

象におこなわれている．世界各国で人類の歴史があるように，ウマもまた品種や地域における独特の歴史がある．これらの研究は非常に興味深い．

さて，親子判定の話からは随分とかけ離れてしまったが，DNA型の違いがウマの辿った歴史を少なからず表していることはおわかりいただけたと思う．それゆえに，先述したような親子判定における突然変異も，いずれは歴史の指標の一部になるかもしれないといえるのではないだろうか．何千年後，何万年後，そしてもっともっと先では，ウマも今とは違った動物になっているかもしれないが，今見ているDNAの変化が過去の歴史となる可能性もある．そう考えれば，親子判定の仕事も随分楽しいものであるし，何よりも重要な記録を留める役割を担っているといえそうである．

●栫　裕永

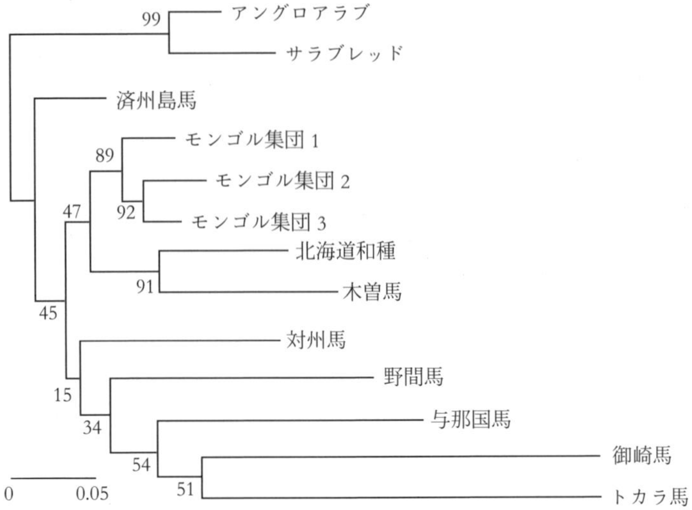

図 3　日本在来馬 7 種，韓国在来馬（済州島），モンゴル在来馬（3 集団）の遺伝的近縁関係

系統樹の横軸は遺伝距離を表す．枝わかれの値はブートストラップ値（系統樹上の信頼性を表す指標．最大 100 で，高ければ高いほどその分類の信頼性が高い）[9]

DNA 型分析の応用

DNA 型分析は，親子判定やウマの歴史を探るツールとしての利用のほかにも有益な情報を与えてくれる．まず，最近まで集積した親子判定のデータから，DNA 型検査法がウマの染色体異常（図 4）のスクリーニングにも役立つことがわかってきた[8]．染色体異常が起これば，その染色体にあるマイクロサテライト DNA マーカーにおいて，親子関係の遺伝ルールの矛盾が生じることがあるからである．染色体異常は，体の発育や繁殖能力に影響を及ぼすことがあるため，早期に発見できることが望まれる．DNA 型検査法を応用することによって早期発見が実現できれば，ウマの繁殖計画や臨床・医療現場に貢献できるものと考えられる．

マイクロサテライト DNA を用いた分析法は，遺伝子を探索する目的にも広く使用されている．たとえば，特定の遺伝的な形質を支配する遺伝子の染色体上の位置を探るため，該当する形質の表現型と多型性のあるマイクロサテライト DNA マーカーとの連鎖関係を調べることなどがおこなわれている．他動物

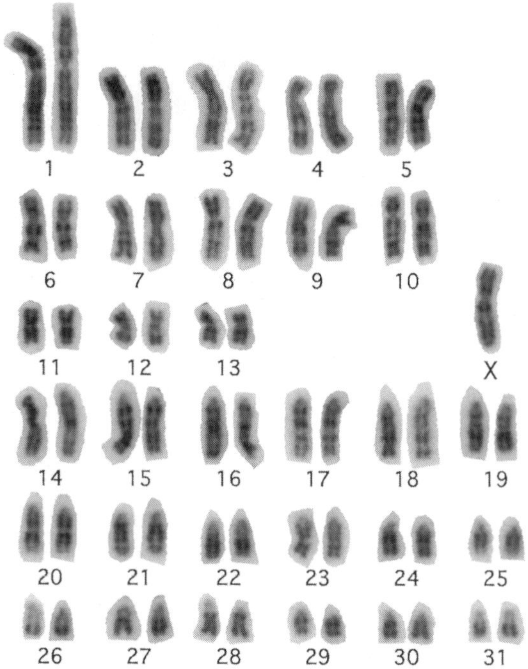

図4　ウマの染色体異常の核型

ウマ（*Equus caballus*）は通常64本の染色体（31対の常染色体および1対の性染色体）をもっている．図は，性染色体異常（X染色体が1本欠損；63, XO型）の例．親子判定をおこなったとき，あるマーカーが遺伝のルールに従わない場合があるが，その原因が突然変異や親子の否定関係によるものではなく，染色体異常によるものである例が観察されている．

では，このような方法によって，病気に関連する遺伝子や経済形質関連遺伝子などが数多く見つかっているが，ウマにおいても現在国際的なプロジェクトが推進されており，われわれの研究所もそれに参画している．もしかすると，そのうち競走馬の「速くて強い」形質にかかわる遺伝子なんてものが見つかるかもしれない．そうなれば，冒頭で述べた競馬の予想もきっとおもしろくなるのではないだろうか．もっとも，そうした形質は，たった1個の遺伝子によるものと規定することはできないであろうし，何よりも競走馬たちの育成や調教環境が重要な要因になると思うのだが．

●栫　裕永

競馬の公正確保

最後に，競走馬の親子判定の重要性は血統の維持以外にもあることを紹介したいと思う．競馬は今や国民的なレジャーとしての一面をもっているが，もしそこに不正があれば競馬関係者や競馬ファンのみなさんには大きな落胆と損害を与えることになる．たとえば，ある馬をほんとうはサラブレッド種なのに意図的にアングロアラブ種だと偽って，アングロアラブのレースに出走させたとする．一般的にサラブレッドの方がアングロアラブよりも走行タイムはよいので，この馬が勝馬になる可能性が高くなり，それによってあらゆる不公平が生じる結果となる．あるいは，生産者や競馬関係者に人気のある種雄馬の子とそうではない子馬の間では相応の価値の違いがあるので，ある馬を意図的に人気馬の子として登録してしまうと，その馬を購入した人はおろかその血統を信じているファンに対して甚大な被害を与えることになりかねない．実際には，昨今このような悪質な不正行為というものはない．しかし，不正を取り締まり，競馬の公正を確保するためにも，正しい血統登録が必要であり，それゆえ正しい親子判定が絶対不可欠なのである．DNA型検査は，競走馬の血統を見守るだけでなく，このような意外な一面をもっているのである．

おわりに

拙筆ながら，これまで競走馬の親子判定に関して述べてきたが，少しでもみなさんがウマという動物に興味をもち，競馬やそれを支えるDNA型検査，そしてウマの歴史というものに関心をもっていただければ幸いである．しかし，ここで述べたことはほんの一部であり，本書に紹介されている多くの素晴らしい研究のように，遺伝子という窓には生物の謎を紐解く無限の可能性があるはずである．多くの方々が，そんな可能性にチャレンジされていくことを期待して止まない．

本文を執筆するにあたり，ご協力いただいた財団法人競走馬理化学研究所の戸崎晃明氏，永田俊一氏に感謝する．また，ウマの貴重な写真を提供していただいた新保弘美氏に厚く御礼申し上げる．

私がこうした研究業務に興味を抱くきっかけとなったのは，大学生時代に経験した研究生活に他ならない．その研究に際しては，京都大学霊長類研究所において竹中修先生よりご指導を賜った．先生は，幅広い研究活動の一環としてDNA型分析によるニホンザルの父子判定の研究にも精力的に携わっておられたが（II部4, 8, 9章参照），現在，私がこうして競走馬の親子判定の仕事に従事していることも何かの縁を感じずにはいられない．私の就職が決まった折，先生が「ウマの親子判定もマイクロサテライトDNAでやればいいんじゃないかな」とおっしゃられたことをよく覚えている．それから10年後，遅蒔きながらウマの世界でもDNA型による親子判定が開始されたのである．もちろん，それぞれの目的には随分違いがあると思うが，1つの方法でいろんな角度から物事をとらえられるということをまさに感じている．こうしたことに限らず，広い視野で物事を見ることを先生から教わったと思う．竹中研究室では，霊長類に限らず数多くの生物を対象とした研究がおこなわれていたこともその1つである．霊長類，魚類，昆虫類，大型動物など対象生物を並べただけでもジャングルのようであったことを記憶している．まさに生物の社会構造や系統分類の情報が凝縮された研究室であった．そんなユニークな研究室で研究ができたこと，また多くの生物の興味深い情報に触れることができたことはほんとうに貴重な経験であったと思う．今後は，この経験を生かし，競走馬の血統ひいてはウマたちの歴史を今よりももっと多角的にとらえることで，その謎や神秘にせまっていければと願っている．

文献

[1] 日本中央競馬会総合研究所『馬の医学書』1996年．

[2] 畜産技術協会『動物遺伝育種学辞典』2001年．

[3] Kakoi H, Nagata S, Kurosawa M: DNA typing with 17 microsatellites for parentage verification of racehorses in Japan. Animal Science Journal 72: 453–460, 2001.

[4] Bowling AT, Eggleston-Stott ML, Byrns G, Vlark RS, Dileanis S, Wictun E: Validation of microsatellite markers for routine horse parentage testing. Animal Genetics 28: 247–252, 1997.

[5] Vilà C, Leonard JA, Götherström A, Marklund S, Sandberg K, Lidén K, Wayne RK, Ellegren H: Widespread origins of domestic horse lineages. Science 291: 474–477, 2001.

[6] Lindgren G, Backström N, Swinburne J, Hellborg L, Einarsson A, Sandberg K, Cothran G, Vilà C, Binns M, Ellegren H: Limited number of patrilines in horse domestication. Nature

Genetics 36: 335-336, 2004.
[7] Tozaki T, Takezaki N, Hasegawa T, Ishida N, Kurosawa M, Tomita M, Saitou N, Mukoyama H: Microsatellite variation in Japanese and Asian horses and their phylogenetic relationship using a European horse outgroup. Journal of Heredity 94: 374-380, 2003.
[8] Kakoi H, Hirota K, Gawahara H, Kurosawa M and Kuwajima M: Genetic diagnosis of sex chromosome aberrations in horses based on parentage test by microsatellite DNA and analysis of X- and Y-linked markers. Equine Veterinary Journal 37: 143-147, 2005.
[9] 戸崎晃明「日本在来馬の起源を探る―DNA による系統解析から―」『馬の雑誌ホースメイト』 41: 35-38, 2004 年.

8

マイマイガの
マイクロサテライト DNA を求めて

小汐千春

1994 年 11 月 30 日，私は緊張した面もちで，京都大学霊長類研究所遺伝子情報部門の竹中研究室で，竹中修先生の前に座っていた．私がここに来たのは竹中研究室でマイクロサテイライト DNA 領域を用いた父子判定の研究をおこなうためである．そして，初対面の先生の前で緊張している私に向かって，竹中先生はこうおっしゃったのである．

「私がおもしろいと思える研究であれば力になりますので，まず，私にその研究のおもしろさを説明してください」．

そこで，私は今回の研究に至るいきさつについて説明しはじめた……．

なぜマイマイガの父子判定が必要か

マイマイガという蛾がいる（写真 1）．見た目はいかにも「蛾」らしい風情の蛾である．マイマイガという名前の由来は，オスがメスを探してくるくると飛ぶさまから来ており，漢字で書くと舞々蛾となる．この蛾は北半球の温帯に広く分布していて，英名は gypsy moth．これは，オスの茶色い体色から来ているらしい．学名は *Lymantria dispar*．種小名の dispar は「ペアでない」という意味で，オスが茶色であるのに対してメスは白色をしていることから来ているようだ．アメリカでは 19 世紀終わりにヨーロッパから人為的に持ち込まれたものが爆発

写真1　マイマイガ *Lymantria dispar* の成虫. 白い個体がメス, 茶色い個体がオス. 未交尾メスは腹部の先端からフェロモンを放出し(A), そこにオスが飛来して, 交尾が成立する(B).

的に増え, 深刻な森林害虫となっている. そのため, アメリカでの研究がさかんにおこなわれている[1][2].

この蛾の繁殖行動について私は卒論以来ずっと研究しているのだが, おもしろいことがわかってきた. 通常この蛾の交尾は30分から1時間程度の間続く. これは海外での研究結果とも一致する. ところが, 私が観察したもののなかには, 時に何時間も続く交尾が見られたのである. 交尾は昼間におこなわれるのだが, それが夕方暗くなるまで延々と続くのである. しかしいつもこのような長い交尾になるのではなく, 交尾中に他のオスによる妨害があると長くなるということがわかった[3]. さらに, 筆先を使って交尾中のペアを刺激してやると, 同様に交尾の延長が見られた. メスは通常の短い交尾の場合, 交尾終了後そのままじっと静止し, 日没直後に活発に飛び回って産卵場所に移動, 産卵を開始する[4]. したがって, 日没まで続く長時間の交尾は, ちょうどメスの産卵直前まで続くことになる. メスは交尾終了後から産卵開始までの間には, オスが飛来し求愛すれば再交尾するが, いったん産卵をはじめると, たとえオスが求愛してもけっして再交尾をしない. つまり, 産卵開始までメスを他のオスからガードすることができれば, メスは再交尾せずにそのオスの精子で卵を受精させて産卵することになる(図1).

それでは, このような行動はいったいどういう意味をもっているのだろうか.

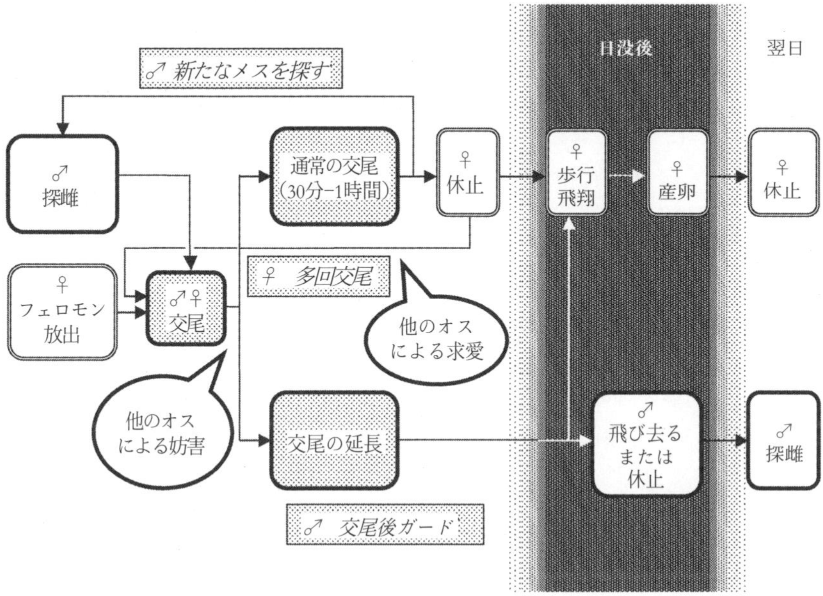

図1　マイマイガの交尾行動の模式図．通常，交尾は30分から1時間で終了し，メスは日没後に産卵を開始するまで静止している．この間はフェロモンを放出しないが，オスが飛来して再交尾に至ることが野外でもしばしば観察される．また，交尾中に他のオスが求愛することがある．後から来たオスによる乗っ取りは起こらないが，このような交尾中の妨害があると，交尾が日没まで続き，日没後，交尾終了と同時にメスは動き出して産卵を開始する．

行動生態学ではこのような行動を「交尾後ガード」という．有名なのはトンボの仲間で見られるタンデム飛翔という行動で，交尾を終えた後，産卵前あるいは産卵中のメスの首をオスがしっかりと捕まえていっしょに飛ぶ行動である．このような交尾後ガード行動は，交尾したメスがそのオス自身の子を産む前に他のオスと交尾して他のオスの子を産んでしまうことを防ぐという意義があると考えられている．つまり，交尾後ガード行動は，メスが複数回交尾をおこなう種類では，オスにとって自分の子孫を残す上で重要な行動なのである．鱗翅類ではさまざまな種類でメスが複数回交尾をおこなうことが知られている[5][6]．にもかかわらず，これまで鱗翅類では交尾後ガードの報告はほとんどない[6]．むしろ鱗翅類ではメスが再交尾するのを防ぐ方法として，交尾栓[5][6]や忌避物質[7]がよく知られている．たとえばアゲハ類，とくに春の女神ともいうべきギフチョウや，世界中に愛好家がいるウスバシロチョウ（シロチョウといってもアゲハの仲間である）の仲間では，オスが交尾の際にメスの交尾器に巨大な栓をして，他のオスとの再交尾を防いでいる．また，私たちに身近なモンシロチョウをはじめとするシロチョウ類や中南米の美しい蝶であるドクチョウ類では，オスが交尾の際にメスに与えた物質が他のオスを寄せつけなくさせる忌避物質として働くことが知られている[7][8][9][10]．このように，鱗翅類においては，一般に交尾後ガードという方法ではなく，交尾栓や忌避物質を用いる方法が見られるのであるが，その理由についてはよくわからない．また，マイマイガの場合になぜこのような交尾後ガード行動が進化したのかもよくわからない．

このように交尾相手のメスをガードすることは，オスにとって自分の子孫を残す上では利益となる行動であるが，かならずしもいいことばかりではない．というのは，ガード中のオスは他のメスと新たに交尾することができないし，場合によっては捕食者から逃げ遅れたりして命を落とす危険もある．このようなコストがあるにもかかわらず交尾後ガード行動が進化するには，いくつかの要因が関係する．その1つにP_2値というものがある．これは一言でいうと，メスが2頭のオスと連続して交尾した場合，その後に産んだ子や卵のうちのどれだけの割合が2頭目のオスの子であったかを表す値である．P_2が0であるということはすべて1頭目のオスの子であったということだし，逆にP_2が1であるということはすべて2頭目のオスの子であるということを意味する．このP_2の値が高いこと，すなわち，後から交尾したオスが多くの子の父親になりうるということが，交尾後ガード行動の進化に重要なのである[11]．

では，交尾後ガード行動が見られるマイマイガでも，P_2が高くなっているのだろうか．鱗翅類では一般に$P_2=1$，すなわち後から交尾したオスがほぼすべての卵を受精できる種類が多いといわれてきたが，近年の研究によればかならずしもそうとは限らず，0から1までのさまざまな値を取ることが知られている[6][12]．したがって，マイマイガの場合のP_2値についても調べてみなければわからない．さらに，マイマイガでは，他のオスの妨害を受けて通常の交尾時間よりははるかに長くなるものの，日没までは続かない，という中途半端な長さの交尾後ガード行動がしばしば見られた．ということは，ガード行動はメスが産卵を開始するまでとは限らないのである．中途半端な交尾後ガードであっても，子の数を増やすのに効果的であれば，そのような行動が進化した可能性がある．つまり，交尾終了後，再交尾までの時間とともにP_2の値が変化し，ある

程度以上経てば P_2 があまり大きくはなくなるのかもしれない．これを確かめるためには，交尾と交尾の間の時間経過も考慮した P_2 値の分析が必要となる．

P_2 値が交尾間隔に応じて変化する可能性は充分にあり，鱗翅類を含む他の昆虫でも実際に報告例がいくつもある[6]．鱗翅類では一般に，交尾の際，オスはメスの体内にある交尾嚢という袋の中に精包という入れ物に入った状態で精子を渡す．精子は交尾嚢から輸精管を通って受精嚢という別の袋までたどりつき，ここで貯蔵される．そして，成熟卵が輸卵管を通って排卵される際に，受精嚢から出た精子と受精するのである．メスが再交尾すると交尾間隔に応じて受精嚢に移動できる精子の量が変化したり，受精嚢内で異なるオス由来の精子が混ざりあう程度が変化したりして，その結果 P_2 値に影響が出る可能性がある．

当時，P_2 の測定方法としては，異なる表現型をもつ系統を用いるか，放射線で不妊化したオスを用いるのが一般的だった[12]．私が扱っていたのは野外のマイマイガだったので，異なる系統を用いるのは不可能だった．そこで放射線による不妊化をまず考えた．幸い，マイマイガはアメリカで森林害虫として深刻な被害をもたらしていたため，不妊化の研究もおこなわれており，どの時期にどれだけの線量を照射すれば不妊になるか，という研究がすでにあった[13]．そこで，この文献にもとづいて放射線を照射してもらったのだが，不妊化に失敗してしまったのである．1 つはアメリカのものとかなり遺伝的にも違う個体群であったこと，そして，放射線の照射を文献通りの時期におこなったつもりだったが，発育過程の違いでうまくセンシティブな時期にあたらなかったこと，などが考えられた．こうなると，一から条件設定しなければならない．私は行き詰まってしまった．そんなとき，私にアドバイスをしてくれたのが，友人の村山美穂さん（本書編者）である．彼女からマイクロサテライト DNA を用いた父子判定の有効性を教えてもらった私は，彼女に頼んで竹中先生を紹介してもらうことになった……．

こういった経緯を私は竹中先生に語った．幸いにも私がおもしろいと感じていることを竹中先生にもうまく伝えることができたようで，竹中研究室で研究するお許しが出た．それにしても，「私におもしろいと感じさせることができたら」という竹中先生のことばは，研究に対する先生の姿勢を如実に物語っていた．それは，私の大学院時代の指導教官であった日高敏隆先生（現・総合地球環境学研究所所長）の研究に対する姿勢と相通じるものがあり，私が竹中研究室に居心地の良さを感じた理由の１つかもしれない．

霊長類研究所と鳴門教育大学の二重生活

さて，こうして私は竹中研究室にお世話になることになり，月の半分は犬山にある京都大学霊長類研究所で過ごす，という生活が続いた．当時私はちょうど鳴門教育大学に助手として赴任したばかりであった．したがって，犬山で実験をおこなうということは竹中先生をはじめとする霊長類研究所の研究室の皆さんの協力のみならず，勤務先の鳴門教育大学理科講座生物学教室の教官や学生の皆さんの協力があってこそできたことだった．

霊長類研究所から鳴門教育大学に戻る際には，研究室のみんなに「今度はいつ来る？」と聞かれ，鳴門教育大学から霊長類研究所に戻る際には，「先生，またしばらくいないの？」と学生たちに言われつつの二重生活だったが，竹中研究室での刺激的な毎日は，自分の家から離れての長期滞在の心細さを補ってあまりあるものだった．実際，実験のあいまに，研究所でおこなわれるセミナーや他大学の研究者による講演会などに出席したり，研究所の大学院生のみならず，アメリカ，インドネシア，韓国などからの多くの留学生たちと交流したりすることにより，私は多くのことを学ぶことができた．竹中研究室ではしばしば，夜，実験の後で飲み会があったが，留学生が多いために会話はしばしば英語でおこなわれた．うっかり日本語でしゃべってしまって，「In English！」と竹中先生にたしなめられたこともしばしばであった．

また，そのころから行動生態学において分子生物学的な手法を用いて親子関係や血縁関係を調べたり，雌雄を特定したりする研究がさかんにおこなわれるようになっていた．そして，竹中研究室は当時はそのような手法を用いた研究ができる数少ない研究室であったため，霊長類研究者だけでなく，さまざまな動物の行動生態学や行動学を研究する研究者たちが全国から集まる場ともなっていた．

このような国内外の研究者と交流できる場としての竹中研究室は，私にさまざまな研究者と知り合う機会を与えてくれた．ともすれば狭い範囲の研究者とのみ交わる機会が多くなりがちな昨今，こういった機会はとても貴重である．

私が霊長類研究所で最初におこなったのは，マイマイガ，もしくは他の鱗翅類でこれまでマイクロサテライト領域が特定されていないかをDNAのデータベースを用いて検索することだった．実験をはじめた1995年当時は，カイコなどで多くの遺伝子が登録されていたが，マイクロサテライト領域とおぼしいものは見あたらなかった．種類は違っても同じ鱗翅類のマイクロサテライト領域があれば，それを用いてマイマイガのマイクロサテライト領域を増幅できる可能性は大きい．しかし，他の鱗翅類でも特定されていないことがわかったので，一からマイクロサテライト領域を特定する仕事をはじめることになった．つまり，マイマイガのDNAからマイクロサテライト領域を特定し，その領域を増幅するためのプライマーを作るという作業からはじめることになった．

それまでずっとフィールドワークしかしてこなかった私にとって，分子生物学的なラボワークは何から何まで新しいことばかりだった．たとえば，これまで私にとって観察や実験の対象となるものは個体以上のレベルの目に見えるものであったのに対して，分子というそのままでは目に見えないものであること．また，その目に見えないものを，物理的あるいは化学的原理にもとづいた手法で増やしたりとりだしたり選別したりすること．そしてそれらの手法の根底にある原理そのものの巧みさ．たとえばDNAの塩基配列を決定するための方法や，蛾のDNAが組み込まれたであろう大腸菌を識別する際に用いられる方法の原理などは理解できるとおもしろく，鳴門教育大学に戻るたびに，フィールド系の大学院生に「聞いて！」といって説明したものである．

ただ，慣れないラボワークで失敗も数多かった．夜遅くに実験室を水浸しにしてしまった時には，竹中先生に手伝っていただきながら床の拭き掃除をした．恐縮する私に対して先生は「洪水女」と苦笑しながらも「これで実験室の床が綺麗になった」と冗談めかしておっしゃったので，少し気持ちが楽になった．また，オートクレーブで滅菌した培養液を減圧が不充分なままとりだして先生に叱られたこともあった．この時は，先生は青ざめんばかりに慌てて私がもっていた培養瓶を安全な入れ物の中に入れさせた．一歩まちがえばガラス瓶が破裂して大けがをしかねない事態だった．また，連日深夜までの実験で朦朧としていたら，先生から「頼むからもう実験は止めて帰りなさい」といわれたこともあった．先生の口癖は，「僕がいないときにはなるべく実験をしないでください．何事かあったときに僕がいれば対処できるけれど，僕がいなければ対処してあげられないから」だった．このことばを私はその後何度となく学生に対し

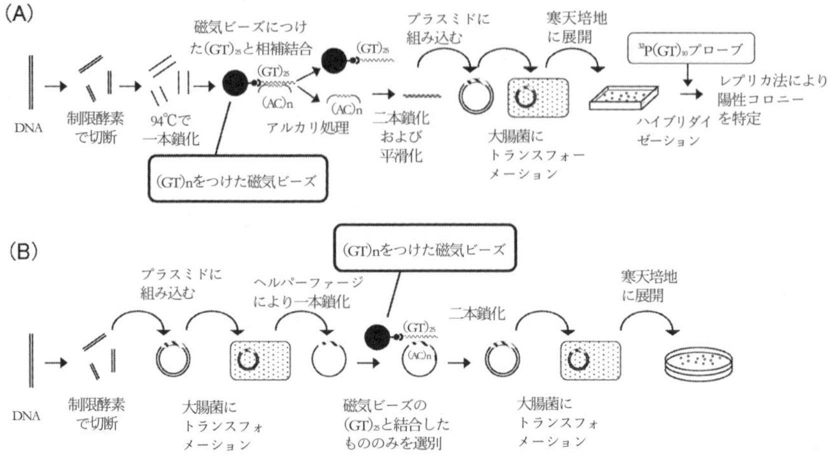

図2 磁気ビーズを用いたマイクロサテライト領域の特定方法. まず予備的に (A) の方法をおこなってみたが, 特異的でない断片が多かったため, (B) の方法に切り替えた. その結果, 多少はマイクロサテライト領域を含む断片を得られたが, けっして効率はよくなかった.

て使わせてもらっている.

新たなマイクロサテライト領域の特定方法を模索して

マイクロサテライト領域を特定するためのDNAサンプルは, 手元にあったメスの乾燥個体の胸部をすりつぶして抽出した. 当時, 竹中先生はマイクロサテライト領域の特定のために, ある新しい方法のアイディアをもっておられた. それは, 磁気ビーズといわれる磁性をもった小粒子の表面にマイクロサテライト領域に相補的な合成DNA配列をくっつけ, これと結合する部分だけをとりだす, という方法である (図2). これは原理的には充分可能に思えた. そこで, まずマイマイガのメスからDNAを抽出し, 適当な大きさに断片化し, そこからマイクロサテライトDNA領域を含む断片のみを磁気ビーズを用いて拾い出す, という実験を開始した. しかし, この過程は想像以上にたいへんな過程だった. ある時は, やっと取れたと思ったら, ビーズに最初にくっつけた合成DNA配列が精製過程ではずれたものだった. またある時は, ビーズにつけた合成DNAとDNA断片との相補結合の特異性が低くて, くっついてきた断片のいずれにもマイクロサテライト領域が含まれていなかった．何度やってもらちがあかないし，このままではマイマイガの父子判定の仕事もできない，ということで，とりあえず従来の放射性同位体でラベルしたプローブでマイクロサテライト領域を特定する方法[14]に切り替え，何とか複数のマイクロサテライト領域を得ることができた．とりだした領域については当時竹中研究室に留学中だった Heui-Soo Kim さんに塩基配列を決定してもらい，鳴門教育大学にデータを持ち帰ってプライマーの特定と，PCR 法による増幅のための条件設定をおこなうことにした．また，この年の夏には父子判定をおこなうための交尾実験も鳴門でおこなった．一方で，磁気ビーズ法によるマイクロサテライト領域特定の研究もひきつづき霊長類研究所でおこなうこととなり，前にもまして行ったり来たりの生活になった．

鳴門教育大学での実験を助けてくれたのは，私について卒業研究や修士論文研究をおこなった学生たちである．とくに，PCR 法による増幅のための条件設定や，実際の父子判定の作業は彼らの助けなしにはなかなか進まなかっただろう．

マイマイガの採集・飼育・交尾実験

私はこれまでフィールドワークと室内実験（DNA の実験だけでなく，室内で蛾の交尾行動を見る実験も含めて）を半々ぐらいの割合でおこなってきた．これは，大学院時代を過ごした京都大学理学部の動物行動学研究室でよくおこなわれていた研究スタイルだった．野外観察によって得られた知見を，室内実験で検証する，そしてまた野外で調べる，という手順である．ただ，私の場合は，少し事情が違っていた．私が扱っていた蛾の中には，野外観察に適しているが室内実験には向かないものや，その逆のものが多かったからである．たとえば，野外では交尾をしても，室内ではうまく交尾をさせられない，逆に室内で交尾実験は簡単におこなえるが，野外で観察しようとしてもなかなか成虫を見つけられない，などである．マイマイガはどちらかというと室内実験に向く蛾であった．せまい容器の中でも容易に交尾・産卵をおこなってくれるからである．むしろ野外ではメスは日中まったく動かないので見つけにくいし，オスは激しく飛び回るので追跡できない．

また，私の場合，フィールドワークといっても，国内外の遠い場所で仕事をすることは少なく，どちらかというと大学周辺や家の近くでおこなうことが多かった．1つには，これまでおもに扱ってきた蛾が，都市部でもたくさん見ることができる普通種であったためである．日本に分布している蛾は約5,000種いるが，普通種も含めて大半の種類で行動生態学的な仕事がほとんどおこなわれていないのが実状である．また，行動生態学的な仕事をするには，ある程度まとまった個体数が必要となるので，そのためにもふんだんにいる普通種を扱うのは便利だった．ただ，普通種といえども慣れない場所ではなかなか見つけられない．そこで，私はいつも普段から家や大学の周辺を歩き回って，対象とする蛾のみならず，さまざまな蛾がどのあたりにいるかを見ておくように心がけている．そうした中からおもしろい発見があって，新たな研究に結びつくからである．また，何かの折に遊びに行った際にも，関心がある蛾の食樹や食草を見つけた場合には，幼虫がいないかを見ておくようにしている．

1995年の夏，実際に父子判定をおこなうために，マイマイガの交尾実験をおこなった．交尾実験をおこなうためには，未交尾のメスが必要となる．そこでまず，春から夏にかけて幼虫を野外から採集してきて，室内で飼育した．未交尾メスを得るための方法については大学院時代から毎年試行錯誤を繰り返してきた．飼育の手間を省くために蛹を採集して未交尾メスを得ようとしたこともあるが，マイマイガにはさまざまな寄生バエや寄生蜂がつくため，採集してきた蛹の寄生率が高く，このやりかたではほとんど成虫を得ることができなかった．春先に卵塊を採集して幼虫を孵化させて飼育し，多量の幼虫を得ようとしたこともあったが，マイマイガの一齢幼虫はあまりにも小さくて軽いため少しの風でも飛んでいってしまうし，歩く速度が早いので飼育中にどんどん脱走するしで収拾がつかなくなってしまった．結局，野外で二齢または三齢の幼虫を採集して室内で育てるのがもっとも効率がいいことがわかった．二齢・三齢の間は寄生率も低く，昼間は木の幹などにある程度かたまって休んでいるので採集もしやすい．大きさもちょうど扱いやすい．そこで，このような幼虫を大学の周辺で探してみることにした．しかし，まだ京都から鳴門に移ったばかりだったので，マイマイガがどこにいけばいるのかまったくわからず，何日も自転車であちこちを探し回ることとなった．幸い，マイマイガは普通種であり，幼虫が多種多様な種類の木の葉を食べるため，じきに鳴門教育大学周辺の街路樹や小さな公園で多数の幼虫を見つけることができた．家の石塀から外に出ている梅の枝に幼虫が多数いるのを発見し，その家の人に頼んで庭に入れてもらって採集したこともあった．

鱗翅類の幼虫を室内で飼育するのはけっして容易なことではない．寄生バエや寄生蜂の心配はないが，ウイルスなどの感染の危険が生じる．また，マイマイガの幼虫は多量の餌を食べるため，人工飼料を用いずに飼育すると餌やりだけでも大仕事となってしまう．それでも 6 月には何とか百数十頭ほどの成虫を得て，交尾実験をおこなうことができた．

実験は直径 15 cm，深さ 9 cm の容器内でおこなった．ここにまず雌雄 1 個体ずつ入れて交尾させる．交尾は前述のように 30 分から 1 時間ほどかかるので，ビデオ撮影して正確な交尾開始時刻と交尾終了時刻を測定した．最初の交尾終了後，オスだけを容器からとりだし，適当な間隔をあけて新たなオスを入れ，2 回目の交尾をおこなわせる．このときも，正確な交尾開始時刻と交尾終了時刻をビデオ撮影によって測定した．そして，2 回の交尾が終了したのち，メスを紙コップに移し，内部に敷いたペーパータオルの上に産卵させた．メスは通常，生涯に一卵塊を産む．卵塊はメスの分泌物と腹部の毛で覆われ，300 個から 1,000 個ほどの卵から成っている．卵内では胚子発育が進み，前幼虫まで発育したところで休眠に入り，翌年の春に休眠からさめて孵化する．父子判定に必要な子の DNA は，卵の中の前幼虫から抽出することにした．また，親の DNA は乾燥させた雌雄個体の胸部から抽出した．また，体サイズの指標として雌雄の前翅長を測定した．これらの作業は鳴門教育大学で当時私が指導していた大学院生の冨島美和子さんと二人でおこなったのであるが，1 つ困ったことがあった．それは，長年にわたるマイマイガの研究で，私がマイマイガアレルギーになってしまったことだった．マイマイガの成虫の鱗粉や毛によって，花粉症とまったく同じ症状が起こるのである．抗ヒスタミン剤を飲み，マスクで防御しながらの作業となってしまった．それでも，冨島さんが多くの作業をおこなってくれたおかげで，あまりひどいアレルギーに悩まされずにすんだのはありがたかった．

DNA抽出と父子判定

まず，幼虫が孵化しないうちに，アルコールで固定する作業をおこなった．毛で覆われた卵塊をほぐし，内部の卵をとりだす．その際に，なるべくメスの毛が入らないようにして，70％アルコールを入れた試験用プラスチックチューブの中に卵をつぎつぎと入れ，冷蔵庫内で保管した．

次に，成虫のDNAを抽出する作業である．成虫の胸部を界面活性剤中で細かくつぶし，フェノール—クロロフォルム抽出，透析，エタノール沈殿をおこなってDNAを抽出し，冷蔵庫内で保存した．

前幼虫のDNAを抽出するのは細かい作業となった．まず，アルコール保存してある卵のうち，ちゃんと胚子発育が進んでいそうな卵からメスの毛をほぼ完全に取り除き，界面活性剤を入れた200 ml用の試験用プラスチックチューブに一卵ずつ入れていく．そして，マイクロホモジナイザーで卵とともに中の幼虫も細かくすりつぶすのであるが，界面活性剤が入っているのですべってなかなかうまくつぶれず苦労した．後は透析以外の通常の作業でDNAが抽出できる．この卵1つ1つをプチプチとつぶしてDNAを抽出し，PCRでマイクロサテライト領域を増幅して調べるという作業はなかなか根気のいる仕事であった．また，卵内ではすでに多数の細胞に分裂・分化して幼虫の体ができあがっているものの，抽出できるDNA量はやはり少ないので，注意深く作業をおこなわなければならない．その後におこなうPCRも，もともとのDNAサンプルの量が少ないので，少量のDNAから充分な量に増幅するためにいろいろ工夫が必要だった．このような根気強い作業ではあったが，冨島さんおよび卒論生の横関多佳子さんの努力によって，メスが産んだ卵のP_2値は0から1の間でさまざまであり，2頭のオスとの交尾間隔や交尾時間比によって影響を受けることがわかってきた．

こうして，父子判定の方は着々と進んでいったが，磁気ビーズを用いたマイクロサテライト特定方法の開発の方は遅々として進まず，まったく不可能ということもないが，けっして効率のよい方法ともいえないという何ともあいまいな結果に終わってしまった．

その後の展開

じつはこの原稿を書きはじめてから，北海道大学農学部の長谷川英祐さんと八尾泉さんから，磁気ビーズを用いたマイクロサテライトの特定方法[15]について教えていただいた（長谷川，私信）．われわれが目論んだ，磁気ビーズのみでマイクロサテライト領域をとりだす，という方法（図2B）とは違って，磁気ビーズで濃縮した後，プローブでハイブリダイゼーションをおこなうという方法である．これは，われわれが予備的におこなった方法（図2A）とも多くの点で異なっている．彼らは，制限酵素で切断したDNA断片をまずいったんPCRで増幅してから磁気ビーズを用いることで，ビーズによる濃縮の効率を高めている．さらにわれわれの方法では先にプローブとなる繰り返し配列をビーズにつけてからハイブリダイゼーションするのであるが，彼らの方法ではまずプローブと目的のDNA断片とをハイブリダイゼーションしてからビーズでプローブをとりだす点でも違っている．この方法を用いると，かなり確実にマイクロサテライト領域を特定できるようである．その話を聞いて，竹中先生のアイディアは基本的にはまちがっていなかったことがよくわかった．うまくいかなかった理由は，鱗翅類というマイクロサテライト領域を特定しにくい材料であったこと，そして，私自身の力不足であると痛感している．

鱗翅類では以前からマイクロサテライト領域を特定しにくいという話を耳にしていた．私が実験をはじめたころは，鱗翅類でマイクロサテライトを扱う場合でも，他の昆虫で開発されたプライマーを用いておこなうことが多かった．その後，さまざまな鱗翅類でマイクロサテライト領域が特定された．発表された論文の中にはマイマイガのマイクロサテライト領域を扱ったものもあった[16]．私も竹中先生といっしょに特定したマイマイガのマイクロサテライト領域とプライマーを，遅ればせながら2002年に発表した[17]．

父子判定も早く論文にしなければと思いつつも，他の蛾の研究が忙しくなってマイクロサテライトを扱う実験を休止していたのだが，2004年にフランスのプロバンス大学のエメシェ・メグレッツ博士から私を含む複数の研究者宛に突然メールが送られて来た．彼女はちょうど『Molecular Ecology』に受理されたばかりの論文[18]の原稿を送ってきたのだが，その内容はまさに鱗翅類でのマイクロサテライト領域の特定のむずかしさについて示唆するものだった．彼女たちは2種のチョウで多数のマイクロサテライト領域を特定した．その結果，同一種内の多くの異なる領域で，マイクロサテライトの前後に非常によく似た配列が見つかり，マイクロサテライト領域の重複が起こっているようだというのである．これらの配列は種内での類似は高かったが，種間での類似は低かった．このような同一種内でのマイクロサテライト領域周辺の類似性についての研究はあまり多くはないが，それでも，これまでに報告されている他の分類群に較べると非常に高い．そしてそのことが，鱗翅類におけるマイクロサテライト領域の特定，および特定された領域をPCRで増幅するための条件設定を困難にしているというのである．彼女のメールに対して，まさに自分も同じことで悩んでいた，といった返信のメールもあり，鱗翅類ではかなりありがちなことのようである．実際，われわれが特定した11領域のうち，安定したPCR条件設定をおこなえたものはたったの3領域で，残りの領域については，PCR条件が安定しないなどの理由で今のところ父子判定に用いることができないままである[17]．その中には，PCRするたびに異なる長さの断片が増幅されてしまうものや，非特異的に多数の断片が増幅されてくるものなどもあった．少なくとも特定した領域間では類似の配列は見られていないが，もしかしたら，まだ特定していない領域に類似の配列があって，それが原因でPCRに関してうまく条件設定がおこなえなかったのかもしれない．

さらに，彼女は鱗翅類のマイクロサテライト領域について研究をおこなっている世界中の研究者に呼びかけて，データベースに未登録のマイクロサテライト領域の塩基配列を集め，メタ分析をおこなって，このような傾向が他の鱗翅類でも見られるかどうかを調べることにしたというのだ．私も協力する旨の返事をして，未登録・未発表のマイクロサテライト領域についてのデータを送るべく準備をしているところである．このように，マイマイガの父子判定のためにはじめた実験が，現在，鱗翅類のマイクロサテライト領域に関するメタ分析という新たな研究に発展しつつある．

DNA多型を用いた研究手法は，いまや行動生態学の分野ではあたりまえになりつつある．また，DNA多型をもとに個体群間比較をおこなう生態学的研究や，核内およびミトコンドリアのDNAを用いて分子系統を作り，その系統樹をもとに行動や形態の進化を論じる研究もさかんにおこなわれている．私自身は現在，分子生物学的手法を用いた研究を少しお休みしている状態ではあるが，一度習っていれば，新たな手法を覚えることにも抵抗はないので，必要に応じて今後も使っていきたいと思っている．

文献

[1] Forbush EH, Fernald CH: The gypsy moth. Wright & Potter Printing Co., Boston. 495 pp, 1896.

[2] Doane CC, McManus ML: The gypsy moth: research toward integrated pest management. USDA, Tech. Bull. 1584, Washington, D. C, 1981.

[3] Koshio C: Mating strategies and variable mate guarding behavior of gypsy moth, *Lymantria dispar japonica* L., Males (Lepidoptera; Lymantriidae). Applied Entomology and Zoology 32: 273–281, 1997.

[4] Koshio C: Pre-ovipositional behaviour of the female gypsy moth *Lymantria dispar* L. (Lepidoptera, Lymantriidae). Applied Entomology and Zoology 31: 1–10, 1996.

[5] Ehrlich AH, Ehrlich PR: Reproductive strategies in the butterflies. I. Mating frequency, plugging, and egg number. Journal of the Kansas Entomological Society 51: 666–697, 1978.

[6] Simmons LW: Sperm competition and its evolutionary consequences in the insects, New Jersey, Princeton University Press, 2001.

[7] Wiklund C: Sexual selection and the evolution of butterfly mating systems. In: Boggs CL, Watt WB and Ehrlich PR (eds): Butterflies - ecology and evolution taking flight., University of Chicago Press, pp. 67–90, 2003.

[8] Gilbert LE: Postmating female odor in *Heliconius* butterflies: a male contributed antiaphrodisiac? Science 198: 419–420, 1976.

[9] Andersson J, Borg-Karlson A-K, Wiklund C: Sexual cooperation and conflict in butterflies: a male-transferred anti-aphrodisiac reduces harassment of recently mated females. Proceedings of the Royal Society of London. Ser. B. 267: 1271–1275, 2000.

[10] Andersson J, Borg-Karlson A-K, Wiklund C: Antiaphrodisiacs in pierid butterflies: a theme with variation! Journal of Chemical Ecology 29: 1489–1499, 2003.

[11] Yamamura N: An evolutionary stable strategy (ESS) model of postcopulatory guarding in insects. Theoretical Population Biology 29: 438–455, 1986.

[12] Drummond BA III: Multiple mating and sperm competition in the Lepidoptera. In: Smith RL (ed): Sperm competition and the evolution of animal mating systems. Academic Press, New York, pp. 291–370, 1984.

[13] Mastro VC, Schwalbe CP, ODell TM: Sterile-male technique. In: Doane CC and McManus ML (eds): The gypsy moth: research toward integrated pest management. USDA, Tech. Bull. 1584, Washington, D. C., pp. 669–679, 1981.

[14] Takenaka O, Takasaki H, Kawamoto S, Arakawa M, Takenaka A: Polymorphic microsatellite DNA amplification customized for chimpanzee paternity testing. Primates 34: 27–35,

1993.

[15] Kurokawa T, Yao I, Akimoto S Hasegawa E: Isolation of six microsatellite markers from the pea aphid, *Acyrthosiphon pisum* (Homoptera, Aphididae). Molecular Ecology Notes 4: 523-524, 2004.

[16] Bogdanowicz SM, Mastro VC, Prasher DC, Harrison RG: Microsatellite DNA variation among Asian and North American gypsy moths (Lepidoptera: Lymantriidae) . Annals of the Entomological Society of America 90: 768-775, 1997.

[17] Koshio C, Tomishima M, Shimizu K, Kim H -S, Takenaka O: Microsatellites in the gypsy moth, *Lymantria dispar* L. (Lepidoptera: Lymantriidae). Applied Entomology and Zoology 37: 309-312, 2002.

[18] Meglecz E, Petenian F, Danchin E, D'Acier AC Rasplus J-Y, Faure E: High similarity between flanking regions of different microsatellites detected within each of two species of Lepidoptera: *Parnassius apollo* and *Euphydryas aurinia*. Molecular Ecology 13: 1693-1700, 2004.

参考図書

『繁殖戦略の数理モデル』山村則男著　東海大学出版会　1986年.

『行動生態学』J. R. クレブス・N. B. デイビス著　山岸哲・巌佐庸共訳　蒼樹書房　1993年.

『虫たちがいて，ぼくがいた―昆虫と甲殻類の行動―』中嶋康裕・沼田英治共編　海游舎　1997年.

9

体長 2 mm でも大丈夫？

DNA マーカーで見るアリの親子関係

濱口京子

ハリナガムネボソアリ

岐阜駅で乗ったバスを長良川で降り，和菓子屋さんや八百屋さんが並ぶ古い町並みを通り過ぎてしばらく行くと，長良川の河原に出る．休日になれば散歩やバーベキューをする人たちでにぎわう大きな河川敷である．長そでシャツ，軍手に麦わら帽子をかぶり，河原のわきの草むらに分け入る (写真 1A)．地面にしゃがみこんで草の根元をかきわけ，細い落枝を拾っては注意深く折っていくと，何本かに一本，中の空洞に小さな黒いアリがぎっしり詰まっていることがある (写真 1B)．これが本章の主役，ハリナガムネボソアリである．

本章では，この小さなアリの血縁関係を調べることになったいきさつと，その結果について紹介しようと思う．

女王の体サイズ二型と多女王制コロニー

ハリナガムネボソアリは九州から北海道まで幅広く分布する普通種である．いってみればとりたてて特徴のないアリなのだが，私がフィールドにしてきた長良川河川敷の草むらのハリナガムネボソアリは，ちょっと特殊である．

なぜなら大きな女王と小さな女王がいるからである [1] (写真 2)．まだ検討は

写真 1　(A) 長良川河原. 中央の草むらにハリナガムネボソアリが生息している. (B) ハリナガムネボソアリの巣内の様子 (石膏で作った人工巣に営巣させたもの).

必要だが, 長良川の草むら以外の場所からは小さな女王が見つかったことはない (図 1A). さらに, 大型女王はかならずといっていいほど女王が 1 匹だけの巣「単女王制コロニー」を作るのに, 小型女王の多くは, 女王が 2 匹以上いる巣「多女王制コロニー」を作るのである (図 1B).

では小さな女王が作る多女王制コロニーとは, 一体どんなコロニーなのだろうか？

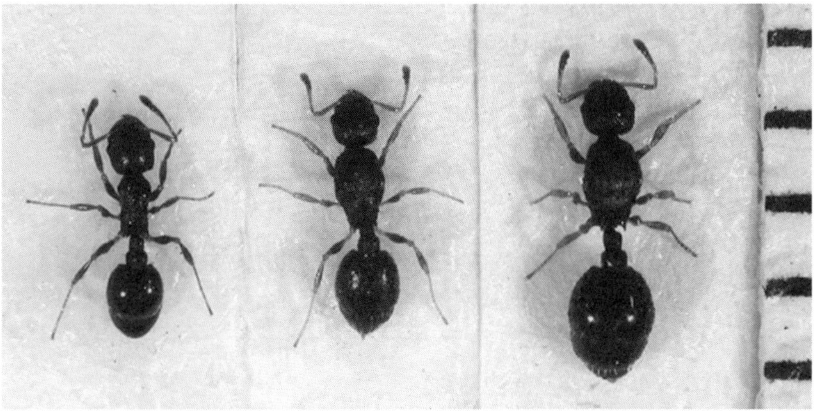

ワーカー　　小型女王　　大型女王

写真2　女王の体サイズ二型

アリの進化から見た多女王制の問題

多女王制コロニーは，じつはアリやハチの社会性進化の観点からたいへん注目されてきた性質なのだが，その説明に入る前に，まず社会性進化の理論的枠組みに簡単に触れておく必要がある．

アリやハチは，みずからの繁殖を一部あるいは完全に失った労働階級（＝ワーカー）をもつ．この性質は個体を基本としたダーウィンの自然選択説では説明できない．個体を基本にして考えると，子どもを残さない個体の性質は次世代に広まりようがないことになるからだ．これに明解な回答を与え，後の社会性進化研究を方向づけたのがハミルトンの包括適応度の概念と，その下部仮説である血縁選択説である[2]．

ハミルトンは，個体ではなく遺伝子を単位としてとらえ，重要なのは何匹子どもを残したかではなく，どれだけ自分と同じ遺伝子のコピーを残したかであるとした．ワーカーがおこなうような，自分の繁殖を犠牲にして相手の繁殖を手助けする行動を「利他行動」と呼ぶが，ハミルトンの概念にもとづけば，ワーカーの利他行動には，女王（＝母親なので高い確率でワーカーと共通の遺伝子をもつ）の繁殖を助けることで，女王を介して間接的に自分と同じ遺伝子のコピーを残す効果があったことになるのである．

この時，利他行動によって利他行動の受け手の繁殖量が充分増し，また利他

●濱口京子

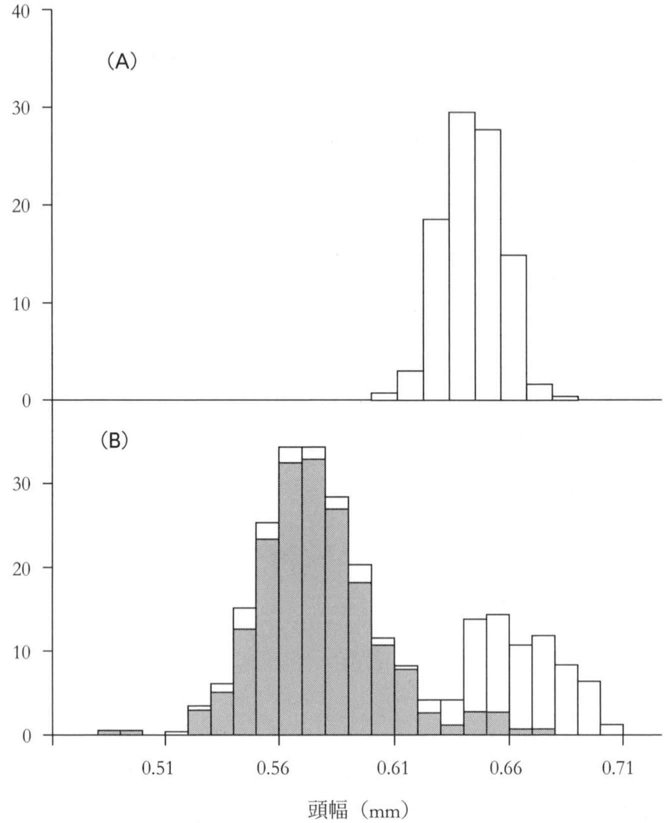

図1 女王の頭幅.（A）長良川の草むら以外の個体群,（B）長良川の草むらの個体群. □は単女王制コロニー由来の女王を, ▨は多女王制コロニー由来の女王を示す.

行為者と受け手との血縁関係が充分近ければ,「利他行動をせずに自分ひとりで子どもをうむ」よりも「自分の子どもを減らしてでも利他行動をおこなう」方が, より多く自分と同じ遺伝子のコピーを残せる状況が生じる. そういう場合に, 利他行動は進化しうるであろうとハミルトンは説明したのである. ここで, 自分の繁殖で得られる適応度に, このように血縁者を介して間接的に得られる適応度も加えたものを包括適応度と呼び, 血縁者というバイパスに着目したこの説を血縁選択説と呼ぶ.

ハミルトンはさらに, アリやハチのメスでワーカー（アリ, ハチのワーカーは

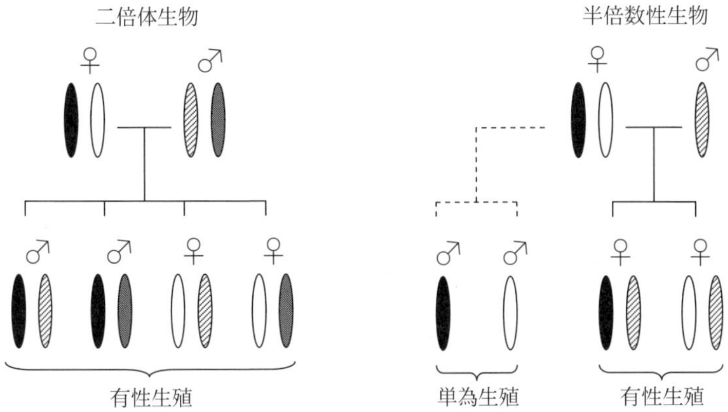

図 2　二倍体生物と半倍数性生物の遺伝様式．二倍体生物で，母と子が同じ遺伝子をもつ確率は，子の遺伝子の半分が母親由来なので 1/2．兄弟姉妹同士が同じ遺伝子をもつ確率は，母親由来，父親由来の遺伝子をそれぞれ 1/2 の確率でもつので，1/2 × 1/2 + 1/2 × 1/2 = 1/2．一方，半倍数生物では，母と子が同じ遺伝子をもつ確率は，二倍体生物と同じく 1/2だが，娘同士では，母親由来の遺伝子を共有する確率は 1/2 だが，父親からはかならず同じ遺伝子を受け継ぐので，1/2 × 1/2 + 1/2 × 1 = 3/4．娘から見た息子は，母親由来の遺伝子は 1/2 の確率で共有するが，父親由来の遺伝子を息子はもたないので 1/2 × 1/2 + 1/2 × 0 = 1/4 となる．よりくわしくは，[3] などを参照のこと．

すべてメス）が進化しやすかった理由も説明している．アリやハチは半倍数性生物といい，メスは私たちと同じ二倍体で，受精卵からうまれるが，オスは一倍体でメスの単為生殖でうまれる．この遺伝システムでは，メスにとっては自分でうんだ娘よりも，姉妹の方が遺伝子を共有する確率が高くなる（図 2）．よって半倍数性生物のアリやハチのメスでは，みずからすすんで繁殖を放棄してワーカーになり，姉妹を育てるような性質が生じやすかったと説明したのだ（＝ 3/4 仮説，ちなみに兄弟は実子より血縁が遠いので，あまり育てたがらないと予想される）．ただし，シロアリのような二倍体生物のワーカーにはこの仮説はあてはまらない．

このようにして，アリの社会性の進化の背景は見事に解きあかされたかに見えたのだが，そこに一石を投じたのが，多女王制の問題である．多女王制コロニー内で複数の女王が繁殖をおこなうと，ワーカーの利他行動の相手は母親とその子どもとは限らなくなるので，利他行動によるワーカーの包括適応度は急激に低下してしまうはずだ[4][5]．にもかかわらず，知見が集まるにつれ，多女王制は，50％以上のアリ種に見られると予測されるほど一般的な現象であることがわかってきたのだ[6][7]．そこで，社会性進化やその維持において血縁選択や3/4仮説がほんとうに根源的な役割を果たしてきたのか，また他にどのような選択圧が社会性の進化にかかわってきたのかを問いなおすための格好の材料として，多女王制はたいへん注目されたのである．

多女王制の問題において，まず検証されるべき課題とされたのはワーカーの包括適応度の大きさを左右するコロニー内血縁構造——女王間の血縁関係や，どの女王が繁殖するか，近親交配をおこなうか，など——を解明し，多女王制コロニーにワーカーの包括適応度を保つような構造が見られるか，それともまったく無視した構造になっているのかを明らかにすることであった．

多女王制コロニー内の血縁構造をテーマに

以上のことをふまえてハリナガムネボソアリの小型女王がつくる多女王制コロニーについて考えてみる．なぜ草むらの個体群では大型女王による単女王制コロニーと，血縁選択上不利なはずの小型女王による多女王制コロニーが共存するのだろうか？　また，小型女王の多女王制コロニー内の血縁構造はどうなっているのだろうか？

最終的にはこれらに対する答えを総合する必要があるのだが，当時，大型女王と小型女王がそもそも別種である可能性も残されていたため，大型女王と小型女王の共存問題については同種か別種かを検証しながらおいおい進めることにし，小型女王の多女王制コロニー内の血縁構造の解明に，まずは力を注ぐことにした．

フィールド調査と行動観察で悪戦苦闘！？

はじめにやったことは，野外調査と行動観察である．この時点では，このアリの研究にDNAマーカーを利用することは，まだ考えていなかった．

女王間の血縁関係

多女王制コロニーには，新女王同士が集まって新しい巣を作ることで多女王制になる場合と，新女王が母巣や他人の巣など，既存の巣に参加して多女王化する場合がある．アリの多女王の多くは後者で，ハリナガムネボソアリの場合も新女王が既存の巣に参加することが示唆されていた[8]．コロニー内女王数を調べてみるとたしかに，小型女王のコロニーでは交尾シーズン直後に女王数が急増した．交尾後の新女王が参加するためである．その後翌シーズンにかけて女王数が減少するのは分巣（巣わかれ）が起こるためのようだった．

では，交尾した女王は他人の巣に入り込むのか，それとも母親の巣に出戻るのだろうか？　ワーカーにとって血縁選択上望ましいのは，出戻りである．出戻りならコロニー内メンバーは多かれ少なかれ血縁者同士なので，誰に対する利他行動も，ある程度は包括適応度を得る足しになるからだ．これに対して赤の他人が入りこむと，ワーカーの利他行動の効果は激減してしまうだろう．

交尾シーズンに，じっと草むらにしゃがみこんで地道に観察をすれば，その答えは簡単にわかりそうに思える．しかし実際には草むらの中のどこにあるのかわからない小さな巣から，新女王が交尾のためにちょうど出ていく瞬間を見つけ，どこに飛んでいくのかを追跡するのは非常にむずかしい．試しに網室で観察してみると，やっぱり．網室の中でさえ，飛びたった小型新女王はすぐにどこにいったかわからなくなってしまったのである．

それならば，と標識再捕獲法を試みたこともある．交尾シーズン前にたくさん巣をとってきて母親女王と新女王に巣ごとに違う色のマークを施し，もとの場所に戻すのだ．そして交尾シーズン後に回収してマークの色を調べれば，新女王が母巣に戻るか他人の巣に入り込むか，はっきり追跡できるはずだ．

そういう計画で，交尾シーズン直前の 5 月下旬，いつもの草むらにマーキングするための巣を採りに行った．コロニーを元の場所に戻せるように，採集地点にナンバープレートを残しながら，つぎつぎとコロニーを採集していく．持ち帰った巣を注意深く開き，中から女王と新女王（交尾前で，まだ翅がはえている）をとりだして，プラモデル用の塗料を虫ピンの頭で背中にチョンとつける．下手をすると足や翅が塗料にくっついてしまうので，細心の注意が必要だ．こうしてマーキングした個体を枝の巣に帰し，草むらのもとの場所に戻す．

ところで，アリ調査の多くはチョウやトンボを採るような楽しさやノスタルジーに欠け，アリの研究者以外にはどうも受けがよくない．しかも地味なわりには炎天下や薮の中に長時間しゃがみこまねばならず，以外としんどい．ハリナガムネボソアリの調査もこれまでいろんな人に手伝ってもらったが，やはり評判の方は今1つで，「オレはもうシルバーバックになったようだ」「ここはイネ科ばっかりだね．イネ科アレルギーなのに」「暑くて，頭がフラフラする」といった嘆息も聞かれた．そういいながらも手を抜かずに協力してくれる人あってこその調査だったから，なおさら期待も膨み，責任も感じた．楽しみに待つこと1か月あまり．交尾シーズンが終了する7月下旬に回収に行った．

ところが，結果は大失敗．なんと回収した枝の多くはからっぽか，マークのない女王が入っていたのである．原因はマークが剥げ落ちてしまったためと，おそらくそれ以上に，多くのコロニーが引っ越したためのようだった．ムネボソアリ属のアリは元来引っ越し好きで，それをテーマとした学術論文も出るほどなのだが[9]，どうやらそれを肌で感じる結果となってしまったようだ．結局，マークされた女王はほとんど回収できず，この調査からは新女王の行方は見えてこなかった．

女王間の繁殖の偏り

コロニー内のすべての女王が繁殖をおこなうか，それとも一部の女王だけか？　これもワーカーの包括適応度を左右する重要な要素である．多女王でも1匹の女王しか繁殖をしていなければ，機能的には単女王制と同じことになり，利他行動をおこなうワーカーにとっては理想的なはずである（ただしこの場合，繁殖をめぐる女王間の闘争という別の問題が生じるが）．実際，一部の女王のみが繁殖する多女王制コロニーの例がすでにいくつかのアリ種で報告されていたが[10]，本種の場合はどうだろう？

これを確かめるため，野外から採集したコロニーの女王の卵巣を解剖し，発達度に偏りがあるかどうかを調査してみた．すると，交尾シーズン直後は卵巣が未発達な若い女王が多く見られたが，それ以外の繁殖シーズンにおいては，たいていのコロニーで多くの女王の卵巣が多少なりとも発達しており，1匹しか産卵していないと思われるコロニーはごく一部にすぎなかった．

ほんとうに複数の女王が産卵しているかを確かめるため，さらに飼育実験で産卵数を数えたり，目に見える順位制がないかと顕微鏡下にコロニーをおいて，女王やワーカーの間に見られる触覚によるつつきあいの頻度や，口移しによる餌交換の頻度を観察してみたりしたが，やはりすべての女王が産卵しているし，順位制の証拠も見つからなかった．

しかし，どの女王も卵をうんでいるからといって「繁殖に偏りなし」とはいいきれないところが社会性昆虫のむずかしくもありおもしろくもあるところである．女王やワーカーがえこひいきをして自分と血縁の近い卵しか育てなかったり，血縁の近い卵だけ新女王に育て上げて血縁の遠い卵はワーカーにする，といった可能性が充分にあるからだ．栄養卵とよばれる孵化能力のない卵しかうんでいない女王がいる可能性もある．

これらのことを，もう少しつっこんで調べたいところだが，これまでのアプローチでは，どうやら限界だった．

マイクロサテライト DNA マーカーの開発

さて，どうやって研究を進めようかと悩んでいたところ，当時の指導教官であった伊藤嘉昭先生が，マイクロサテライト DNA マーカーを利用したサルの父子判定の研究をアリにも応用できるのではないかと，私を竹中修先生に紹介してくださった．

当時，野外生物の血縁判定におけるマイクロサテライト DNA マーカーの利用は，鳥類のヘルパー行動や霊長類の父子判定を中心にはじまったばかりであった．昆虫では，酵素多型や DNA フィンガープリントはすでに使われていたが，利用範囲の制限と精度の問題から，マイクロサテライト DNA マーカーの必要性が認識されはじめたころである．

竹中先生は，ハリナガムネボソアリでマイクロサテライト DNA マーカーを開発する必要性を認めてくださり，

「こんな小さなアリでも同じように親子判定をおこなえるか，とても楽しみですね」

とおっしゃった．

こうして，私にとって，はじめてのピペット，はじめての DNA 抽出，はじめての電気泳動の日々がはじまった．

「うまくいっていれば，エタノール沈澱の時に DNA の雲が見えますよ」

と，先生がチューブをふると，たしかにモワモワとした白い煙のようなものがチューブの中に凝結してくる．DNA がはじめて身近に感じられた一瞬である．

「何でも実験ノートに書きとめておいた方がいいですよ．サンプルチューブの番号は通し番号がいいです」

しかしはじめのころは実によく書きもらして，後で困った．サンプルに通し番号をつけることは，実験をきちんと進める上ではたいへん合理的で，今ではすっかり私の習慣である．

アリだからと工夫した点もある．スズメバチくらい大きな昆虫なら，筋肉から割合簡単にDNAを抽出できるだろう．しかしハリナガムネボソアリはわずか体長2 mmのアリである．1匹あたりのDNA量を求めたところ，マーカー開発に充分な量のDNAを得るには200匹も必要という計算になった．しかも不純物はなるべく少ない方がいい．それならばとサナギを200匹集めた．アリの幼虫はウンコをずっとお腹の中に溜めておき，サナギになる時に大きな固まりにしていっぺんに出すので，サナギが一番不純物が少なそうだったからだ．

当時の実験ノートを開くと，随所に竹中先生の字による書き込みがある．たとえば「＊今回の抽出法は，血液の白血球を沈殿させたところから」．DNAの抽出法1つをとっても，サルや鳥で使われる方法をいかにアリに応用するか，初心者で短期滞在の私が実験の要所をそれと気づかずに通り過ぎてしまわないよう，メモしてくださったものだ．

こうして霊長類研究所に通いはじめて半年後，ハリナガムネボソアリのマイクロサテライトDNAマーカーが完成し，社会性昆虫初のマイクロサテライトDNAマーカーの開発例として発表することができたのである[11]．

マーカーを使った血縁構造の解析結果

開発したマーカーを使うと，体長わずか2 mmのハリナガムネボソアリでも，図3のようなバンドパターンとして個体ごとの遺伝子型がはっきりとわかった．この解析結果を計算式にあてはめれば，血縁度が求められる[12]．血縁度とは個体と個体が近い過去の同じ祖先に由来する遺伝子をもつ確率である．ランダム交配下では，半倍数性生物の血縁度の期待値は，母娘＝0.5，姉妹＝0.75（はじめに見たように，半倍数性なので母娘より姉妹の方が血縁度は高い），他人＝0と予測されるので，これらと測定値を定量的に比較することができる．

また，解析領域の多型が充分で，しかもオス親の候補がわかるならば，より

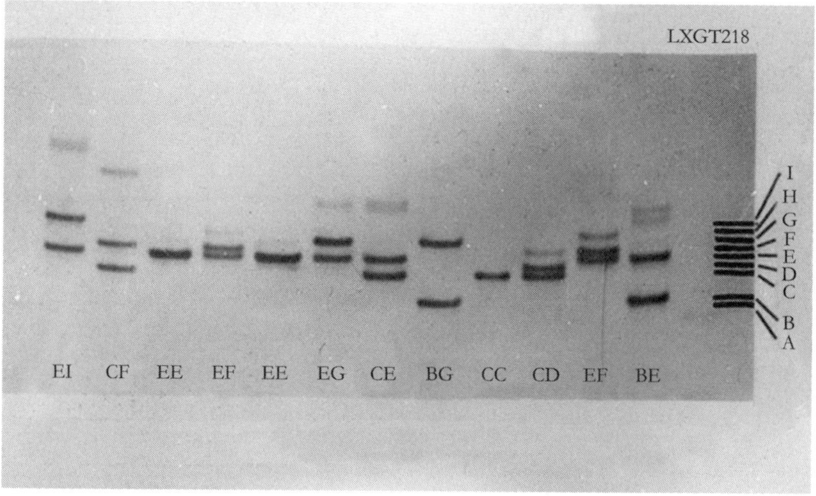

図3　遺伝子座LXGT218における異なる巣由来のワーカーのバンドパターン．ワーカーは二倍体のメスなので，ヘテロなら2本，ホモなら1本のバンドがあらわれる．

具体的に親子判定をおこなうことも可能だ（ただし分巣や死亡でいなくなってしまった女王の繁殖を正しく評価できない危険性はある）．しかし残念ながらアリのオスは交尾後はすぐ死んでしまって巣の中にはいないので，直接DNAを調べることができない．そこで昆虫ならでは，アリならではの方法でオス親候補の遺伝子型を調べることにした．女王の受精嚢内にある精子の遺伝子型をオス親の遺伝子型の代用にしたのである（写真3）．新女王は交尾で受け取った精子を卵巣の根元にある受精嚢という袋にためて，生涯を通じてその精子を使い続ける．そしてうまいことに，アリのオスは半数体なので，精子の遺伝子型はそのままオス親の遺伝子型とみなせるのだ．

これらの解析方法によって女王間の関係を調べた．すると，ほとんどのコロニーで女王間の血縁度は平均0.55，つまり母娘＝0.5と姉妹＝0.75の間におさまった．個体ごとに詳しく見ても，姉妹や母娘から，遠くても従妹や祖母・孫あたりまでの関係にあった．女王同士は赤の他人ではなかったのだ．ただし，4％とごく低頻度ながら，血縁関係のない女王が混じっているコロニーもあった．これは，血縁選択とそれ以外の選択圧との兼ね合いや[13]，社会寄生種進化[14]の観点から興味深いのだが，議論を進めるにはまだデータが足りない．

次に，繁殖の偏りを見るために女王の子どもたち，すなわちワーカーや羽化

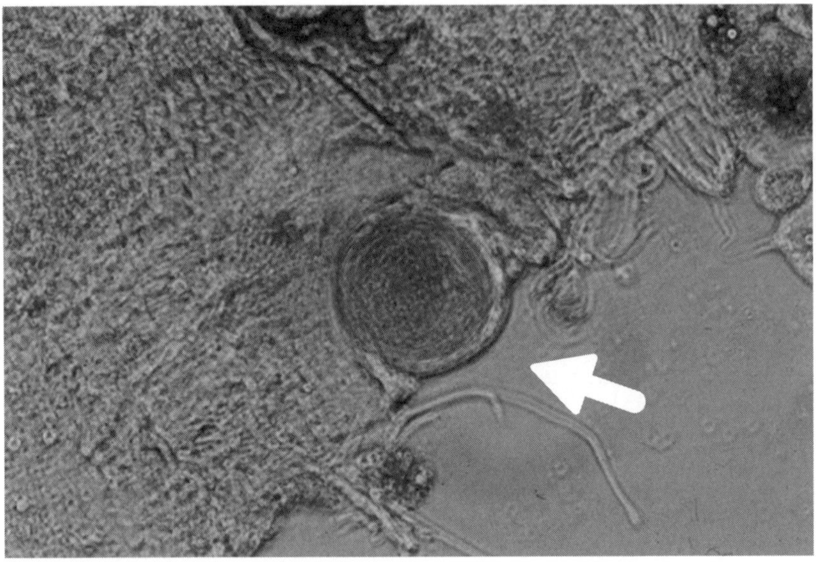

写真3　女王の卵巣基部にある受精嚢（矢印の先）．中のにごって見えるのが精子．女王の寿命は長い種で20年，ハリナガムネボソアリでも5年以上であるが，その間，活性を失わず枯渇もしない．

したての次世代新女王の血縁関係を調べた．すると，血縁度は平均0.47とある程度の高さは保っていたものの，単女王制コロニーで期待される姉妹＝0.75よりは有意に低かった．コロニーごとに詳しく見ると，1匹の女王しか子どもを残していないコロニーはごくわずかで，ほとんどのコロニーでは複数の女王の子どもたちが入り交じっていた．しかも，巣内に母親女王が見当たらない個体も少なからずいた（図4）．

これらの結果を野外調査データと重ね合わせると，次のことがわかってきた．

交尾した新女王は出戻る

交尾した新女王は基本的に母巣に出戻ると考えられた．しかも受精嚢内精子の遺伝子型からわかったのだが，おもしろいことに新女王たちはそれぞれが別々の巣由来のオスと交尾をした後に，わざわざ母巣に出戻るのである．どうやって帰る場所がわかるのだろう？　あまり遠くには飛ばないのか，ワーカーが連れ戻すのか，見えない匂いの帰り道でもあるのだろうか．気になる今後の課題である．

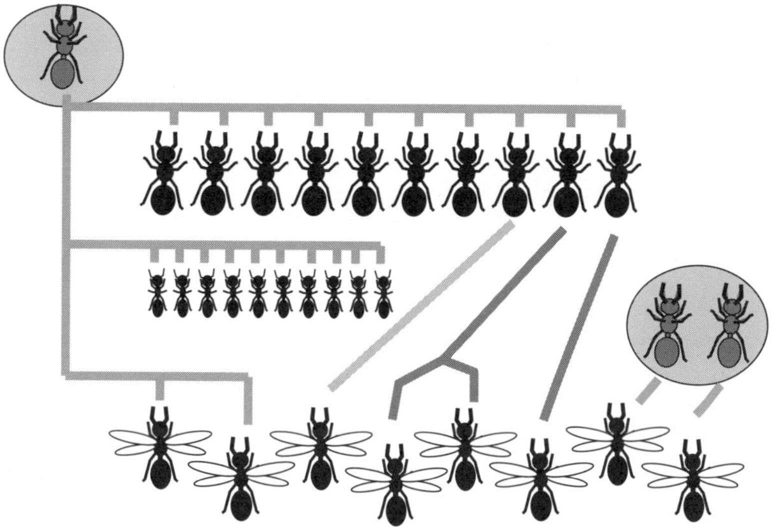

図4 多女王制コロニー内の親子判定の一例．大きな個体は女王，小さな個体はワーカーを示す．灰色で示した3匹の女王は，いずれも巣の中には見当たらなかった女王を示す．10匹の女王とワーカーはすべて，巣の中にいなかった女王のうちの1匹の娘たちであった．しかし，羽化したての新女王（有翅）は，巣内の3匹の女王および巣の中にいなかった2匹の女王の娘たちであった．

繁殖に目立った偏りはない

行動観察では複数の女王が卵をうんでいたが，DNAマーカーで調べてみても，1匹の女王に偏るほどの強い繁殖の偏りはなく，むしろかなり無秩序であることがわかった．えこひいきによる卵の育てわけや，他の女王にワーカーを作らせておいて，自分は新女王だけ作るというようなずるい女王も生じないようである．母女王と娘女王からなるコロニーでは母親女王が作ったワーカーが圧倒的に多いが，これも偏りというより，娘女王たちが生まれる前から母親女王がうんできたワーカーがたくさん残っているだけだろう（ワーカーの寿命は2～3年以上）．なぜなら，より最近になってうまれた子どもたち，つまり，次の新女王や蛹，幼虫といった若齢個体には，出戻った娘女王たちの子どももちゃんといるからだ（図5）．新参女王だからといって繁殖を妨げられるわけでもないのである．なお母親女王が見つからなかった個体は，おそらく分巣や死亡による繁殖女王の入れ替わり立ち代りの過程で生じたのであろう．

●濱口京子

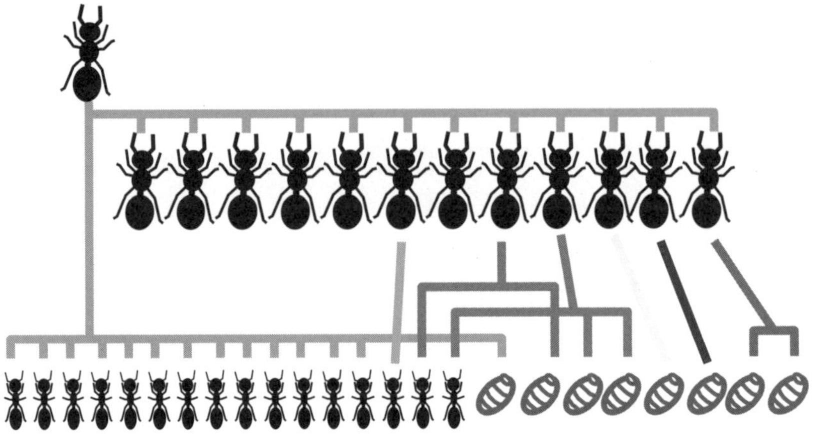

図5　多女王制コロニー内の親子判定の1例．大きな個体は女王，小さな個体はワーカーを示す．右下は幼虫．コロニー内の13匹の女王は，1匹の女王が母親女王で，残りはみなその娘たちであった．ワーカーのほとんども母親女王の子どもだったが，ワーカーの一部や幼虫の多くは娘女王たちがうんでいた．

分巣が血縁関係を近く保つ鍵？

しかし，このように無秩序な繁殖をおこないながら，巣外のオスと交尾した新女王が出戻りと分巣をくりかえせば，いくら母巣に出戻るといっても，どんどん女王間の血縁関係は遠のいてしまうのではないか[15]？　女王間の血縁関係がいとこや祖母以上の近さに保たれるためには，母巣への出戻り以外にも説明が必要である．

今のところ，この説明は分巣に関連した2つの性質に求められるのではないかと考えている．1つは，誰が分巣をするかである．まだデータは不充分だが，分巣は出戻った新女王たちがおこなう場合が多いようである．これならば母親がつねに居残って繁殖を続けることになるので，複数世代の重複による血縁度の低下を抑えられそうだ（では，分巣後の姉妹同士のコロニーでは次に誰が分巣するのか，これは未解明）．もう1つは，分巣によって度々コロニー内女王数が1〜2匹まで減少する点である（図6）．これも低下しがちな女王間の血縁度を機械的に振り出しに戻す役割を果たすであろう．これは，何百匹も女王がいるようなハチでいわれている「周期的女王少数化[16]」と同じ仕組みであり，アリではヨーロッパのタカネムネボソアリで，同様の可能性が指摘されている[17]．

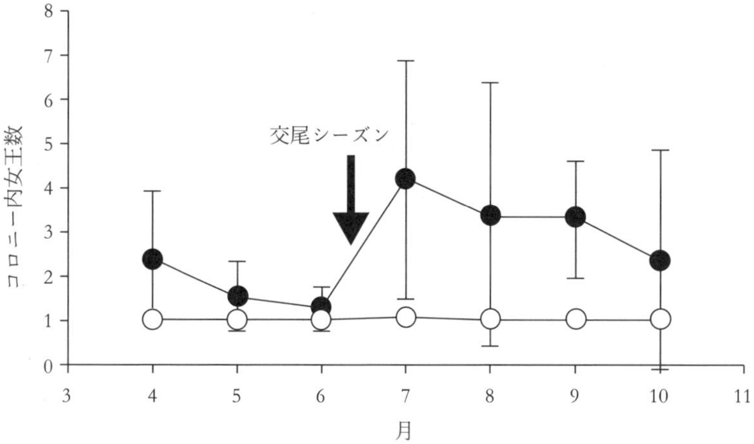

図 6-1　コロニー内女王数の季節変動．○は大型女王のコロニーを，●は小型女王のコロニーを示す．大型女王のコロニーでは女王は年間通して 1 匹であるが，小型女王のコロニーでは交尾シーズン後に急増した後に，ゆるやかに減少する．

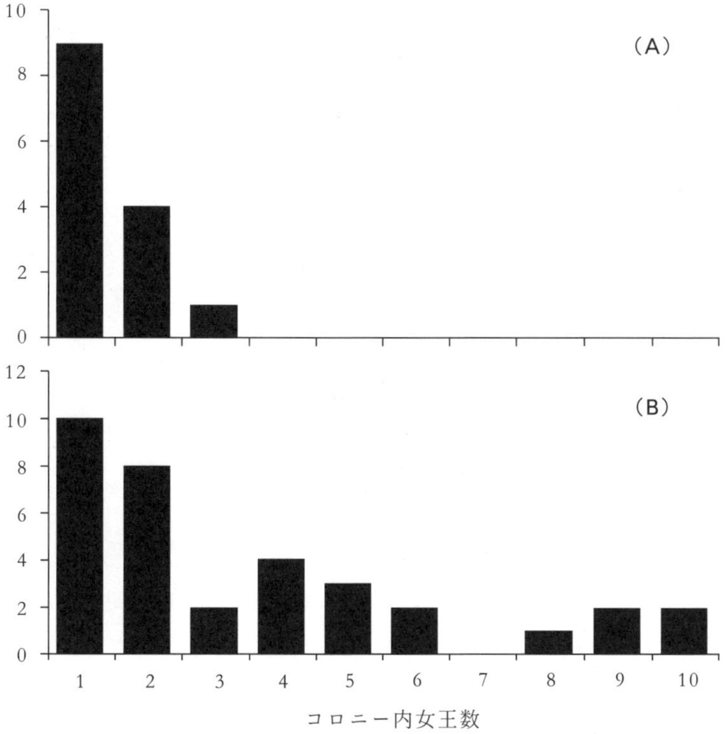

図 6-2　コロニー内女王数の頻度分布．(A) 交尾シーズン前の 5 〜 6 月の女王数，(B) 交尾シーズン後の 7 〜 8 月の女王数．

●濱口京子

血縁選択説とハリナガムネボソアリの多女王制コロニー

以上のことをまとめると，ハリナガムネボソアリの多女王制コロニーは，高い血縁度を維持するためには好ましくない性質，つまり女王が巣外交配をおこない，コロニー内の複数の女王が繁殖をおこなうという性質をもつものの，女王同士が出戻りによる血縁者集団であることや，分巣によって定期的に女王が減少することによって，血縁度の極端な低下が防がれ，血縁選択上の損失が抑えられる構造になっていると考えられた．

ただ，これらが血縁選択上の利益を保つためにわざわざ進化した性質か，たまたま血縁選択からの筋書きに一致しただけなのかはじつはむずかしいところである．そこで他のムネボソアリを見渡してみると，ヨーロッパのムネボソアリの一種 *L. spec. A* の多女王制コロニーでは，コロニー内女王数はハリナガムネボソアリよりずっと多い．しかし女王間にはっきりとした順位制があり，高い順位の女王しか繁殖ができない仕組みがある[10]．また，日本産で系統的にハリナガムネボソアリにきわめて近いハヤシムネボソアリも女王数が多いが，巣内で兄弟と交尾をおこなうので血縁度は下がらないはずだ[18]．どうやら多女王制をもつ種では方策は違いこそすれ，積極的にコロニー内血縁度を高く維持する仕組みが存在するケースが多そうである．これは，血縁選択説が社会性進化にとってもっとも重要な選択圧であったかどうかの答えにはならないが，社会性の維持において，現在でも重要な役割を果たしていることを示しているのではないだろうか．ただし，近年世界中で問題になっているアルゼンチンアリなどの一部の侵略的外来種には，真に血縁度がゼロの多女王制コロニーを作る種もあり[19]，さらに多くの種で多女王制のパターンを検討するべきである．

残された問題，大型女王と小型女王

ここまで小型女王の多女王制コロニーの内部を見てきたが，なぜ長良川の河原では大型女王と小型女王が共存するかについてははじめに棚上げにしたままだ．多女王制コロニーがいくら血縁者集団だといっても，大型女王の単女王制コロニーには及ばない．その後の飼育実験やDNA解析から大型女王と小型女王はやはり同種内多型であることが判明したので，両者が共存する背景を明らかにしていくことが今後の課題だ．

多女王制の適応的意義に関する仮説には，女王が複数であることに意義を見出す仮説として，高い増殖力による生息エリアの独占，後継者女王の確保，コロニー分断化による孤児コロニー化の回避，遺伝的多様性が増して病気に強い，などがある[20]．一方，女王が複数であることをむしろ副産物と見る仮説もある[21]．女王の単独創巣に大きなリスクが伴う環境下では，新女王が単独創巣をやめて既存の巣に入り込むために，結果的に多女王制になるという見方だ．これは先の仮説の対立仮説ではないが，主要因としてはこちらの仮説があてはまる種が多そうだ．女王の単独創巣のリスクとしては，強い補食圧や厳しい気候条件，また，巣材が近場だけに集中し，徒歩による分巣にはいいが，遠くに飛ぶと巣材が見つけにくい環境，などがあげられている．

ここで，長良川河原の草むらは，パッと見にも明らかなほど，ハリナガムネボソアリの営巣に適した枯れ枝がパッチ状に集中分布する．よって本種でも巣材のパッチ状分布が大型女王による単独創設を困難にし，出戻り型の小型女王を生じさせたのかもしれない．とはいえ，パッチ内の巣材もいつかは飽和するので，遠くに飛んで新しいパッチを開拓する大型女王と出戻り型の小型女王の戦略が，バランスよく存在することが重要なのだとも考えられる．しかしこれらはまだ仮説にすぎず，疑問点も多いので，個体群間の環境の比較や代替仮説の検討を通して検証していく必要がある．

また，どのような仕組みで大型女王と小型女王が生産しわけられるかという問題も，両者の関係を理解する上で重要である．いくつかのアリでは，女王の形態多型は単純なメンデル遺伝で決定されると報告されているが，環境に可塑的に対応すべき形質が融通の効かないメンデル遺伝で決まるというのも悠長な話だ．そこでハリナガムネボソアリでは，コロニー内ワーカー数のように環境や分巣頻度の影響を受ける性質こそが女王の多型決定に関与しているのではと，現在飼育実験による検証に取り組んでいる．そして今まさに，予想通りの結果が出はじめているところである．

はじめに長良川のフィールドを訪れてからハリナガムネボソアリとはずいぶん長いつきあいになるが，得られた答えの中から，また新しい疑問が生じてくるので興味がつきない．これからは大型女王と小型女王との関係に比重を移しつつ，いましばらくこのアリとつき合っていこうと思う．

●濱口京子

文献

[1] Hamaguchi K, Kinomura K: Queen-size dimorphism in the facultatively polygynous ant *Leptothorax spinosior* (Hymenoptera: Formicidae). Sociobiology 27: 241-251, 1996.

[2] Hamilton WD: The genetical evolution of social behavior. I. II. J. Theor. Biol. 7: 1-52, 1964.

[3] 土田浩治「9. 生物集団の個体間血縁度の推定法―とくにアイソザイムデータに関連して―」『社会性昆虫の進化生態学』松本忠夫・東正剛共編　海游舎　pp. 330-359 1993年.

[4] Strassmann JE, Queller DC: Ecological determinants of social evolution. In: Breed MD and Page RE (eds): The Genetics of Social Evolution. Boulder, Westview Press. pp. 81-101, 1989.

[5] Keller L: Social life: the paradox of multiple-queen colonies. Trends. Ecol. Evol. 10: 355-360, 1995.

[6] Bourke AFG: Worker reproduction in the higher eusocial Hymenoptera. Quart. Rev. Biol. 63: 291-311, 1988.

[7] Buschinger A: Monogynie und Polygynie in Insektensozietäten. In: Schmidt GH (ed): Sozialpolymorphismus bei Insekten. Stuttgart, Wssenschaftliche Verlagsgeseiischaft MBH. 862-896, 1974.

[8] 磯貝隆「ムネボソアリ属3種における比較生態学的研究」『岐阜大学55年度卒業論文』pp. 1-58　1980年.

[9] Dornhaus A, Franks NR, Hawkins RM, Shere HNS: Ants move to improve: colonies of *Leptothorax albipennis* emigrate whenever they find a superior nest site. Anim. Behav. 67: 959-963, 2004.

[10] Heinze J: Ecological correlates of functional monogyny and queen dominance in leptothoracine ants. In: Billen J (ed): Biology and Evolution of Social Insects. Leuven University Press. 25-33, 1992.

[11] Hamaguchi K, Itô Y, Takenaka O: GT dinucleotide repeat polymorphism in a polygynous ant, *Leptothorax spinosior* and their use for measurement of relatedness. Naturwissensc-haften. 80: 179-181, 1993.

[12] Queller D, Goodnight C KF: Estimating relatedness using genetic markers. Evolution. 43: 258-275, 1989.

[13] Stille M, Stille B: Intra- and inter-nest variation in mitochondrial DNA in the polygynous ant *Leptothorax acervorum* (Hymenoptera: Formicidae). Insectes Sociaux. 39: 335-340, 1992.

[14] Bourke AFG, Franks NR: Alternative adaptations, sympatric speciation and the evolution of parasitic, inquiline ants. Biol. J. Linn. Soc. 43: 157-178, 1991.

[15] Nonacs P: Queen number in colonies of social Hymenoptera as a kin-selected adaptation. Evolution 42: 566-580, 1988.

[16] 伊藤嘉昭「真社会性昆虫とくにアシナガバチ亜科における多女王制をめぐる諸問

題」『日本生態学会誌』52: 355–371, 2002.

[17] Heinze J, Hartmann A, Rüppell O: Sex allocation ratios in the facultatively polygynous ant, *Leptothorax acervorum*. Behav. Ecol. Sociobiol. 50: 270–274, 2001.

[18] Murase K, Kinomura K, Hoso M, Hamaguchi K: The intra-colony inbreeding of *Leptothorax makora* (Hymenoptera: Formicidae). Proc. Arthropod. Embryol. Soc. Jpn. 39: 47–49, 2004.

[19] Tsutsui ND, Case TJ: Population genetics and colony structure of the Argentine ant (*Linepithema humile*) in its native and introduced ranges. Evolution. 55: 976–985, 2001.

[20] Bourke AFG, Heinze J: The ecology of communal breeding: the case of multiple-queen leptothoracine ants. Phil. Trans. R. Soc. Lond. B. 345: 359–372, 1994.

[21] 濱口京子「第 6 章　アリ―女王アリに見られる分散多型―」『飛ぶ昆虫，飛ばない昆虫の謎』藤崎憲治・田中誠二編著　東海大学出版会　pp. 63–74　2004 年.

●濱口京子

10

WAKWAK するとき

岡　輝樹

ボルネオ島カリマンタン．外来樹種からなる広大な植林地．幾重にも連なるチガヤ草原．その丘の上には白い樹肌をさらしてそびえ立つ枯死木．緑を完全にはぎ取られた石炭の露天掘り…….

原油を産出する同じボルネオ島の裕福な隣人に比べて地史学的な不幸も災いした．点在する集落のほとんどはスラウェシ，ジャワ，マドゥーラからの移住民のものである．今もなお，年間5万人を超える人びとが新天地を求めてやってくる．長い年月をかけて成立してきた巨大な森林は，生活の糧，つかの間の現金を求めて陸稲畑やコショウ畑へと転換される．その収奪的焼畑農法は，無数の小さな林と荒廃した草原を生み出した．彼らにとって熱帯多雨林の保護は贅沢以外の何物でもない．

類人猿ギボン

ムラワルマン大学ブキットスハルト演習林にあるステーションの朝はリズミカルな声ではじまる．東南アジアの森を特徴づけるこの声の主はギボンである．和名ではテナガザル（ほんとうは腕が長いのだが），すなわちサルと呼ばれる唯一の類人猿である．現地ではその声から *wakwak*, *owa* あるいは単に *wa* と呼ばれることもあるが，マレー・インドネシア語系では一般的に *ungko* のようだ．彼らは東南アジアの熱帯雨林に広く適応放散したグループであり，大きく分けて6種のギボンが生息している．これらのうち，ジャワギボンとクロスギボンは絶滅のおそれがあるとされており，カリマンタンにはアジルギボンとミュラーギボンの2種が生息している．グループに属する種の分類方法には諸説あっていまだに議論されているが，いずれにしても500～100万年前の東南アジアの大陸，島嶼の地質学的変化によって地理的に隔離されながらさまざまに種分化してきたことは確からしい．

他の類人猿に比べて体サイズは小さく5 kgほどしかないが，和名が示すとおり，両腕を広げた長さは身長の約2倍に達し，長い腕を利用して枝から枝へと反動をつけて敏捷に渡る．このブラキエーション（腕渡り）と呼ばれる移動方法は林冠内の移動にもっとも適しており，同所的に生息する他の霊長類，オランウータンやマカク類，あるいはリーフモンキーなどに比較してもかなり速い．棘だらけのラタンの蔓が林床をはい回るなかで追跡するのは至難の業である．動物園などでは両腕でバランスを取りながら地上を二足歩行している姿が観察されるが，本来完全な樹上生活者であって1日の大半を樹冠で過ごし，よほどのことがないかぎり地表に降りることはない．よく発達した腕に比べて脚の力はわずか1/20しかないともいわれる彼らにとって，地表を歩くことは私たち人間が逆立ちして歩くようなものなのであろう．こうした移動様式や生態から，ギボンは森林消失に対して非常に感受性が高い種であろうと考えられ，これこそ筆者が研究対象として選んだ理由である．

社会システムもまた独自である．類人猿の中では唯一，成体雌雄と性成熟前の子からなる核家族（平均4個体）を基盤としており[1]，年間を通じて安定した，およそ20～50 haの家族行動圏をもっている[2]．食物資源として依存する多くの果実には季節性があるため，この行動圏は年間を通じて広く分散するそれらを確保できるように設立されている[3]．つがいとなった雌雄の結びつきは堅固でどちらかが死ぬまで続き，途中で別れたという報告はない．こうした核家族群が維持されるためには成熟した若い個体の行く末が解決されなければならない．8歳で性成熟し，9歳で初産，その後およそ2～3年ごとに出産し，生涯で約5～6個体の子を育てる．出産間隔は子どもが単独で行動をはじめるまでの期間，およそ2年と一致する．やがて性成熟を迎えると同性の親とお互いに避けあうようになり，若い個体は家族群を離れる．新しいつがいはこうした単独の雌雄が出会うことによって形成されることもあるし，単独のオスまたはメスが若い異性のいる群に入っていくこともある．また，そうしてできた若い雌雄のペアがなわばりを確保するのを親が手伝うという報告もある[4]．

はじめてのカリマンタン

インドネシア政府は1982年，東カリマンタン州バリクパパン〜サマリンダ間の約710 km²をブキットスハルト国民森林公園（*Tahura Bukit Soeharto*）に指定して熱帯林の保護に乗り出した．森林公園の中心部には，1970年代に選択伐採は受けたものの比較的良好な森林が残っており，周囲を1983年の大規模火災による被害を受けた後に成立した先駆性樹種であるマカランガが優占する二次林が囲む．これらの森はムラワルマン大学熱帯降雨林研究センターによって附属ブキットスハルト演習林として管理されている．同センターでは1985年から国際協力事業団（現国際協力機構）の熱帯降雨林研究プロジェクトが展開していた．筆者がはじめて東カリマンタンにやってきたのは1995年10月．このプロジェクト第3フェーズの動物生態分野担当の長期専門家として赴任したときであった．「何をやってもよいから」ということばに釣られ，それまで日本でおこなっていた哺乳類の婚姻形態の進化にかかわる研究を発展させるつもりで後先考えずにやってきた筆者は，眼下に展開する熱帯林の窮状を目の当たりにして唸ってしまった．産業造林に関する分野の研究がさかんで，植えて育てて伐採していくらになるかの地域で，ネズミのメスの浮気話を力説してどうするのだ．

比較的連続した林冠をもつ演習林の中心部には，ミュラーギボン6家族が暮らしていた．各個体が採餌場所として利用する樹木の位置を記録していくと，行動圏は年間を通じて安定しているが，活動の中心はその時期に結実する樹木に大きく依存していることがわかってきた．また，結実していない木にも時折訪れることがあったが，これらの木は翌月や翌々月にはかならず結実した．隣接する家族群の行動圏は一部が重複しており，この地域で樹木が結実したときにはなわばりをめぐる闘争や威嚇行動も観察された．しかし演習林内を貫く主要道（道幅4〜6 m，最大幅15 m超）に面した家族群間には行動圏の重複が見られず，また闘争行動も観察されなかった．時折，林道近くで姿が目撃されることがあるが，彼らは林縁に沿って樹上を移動するだけである．雨期，林道は至る

●岡　輝樹

ところで寸断される．そのたびにぬかるみになった表層を削り路肩へ落とす作業が続く．乾燥を促すために林道脇の木は伐採される．かくして降雨のたびに道路は拡張してゆくことになる．

燃えるカリマンタン

1997年から1998年にかけておこったエルニーニョ南方振動は発生時期の早さと規模において過去に観測されたものをはるかに上回るものであった．この強いエルニーニョの影響によってインドネシア各地は1997年7月ごろから異常乾燥に見舞われた．もともとインドネシアでは乾期になると農園や産業造林地の地拵え，焼き畑のために，火入れがおこなわれてきたのであるが，例年その火は雨の降りはじめとともに自然に消え，延焼することはない．しかし，この年は異常乾燥によって各地でコントロール不能となり，煙霧が空を覆った．インドネシア政府は，森林火災はエルニーニョのためであり，天災であるという姿勢を崩さなかったが，エルニーニョによる異常乾燥は被災面積が増大する要因ではあるが，出火原因ではない．

1997年8月下旬になると，煙霧は国境を越えてシンガポール，マレーシアに達し，日本国内でもニュースになった．このときボルネオ島では，カリマンタン西・南岸に広がる泥炭層（東カリマンタンの石炭層とは異なる）が燃え，被災面積は政府報告ではインドネシア全体で約30万ha（森林17万ha），世界自然保護基金の報告書では約200万haと公表された．そんな中，1997年10月，筆者はプロジェクト専門家としての任期を終え，多くのやりたいことを残しながら文字通り何もかも煙に巻いて帰国した．

その後，11月にまとまった雨が降ったことで各地の火はいったんはおさまった．しかし，東カリマンタン州では1998年1月から再び降水量が激減し，1月末から4月中旬にかけて広大な面積の土地が燃え，煙霧が再び空を覆った．東カリマンタン州林業局による推定では被災森林面積は約52万ha，全体では数百万haに及んだ．ブキットスハルト演習林には1998年2月25日から3月3日にかけて火が侵入した[5]．その後におこなわれた植生調査によれば，1983年に定着したマカランガは乾燥と火災によってほぼ全滅したが，比較的良好なフタバガキ林での死亡率は37％にとどまった[6]．さらにギボンの食物資源となりうる

写真 1　森林火災後に再成長した林に現れたミュラーギボン（オス，4 歳）

果樹の生残率は約 43％であった．

ブキットスハルト演習林が燃えていたちょうどそのころ，筆者はモンキーセンターが主催するプリマーテス研究会でプロジェクトに在籍していた 2 年間の研究成果発表に燃えていた．その時，霊長類研究所でテナガザルの研究を続けないかと声をかけてくださったのが竹中修先生だった．この先どうしようかと迷い，もう一度カリマンタンへ行けないかと考えていたところに，お誘いのことば．それはまさに天の助け，渡りに船だった．こうしてボルネオ森林火災が消えてから 9 か月経た 1998 年 12 月に筆者は再度東カリマンタンを訪れることになった．

●岡　輝樹

1年ぶりに訪れたブキットスハルト演習林. 早朝の森を静寂が包んでいた. あの声の主はどこへ行ったのだろう. 森の中に入りギボンの姿を見つけたが, 森林火災は1年のブランクという時間の長さ以上に調査地を大きく変化させており, 充分に識別していたはずの個体の照合は容易ではなかった. 目の前にいるのは8個体くらいからなる群……「家族」はどこに行ってしまったのか? その後およそ3か月かけて全容が明らかとなった. まず, 各家族群は被災による食物資源の減少を補うように行動圏を約2倍に拡大していた. さらに7個体は火災前のなわばりから移動し, 家族群が崩壊, つがいの入れ替わりも起こっていた. 群のように見えたのは, 4ペアの行動圏がほぼ完全に重複していたのだった. 数kmに渡って響くなわばり宣言はもはや必要なかった. しかし, いったいなぜこのようなことが起こったのか. なぜ成熟したオス同士, メス同士が資源を共有できるのだろう.

行動学と遺伝学的手法, 夢のコラボレーション

各個体間の血縁関係を知ることができれば, 動物のある行動がもつ意味をさらに深く論じることが可能となる. じつはギボンではあまり観察されないのだが, 毛づくろいという行動1つにしても, それが親子なのか, 血縁がないオス同士なのかでその意図するところはまったく異なる. これまでの研究者に必要だったことは少なくとも十数年に及ぶ長期間の追跡調査であった. ある個体が生まれてから成熟してゆく過程を寸断なく追跡していかなければ明らかにならなかったし, それでもオスと子どもとの親子関係にはつねに疑問がつきまとっていた. ここに動物行動学に遺伝学的手法をとりいれる最大の利点がある.

そのころ, めざましい勢いで発展しつつあったDNA分析手法は, 血縁関係の判断をごく短い時間で可能にした. たとえば親子判定なら核DNA中の多型領域はメンデル遺伝をすることを利用し, 子どもは親がもつバンドのどちらか片方を共有していることを確認すればよい. さらにギボンの場合は, 大きな群を作る種と異なり, 基本的に家族群単位なので確認しやすい. 新たな手法に挑戦する行動学者が直面する課題は, いかに野外でDNAを含む細胞を採集するかということである. ここでフィールドワーカーの血が騒ぐ.

多くの研究者によって, 動物に苦痛を与えない, また動物の行動に影響を与

写真2 ミュラーギボンの若いオス

えない非侵襲的サンプリングが試みられている[7]. 果実を食したあとの「しがみかす（ワッジ）」でもよいし，ねぐらに残った体毛でもよい. 尿なら血液から抽出したものと遜色ないきれいなサンプルを得ることもできる. 糞が手に入ればその表面には腸管壁から剥離した細胞が付着しているはずである. ギボンの場合，囓りかけの果実を棄てることはあってもワッジとして吐き出すことはない. また，ねぐらを作ることもない. 樹上の高いところで生活しているので尿を得ることができるかどうかは日ごろのおこないがものをいう.

考えあぐねて筆者が最初に挑戦したのはコスメティックテープ，いわゆる脱毛テープの利用であった. これをよく利用する樹木の高いところに粘着面を外側にしてうまく貼りつけることができれば体毛が採集できるのではないか. どの樹木を頻繁に利用するかはすでに明らかとなっている. ではいかにして登るか. 調査を手伝ってくれているヘルパーに尋ねると，彼は「カンタンだよ」といって3 m くらいのロープを3本もってきた. 2本を輪にして結び，「これは命綱なんだ」といって残る1本をイチジクの木の幹に一回りさせて固く結ぶ. そして輪にした2本のロープを幹に巻くと結び目に足をかけ，幹に巻いた1本を背

●岡　輝樹

中から脇の下に当てて器用に登りはじめた．体重がかかるとロープは幹との摩擦でずり落ちなくなる．30分くらいかけて彼は20 mほど登り切って最初の大きな枝に腰掛けて手を振った．筆者も挑戦したが同じ場所へ到達するのに1時間かかってしまった．さらに降りるのにも1時間かかる．まぁやってみるかと1週間かけて20本の木に登り，テープを50片設置したものの，ギボンは期待通り訪れてくれない．採集できた体毛はわずかに十数本，疲労感だけが残る．後日，この方法をある人に話したら，「努力は認めるけど，それは『命綱』と呼ばないのでは？」といわれた．たしかにそうだ．背筋が凍った．

次に挑戦したのは糞の採集だった．朝から夕方まで追跡観察を続けた結果，ギボンのおつとめは朝に多い傾向があった．彼らは遅くとも午後4時ごろにはその日の活動を終えて移動しなくなる．そこへ翌朝早くに行っておよそ30 mほど離れた場所で待っていれば，糞が落ちるのが確認できる．待ち時間は蚊との戦いだが，これほど他人が（?）糞するのを *wakwak* しながら待ち望んだことがかつてあっただろうか．個体がその場を去ったあと，糞が落ちたと思われる場所に行って確認する．木の枝でマカランガの大きな葉の上に転がして載せる．これぞまさに the *fun* of *ungko* だなと満足感が広がる．

糞表面に付着している細胞の回収方法は以下の通りである[9]．

1) 1 mM EDTA・3Naを入れた0.9％ NaCl溶液2 mlをプラスチックチューブに入れておく（チューブはPP製のものを使用．PE製のものだと気圧変化で蓋が裂ける）．

2) 1) の溶液に滅菌綿棒を浸した後，糞の表面を拭う．

3) 拭った綿棒を上記溶液中で洗い，99.9％エタノールを加えて10 mlとする．はじめのうちは，拭いかたが足りないのではないか，まだ細胞が残っているのではないかと気になるところではあるが，あまり丹念に拭うとフンそのものが多く混じってしまい，含まれる多糖類がPCRによるDNA増幅が阻害してしまうので注意が必要である．なお，これらサンプルの入ったプラスチックチューブはできるだけ冷暗所に保管しておくことが望ましいが，熱帯でのフィールド調査中はなかなかそうもいかない．屋内の風通しのよいところにつるすか，氷を購入して大きなバケツに浸しておく．

実験室に持ち帰ったあとはできるだけきれいに精製する作業からはじまる．

1) プラスチックチューブのまま3000 rpmで10〜20分間遠心分離する．

2) 1) の沈殿物を少量1.5 mlの遠心管に移してSTE (1X) を加え，10,000 rpmで5〜10分間遠心分離する．

3) 上澄みを捨て，再びSTE (1X) を加え，10,000 rpmで5〜10分間遠心分離する．

4) 手順3) を3〜5回繰り返す．

その後DNAを抽出する作業, PCRへと続くが，その手順については別章に譲ることにしよう．

こうして親子関係を解析した結果，行動圏が大きく重複していた4ペアには血縁関係があるらしいことが明らかとなった．被災後，隣接2ペアが行動圏を大きく重複させたところに，性成熟後に分散していたこれら2ペアの息子および娘が，それぞれのつがい相手を伴って出自群に戻り，親と行動圏を重複させていたのである．この重複行動圏内では各ペアが排他的に利用する地域と他のペアと共有する地域がモザイク状に観察された．共有する地域では，つがい相手といることがもっとも多かったが，ついで，一度は別れた親子で同じ枝に座る姿も頻繁に確認された．テナガザルの核家族制とそのなわばり制を促進する選択圧は，食物資源の分布パターンにあるといわれているが，ハビタットの質が低下し食物資源分布がきわめてまばらになった場合は，他個体を排除して得られる利益がなわばり防衛に払うコストに比べて小さくなりすぎ，割に合わないということだろう[8]．どの個体との行動圏の重複を許すかには，血縁が大きく関与しているようだ．A *family* in need is a *family* indeed というわけである．

その後，ブキットスハルト演習林の植生は徐々に回復しはじめる．1999年8月からの調査では，父—息子間，母—娘間の闘争行動の頻度が増加し，これに伴ってこれらの行動圏の重複が解消されはじめていることが確認された．テナガザルのペア間の結びつきは強固であるが，なわばり制は絶対的なものではなく環境変化に応じて崩壊，再成立もありうること，またその際には同性親子間での相互交渉が重要な役割を果たしているであろうこと，が示唆された．

そしてまたカリマンタンへ

2005年5月．ジャカルタのスカルノ・ハッタ国際空港を飛び立ってからおよそ1時間ほどで陸地が見えてくる．飛行機はここで大きく右旋回し機首を北東

●岡　輝樹

に向けて東カリマンタン州の空の玄関バリクパパンをめざす．眼下には気が滅入るような広大な景色が広がる．もう何度この風景を眺めたことだろう．「一度マハカム川の水を飲んだらかならず再び訪れることになる」というが，そこには多くの人たちとの出会いがあったことを忘れてはならないとあらためて思っている．

文献

[1] Leighton DR: Gibbons:territoriality and monogamy. In: Smuts BB, Cheney D, Seyfarth R, Wrangham R, Struhsaker T (eds): Primate societies. University of Chicago Press, pp. 135–145, 1987.

[2] Gittins SP: Territorial behavior in the agile gibbon. Int. J. Primatol. 1: 381–399, 1980.

[3] Oka T, Iskandar E, Ghozali DI: Effects of forest fragmentation on the behavior of Bornean gibbons. In: Guhardja E, Fatawi M, Sutisna M, Mori T, Ohta S (eds): Rainforest ecosystems of East Kalimantan:El niño, drought, fire and human impacts. Springer-Verlag, Tokyo, pp. 229–241, 2000.

[4] Tilson RI: Family formation strategies of Kloss's gibbons. Folia Primatol. 35: 259–281, 1981.

[5] Mori T: Effects of drought and forest fires on dipterocarp forest in East Kalimantan. In: Guhardja E, Fatawi M, Sutisna M, Mori T, Ohta S (eds): Rainforest ecosystems of East Kalimantan: El niño, drought, fire and human impacts. Springer-Verlag, Tokyo, pp. 29–45, 2000.

[6] Toma T, Matius P, Hastaniah Kiyono Y, Watanabe R, Okimori Y: Dynamics of burned lowland dipterocarp forest stands in Bukit Soeharto, East Kalimantan. In: Guhardja E, Fatawi M, Sutisna M, Mori T, Ohta S (eds): Rainforest ecosystems of East Kalimantan: El niño, drought, fire and human impacts. Springer-Verlag, Tokyo, 107–119, 2000.

[7] Woodruff DS: Non-invasive genotyping of primates. Primates 34: 333–346, 1993.

[8] Gill FB, Wolf LL: Economics of feeding territoriality in the golden-winged sunbird. Ecology 56: 333–345, 1975.

[9] Oka T, Takenaka O: Wild gibbons' parentage tested by non-invasive DNA sampling and PCR-amplified polymorphic microsatellites. Primates 42: 67–73, 2001.

11

電気泳動槽を泳ぐイルカ

篠原正典

海で生まれ海で死ぬ

「そんな動物から，どうやって生体試料を得るのですか？」

イルカの社会をくわしく知るためにDNA解析をしたい——そう願い出た私に対する，竹中修先生のはじめての問いだった.

“そんな”イルカという動物は，私たち人間と同じ哺乳類であり，体はいつも暖かく母乳で子を育てるが，約5千万年前という遥か昔に海へと還った動物である. 陸で誕生した哺乳類の中で3つのグループが海に還った. 鰭脚類（アザラシやアシカの仲間），鯨類（イルカやクジラの仲間），海牛類（ジュゴンやマナティの仲間）である. このうち鰭脚類は繁殖活動の大半を陸上に残したが，鯨類と海牛類は，繁殖も含め生まれてから死ぬまで水中で過ごすという，哺乳類ではきわめて特殊な生活史をもつに至った.

その生涯において陸で過ごす時期がまったくない大型の動物なのだから，陸棲哺乳類と同様に扱えない厄介さがあることは自明である.

「そんな動物から，どうやって……」.

竹中先生の疑問はもっともだった. 生体試料が得られて，はじめてDNA解析ができるのだから.

イルカとクジラ

竹中先生の問いへの答えの前に，少しイルカやクジラの説明をしておきたい．

約80種からなる鯨類（哺乳綱クジラ目）のなかで，比較的小型な種を総称して，イルカと呼ぶ．体長4mを目安に，それより小さいと○○イルカ，大きいと○○クジラと慣習的に呼ばれる．イルカの中にもいろんな種類がある．体型が細長いものずんぐりしたもの．背ビレが丸いもの角にとがったものまったくないもの．からだの色が真っ白なもの真っ黒なものいくつもの色をもつもの．音だけの世界で暮らすようになったため，目がほとんどないもの．下顎から伸びた一対の歯が上顎の上でカールし，口がしっかりあけられないもの．実に多様な形態をもつ．

私は物心ついたころから動物が好きで，アリ，クワガタ，ザリガニなどの小動物にはじまり，イヌ，チャボ，ウサギ，コウモリ，モグラなどさまざまな動物を飼った．そのすべてを殺してしまってはじめて，飼うという行為が，私の場合は，かなり自己中心的な残酷な行為だと悟った．自分のそばにいる動物が好きなのではなく，野生で暮らす動物が，動物そのものが，自分との関係性とは関係なく好きなのであれば，まず動物たちのことを知ろう，動物たちのみせる行動をしっかり観ようと考え，動物行動学を学ぶようになった．さらに動物たちがみせるより複雑な行動や社会を知りたくなり，さまざまな本を手に取るようになった．その多くは，大学や街の書店に溢れていた霊長類の本であった．実におもしろい．しかし，読めば読むほどに，「これだけいろいろなことが調べあげられ，今現在も研究が進められているのに，いまさら僕に何ができるだろう」という不安感をもつようになった．そこで，その行動や社会は霊長類に負けるとも劣らず複雑そうなのに，当時まだよく知られていない動物であったイルカを対象動物として選んだ．大学に入って間もないころだった．

ハンドウイルカ

私がとくに研究対象に選んだのは，イルカの中でも，ハンドウイルカ（バンドウイルカ）とよばれる2〜3mほどの大きさのイルカであった．

ハンドウイルカは凍りつくような冷たい極域の海をのぞけば，世界中の暑い海，寒い海，岸近くの浅い海，陸からはるか離れた底の知れないような深い海でも暮らしている．生息数こそ人間には及ばないかもしれないが，その生息域を地球儀上で塗りつぶせば，おそらく人間のそれより広い面積を占めるだろう．世界の海のあちこちで，その生息地独特な捕食方法をみせ，一意的に定義できず調査地の数だけ定義があるほどに厄介な「群」の形成の仕方をみせるなど，複雑かつ多様な行動と社会をもつイルカである．

ハンドウイルカはまた，他のイルカに比べタフにできているためだろうか，水族館などの飼育環境でもすぐには死なない．そのため，ショーなどでその活躍が期待され，もっとも飼育されている数の多いイルカである．こうした水族館の飼育個体を中心に，鳴音や認知能力の研究がなされてきた．その結果，個体ごとに特徴のあるバリエーションに富んだ鳴音を駆使することが知られるようになり，さらに人工的な言語を用いての認知能力の実験では，数百の図形文字やジェスチャーによる身振り言語を覚え，さまざまな動詞はもちろんのこと，間接目的語と直接目的語の順序などが理解できる個体も現れた．「浮き輪をサーフボードのところに運べ」という指示がわかるだけでなく，「サーフボードを浮き輪のところに運べ」という指示の違いもしっかり理解するということである．

しかし，野生で暮らすハンドウイルカたちは実際にそうした能力を何に役立て，どのように行動しどのような社会を形作っているのだろうか．1990 年当時でも，野生ハンドウイルカに関して大陸沿岸域の 2, 3 の調査地でくわしい報告がなされていた[1]．これらは洋上からの背ビレを用いた個体識別にもとづく観察手法であるため，水中で繰り広げられている社会行動や社会交渉を扱う行動学的研究には駒を進められず，また沖合の個体群や非定住性の個体群の社会構造研究へも応用しづらいものであった．

私は，ハンドウイルカ社会の全体像を描く一助になるよう，水中での直接観察により個体間の社会行動や社会交渉を精査し，さらに，DNA 解析によって非定住性個体群の遺伝的組成をみることでその社会構造を推定したいと考えた．

京都大学理学部の動物行動学研究室に，イルカ研究志望の大学院生として進んで間もなく，本格的な研究をはじめる段になり，直接観察の可能なフィールドとして東京から南に 1000 km ほどに位置する小笠原諸島・父島の沿岸で野生個体群の観察をはじめた．まず島の沿岸域で観察されるハンドウイルカの個体

写真1　小笠原諸島近海で群れ泳ぐハンドウイルカ．餌づけなどはおこなわれていないが，イルカ次第では，海中での間近の行動観察ができる．

群において，体表面全体の傷などを用いた個体識別にもとづく長期観察をおこなった結果，外洋の島嶼域であっても，イルカたちの少なくとも一部はその沿岸域に定住すること，そこでもやはり群は離合集散を激しく繰り返していること，個体間関係は性や年齢で異なっていること，つねに行動をともにするオスのペアが存在すること，さらにそこでの群サイズは大陸沿岸でしられている個体群のそれのほぼ2倍にもなることなどがわかってきた．水中での直接観察も，イルカたち任せではあるが，断片的ではあるが観察の目処がたちつつあった（写真1）．

さて，もう一方の柱として考えていたDNA解析を進めるには，冒頭の竹中先生の質問に戻って話を進めなければならない．

伝説のモリ撃ち

竹中先生が，DNA解析のための生体試料採取を心配されるのは，もっともであった．

私がはじめて竹中先生にお会いし生体試料採取を心配されたのは，フィールド調査を開始したのとほぼ同じ時期で，動物行動研に進んで間もなくのことだった．動物行動研は，築年が不明なほど古めかしい動物学教室という二階建ての建物の中にあった．動物学教室は上からみると「ロ」の字をしており，中央部にぽっかりとあいた正方形の中庭を囲むように作られた建物であった．動物を扱う研究室らしく，この中庭や屋上には，屋内では飼いきれないカメやタヌキといった動物が溢れていた．

この屋上にまつわる伝説があった．モリ撃ち伝説である．ゼニガタアザラシの研究を進めていた先輩院生の川島美生が，内蔵だけを取り除いたアザラシの死体そのものを水族館から入手し，それに向けてボーガンで矢を放っては打ち込んでいたのである．ゼニガタアザラシにおいても，行動を観察するだけではなく，その背後にある要因を遺伝子から探りたい．そのためには，生体試料のサンプリング方法を検討する必要があった．しかし後に，この甲斐虚しく，実際に野生のオスの成獣では，表皮が固くモリは打ち込めなかったと聞いた．残念である．

ちなみに，DNAや染色体，ホルモン等の分析を目的として，このような矢やモリのような採集道具を用いて生物の組織片を採集する方法をバイオプシー（生体モリ）サンプリングという．川島も，じつは私に先んじて竹中先生にDNA解析の指導を仰いでいたのだ．

アザラシをして，京都市内の建物の屋上で，生体モリの撃ち込みの練習を要するのである．イルカは，生涯を海洋という環境で暮らし続けるより私たちから遠い存在である．「そんな動物から，どうやって……」先生の問いに答えられなければ研究ははじまらない．

死亡個体

モリ撃ち．竹中先生の問いに対する答えとして，じつは私もバイオプシーサンプリングの可能性を検討していた．しかし，実際に中庭で練習をはじめるまでにはいたらなかった．当時，大型鯨類であれば侵襲的な方法であるバイオプシーも，動物そのものに与える影響は少ないとされ，必要性に応じて実施されていた．しかし，2～3 mというハンドウイルカ程度の大きさのイルカでは，洋上でのモリ撃ちの危険性が懸念されていた．実際には，その後4, 5年後に，バイオプシーがハンドウイルカでも大きな影響を与えないという学術報告がなされ，現在では調査に使われるようになっている．鯨類に限らず，現在の生物学では，このような調査法が動物に与える影響評価も学術的な報告として意味を成す．また，「殺す」あるいは「傷をつける」などの明らかに侵襲的な影響がなくとも，人間活動が野生動物に与えるハラスメントの評価も立派な研究として成り立つことも記しておきたい．たとえそれが，鯨やイルカが好きで海を訪れるホエールウォッチャーの活動であっても，である．

動物に影響を与えない非侵襲的なサンプリング方法の工夫は，1990年代の前半にさまざまな検討がなされ報告されはじめた．もちろんその先頭きって走っていた竹中先生のもとでも，さまざまな方法が検討されていた．野生の動物に傷をつけないため，もしくは，良好に観察できている動物との関係性を壊さないために，ニホンザルの精液，ボノボがはきだしたサトウキビのしがみカスなどが検討され，やがては，イルカの糞，トリの尿へも広がっていくのである．

さて，竹中先生の問いに戻ろう．こうしたサンプリング手法とDNAの抽出手法を検討すること自体を，大切な研究としていた竹中先生に対して，失礼にも私が用意していた答えは，死亡個体から採取する血や肉であった．日本の一部の地域では，イルカが捕獲され食べられている．この死亡個体を使って調査したいと申し出た．

DNAから過去の行動の軌跡を追う

野生動物の行動や社会を観たいというのに，死んだ動物を選ぶ．変な話のようだが，ここに他の動物の社会生態研究とは異なる，イルカの社会生態研究ならではのDNA解析の利用方法がある．通常は，動物が見せた行動を，なぜそんなことをしたのか（コストを払ったのか），その理由（ベネフィットはなんなのか）が知りたいと，行動生態学的な考察に進むためには，観察で見える行動と遺伝子から見える血縁関係や繁殖成功の両サイドからの検討が求められ，ここにDNA解析が強力な武器として活躍することになる．しかし，鯨類の場合，実際に行動の観察自体が困難な場合はどうすればいいだろうか．いっしょにいた（“群れ”ていた）イルカたちがどんな遺伝的関係にあるのか，DNA解析から過去の行動の軌跡を追い，巨視的な行動や社会の記載をおこなうという，むしろ逆の使い方をすることになる．こうしたDNA解析の援用方法として，ケンブリッジ大学のビル・エイモスらのDNA解析によるヒレナガゴンドウの社会構造解明の仕事が有名である[2]．

オスでは体長が5 mを越えるヒレナガゴンドウは，背びれやその直後の背中の模様（サドルパッチという）などから個体識別はできるのだが，イカ等を主食に外洋を広く回遊するクジラであり，継続して行動を観察することはまず不可能な鯨類である．しかし，この鯨類を捕獲して食べている土地がある．北海に浮かぶデンマーク領フェロー諸島で，ここでは，鯨の肉や脂肪を目当てに，16世紀後半から続く伝統的漁法でヒレナガゴンドウを群ごと湾に追い込み捕獲している．地域の共同体レベルでの非商業的な伝統文化として，現在でも続いている捕鯨である．

エイモスらは，この群単位で追い込まれた死亡個体に注目し，DNA解析によって血縁関係を調べあげた．その結果，追い込まれたヒレナガゴンドウの群は血縁個体ばかりから構成されていることがわかった．性的に成熟したオスさえも！　出自群に留まり続けているというのである．しかも，このオスが群内では繁殖活動はせず，群内のメスはどこか別のオスと交尾し繁殖しているというのである．

より多くの繁殖機会を求めるオスが，出自群を去ったりメスに比べて広い行動圏をもつというケースは，哺乳類においても一般的にいえることであるから，このヒレナガゴンドウの繁殖生態はきわめてユニークといえる．しばらくして，日本近海のコビレゴンドウでも同様の繁殖生態がみられることを，やはりDNA解析によって三重大の景宗洋らが報告した．

ところで，エイモスはどのぐらいの時間，ヒレナガゴンドウを観察したことがあるだろう．少なくとも景は，実験室で丸1日コビレゴンドウのDNA解析に費やす時間に相応するほど，野生で暮らすコビレゴンドウを観察した経験はない．それでも，電気泳動槽を流れるDNA断片の解析から，このような重要な繁殖生態を明らかにできるのであるから，鯨類の社会生態研究においてDNA解析は実に強力なツールだといえる．

●篠原正典

追い込み漁

日本では，和歌山の太地町というところで，イルカやクジラが捕獲されている．

イルカを対象動物にすると決めてから，絶対に海中で真っ向勝負してやると考えていた私は，水中に入る技術の1つとして，スキューバダイビングをはじめていた．そのため，関西のダイビングのメッカである紀伊半島の西側や越前海岸はよく訪れており，紀伊半島の先端の潮岬にほど近い太地という小さな港町で，イルカが食用に捕獲されていることを知っていた．

太古より捕鯨の町であった太地では，今日でもさまざまな鯨類がさまざまな方法で捕獲され，水揚げされているが，洋上でみつけたイルカの群を10艘前後の船が音を使って湾に追い込む「追い込み漁」漁法もおこなわれている．何百頭あるいは千頭を越えるような大きな群は，その一部だけが追い込まれるのだが，数十頭〜百頭程度の群であれば，洋上でいっしょにいた全個体を追い込む．私は，将来のハンドウイルカからの生体試料の採取を考え，この和歌山県太地町を幾度か訪ね，漁や解体の様子を見学させてもらい，さらに漁協の方や漁師さんに研究への理解を得て，サンプリングの許可を得ていた．

血まみれのサンプリング

サンプリングするためには，漁が成功し，イルカが追い込まれるのを待つしかない．毎夕，京都の研究室から漁協に連絡をする．その日の漁が成功したという返事をもらうと，まず資材を整えて車に詰め込み，いっしょにサンプリングをしてくれる先輩や同僚，ボランティアに連絡する．それらが済むと，もっとも大切なことは家に帰って寝ることだ．和歌山は関西・近畿圏であり小笠原ほど遠くはない．しかし，イルカが生息している豊かな海であり，京都のような都市圏からはけっして近い土地ではない．奈良もしくは大阪という渋滞の起こりがちな都市部を抜けて，陸路で250〜300 km南へと走らなければならない．イルカの解体作業は夜明けとともにはじまるので，深夜に大学をでて夜通し走るのが，渋滞にあわず時間が計算できる一番確かな移動方法なのである．夜11時に目覚し時計で飛び起き車に乗り込むと，あとは京都から本州の最南端まで，

5～6時間ひたすら走る．

イルカの肉は，魚のように漁港で早朝のセリにかけられる．そのため，ちいさな入り江に一晩閉じ込めたイルカを，セリに間に合うよう未明にモリで突いて殺す．いったん洋上で血などが抜かれたあと，港で解体される．この場に立ち会い，全個体から血や筋肉をサンプリングするのである．漁期は，秋から冬にかけてである．海水に濡れる作業であるから，指が冷えてかじかみそうになることもある．そんなときは，湯気をたてるほどに暖かい切り裂かれたイルカの体内の血の海に手を突っ込み，指を暖めつつ作業を続けることになる．また，妊娠個体から胎児がとりだされれば，その数十センチほどしかない半透明のとても柔らかな体をナイフやハサミで切り刻まねばならない．イルカの生きている様を知りたいがゆえに，自分で率先し，各方面のさまざまな関係者にお願いし，はじめてとりくめた仕事とはいえ，精神的にかなり辛く感じる作業であった．

こうして得たサンプルを，京都に寄らず，太地の漁港から愛知の霊長類研究所に直接運ぶこともあった．いっそうの長距離運転に加え，夜中のドライブや早朝からの血まみれの作業で疲れているため，道中では頻繁に路肩に車を止めて寝てしまうことになったのだが，そんな仮眠中に，冷や汗のでる思いをしたことがある．滋賀と岐阜の県境辺りの国道脇に駐車して仮眠をとっていたときのことだ．窓ガラスをゴツゴツ叩く音がする．ぼやっと目を覚ますと，強烈なライトを顔に当てられた．はじめはヤンキーか強盗かと怯えて，車のロックを確認し，しばらくは窓を開けないで様子をうかがっていたのだが，ゴツゴツと叩く手の中に，なにか黒いものが握られている．よくみると警察手帳であった．時期が悪かった．ちょうどオウム真理教が起こしたサリン事件の直後だったのだ．窓をあけただけで，車内はなんともいえない鯨類独特の血と油の異臭がしたことだろうと思う（私の嗅覚は慣れてしまっていてわからない）．服装は汚いジャージにトレーナーである．調べられるまでもなく怪しい．さらに車のトランクをあければ，肉塊や血液がざくざくあり，血がこびりついた長靴やナイフがころがっている……．学生証をみせ丁寧に説明したことで，場所を変えての取り調べにまでは至らならなかったが，おおいに冷や汗をかいた思い出である．

●篠原正典

お菓子とお酒と「おもしろい」

私が実験をはじめさせてもらった当時の竹中研は，遺伝子から動物をみようと実にさまざまな人が集まっていた．2, 3名の院生に，海外からの留学生，霊長研の他の研究室の院生や，共同利用研究者，そして，私のような居候など5, 6名が加わり，さらに，研究補佐員や秘書の方もいたので，なんとも賑やかであった．

研究のスタートは，竹中先生との口約束であったから，私はまったくの居候だった．そのため，はじめてお会いしたときに実験への快諾をいただいたものの，じつは私自身，実際に受け入れてもらえるのか半信半疑であった．挨拶したのは初夏である．はじめて生体試料のサンプリングができ，竹中研を訪れたのは真冬であり，半年以上の間があったのだ．それでも，DNAの実験はおろか，生化学的な実験をほとんどしたことがない私に，DNA抽出に適切な筋肉の保存方法や，凝固させずに血液を採取・運搬する方法などを，竹中先生の指示のもとに，竹中研の院生やスタッフの方々が，丁寧に指導してくれた．こうして，竹中研での実験生活がはじまった．

竹中研の朝は，比較的ばらばらにはじまるのだが，昼には皆が実験をはじめていた．そして，きまって午後の3時には，お菓子とお茶で和やかな茶話会が開かれた．そして，その日1日の実験で誰かがよい成果をあげていると（どうしてか「釣果」ということばが思い浮かぶ），終業とともに発せられる先生の号令のもと，みなでホクホクとしたあたたかい感覚を共有しながら酒宴となった．

余談になるが，竹中研の仕事がやや一段落し京都に戻った私は，イルカ研究を希望する学生とともに「海豚組」という海棲哺乳類を勉強する情報交換会を作った．ここには，動物の行動屋や生態屋はもちろん，音響屋，物理屋，安定同位体比屋がおり，さらに文系の心理学や人文学を専攻していた学生も集まってきた．海豚組はなんの制約もない集まりだが，いつの間にかルールのようになっていたことがある．会合ではかならずお菓子と飲み物を欠かさぬこと，そして誰かにいいことがあれば，飲み会を開くことであった．気づかぬうちに，竹中研を真似ていたようだ．

お菓子をもぐもぐほうばりながら，悲しい話や怒鳴り合いなどできないものである．自ずと楽しい話やおもしろい話に花が咲くことになる．そんな雰囲気

写真2　ハンドウイルカの同性愛行動．中央の2頭が生殖孔をこすりあわせようとしている．ともにペニスがでていて，オスであることがわかる．メス役に“扮する”ときは，ペニスが生殖孔内にしまわれる．上にいる個体がまさにペニスをしまおうとしている．

の中，竹中先生は，人の長所を見つけたり，おもしろい話を探すのが好きだった．

同性愛行動

「この同性愛行動というのはおもしろいね」．

竹中先生から，はじめておもしろいといわれた私の研究は，遺伝的な研究とは関係のないフィールドワークからの記載的な報告だった（写真2）．

当時私が所属していた動物行動研には修士論文がなかった．「二年程度の短期間で研究を区切っては大きな仕事はできるものではない」という歴々の先生方の信念にもとづくものだと聞いていた．しかし，私の場合は，研究はまったくの中途ではあったが，自分がおこなったフィールド調査のあらましを，協力してくれた小笠原の地元の方々に説明した方がいいと考え，報告書のようなものを作った．何頭が個体識別され，群サイズはどのようなもので，どんな行動がみられ……といったごくごく簡単な情報を端的にまとめたにすぎない，ちいさな冊子であったが，竹中研で実験の合間に書いたので，竹中先生にもみてもらった．そのメモ書きのような報告の中から，「このワカオスの同性愛行動というのはおもしろいね」と，さらりとコメントしてくださったのだ．

イルカたちは，海洋生活への適応のため，逆立てる毛や豊かな表情を失っている．その代わりといっていいのだろうか，その社会性を表現するユニークなメディアを発達させてきた．鳴音や接触行動などである．野生での具体的な観察例はなかったが，飼育個体の観察や洋上からの記載的な観察報告から，なかでも性器やその周辺を使っての接触行動は，日常の実に多彩な社会的シーンで登場する行動であり，オスのペニスを例にあげれば，それを見せることが威嚇の意味をもち，それを用いた同性間の疑似交尾が，優劣の示威，宥和，本来の繁殖行動の訓練，オス間の同盟の絆の形成などさまざまな意味をもっていると考えられていた．霊長類であれば，ボノボの性器接触行動と類比ができるかもしれない（II部4章参照）．

私は，フィールド調査の初年度から，ハンドウイルカのワカオス間でおこなわれる同性愛行動の水中観察に成功していた[3]．竹中先生はこの行動を「おもしろい」と思ってくれたのだ．私はさらに発展させて，これを飼育下での行動観察結果と合わせて考察し，ときにそれが数時間も継続しておこなわれ，個体間で対称性をもっておこなわれる行動であるとまとめた．そして，この行動の機能的な解釈として，従来考えられていた順位示威や緊張緩和より，むしろ連合形成や将来の性的成熟後の正常な交尾行動のための訓練とする方が，もっともらしいと報告した．

今，私たちがとりくむ実験や研究は，その大部分を機械やソフトウェアがサポートしてくれている．文章を書く際にも，統計的処理をする際にも，パソコンが欠かせなくなり，文字まで勝手に直してくれたりする．勝手な持論だが，職人の技の多くがロボットに置き換わってしまったように，研究というきわめて知的な活動においても，簡単な論文ならその大半の部分をロボットやソフトウェアが書くようになる，そんな時代がまもなく訪れるだろう．その当時流行っているもの，論文化までの作業の時間が短いもの，つまり単位時間あたりにポイントを最大化するだけなら，テーマ選びすらもいらなくなるかもしれない．しかし，「おもしろい」という感覚は，研究者に残された最後の砦だと思う．

「おもしろい」といい合うことは，単に研究者の社会的グルーミングに留まらず，研究の創造性を保つ上で不可欠な日常トレーニングだと思っている．こんな持論を私がもっているのも，竹中先生の「おもしろい」ということばが心の底でこだまし続けているからだと思う．

蒸留水で作ったゲル

竹中研での仕事に戻ろう．DNA解析をはじめた当初は，抽出した全DNAを増幅せずにそのまま使うミニサテライトDNAを用いてのフィンガープリント法を解析手法として選んだ．個体間のバンド共有率から雌雄間の血縁度を推算し，父子判定から繁殖にかかわったオスの有無や，オスの繁殖成功の偏りなどをみてみたかった．しかし，一通りの指導をしていただいた後，一人で実験作業をすすめる段になって，とんでもないミスを繰り返すことになる．ミニサテライトDNAを用いてのフィンガープリントパターンは，制限酵素でばらばらにしたDNAの断片長の差を基にしてみる．そのためには，緩衝液に浸したアガロースゲルの中を電荷の力でDNAを泳動させることにより，泳動距離の差を生み出す必要がある．このゲルも当然ながらその周囲を満たす緩衝液をベースに作られるべきなのだが，なんと蒸留水で作るという失敗を繰り返していたのである．いつまでたっても奇麗な泳動パターンが得られず，竹中研の人に幾度にも渡ってこと細かに実験手法を確認してもらって，やっとこの想像もできない大失敗に気づいたのだが，それまでに，生体試料からのDNA採取量が少なかった個体などに関しては，その貴重な（もう2度と取りかえすことのできない）DNAをほとんど使い切ってしまったのである．群ごと追い込まれた個体の中に，他の個体と遺伝的な関係がわからない個体が1頭でもいると，考察できる話の幅が狭まってしまう．

救世主ザビエル

こうして途方に暮れているときに現れたのが，スペインからの留学生，その名もザビエル・ドミンゴ・ローラであった．マカカ属のマイクロサテライト領域の特定という研究をそのテーマの1つにするという．特定の遺伝子領域を増幅して使うのであれば，微量になったイルカのDNAも充分に実験に復活させることができる．マイクロサテライト領域の特定は，プラスミドによる増幅や，塩基配列の同定までおこなうことになるので，生化学実験の経験が乏しいだけでなく，想像もつかない大失敗をやらかす私に奨めることを，竹中先生はためらっていたのだろう．そこにザビエルが現れ，0からはじめるという．彼とともに，この領域の特定作業に進めさせてもらえることになった．まさに救世主の登場であった．

この結果，10のマイクロサテライト領域を特定し，それらの単純反復配列の重複数がハンドウイルカ個体間での血縁推定や父子判定に用いられるほどに多様性を有することも確認できた[4]．ここでもおもしろいことがあった．マイクロサテライトは，個体間や小さな地域集団内で多様性をみせるほどに変異が大きく可塑性の高い遺伝子間領域であり，通常は種が違えば増幅ができなかったり，重複数の多様性が見られなかったりする．しかし，ハンドウイルカで特定したマイクロサテライト領域が，何千万年も前に別れた種であるヒゲクジラ類のザトウクジラでも同様に存在し，しかも多様性をもつことが確かめられたのだ．これは，ミュンヘン大学のシュロッタラーらが先に報告していたヒレナガゴンドウのマイクロサテライト領域が，遠く離れた種でも似たような状態で残っているという報告を裏づけるものとなった[5]．

このようなことが，陸生の哺乳類でもみつかるならば，ヒトで特定されたマイクロサテライト領域を，チンパンジーやボノボの研究に利用でき，種に特異なマイクロサテライトの同定に多くの労力が省けたはずである．しかし，実際にそのようなマルチなマイクロサテライト領域は少ない．鯨類はその外見や行動だけでなく，遺伝的な中身もまた実にユニークだ．

追い込み漁で捕獲されたイルカの父子判定

こうして野生ハンドウイルカのDNA解析へと歩を進めることができた．追い込み漁で捕獲されたそれぞれ数十頭程度の3つの群を解析対象とした．

これらの群の中には，2～4か月程度に相当する体長の胎児が3頭いたが，それぞれの母親—胎児ペアに対して，同じ群内のオスを父子判定した結果，すべてのオスが父親候補として排除された．つまり，少なくとも交尾後4か月発つ前に，繁殖を成功させたオスはメスのもとを去るのだろうと考えられた．

また，明らかに体サイズが小さく 2.5 〜 3.5 歳以下であろうと思われる 7 頭の未成熟個体に対して 7 頭いた泌乳メスの対立遺伝子対を検討したところ，遺伝的に矛盾のない 7 つのペアが見つかり，これらが母子ペアである可能性が高いことが推察された．これら以外に，母子（もしくは父娘）である可能性がある異性間ペアは，100 を越える組合せの中で 1 組しかみつからなかった．さらに，マイクロサテライトの対立遺伝子対の共有値である ASV（allele sharing value）に注目したところ，1 群のメス—メス間の ASV およびメス—オス間の ASV においては，3 群の異なる群の個体間で得られる ASV（つまり血縁関係がないと思われる個体間での ASV）と比べ有意に高かったが，他の 2 群ではそうした傾向はみられなかった．つまり，多くの個体は授乳が終わる 2.5 〜 3.5 歳ごろまでは母親とともにいるが，授乳が終わった後もつねに母親と同じ群に居続けるような母系傾向の強い集団ではなく，比較的離合集散を頻繁に繰り返すような集団を形成している可能性が示唆された．

おもしろいことに，異常に ASV の高いオス—オスペアが 2 組見つかった．こうしたオスは，出自の遺伝的な由来が近く，成熟してからもつねに行動をともにし続けているのかもしれない．沿岸定住性の群で報告されているオスの連合のような関係に類比できるかもしれない．

これらをまとめると，比較的沖合を長距離に渡って回遊する生態をもつと考えられている太地町沖のハンドウイルカでは，繁殖に成功したオスは交尾後 4 か月程度でメスのもとを去ること，非常に高い血縁度を示すオスのペアが存在すること，離合集散の頻繁な群を形成していることなど，従来報告されてきた定住性個体群で得られた知見との類似点がみられた．その一方で，子イルカは離乳後まもなく母親と別れて行動し，その後も母親と行動をともにする傾向が弱いなどの相異点も見つかった．小笠原の島嶼域の生息するハンドウイルカの調査とあわせて考えると，ハンドウイルカは生息環境によって母子関係や群サイズが異なる可塑性に富んだ社会をもつことがわかっきた．

糞からの DNA 抽出

こうした仕事と並行して，行動観察をしている小笠原のイルカたちからも生

●篠原正典

写真 3 海中に放たれたイルカの糞. 水分が多くゆるいイルカの糞は, 排泄されると間もなく粉々になり海中に霧散する. その中のなるべく大きな塊をねらって, ソフトなプラスチックチューブ（実際には 50 ml サイズのマヨネーズの容器を加工したもの）にそっと吸い込むようにして回収する.

体試料が採取できないものか考えていた. ニホンザルなら精液, ボノボならサトウキビなどのシガミカス……何かないものとか思っていると, 糞から DNA 抽出ができることがヒヒやクマ, アザラシでも可能だと報告がなされはじめた. 糞の中にはそれを排泄した個体の腸内の老廃細胞が山ほど入っているため, 特異性が高く PCR 増幅するマイクロサテライトなどであれば, 餌生物や腸内細菌由来の DNA との混同することもまず心配がない.「そんな動物からどうやって」という竹中先生の問いへの 2 つ目の答えになった.

イルカの糞は, 人間の下痢のように水分が多く, 排泄された瞬間から海中に広がりはじめる（写真 3）. 溶けずに固まっているものもあるが, それを手で掴もうとすればあっという間にバラバラになる. このやわらかい糞の採取に適した採取方法をいろいろ工夫したところスポイトを使って海中で吸い取るように方法を見出した. 実際には, 50 ml サイズのキューピーマヨネーズのチューブを切って口を広く加工して利用していた.

採取できてしまえば，あとは簡単であった．フィールドではエタノールで保存しておき，実験室に戻ったあとは通常通りのDNA抽出とPCRでマイクロサテライト領域が増やせた．次は個体識別された個体からの糞の数を増やすことだと，先のことばかり考え，この手法の学術的な報告を怠っているうちに，海外の研究者に先に論文としてまとめられてしまった[6]．こうした手法の工夫も，この分野では大切な報告である．まさに単なる怠慢であり，共同研究者であった竹中先生に顔向けができなかった．自分がわかればいい，できればいいというだけでなく，他の人にも伝わるかたちにしてはじめて，研究者としての責務を果たすことだと思う．

大きな反省点である．今は共同研究者であった竹中先生に謝ることも，許してもらうこともできないのだが，先生の性格的には，仮に心から許してくれたとしても，後に続く者のためになるだろうと，飲み会のたびに，酒の肴として何度でもこの失敗談を持ち出されたことだろう．飲んで竹中先生を思い出す度に，一生涯の反省材料としていきたい．

幸いなことに，糞からのDNA抽出は，動物行動研の後輩であり竹中研の後輩でもある能田由起子によってシラサギの尿（糞といっしょに排泄される）からのDNA抽出へと発展し，性決定までも可能であることが確かめられ，報告された（IV部2章参照）．また小笠原ではないが，私がその調査の初期にかかわっていた，伊豆諸島の御蔵島沿岸域に定住するハンドウイルカで，東京農工大の原口涼子によって糞の採取が進み，行動とDNAの双方から行動研究が進められている．原口はストッキングを用いた糞の回収方法を編み出した．

電気泳動槽を泳ぐイルカ

小笠原というフィールドでは，じつはイルカはなかなか見つからない．先に述べた御蔵島は，小型のボートでも2時間ほどで島を一周できるが，その間に1つの群も発見できないということはない．しかし，小笠原諸島の父島沿岸域では，平均して1日1群強，観察時間も15分程度なのである．亜熱帯の容赦ない日差しのもと，ゴムボートを早朝から夕暮れまで走らせたり浮かべたりしていても，1つの群も発見できないことがある．当然，効率のことを考えると実験室のことを思う．このイルカを探している時間に何セットのPCRができるだろう

●篠原正典

……と．

逆に，犬山の実験室や京都の研究室では，頻繁にフィールドのことを思った．今日のような風もない暖かい日なら，さぞ快適な洋上調査ができるだろう……と．ラボにいて海を想い，海にいてラボを思う．ぼくは，正直この2つを上手には使い分けられなかった．しかし，だからこそ，一方から他方へ戻ったときが楽しく，メリハリのある仕事ができたように思う．

また，目に見えるはずのないイルカのDNAが電気泳動槽の中を泳ぐのを眺めながら，背びれを探し出すのも困難な荒々しい黒潮の中でのイルカの暮らしに思いを馳せ，水中で繰り広げるワカオスの同性愛行動を観ながら，こいつらの糞を溶かしてDNA解析するとどんなASVをみせるだろうかと想像できるようになった．繰り返しになるが，肉眼では見ることのできないちいさな遺伝子の断片から，実に豊かな表現型の広がりが生み出されていること，目で観ている大きく派手な生き物の背後に，じつは脈々と遺伝子の川が流れていること，こうした遺伝子と表現型の関係性を，文字を介して理屈で理解したのではなく，目を通し肌を通じ，また作業をすることで体全体で，感じ取れるようになった気がする．

ミニ地球プロジェクト

私はここ数年，イルカの研究から少し離れている．「ミニ地球プロジェクト」と称する研究に居住者兼研究者として参加しているためだ．植物・動物・人間を含む閉鎖した環境「ミニ地球」を造り出し，その内部での物質循環のしくみを調べることで，地球の環境問題への考察や，より自立性の高い生命維持システム（たとえば月面基地）の開発に役立てようという研究である．

このプロジェクトに参加してから，「おもしろいことはじめたねえ」と竹中先生に励ましのことばをもらった．しかし，すぐに「私はそんなことできないけど」と続いた．ミニ地球の中でお酒を造る余裕はないし，閉鎖環境なので先生がお酒同様に好きであった煙草も禁止だからである．

ミニ地球は，地球の生態系すべてといわないまでも，人間二人が暮らすために必要なすべてのことが求められるため，その研究は非常に多岐にわたる．その仕事の1つに，ミニ地球の中から菌を採取し，DNA解析によって種を同定するという調査があり，私も担当研究者の一人である．微生物学的な衛生を確かめたり，閉鎖循環する生態系ならではのユニークな菌叢動態を調べるためである．イルカのDNAこそ扱ったことはあるが，動物の行動観察が専門であり，菌を扱ったことも遺伝的な種の同定作業をしたこともちろんない．しかし，こうした作業に躊躇なく取りかかれるのは，竹中研での経験があればこそだと感謝している．

この原稿を書いている今日も，実験のためにマイクロピペットを握っている．そんなときは決まって霊長類研究所の竹中研での日々が思いだされる．そして，ぴんと伸ばした背筋からその長身がいっそうすらりと映える竹中先生が，手もとのマイクロ単位の試料や薬品をしっかりと扱っている姿を思い出し，細かい作業に普段の猫背がいっそう丸くなってしまっている自分の姿に気づき，背筋を伸ばし直す．

背筋を伸ばしてまっすぐ前を向いた先に，もちろんそこにあるのは研究室の壁にすぎないのだけれども，遺伝子を通して見える生き物たちの豊かな世界を思い描いている．今日も，これからも，お菓子を食べ，お酒をのみ，竹中先生とともに「おもしろい」を探しながら研究を続けて行きたい．

文献

[1] Wells R, Scott M, Irvine B: The social structure of free-ranging bottlenose dolphins. In: Genoways HH (eds): Current Mammalogy vol. 1. Plenum Press, New York. pp. 247-305, 1987.

[2] Amos W, Schlötterer C, Tautz D: Social structure of pilot whales revealed by analytical DNA profiling. Science 260: 670-672, 1993.

[3] Shinohara M: Homosexual behavior observed among subadult males of the bottlenose dolphin *Tursiops truncates*. IBI Reports 8: 73-79, 1997.

[4] Shinohara M, Domingo-Roura X, Takenaka O: Microsatellites in the Bolttlenose Dolphin *Tursiops Truncatus*. Molecular Ecology 6: 695-696, 1997.

[5] Schlötterer C, Amos B, Tautz D: Conservation of polymorphic simple sequence loci in cetacean species. Nature 354: 63-5, 1991.

[6] Parsons K: Reliable microsatellite genotyping of dolphin DNA from faeces. Molecular Ecology Notes 100: 341-344, 2001.

●篠原正典

参考図書

『わたしのイルカ研究』篠原正典著　さ・え・ら書房　2003年.
『イルカ・クジラ学』村山司ほか編　東海大学出版会　2002年.

12

海産貝類の野外観察と DNA 解析の応用

河合　渓

はじめに

貝類は昔から人間にとってとても身近な生き物の１つである．貝殻表面に見られる模様の美しさやその形態の巧妙さは多くの人に感銘と驚きを与えてきた．その美しさや希少価値のため貝殻は人間の生活に密着した存在になり，貨幣，財宝，装飾，道具などいろいろな形で人間に利用されてきた．一方，貝類の中で産業上重要な生物となっている種類も多い．たとえば，ホタテガイは北海道で大きな産業の１つになっている．貝類の生産量を上げるためにはその貝類の生理生態学的研究が必要不可欠で，その貝類がどのような生態を示し行動をしているかを野外で観察することはその生物を知る第一歩である．一方，漁獲量を高めるために魚や貝の子どもを大量に放す放流事業がさかんにおこなわれている．放す子どもは農業になぞらえて「種苗」と呼ばれている．その種苗を生産するときにどの親由来の子どもかを知ること，そして種苗のもつ遺伝的多様性を調べることは産業上重要なことである．このように生産量を上げるためには貝類の生態観察だけでなく DNA などを用いた親子判定や集団遺伝学的解析が必要不可欠である．

ある生物の行動を研究するためにはまず野外観察の積み重ねが重要になってくる．しかし野外調査ではいくら綿密な計画を立ててもわからないことがたくさんある．たとえば体内受精する生物がどの雄親の子どもを産んでいるかは観察だけではほんとうのところはわからない．野外観察では一夫一妻と考えられていた鳥の仲間がじつは一妻多夫だったという研究例もある．このように観察だけでは決定できないことを助けてくれるのがDNAマイクロサテライトの多様性を用いた親子判定である．

私は大学院生時代から北海道の潮間帯で巻貝の生態調査をおこなってきた．私の研究している貝は産業上重要でもないし，また殻がとても美しいわけでもない．しかし北海道の潮間帯では数少ない捕食者の仲間であり，この地域の群集構造の決定に重要な役割を果たしている．また，それだけでなくこの貝は多くの興味深い生態を私たちに教えてくれる．この仲間は摂餌行動（餌の食べ方）の研究において古典的な最適摂餌戦略を示すモデル生物の1つとして示されている[1][2]．

この章では潮間帯に生息する海産の巻貝の野外観察から得た結果を解説しその生態に関連した親子判定の例を1つ紹介した後に，私と共同研究者が開発したDNA抽出法の行動学と保全生物学への応用について述べる．

生息場所

調査は北海道南部に位置する函館近郊の南茅部郡臼尻においておこなった．ここには北海道大学の水産実験所があり，その実験所の前には岩礁域が広がっている（写真1）．

ここで紹介する巻貝の和名はチヂミボラといい東北以北の岩礁域潮間帯にふつうに分布する捕食性の巻貝である（写真2）．学名は*Nucella freycineti*で新腹足目アクキガイ科チヂミボラ属に属する．この貝が生息する潮間帯は潮が満ちたり引いたりし，ある時は海になりある時は陸になるため環境がとても変化に富んだ所である．亜寒帯に属する北海道においても夏期の潮が引いた時には岩の上はとても高温になりそこにすわっているのもむずかしくなる．一方，真冬の海水温は1〜2℃ になり，潮が引くとその地域は雪で覆われる．このように潮間帯は時間によってそして季節によって環境条件が著しく変化する．したがって海水に浸かっている時間や波の当たる時間が垂直方向の高さが数センチ変われば少しずつ異なるため，そこに生息する生物にとっての生息環境が垂直方向で

写真1 調査地である臼尻潮間帯

写真2 交尾中のチヂミボラ
オス（右）がメス（左）の殻の上に乗りペニスを挿入している．

少しずつ変わってくる．いろいろな生物はその環境に適応して生活しているので，垂直方向に生物の分布を見ると十数センチの幅で生物が上下に帯状に分布していることがわかる．これを「帯状分布」といって潮間帯に生息する生物の特徴的な分布様式である（写真3）．チヂミボラは二枚貝のインコ・イガイ類が分布する場所の少し下部を中心に帯状に分布する．

写真3 潮間帯に見られる帯状分布

チヂミボラの生態

巻貝の大きさは一般に殻の上端から下端までの長さ（殻長）で示すが，チヂミボラの殻長は約3～4 cmである．殻の色は茶色，こげ茶色，緑色等と変異に富み，まれに縞模様の個体も見られる．これらの殻を並べるとさまざまな色や形を示すのでとても同じ種類とは思えない．しかし，このような殻の多様性がこの仲間の特徴の1つでもある．

寿命は十数年と考えられ[3]，成熟までに2～3年かかる[4]．成熟するまで体内にとりこまれたエネルギーのほとんどは体や殻の成長に使われる．しかし，いったん成熟するとエネルギーの多くを繁殖にまわすため，成熟してから殻はあまり大きくならない．

この貝は見た目が地味で食べてもあまりおいしくないため，日本ではあまり注目されず，その生態はあまり調べられてこなかった．しかし，欧州や北米に生息する同じ属のヨーロッパチヂミボラの生態は古くから研究されてきた．ここではこの貝類の特徴的な行動である摂餌様式と繁殖様式についてチヂミボラ属の仲間の例をあげながら説明する．

チヂミボラは捕食性の巻貝で二枚貝のインコ・イガイ類や甲殻類のフジツボなどの固着性の生物を餌とする．チヂミボラの捕食方法は口から酸を出し殻を溶かした後に歯舌という名の歯を使い殻を削って少しずつ穴を開けて行く．最終的には直径約1 mmの穴を開ける（写真4）．近縁種のヨーロッパチヂミボラではフジツボ類を1日に数個体摂餌することができ[1]，二枚貝類では殻に穴を開けるのに約2日かかるといわれている[5]．穴を開けた後，チヂミボラは伸縮自

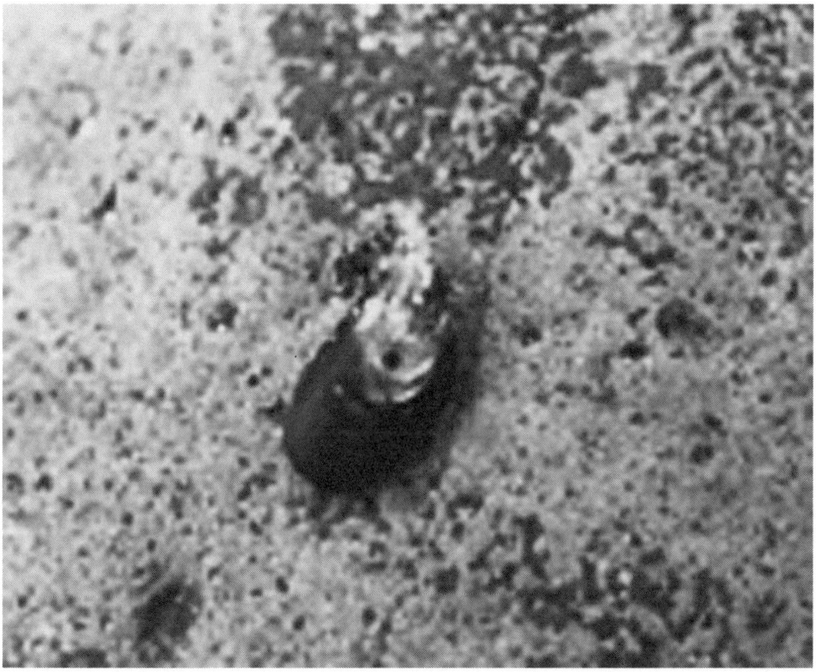

写真4　被食されたムラサキインコガイ
殻の真ん中にチヂミボラに開けられた約1 mmの穴が見られる．

在の吻という口を伸ばして穴の中に入れ，吻の先にある歯舌で餌の肉を削り取って食べる．

チヂミボラは雌雄異体でオスはペニスをもち交尾をおこないメスの体内で受精はおこなわれる（写真2）．しかし，最近まで船舶の船底塗料に使われていた化学物質トリブチルスズ（TBT）のために貝類の機能障害がひきおこされ，メス個体にもオスのようにペニスをもつ個体が観察されるようになってきた．チヂミボラの属する新腹足類の巻貝類でもこのようなメスのオス化現象が報告されている．多くの機能障害を起こし最終的に個体は死亡してしまい，個体群の減少や壊滅が報告されている．

個体群サイズは減少するとその集団内での遺伝的多様性が低下し，近親交配が起こりやすくなる．しかし，マイクロサテライトの多様性を用いた研究によると，このように個体群サイズが減少したヨーロッパチヂミボラでは最初は遺伝的多様性が低下しているが，予想より早く遺伝的多様性が回復することが示

写真5 産出された卵嚢（A）とチヂミボラが形成している産卵集団（B）
黄色く見えるのが卵嚢.

されている[6].

正常なチヂミボラは交尾をおこなった後，メスは7 mm前後の黄色い楕円形の卵嚢（写真5–A）を岩盤上に数十個産出する（写真5–B）. チヂミボラ類は集団を形成して分布する傾向があるが，一般に冬期間には数個体から数百個体からなる集団を形成しその中で交尾をおこなう. また，チヂミボラの交尾期は10月から4月で，その後4月から5月にかけて産卵がおこなわれる[4]. 卵嚢内には平均450 μmの卵が約40～100個内包され，卵は卵嚢内でトロコフォア幼生，ベリジャー幼生を経て約2か月後に稚貝として孵出する. この時卵嚢から孵出する稚貝の数は最初の約半分の20～50個体になっている. これは稚貝となる卵が卵嚢内で約1個の卵（栄養卵）を吸収し成長するためである. メスは卵嚢内に子どもの餌として約1個の卵を用意しているのである.

このようにチヂミボラは7か月という長い交尾期をもっていたり，卵が栄養卵を吸収するなど興味深い繁殖様式をもっている. ではなぜチヂミボラの交尾期はこのように長いのであろうか. このように長い交尾期間で個体は一度だけしか交尾をおこなわないのであろうか. メスはどのようなオス個体と交尾しどのオス個体の子を産むのであろうか.

このような疑問に対して野外観察だけからは答えが出てこない. そのときにDNA解析が役に立ってくる.

貝類の親子判定

なぜ7か月という長い交尾期間をもっているのだろうか，チヂミボラはいったい何匹の個体と交尾をするのだろうか，そしてメスはどのようなオス個体の子どもを産むのであろうか．これらの疑問の1つである，メスの体内で受精に用いられる精子は1匹のオス由来なのかあるいは複数オス由来なのかを調べるため実験をおこなった．まだ解析の途中ではあるがその一部をここで紹介する．

最初に簡単に実験方法を紹介する．まず交尾期の初期である10月の干潮時に岩礁に行き交尾ペアを探す．採集したメス1個体とオス3個体を餌とともに同じかごに入れ流水中で飼育する．海水は野外からそのままとりいれているので野外の水温と同じになっている．この飼育を産卵期の4月まで続ける．メスが卵嚢を産出したらメスとオスは回収し，各個体からDNAを抽出する．一方，産出された卵嚢は同じ水槽にしばらく置いておく．そして，稚貝が卵嚢から孵出する寸前に卵嚢をアルコール固定し各稚貝からDNAを抽出する．そして各稚貝と実験に用いた個体のDNAを用い親子判定をおこなう．

最初の私の予想ではメスは多数のオスと交尾をするかもしれないが，1つの卵嚢内のすべての卵はおそらく同じオスが父親であろうと考えていた．そのため，最初の卵嚢内には約20匹の稚貝が見られたが，稚貝を1個体ずつ分離せずに20個体を合わせて一度にDNA抽出をおこなった．そしてマイクロサテライト分子マーカーを用いて親子判定をおこなった[7]．予想どおりであれば4本以下のバンドしか観察することができないはずであったが実際にはたくさんのバンドが観察された．このことは卵嚢内に複数の父親由来の子どもが含まれていることを示している．実際に稚貝1個体ずつに分けてDNAを抽出し親子判定をおこなうと，卵嚢内には3匹のオス親由来の稚貝が含まれていることがわかった．すなわち交尾期間中にメス個体は複数のオスと交尾をおこない多くのオス個体の精子を用いて受精をおこなっていることが証明されたわけである．なぜチヂミボラが長い交尾期間をもち多数回交尾をおこなうのかは不明であるが，おそらく集団内の遺伝的多様性の維持に大きな役割を果たしているのではないかと考えている．

●河合　渓

DNA抽出法の行動学と保全生物学への応用

ここでは貝類におけるDNA抽出の行動学と保全生物学への応用について述べる．貝類では一般に足など組織の一部を切り出しそこからDNAを抽出する．しかしこの方法だと個体を傷つけてしまうか殺してしまう結果になる．チヂミボラの仲間のシマチヂミボラでは殻の一部が破損するだけでその後の成長と繁殖に回すエネルギー配分に大きな影響を与えることが報告されている[8]．サンプルがたくさんある場合は問題ないが，絶滅の危機に瀕している種の集団遺伝学的解析をおこなう時や個体の行動解析をおこなう時には傷つけたり殺したりしてしまうと，種の保全やその後の行動解析に大きな影響を与えてしまう．

そこで私は共同研究者とともに貝類がはった後に残す粘液に注目し，ここからDNAを抽出できるかどうかを調べた．その結果，私がおこなっているマイクロサテライトの解析には充分なDNAを抽出することができることがわかった．ここでは私たちが開発した方法についてチヂミボラを例にして紹介する[9]．

- まず，野外でチヂミボラを採集する．
- この個体を濾過海水で軽く洗う．
- 洗った後の個体をプレパラートガラス（76 × 26 × 1.5 mm）の端に置き逆の端へはわせる．
- 貝がプレパラートガラスの端まで移動するか途中で動かなくなった時に貝をプレパラートガラス上から取り除く．
- 貝がはったプレパラートガラス上に付着した粘液を1 mM EDTA・3Naを含んだ0.9％NaCl溶液を浸した綿棒でふく．そして，その綿棒を上記の溶液1 mlを入れたプラスチックチューブ内でよくかき回し粘液を溶液へと移す（この工程を数回おこなう）．
- その後9 mlの95％エタノールをプラスチックチューブに入れて全量を10 mlにする．ここで必要であればこの溶液をしばらく保存しておくことは可能である．すなわちここまでを野外でおこない，この後の工程を実験室に持ち帰っておこなうことが可能ということである．
- 溶液を2500 rpmで10分間遠心にかけ上澄みは捨てる．
- 沈殿に500 μlのSTEバッファー（0.1 M NaCl, 10 mMTris, 1 mMEDTA, pH 8.0）を加える．

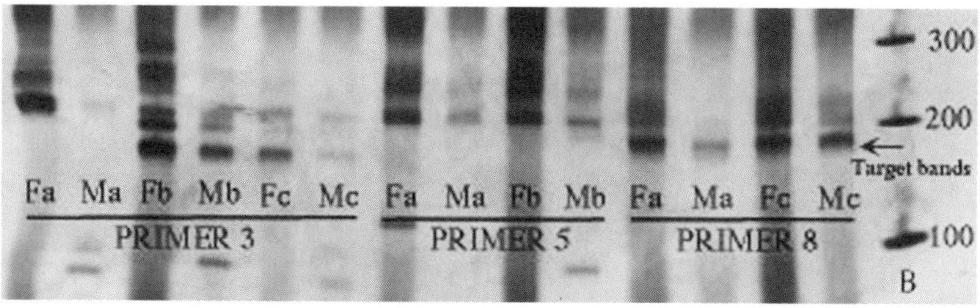

写真6　足（F）と粘液（M）から抽出したDNAを用いてPCR増幅した後に観察されたバンドパターン．3個体（a, b, c）からDNAを抽出した．

- 全溶液を新しい1.5 mlチューブにピペットで移し変え，2500 rpmで10分間遠心にかける．
- 上澄みを捨てた後250 μlのSTEバッファーと25 μlの10％SDSと25 μlのプロテインアーゼK（5 mg/ml）を加え55℃で，時々攪拌させながら2時間置く．
- 全溶液に200 μlのTE - フェノール，200 μlのCIAA，そして30 μlの5 M NaClを加え約2時間振盪する．
- 上澄みのみをとりだし，エタノール沈殿をおこない，最後に沈殿を20 μlのTEに溶かす．

実際に上記方法でチヂミボラ12個体を採集し，プレパラートガラスの上をはわせてDNAの抽出をおこなった．その結果プレパラート上を平均で37.25 ± 2.60 mm（± SE）の距離を移動し，その時に分泌された粘液から32.55 ± 2.66 μg/ml（± SE）のDNAを抽出することができた．

粘液から抽出したDNAと同一個体の足から抽出したDNAを用いてPCRの増幅をしてみるとまったく同じバンドパターンが観察された（写真6）．この粘液からのDNA抽出法で心配されることの1つに付着した菌類などから抽出されたDNAがPCRにより増幅され，結果として実験結果に悪影響を及ぼすことである．しかし，粘液から抽出したDNAのバンドパターンと足から抽出したDNAのバンドパターンがまったく同じパターンを示しているためにこのような心配はないことがわかった．

粘液採集後の沈殿物を染色し顕微鏡で観察してみると，その中には表皮細胞と血球が観察された（写真7）．これは貝類がはう時に表皮細胞や血球を体表か

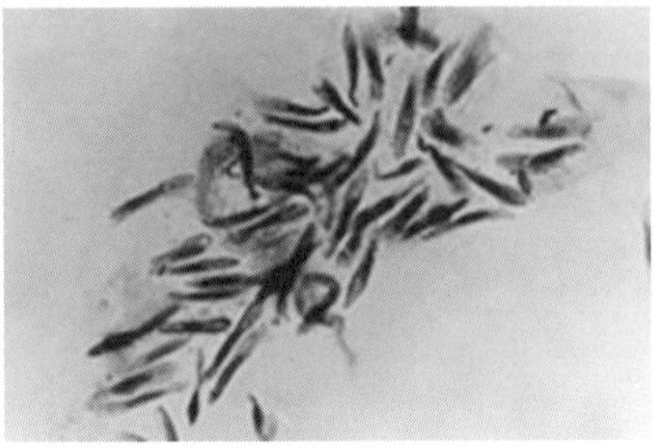

写真7 粘液内に観察された表皮細胞

ら少しずつ分離させており，これらの細胞から私たちはDNAを抽出したと考えられる．

私たちはこの方法はまだまだ改良可能で発展する余地は充分にあると考えている．ここでは潮間帯の巻貝を用いたが，陸貝や海水中の貝類においても利用が可能でないかと考えている．また，野外において貝類が岩の上をはった後すぐに上記の方法で岩の上の粘液を採集すれば，野外で個体を触らずにDNAを抽出することが可能であろう．個体の行動を解析するときその生物と接触するとその後の行動が変化してしまうことが考えられるが，この方法を使えば個体に触らずにその個体のDNAを抽出できる．今後いろいろな研究者にこの方法を改良していただければと考えている．

野外観察の体験と思い出

北海道での野外観察は過酷な自然環境との戦いである．調査地である潮間帯は潮が引いた時にしか調査ができないため，調査は大潮の時におこなうようにしている．大潮は月に2回しか訪れないためその時を逃すと調査ができない．夏期には潮は昼間に大きく引き太陽の下でおこなうので少しピクニック気分でできるのだが，冬期は潮がよく引くのが夜間になるため，セーターを着てその上にカッパをはおり懐中電灯をもって海に出て行かなければならない．真冬の気温はマイナスで海水温度は1～2℃である．最初は手袋をはめているのだが細かい仕事をするときは素手で海水に手を突っ込まなければならない．こんなことを数時間おこなうと手の感覚は麻痺してくる．したがって，実験室に戻ってストーブの前でコーヒーを飲む時は至上の喜びの時である．一度真冬の調査で怖い思いをしたことがある．いつものように雪の舞う夜中に岩の上に座り貝を集めて大きさの測定をしていた．そのときなんとなく気配を感じ，顔を起こし暗闇の中を凝視した．なにやら黒い物体が少し動いた．ジーッと見ているとどうやら生き物で背中が大きく丸い，そしてあちらもこちらを見つめているようだ．長い時間と感じたがおそらく十数秒だろう，そんな状態が続いた．黒い物体は突然動き出し道路の方へ走り出した．私は体を硬直させてもっとよく見ようと目を丸くして集中した．黒い物体が去った後にはっと気がついた．あれは人だったのではないかと．そして丸く黒く見えたのは黒い袋を背負っていたのだと．翌日実験所の人と話をしていてその人が何をしていたのかはっきりした．この地域はウニが豊富なところだが，近年その数が減りウニの価格も高騰している．そんな中昨日の人は私と同じように干潮時にウニを採集していた密猟者であったのであろう．背中が丸く見えたのはウニをつめた袋だったに違いない．私も驚いたが，きっと相手もおおいに驚いたことであろう．夜中の調査は野生動物だけでなく怪しげな動物にも遭遇する．

私はこのような経験をしながら大学院生時代からフィールドワークを中心に研究をおこなってきた．おそらく私を含め多くのフィールドワーカーがそうだと思うが，何となくDNA解析は近寄りがたいと感じていると思う．DNA解析をするにはかなり専門的な知識と器材が必要であるためだ．したがって，フィールドワーカーが一人で実験をするには荷が重過ぎるので，どうしてもその専門家との共同研究が不可欠である．真理の追究にはある現象を多面的に解析する必要があるのだから，やはりお互いの必要性を感じて共同して研究をおこなうことが必要となってくる．

この章は貝類の野外観察を基にDNA解析とその応用を紹介したものだ．私は幸運にもDNA研究の専門家と出会い共同研究をすることができた．ここでおこなったDNA解析の大半は研究当初からご指導していただいた竹中修先生とおこなった研究が基礎になっている．ピペットの使い方もわからない私が竹中先生の研究室のドアを叩いた時の緊張した気持ちは今でもよく覚えている．また，先生はお酒がお好きで，実験がうまくいったといっては乾杯し，実験が失敗したときは明日がんばろうといっては乾杯したことはいい思い出だ．このような明るい研究室の雰囲気が私のような門外漢の緊張を解きほぐし研究をさせていただいたと思う．DNAの研究をしてよかった思うことは研究の成果はもちろんであるが，すべての生物はDNAから形成されているからどの生物を研究している研究者ともDNAという同じ土俵で会話ができることである．これにより多くのまったく分野が異なる研究者と交流することができた．このようにDNA研究は私により広い視野と多くの可能性を与えてくれた．

文献

[1] Dunkin SDeB, Hughes RN: Behavioural components of prey selection by dogwhelks, *Nucella lapillus* (L.), feeding on barnacles, *Semibalanus balanoides* (L.), in the laboratory. Journal of Experimental Marine Biology and Ecology 79: 91−103, 1984.

[2] Hughes RN, Dunkin SDeB: Behavioural components of prey selection by dogwhelks, *Nucella lapillus* (L.), feeding on musels, *Mytilus edulis* (L.), in the laboratory. Journal of Experimental Marine Biology and Ecology 77: 45−68, 1984.

[3] Kawai K: Age determination and seasonal growth of the dogwhelk *Nucella freycineti* (Deshayes). Benthos Research 55: 43−51, 2000.

[4] Kawai K, Nakao S: Reproductive cycle, copulating activity and dispersion pattern of the dogwhelk *Nucella freycineti* (Deshayes). Benthos Research 45: 29−41, 1993.

[5] Rovero F, Hughes RN, Chelazi G: Effect of experience on predatory behaviour of dogwhelks. Animal Behaviour 57: 1241−1249, 1999.

[6] Colson I, Hughes RN: Rapid recovery of genetic diversity of dogwhelk (*Nucella lapillus* L.) populations after local extinction and recolonization contradicts predictions from life-history characteristics. Molecular Ecology 13: 2223−2233, 2004.

[7] Kawai K, Hughes RN, Takenaka O: Isolation and characterization of microsatellite loci in the marine gastropod *Nucella lapillus*. Molecular Ecology Notes 1: 270−272, 2001.

[8] Geller JB: Reproductive responses to shell damage by the gastropod *Nucella emerginata* (Deshayes). Journal of Experimental Marine Biology and Ecology 136: 77−87, 1990.

[9] Kawai K, Shimizu M, Hughes RN, Takenaka O: A non - invasive technique for obtaining DNA from marine snails. Journal of Marine Biological Association UK 8: 773−774, 2004.

III

DNAによる地域変異と系統関係

1

ゴリラのフィールド遺伝学

山極寿一

ゴリラの生態には昔からいくつかの謎がある．ゴリラの原生息地はどこなのか？　種分化を起こす生態学的障壁とは何なのか？　ゴリラのオスとメスのどちらがより分散するのか？　そして，いくつかの孤島のように熱帯雨林に散らばるゴリラの分布域の間に広がる，ゴリラのいない空白地帯はいったい何を意味しているのか？　これらの疑問は今絶滅の危機に瀕しているゴリラの保護対策を講じる上で，ぜひとも解かねばならぬ難問である．近年，DNA という材料を用いることで具体的な答えを出せるようになった．それを実証し，私たちに答えの出し方を伝授してくださったのが竹中修さんだった．

ゴリラの原生息地を求めて

かつて，ゴリラの故郷はどこかについて熱い論争があった．現在，ゴリラの分布域はアフリカ大陸の西と東に大きく 2 つにわかれ，その間には 1000 km に及ぶ空白地帯がある．この空白地帯には，過去にゴリラの頭骨が見つかったという話があるが，信頼できる情報とはいえず，化石も出ていない．最近も，ゴリラのように大きな類人猿を目撃したという情報が流れたが，写真を見るところチンパンジーに近いようだ．

西の分布域には高い山がほとんどなく，東限はコンゴ盆地の東の境界をなす山地である．ゴリラの故郷は西の低地熱帯雨林なのか，それとも東の山地林なのか，意見がわかれた．1950年代，1960年代に野生の生態がよく知られていたのは，東の分布域の中でもっとも標高の高い山地にすむマウンテンゴリラだった．果実のほとんど実らない亜高山帯の草原で，マウンテンゴリラは1年中草や葉を食べて暮らしていた．西の低地にすむローランドゴリラの断片的な情報も，ゴリラが地上でアフリカショウガやクズウコンなどの草本を食べて暮らしていることを示していた．そのため，ゴリラは葉，樹皮，髄などの植物繊維を好んで食べる，特殊化した霊長類とみなされた．この食性はアフリカ大陸が寒冷・乾燥の時代に果実がない環境で発達したに違いない．おそらく，ゴリラは乾燥期に残っていた森林（レフュージア）に逃げ込んでひっそりと暮らしていた．雲が集まる山地では森林がよく残っていたと考えられるので，ゴリラは東の山地で乾燥時代を生きながらえたのだろう．これらの考えは，ゴリラの原生息地が東の山地林であることを示唆していた．

しかし，1980年代にガボンでローランドゴリラの調査がはじまると事態は一変した．ここの低地熱帯雨林にすむゴリラたちは，チンパンジーに匹敵するほど多種の果実，アリやシロアリなどの昆虫を食べ，よく樹上を利用する生活をしていたのである．ゴリラの原生息地はチンパンジーと同じく中央アフリカの低地であり，そこから東の山地へと分布域を広げたのではないか．そして，乾燥期に森林が消失すると，ゴリラは西と東のレフュージアに逃げ込み，そこで生態学的特徴を分化させた．東のゴリラは山地に適応し，西のゴリラは低地で果実食性を維持しつつ，葉食をとりいれて食性を広げた．

この議論に決着をつけたのは，DNAを用いた解析だった．1990年代に入ると，動物の体組織の一部や体から脱落した試料（体毛，糞や植物繊維の噛みかすに付着している腸や口の中の粘膜）を用いてミトコンドリアDNAをとりだし，ある領域を増幅して調べる方法が開発された．竹中研究室もその先駆けとなる研究をおこない，いくつも新しい手法を考案していた．ミトコンドリアDNAは環境条件に左右されずに突然変異が頻繁に起こる領域をもつ．地域間でそれを比べれば，分化の程度が大きい（古い）か小さい（新しい）かを知ることができるのである．

幸いなことに，ゴリラは毎晩ベッドを作って眠る習慣があり，ベッドには体毛が残る．ゴリラのベッドは地上に作られることが多いので，体毛を探すのが比較的容易である．私たちゴリラ研究者に世界中の遺伝学者からゴリラの新鮮な体毛を採取してほしい，という依頼が舞い込んだ．当時，西も東も低地のゴリラの調査はまだ緒についたばかりで，どこでもゴリラの痕跡調査に明け暮れていた．私たちは，調査の際にゴリラのベッドを見つけると，ベッドや糞の大きさを測ってから，慎重に体毛をピンセットでつまみ上げて採集した．毛根がついている毛はとくに重要だと聞かされて，そういう毛をやっきとなって探したことを覚えている．

そういった体毛のサンプルが集まると，しだいに西と東のゴリラの遺伝的多様性がわかってきた．西のゴリラは19世紀以来世界中の動物園で飼育されてきたので，動物園でもDNAのサンプルは収集された．その結果，東に比べて西のゴリラの遺伝的多様性が圧倒的に高いことが判明した．それは，西のゴリラのポピュレーションの方が古くに分化したことを示している．つまり，ゴリラの原生息地は西である可能性が高いというわけだ．

ゴリラの新分類

DNAの解析は，もう1つ意外な事実を明らかにした．それは，西のゴリラと東のゴリラが別々の種に分類されるほど遺伝的に分化しているということだった．

それまで，ゴリラは1種3亜種に分類されていた．しかし，ミトコンドリアDNAのD-ループと呼ばれる領域を用いて比較した研究は，西と東のゴリラが約300万年前にわかれたことを示していた．この値は種の違うチンパンジーとボノボの分化時間（約250万年）よりも大きい．たしかに，西と東のゴリラは体毛の色や顔つきといった形態的な違いも顕著である．これは別種として分類すべきである，という考えが急速に広がった．

さらに細かく地域差を検討すると，ゴリラは少なくとも2種4亜種に分類されるという意見が優勢になった．西の種はニシローランドゴリラ（*Gorilla gorilla gorilla*）とナイジェリアにだけ生息するクロスリバーゴリラ（*Gorilla gorilla diehli*），東の種はマウンテンゴリラ（*Gorilla beringei beringei*）とヒガシローランドゴリラ（*Gorilla beringei graueri*）の亜種にそれぞれ分類される．このうち，マウンテンゴリラとヒガシローランドゴリラの分化時間は約37万年と推定されている．ニシ

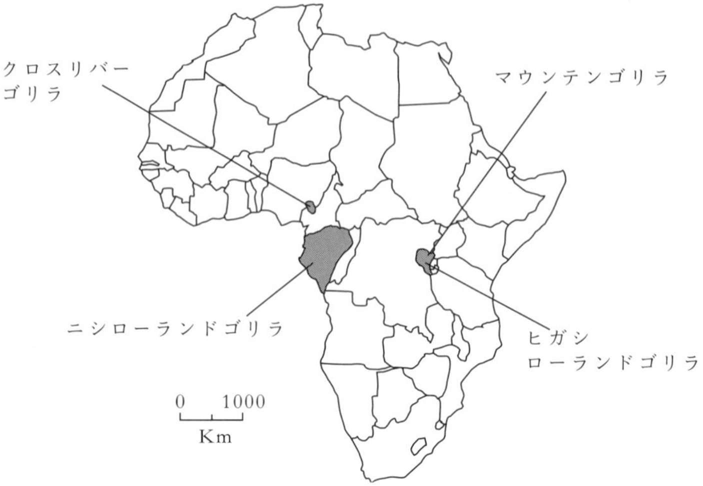

図1 現在のゴリラの分布

表1 ゴリラの生息数

ゴリラ：*Gorilla* 絶滅危惧種（IUCN）
（*G. gorilla gorilla*）：カメルーン，中央アフリカ，赤道ギニア，ガボン，コンゴ，アンゴラ，110,000，94,500.
（*G. gorilla diehli*）：ナイジェリア南部，カメルーン西部，150–200.
（*G. beringei graueri*）：コンゴ民主共和国，8,600–25,500. コンゴ民主共和国の内戦（1996–1999）により半減したと推測されている.
（*G. beringei beringei*）：ウガンダ，ルワンダ，コンゴ民主共和国，700. ブウィンディ（ウガンダ）のゴリラ（350）を別の亜種に分類しようという動きもある.

ローランドゴリラは生息域も広いし，分化時期も古いので，今後さらに複数の亜種に再分類される可能性が高い.

しかし，こうした生化学者主導の分類に異を唱える論文が登場した. ヴィルンガ火山群より北に位置するウガンダのブウィンディ森林でゴリラの調査をしていた研究者たちである. 両地域のゴリラは同じ亜種マウンテンゴリラに分類される. 彼らはこれまで大英博物館などに所蔵されていたブウィンディ由来のゴリラの骨格標本や軟部組織を計測し，それらがヴィルンガのマウンテンゴリラと大きく異なっていることを発見した. ブウィンディのゴリラはヴィルンガに比べて，体が小さく，四肢が長く，胴が短く，足指が大きい. これは，低地の樹上生活に適した特徴で，ブウィンディのゴリラの生態学的特徴とよく合致す

ニシローランドゴリラ
（撮影：竹ノ下祐二氏）

ヒガシローランドゴリラ

マウンテンゴリラ

写真1　ゴリラのオス3亜種の違い

るというわけである．たしかに，ブウィンディはヴィルンガに比べて標高が約1000 m低く，樹高の高い木々が繁茂している．ゴリラはよく果実を食べ，木の上で過ごす時間も格段に長い．研究者たちはこれらの違いを根拠にして，ブウィンディのゴリラをマウンテンゴリラとは異なる亜種に分類すべきと主張したのである．

問題となったのは，ブウィンディ森林とヴィルンガ森林があまりにも近いことだった．わずか25 kmしか離れていないし，その間に自然の障壁はない．畑と人家があるだけだから，少なくとも数百年前には森林がつながっていたと考えられる．すなわち，数百年前まではブウィンディとヴィルンガの間をゴリラは行き来していたであろうと思われるのである．両地域で採取したゴリラの体毛や糞からDNAを抽出して比較してみた結果，両者はよく似ていて亜種レベルの違いには相当しないとみなされている.

では, なぜブウィンディとヴィルンガのゴリラの形態と生態はそれほど大きく違うのだろうか. 遺伝的な分化が進んではいないのに, 形態が大きく変わるといったことがあるのだろうか. 家畜, ペット動物, 人間はその好例かもしれない. 私たち人間はただ1種であるにもかかわらず, この地球上にはさまざまな外見をした人間がいる. 肌や髪の色, 身長や手足のプロポーション, 顔つきなど, 驚くほど変異がある. 現代人が14万年前にアフリカ大陸に登場し, この数万年のうちに世界各地に広がったのだとすれば, 人間の外見的変異は短期間のうちに形成されたはずである. 似たようなことがゴリラに起こっていると考えるのは無理な話ではない.

それにしても, いったいどういう条件がブウィンディとヴィルンガのゴリラの形態的な違いをもたらしたのだろうか. 形態的な特徴が生態的な条件や特徴とよく合致するという報告は興味深い. 日本でも, 積雪地の信州に生息するニホンザルは, 暖かい九州のニホンザルに比べて体が大きく, 冬毛が密で長い. 本州のニホンザルはただ1種なのだから, この違いも短期間のうちに生じたものと考えることができる. では, ゴリラではどのような環境条件が形態の変異をもたらすのか.

それには絶好の研究対象がある. 1978年以来, 私が調査を続けてきたカフジは, 標高600 mの低地熱帯雨林から標高3000 mの山地林を含む変化にとんだ自然環境に特徴がある. しかも, 低地から高地にかけてゴリラは連続的に分布し, どこのゴリラもヒガシローランドゴリラという亜種に分類される. もし, ブウィンディのゴリラがヴィルンガと標高の違いによって異なる自然環境に影響を受けて形態を変えたなら, さらに標高が大きく異なるカフジの低地と高地ではもっと形態の違いが見られるはずである. カフジの低地にすむゴリラと高地にすむゴリラは遺伝的に分化しているのだろうか. それともブウィンディとヴィルンガのように遺伝的には分化していないが, 形態や生態が分化しているのだろうか. あるいは, 遺伝的にも形態的にも均一な亜種なのだろうか. 疑問はつきない.

私たちは1987年から1991年にかけてカフジの低地でゴリラの調査をおこなった. ここではゴリラが人間を恐れていたので, ゴリラの通跡を追跡して食痕やベッドを調べることが多かったが, それでも高地のゴリラとの比較試料を

写真 2　カフジの低地で見つけたゴリラのベッド

たくさん集めることができた．まず，低地と高地ではゴリラの食物はほとんど重複していない．低地では季節によって多種類の果実を食べ，1 年中アリを食べて暮らしている．樹上に作られたベッドも多い．もっぱら地上で草本やつるを食べている高地のゴリラとは対照的である．果実を食べているときは 1 日に歩く距離もずっと長くなる．これはゴリラが果樹から果樹へと忙しく食べ歩いていることを示している．高地ではどこでも得られる草本が主食だからあまり歩く距離は伸びない．集団の大きさも低地では小さい．これは，集団内で果実をめぐる競合が高まるために，集団の大きさが制限されているためかもしれない．

新しいベッドを見つけると，私たちはかならずゴリラの体毛を探した．成熟したオス（シルバーバック）は背中の毛が白く，白い毛や腕の先の長い毛がよくベッドに残されているので採集しやすい．しかし，子どもゴリラの毛はあまり残されておらず，目を皿のようにして探しても柔らかな短い毛を 2, 3 本見つけるのがやっとだった．しかも，ゴリラの毛によく似た黒いつるがゴリラのベッドにからまっていることがあり，まちがえて苦笑することがよくあった．こうして集めたゴリラの体毛は日本へ持ち帰り，冷凍庫に大切に保管してある．竹中さんの指示のもとに，この体毛からDNAを抽出し，高地のゴリラや他地域のゴリラと比較が試みられている．2003年に仙台市で開催された第19回日本霊長類学会大会で，竹中さんはこの分析の第一報を報告されている．私たちが収集したゴリラの体毛のうちカフジの低地から14試料，高地から50試料を分析し，ミトコンドリアDNA・D–ループ領域591 bpをマーカーとして塩基配列を決定することに成功した．ハプロタイプを見ると，低地の3試料，高地の18試料が同じハプロタイプで，高地の14試料がこのタイプから1塩基欠失したハプロタイプだった．

この結果からどのような推測が成り立つのか，これから慎重に検討していかなければならないが，少なくともカフジの低地と高地の間ではつい最近まで遺伝的な交流があったことは確かなようである．それが，集団の長距離移動によるものか，メスの集団間をわたり歩く行動によってもたらされたのか，さらに詳しい研究が必要である．ミトコンドリアのDNAではメス間の遺伝的な関係しかわからないので，ぜひY染色体上の遺伝子も比較してみたい．低地と高地の間にある大きな生態学的な違いが，ゴリラの遺伝的交流にどのような影響を与えているのか．生態と遺伝子の違いはゴリラの形態的な違いにどのように反映されているのか．今後，検討しなければならない大きな課題である．

ゴリラのコミュニティ

最後に，フィールド遺伝学に託すゴリラの最大の謎について語っておきたい．それは，ゴリラのコミュニティの構造である．

ダイアン・フォッシーを中心とするヴィルンガ火山群のマウンテンゴリラの長期調査によって，ゴリラがチンパンジーと共通な社会性をもっていることが判明した．それは，メスが恒常的に生まれ育った集団を出て，他の集団に加入して繁殖をするという特徴である．ただ，チンパンジーのメスが単独で旅をして他の集団へ移籍するのに対し，ゴリラのメスは集団どうしが出会った際に電光石火のごとく移籍を敢行する．集団ではなく，単独でいるオスに身を寄せる場合もある．このため，チンパンジーのメスにとって集団間の出会いは移籍するためにあまり重要ではないが，ゴリラのメスにとっては他集団や他のオスとの出会いが移籍に不可欠の条件になる．チンパンジーの集団の遊動域が隣り合

写真3　マウンテンゴリラの母親（左）と移籍前の娘（右）

写真4　マウンテンゴリラの複雄群：父親（左）と息子（右）のシルバーバックが共存

●山極寿一

う集団と一部しか重なっていないのに対し，ゴリラの集団は多くの集団や単独オスと遊動域を大幅に重複させている．ゴリラのコミュニティは，構成の異なる集団や単独オスがなわばりをもたずに出会いを繰り返すことによって，メスの移籍を保障していると考えられるのである．

さて，ではゴリラのコミュニティはオスとメス，どちらの分散によって支えられているのだろうか．オスが生まれ育った集団を出ずに生涯を終えるチンパンジーと異なり，ゴリラのオスは成熟すると生まれ育った集団を出て行く．メスと違うのは，オスがけっして他の集団へは移籍しないことだ．単独生活をはじめたオスは，やがて他の集団からメスを誘い出して自分の集団を作る．そのとき，オスは出自群から遠く離れた場所にいるのだろうか．メスは移籍後に出産をすると，あまり集団をわたり歩くことはしなくなる．3年も授乳するゴリラのメスにとって，頼るオスや集団を代えることはあまり得策ではないのだろう．しかし，オスもメスもあまり遠くへ行かないとすれば，近隣の集団に所属するゴリラたちは血縁関係にあり，インセストが生じることになる．霊長類の集団でどちらかの性が分散するのは，インセストを防ぐメカニズムであると考えられる．ペア以上の集団を作る霊長類はだいたいオスだけが分散する母系の社会を進化させた．メスだけが分散するチンパンジーは父系である．では，ゴリラはいったいどちらのタイプなのだろうか．

これを明らかにするために，途方もない努力が必要だった．ヴィルンガでは1967年以来，数集団のゴリラを人にならし，それぞれの個体を識別して移動や繁殖の実態を追跡調査してきた．私もその調査に参加したが，数十人におよぶ研究者の観察記録を積み重ねなければならなかった．おかげで，一度出て行ったメスはめったに生まれた集団へは戻らないことや，メスよりもオスの方が生まれた集団に残って繁殖する傾向が強いことがわかってきた．ヴィルンガでは約半数の集団に複数の成熟したオスが含まれており，1つの集団に共存するオスはたいがい父と息子か兄弟にあたる血縁関係にあることが判明した．つまり，ヴィルンガのマウンテンゴリラはチンパンジーに似た父系の傾向を示すことがわかったのである．

ところが，カフジの低地や高地に生息するヒガシローランドゴリラや，西部の低地熱帯雨林に生息するニシローランドゴリラは，めったに複数のオスを含む集団を作らない．ほとんどのオスは生まれ育った集団を離脱していくのであ

写真5　カフジのヒガシローランドゴリラの単雄群

表2　ゴリラの集団サイズと複雄群の割合

Subspecies	Locality	Habitat	No. of groups	Median group size	Minimum	Maximum	% Multi-male group
WLG	Lope	Lowland	8	10	4	16	Present
WLG	Ndoki	Lowland	5	7	3	10	Absent
WLG	Mbeli	Lowland	14	6.6	2	13	Absent
WLG	Maya Nord	Lowland	31	9	2	18	Absent
WLG	Mikongo	Lowland	4	10	6	15	Absent
ELG	Itebero	Lowland	10	7	2	17	Absent
ELG	Kahuzi	Montane	14	10.5	5	31	7%
ELG	Kahuzi	Montane	25	7	2	21	8%
MG	Virunga	Montane	10	13	4	21	30%
MG	Virunga	Montane	19	7	3	13	44%
MG	Virunga	Montane	10	8	6	12	40%
MG	Bwindi	Montane	28	10	2	23	46%

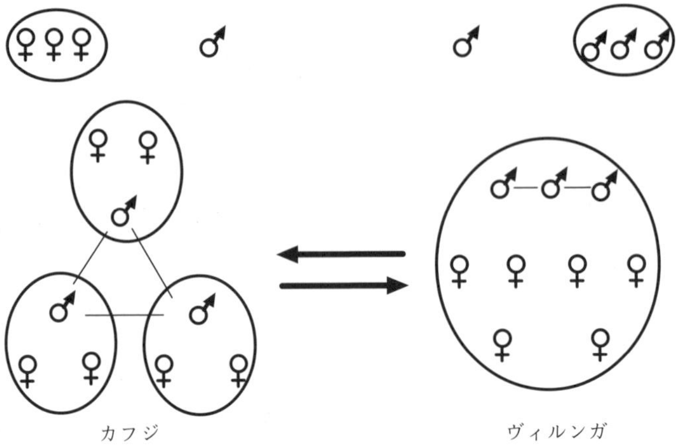

図 2 ゴリラのコミュニティの差異

る．離脱後，オスはどのような行動をとるのか．カフジの高地で，私はゴリラ・ツアーのために人づけされた集団を中心に，20 年以上にわたってオスやメスの去就を調査してきた．ゴリラの個体識別をしてきたガイドのジョン・カヘークワが協力してくれた．その結果，カフジではオスが離脱後に親集団の近くで自分の集団を構えることがわかった．カフジでは，オスは生まれた集団を離脱する際にメスを連れて出て行くことがあるし，単独生活をはじめてすぐに複数のメスが加入して大きな集団を作ることもある．単独生活をしていても，あまり親集団から遠くへ離れないようなのである．私は，カフジのゴリラは血縁関係にあるオスがそれぞれ自分の集団を構える父系コミュニティを作っているのではないかと考えた．ヴィルンガでは血縁オスたちが集団内で共存するが，カフジでは集団間で共存する．両地域のゴリラは父系コミュニティの変異を示しているのではないかと思ったのである．

しかし，ゴリラの集団をたくさん人づけして識別個体の数を増やさなければ，この仮説を証明することはできない．それには多くの労力が必要であるし，あまり多くのゴリラを人間に近づけることは好ましいことではない．ゴリラに人間の病気を感染させる危険が高まるからである．

DNA を用いた解析は一気にこの問題を解決してくれる．近隣の集団に属するゴリラや単独オスの体毛や糞から DNA を抽出し，PCR 増幅をして個体どうしの血縁関係を調べる方法がある．ミトコンドリア DNA だと母系的な血縁が，

Y染色体に乗っているDNAだと父系的な血縁がわかる．これらの方法を駆使して集団内に共存する個体間，近隣の集団にわかれて共存する個体間の血縁関係を調べれば，オスとメスのどちらが分散しているかを知ることができる．

じつはすでにコンゴのモンディカ森林に生息するニシローランドゴリラでこの分析が試みられている．マックスプランク研究所がおこなったものだ．ここではまだゴリラが人になれていないので，ベッドに残された体毛と糞からDNAを抽出した．12の集団と2頭の単独オスを調べた結果，10頭のオスたちが父親と息子か，父あるいは母を同じくする兄弟である可能性が高いことが判明した．つまり，オスたちは生まれ育った集団を出た後，あまり遠くへ移動せずに近くでメスを得て集団を作っていたのである．

これからの調査へ向けて

モンディカでおこなわれたフィールド遺伝学の調査は，私の仮説を支持するものだった．しかし，実態を明らかにするにはもっと広範囲にわたってオスの血縁関係を調べる必要がある．血縁関係にあるオスとないオスで社会関係はどう違うのか．同じ集団に共存するメスや，隣り合う集団に属するメス間の血縁関係は，はたしてオスよりも薄いのだろうか．それを確かめなければ，ゴリラの社会をメスが分散する社会とみなすことはできない．

カフジの高地では，1990年と1996年に広域調査を実施し，多くの集団から体毛や糞の資料を集めた．それらの試料からDNAを抽出して分析し，集団内外の個体の血縁関係を調べることは可能だろうと思う．じつはすでに1996年の試料は松原幹によって分析が試みられ，オスとメスの性判別が可能であることがわかっている．ゴリラのベッドや糞から得られた試料は，これまでシルバーバック以外は性判別が不可能だったので，これはたいへんな進歩である．今までベッドの調査ではわからなかった集団の性構成がこれで判読できる．ポピュレーションに含まれる繁殖可能なメスの数は，将来の子孫の数を計算してシミュレーションをおこなうために不可欠なデータである．今後，保護の方策を考えていく際に貴重な基礎資料となるだろう．

カフジでは，1996年以来頻発する内乱によって多くのゴリラが犠牲となった．2000年におこなわれた生息数調査では，もっとも保護対策が講じられている高地でさえゴリラの数が半減してしまったことが明らかになった．今後どういった保護対策を立てていったらいいのか．兵士や難民によって踏みしだかれた環境を回復させる必要があるし，少なくなったゴリラたちに適正な社会関係を維持させることも重要だ．現在，私はコンゴの研究者と協力して数集団のゴリラを毎日モニターしている．遊動域の中に果実のなり具合をモニターするトランゼクトを設置して，食物条件の変化も調べている．ゴリラたちが果実のなり具合に応じてどう動くのか．そしてその動きはどういった社会関係をもたらし，繁殖の機会を作るのか．そこにこそ，ゴリラのコミュニティの構造と種分化の実態を解く鍵が隠されているし，最善の保護の手段を見つけることもできるだろう．そして，今後の調査の成功を左右するのはフィールド遺伝学であるといってもまちがいないと思う．

「誰」の遺伝子？ ——ヒト遺伝子の混入問題——

田代靖子

私は，野生霊長類の食べ物や行動を調べることによって，彼らがどのように環境に適応しているのかを明らかにしたいと考えている．とくに，アフリカに生息する大型類人猿（ゴリラ，チンパンジー，ボノボ）が研究の対象である．

なかでも，チンパンジーは西アフリカから東アフリカまでの広い範囲に生息し，3つの亜種に分けられている[1]．日本の動物園にいるチンパンジーのほとんどは西の亜種（*Pan troglodytes verus*）だ．亜種ごとに少しずつ形態が違うのだが，よく似ていて見分けるのはむずかしい．なぜチンパンジーが熱帯雨林から乾燥地までのさまざまな環境に適応できたのかを知ることは，初期人類の進化を考えるうえでも重要な手がかりを与えてくれるに違いない．

これまでにも，さまざまな場所で採集したアフリカ大型類人猿の試料を用いてDNAの塩基配列の違いを調べ，類人猿の種間・亜種間の遺伝的なつながりを分析した研究がある（たとえば [2]）．それをもとにして，チンパンジーがどのようにして分布域を広げていったのかが推測できるだろう．そこで私は広い分布域の中でももっとも南にある生息地，タンザニア共和国のウガラ・ルクワ地域のチンパンジーのDNAを分析することにした．この地域はチンパンジーの分布の中でももっとも乾燥した地域の1つである．

フィールドワーク専門だった私は，竹中修先生に実験の指導をお願いした．DNAを扱う時に注意することとして先生に繰り返し言われたことは，ヒトDNAの混入を避けなければならないということだ．野外で糞・尿・毛などを集めて抽出するDNAは，飼育個体から採集した血液由来のDNAと比べて少量であり，採集・分析の時にヒトDNAが混入するとせっかく集めた試料が使いものにならなくなる．私が実験をはじめる以前に同じ地域から集めた試料では，その半分以上からヒトDNA配列が出てしまったのだ！

そこで，採集の際に手袋を使用したり，唾液の混入を防ぐために現地の人たちが

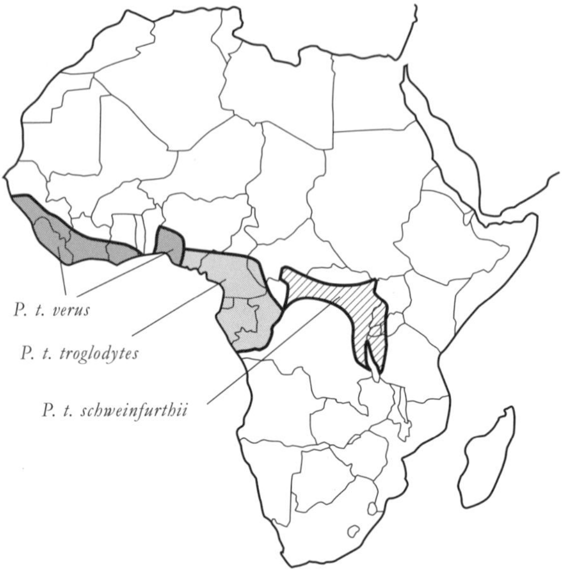

図1 チンパンジー3亜種の分布

しゃべるのを禁じたり，いろいろな工夫をしてきた．それにもかかわらずヒトDNA配列が出てしまった場合，その試料は使いものにならないのだろうか？

私たちはフィールドから苦労して集めてきた試料を何とか有効に使いたいと思い，試料の中のヒトDNAを増やさず，チンパンジーDNAだけを増やす方法を考えた．それは，目的とするDNAの部分でヒトにあってチンパンジーにない制限酵素サイトを探し，ヒトのDNAだけを切断してしまうというものだ．こうすれば，PCRをしてもヒトのDNAは増えず，チンパンジーのDNAだけが増えるはずだ．

そこで，濃度がわかっているヒトとチンパンジーのDNAを使って実験してみた．制限酵素でヒトDNAをあらかじめ切り，ヒトDNAもチンパンジーDNAも増やすプライマーを使ってPCRしてみると，チンパンジーDNAだけを増やせることがわかった．もし，ヒトの塩基配列が出てしまった試料にチンパンジーDNAも含まれているなら，この方法を使ってチンパンジーDNAだけをPCRで増やし，塩基配列を決定することができる．その塩基配列を比較することによって，タンザニアに生息するチンパンジーの個体群間に遺伝的な交流があるかどうか，遺伝的な違いと行動や文化の違いに関連があるかどうかもわかるかもしれない．

野外から採集してくる試料は，二度と集められないかもしれないとても貴重なものだ．実験室での工夫によって苦労して集めた試料を活かすことができれば，もっ

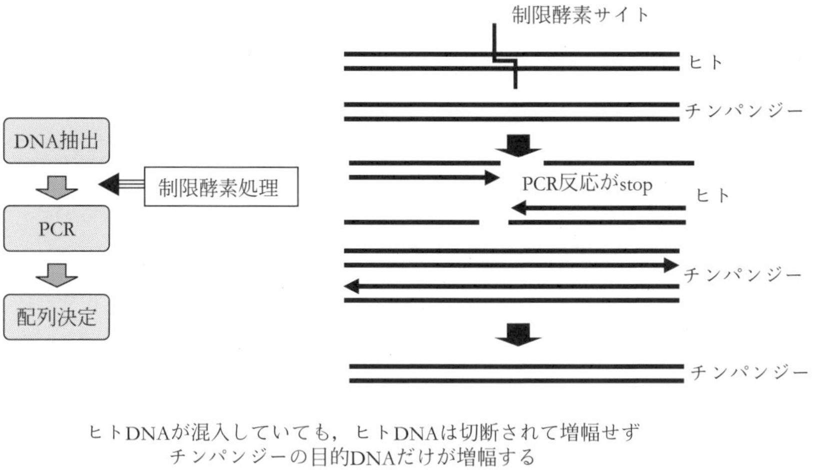

図 2　実験の概念図

ともっと「フィールド」と「実験室」をつなぐおもしろい話が出てくるだろう.

文献

[1]『サルの百科』杉山幸丸編　データハウス　1996年.

[2] Gagneux P, Gonder MK, Goldberg TL, Morin PA: Gene flow in wild chimpanzee populations: What genetic data tell us about chimpanzee movement over space and time. Philosophical Transactions of the Royal Society of London B Biological Sciences 356 (1410): 889-897, 2001.

●田代靖子

2

スラウェシマカクの形態学的特徴

生体計測特徴

濱田　穣・渡辺　毅
Bambang Suryobroto・岩本光雄

はじめに

竹中修教授に率いられた調査隊に加わって，われわれ形態研究者がスラウェシ島でマカクの現地調査を開始したのは，1984年であった．そしてその後，形態学的データの収集は，1995年8月まで継続された．以前からスラウェシマカクは，顕著な形態特徴をもっていることが知られ，フーデンの伝統的分類では7種に分類されている[1]．われわれの調査目的は，彼らの生物学的特徴を明らかにし，それにもとづいて系統関係を再構築することであった．

更新世から現在まで，スラウェシ島は常に海によって，スンダランドと隔絶され，動物地理学的にはウォレス線で区切られている．氷河期の海退期，島とスンダランド両者の海岸線が接近したころ，シシオザル種群のプロト-ブタオザルがこの島へラフティング（いかだ渡り）によって移住したものと推測されている[2]．その移住は，カニクイザル種群が分化し，分布を拡大した時期よりもかなり以前にあったと推測される[2]．移住した祖先集団が複数であったかどうか，竹中らは分子研究からそれを示唆するが，いまだ決着はつけられていない．

スラウェシ島は独特のK字型の細長い島であり，地形も複雑である．山が連なるが，いくつかの低地もしくは水面が存在し，その周辺地域がマカク集団の隔離要因となり，地域集団が形成された．隔絶された島内で長い歴史をもつスラウェシマカク地域集団は，分布域の拡大と縮小，集団間交流の分断と再形成に伴って多様化したと思われる．またさらにいくつかの地域で観察されている隣接種の分布境界地域における部分的交雑[3][4][5][6][7][8][9][10][11][12]は，過去にもあったと考えられ，地域集団のもつ特徴の形成に相当の影響を与えたと推測される．

本研究は，スラウェシマカクの形態学的変異性に関するものである．これまで，フーデンは，頭胴長，頭全長と顔長について比較し[1]，アルブレヒトは頭蓋形態の詳細な多変量解析で，スラウェシ以外のマカクではサイズ因子に変異性が見られるのに対して，スラウェシマカクの変異性がシェイプ因子にあるという対比を示した[13]．しかしながら，マカクの形態特徴がどのような要因によって決定されているのか，まだほとんど解明されていない．以上のような歴史的・地理的背景をもつスラウェシマカクの形態は，マカク形態進化を検討するのに，よい材料を提供すると思われる．ここでは 7 種の生体計測学的特徴を把握し，環境要因・または分布の状況などとの関連性を検討してみたい．

どんなサルのどんな特徴を分析したのか？

計測個体と分析計測項目

1984 年以降，巡回調査によって見出した各地のペット個体，および一時捕獲した野生個体群の個体より計測した．交雑の疑われる個体については，本研究からは除外した．また，スマトラ産のブタオザルのデータを比較資料として用いた．分析に用いた個体数を性別・年齢別に表 1 に示す．

分析に用いた計測項目と計測器具は以下のとおりであり，括弧内は用いた計測器具の略で，それぞれ A: 身長計，Sl: 滑動計，Sp: 触角計を表す：座高 (A)，前胴長 (A)，尾長 (A or Sl)，上腕長 (Sp)，前腕長 (Sp)，大腿長 (Sp)，下腿長 (Sp)，手長 (尺側 ,Sl)，手幅 (Sl)，第一指長 (Sl)，第三指長 (Sl)，足長 (Sl)，足幅 (Sl)，第一趾長 (Sl)，第三趾長 (Sl)，頭長 (Sp)，頭幅 (Sp)，頬骨弓幅 (Sp)，下顎角幅 (Sp)，上顔高 (Sl)，および耳長 (Sl)．以上の各計測項目の計測方法は，マカクにおける標準的方法に準拠した[14]．

表1　分析に用いたスラウェシマカクとブタオザル．表中の数字は，合計頭数（メス頭数：オス頭数）．

種 / 年齢クラス	0 〜 4 歳	5 〜 7 歳	オトナ	合計
ブルネッセンス	16 (5:11)	5 (2:3)	2 (1:1)	23 (8:15)
オクレアータ	18 (6:12)	9 (6:3)	2 (0:2)	29 (12:17)
マウルス	32 (10:22)	12 (5:7)	19 (11:8)	63 (26:37)
トンケアーナ	31 (11:20)	14 (10:4)	12 (3:9)	57 (24:33)
ヘッキ	34 (14:20)	11 (5:6)	17 (9:8)	62 (28:34)
ニグレッセンス	22 (10:12)	7 (4:3)	3 (3:0)	32 (17:15)
ニグラ	36 (14:22)	24 (9:15)	15 (9:6)	75 (32:43)
ブタオザル	13 (4:9)	15 (4:11)	9 (2:7)	37 (10:27)
合　　計	202 (74:128)	97 (45:52)	79 (38:41)	378 (157:221)

表2　ニホンザル（*Macaca fuscata*）における生涯座高最大値に対する 5.0 〜 7.5 歳時座高の割合（%）．

年齢	%　メス	% オス
5.0	94.1	90.1
5.5	95.1	92.4
6.0	95.9	94.3
6.5	96.6	97.8
7.0	97.2	97.0
7.5	97.7	98.0
最大値年齢	13.5 歳	10.5 歳

数値比較分析

このような種間多様性を検討する場合，成体の計測値でおこなうのが理想的であるが，表 1 に示すように，成体の計測個体数は種によっては，ごく少ない．そこで，次のような手順によって，未成熟個体のデータも種間比較に用いた．

1）座高比較

座高で体サイズを代表させ，比較をおこなった．この比較では 5 歳以上のデータを用いた．ニホンザルの座高の成長曲線分析結果から [15]，オスでは約 10.5 歳で，メスでは約 13.5 歳で座高最大値に達する．標準的成長曲線から，5 歳以降，任意の年齢における座高がその最大値の何%にあたるかを算出し（表 2），それによって 5 歳から 7.5 歳までの個体の座高データを補正し，成体データとあわせて基礎統計量を計算した．

2) プロポーション分析

種・年齢・性を問わず，すべてのデータを用いて，座高をX(独立変数)とし，その他の項目の計測値をY(従属変数)として，両対数プロットを描くと，ひじょうによい回帰が見られた．そこで，各計測項目につき，以下のような分析をおこなった．

①独立変数と従属変数を対数化し(常用対数)，最小2乗法で回帰式を求める．

②ある個体の座高計測値(X1)を回帰式に代入し，推定値(log(Y2))を求める．

③実際の計測値の対数(log(Y1))との残差を求める．

④種ごとにその残差の平均値・標準偏差を求める．この平均値から，その座高(体サイズ)における平均的な計測項目サイズの何倍にあたるかを計算する(平均比)．

⑤前胴長と尾長を除くすべての項目について，平均比を結ぶ折れ線グラフ，計量学的プロフィールによって，種間比較をおこなう．

3) 主成分分析

5歳以上の個体データに関して，変量間相関の影響を除くために，18項目の残差値データに主成分分析を適用した．

スラウェシマカク：7種それぞれの形態特徴

座高による体サイズ比較

スラウェシマカク7種とブタオザルの座高平均値を表3に示す．メスではもっとも小さいのがブルネッセンスであり，それについで南方分布のオクレアータとマウルスも小さめである．一方，もっとも大きいのがトンケアーナで，ヘッキとニグレッセンスがそれに次ぐ．ニグラは中間的である．ブタオザルは，マウルスと同じ程度である．

オスでも傾向は同様で，もっとも小さいのはマウルスで，ニグラ，ブルネッセンス，オクレアータがそれについで小さく，逆にトンケアナ，ニグレッセンス，ヘッキの中部3種が大きい(図1)．ブタオザルは性差が大きく，オスの場合，この中部3種に同等である．

表3　スラウェシマカクおよびブタオザルの座高平均値（標準偏差，n）．5歳以上の個体データを年齢によって成体時データへ変換し，計算へ組み入れた．

種	メス	オス
ブルネッセンス	450.6 (40.9, 3)	524.0 (21.2, 4)
オクレアータ	460.4 (24.6, 6)	519.7 (35.8, 5)
マウルス	465.9 (11.7, 16)	511.4 (31.6, 15)
トンケアーナ	494.5 (15.8, 13)	548.2 (23.8, 13)
ヘッキ	480.0 (17.7, 14)	532.3 (33.2, 14)
ニグレッセンス	488.5 (28.8, 7)	540.8 (16.1, 3)
ニグラ	473.1 (39.7, 18)	512.9 (27.7, 21)
ブタオザル	466.1 (39.7, 6)	536.8 (34.8, 18)

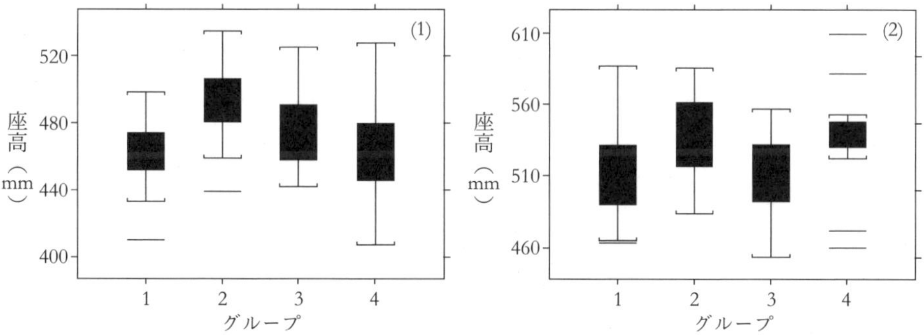

図1　座高のボックス・プロット．左はメス，右はオス．1＝南方3種（ブルネッセンス，オクレアータ，マウルス），2＝中部3種（トンケアーナ，ヘッキ，ニグレッセンス），3＝ニグラ，4＝ブタオザル

プロポーション分析による種特徴

1）尾長の比較

スラウェシマカクはいずれも尾は短く，さらに背側へ強くカールし，皮膚が癒着して伸びないものもある．また計測時，グルテアルフィールド部分の皮膚を含め，尾が生殖周期に伴って強く膨腫しているものもあり，すべての個体で尾長が計測できたわけではない．極力，同一条件となるように計測した範囲で比較すると，もっとも長い尾をもつのはブルネッセンスであり，その平均比は1.57である．ついでトンケアーナ（1.33），オクレアータ（1.32），およびマウルス（1.17）と，南から中央に分布する4種で相対的尾長は平均よりも長い．逆に短いのは北半島分布のニグレッセンス（0.59），ニグラ（0.72），およびヘッキ（0.91）の

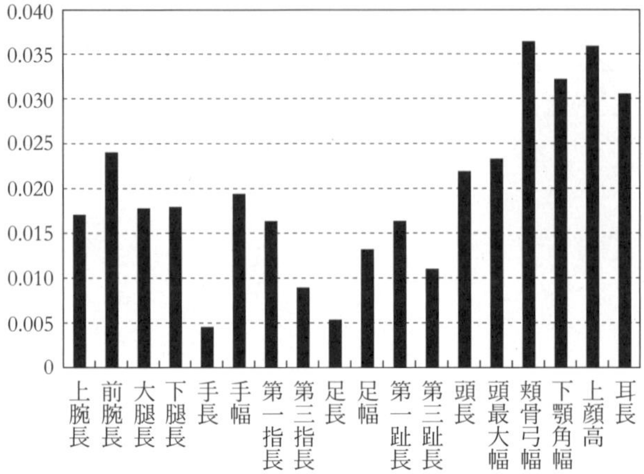

図2 スラウェシマカクとブタオザルの種平均値の標準偏差

3種である．スラウェシマカクの回帰式を用いて計算したブタオザルの平均比は5.45である．

2）計量学的プロフィールによる比較

まず，項目別に種平均値の間の変異性（標準偏差）を見ると，図2に示すように，もっとも大きいのは頬骨弓幅で，上顔高・下顎角幅・耳長などの顔部項目でも大きく，かなり大きいのは前腕・頭長・頭幅である．逆に小さいのは手長・足長・第三指長である．

①ブルネッセンス（図3–1）：この種は，著しい特徴が見られ，上腕・前腕・大腿・下腿がプロポーション的に長い．逆に上顔高が短めである．他項目は平均的である．

②オクレアータ（図3–2）：この種のプロフィールはブルネッセンスに似ていて，四肢が長めである．また上顔高は7種の中で一番，短い．

③ マウルス（図3–3）：プロフィール上で　細かい上下が多い．まず，注目されるのは手幅が小さいけれども第1指長が長く，第1趾長も長めである．顔部では，頬骨弓幅が大きめだが，下顎角幅は小さめである．

④トンケアーナ（図3–4）：特徴は，頭顔部がかなり大きいことであり，他6種を絶して大きい．とくに頬骨弓幅．体部分では，手幅や足幅が大きく，逆に上腕・前腕・大腿・下腿は短めである．

⑤ヘッキ（図3–5）：この種は，第三趾長と上顔高が大きめであることを除く

と，頭顔部を含め，多くの項目で平均的でプロフィールが滑らかである．

⑥ニグレッセンス（図3-6）：手幅と足幅が大きめであることを除き，四肢部でも頭部でもほぼ平均的である．顔部分は特徴的で，頬骨弓幅がかなり小さいが，下顎角幅や上顔高，耳長がかなり大きい．

⑦ニグラ（図3-7）：四肢部はいずれの項目でも平均的であるが，特徴は頭顔部に見られる．頭長・頭幅・頬骨弓幅が小さめである，一方で顔が長い（上顔高）．耳長がひじょうに短い．

⑧ブタオザル（図3-8）：スラウェシマカクの回帰式を用いてプロフィールを計算した．まず，多くの項目で大きいことが特徴である．四肢部では手幅と足幅，および足長を除くとスラウェシマカクのいずれよりも大きい．さらに上顔高と耳長を除く頭・顔部も四肢部とほぼ同様の偏差で大きい．

主成分分析

分散・共分散行列にもとづいて主成分分析をおこなった．第1～3主成分は，全体のバリアンスのそれぞれ35.9％，15.0％，および10.1％（合計61.0％）を説明する．それぞれの成分に対する各項目の因子負荷量を図4に示す．第1主成分では，上顔高を除くすべての項目で負荷量は，+0.4以上と高い．用いたデータがサイズの要素を除去した数値データであっても，この成分は「サイズ因子」的である．すなわち，座高に対して，四肢・頭顔部のサイズは相関して大きくなる，あるいは小さくなるという傾向がある．

第2主成分では頭顔部の負荷量が特徴的に高く，一方，四肢部の多くの項目では，負で絶対値が小さめの負荷量を示す．第3主成分では，上腕長・前腕長・大腿長・下腿長，および下顎角幅と上顔高の負荷量がプラスで大きい．

第1・2主成分スコアの種・性平均値をプロットした（図5）．図では同種の両性プロットを両矢印で結んでいて，性差はほぼ第1軸の大小で示されるが，いくつかの種では，第2主成分も関与している．種差は第2主成分に顕著に示され，小さいものから順に，ブルネッセンスとオクレアータ，マウルスとニグラ，ニグレッセンス，ヘッキ，そしてトンケアーナである．ブタオザルでは，メスはオクレアータとほぼ同じ位置にあるが，オスは第1軸でずっと大きい位置にある．

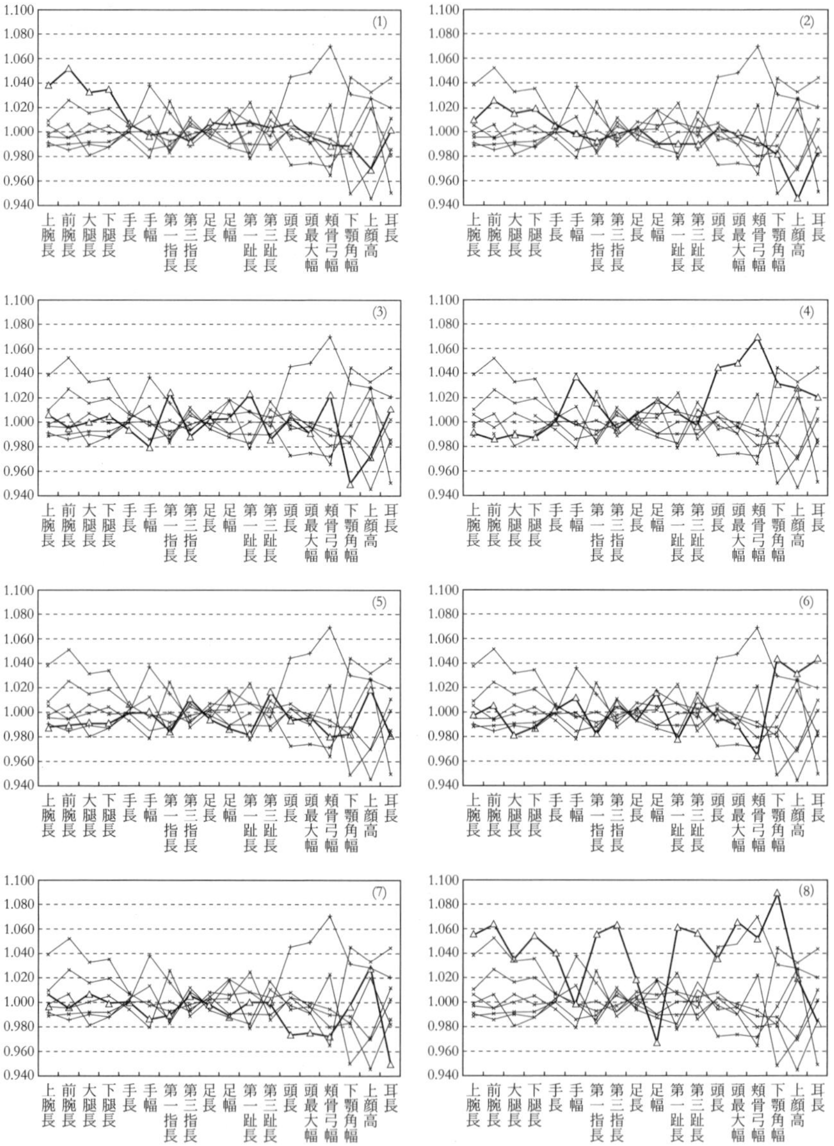

図3　スラウェシマカクとブタオザルの身体計量学的プロフィール

(1) ブルネッセンス，(2) オクレアータ，(3) マウルス，(4) トンケアーナ，(5) ヘッキ，(6) ニグレッセンス，(7) ニグラ，(8) ブタオザル．それぞれ該当種の折れ線グラフを強調している．

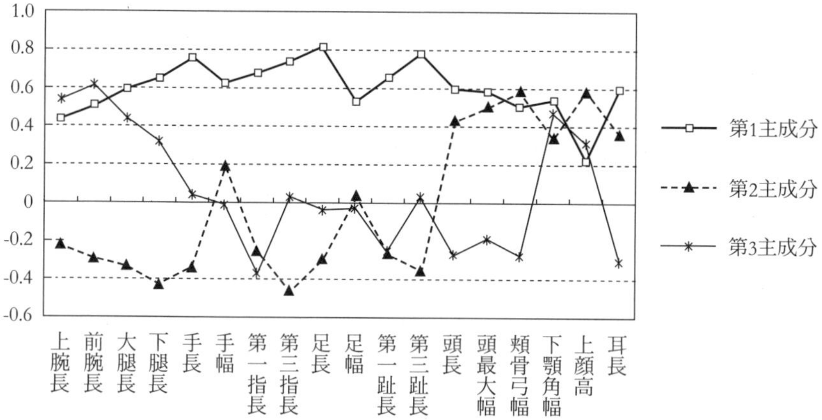

図4　第1主成分から第3主成分までの項目別因子負荷量

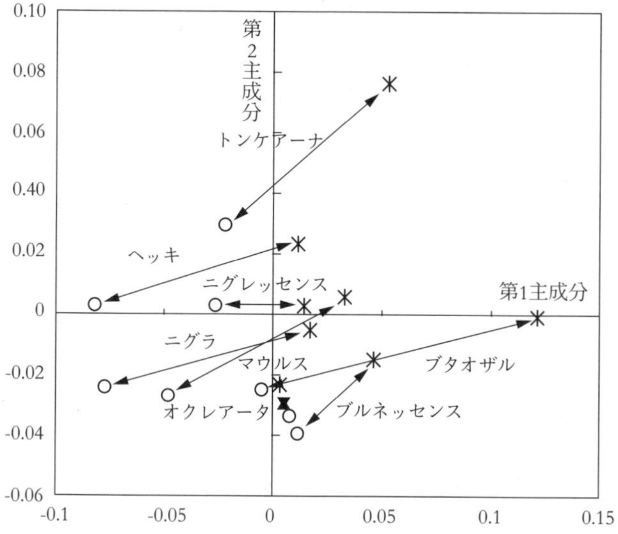

図5　スラウェシマカクとブタオザルの第1・第2主成分スコアの種と性別平均値のプロッティング．○＝メス，＊＝オス．

スラウェシマカクの形態は何を語るのか？

現在のスラウェシマカクの示す顕著な形態学的特徴を理解するには，それらの歴史的変遷・環境への適応・遺伝的変化などの多様な要因を考慮する必要がある．しかしながら，これらの要因について，断片的な資料しか存在せず，得られている資料をつなぎ合わせ，内挿・外挿して考察する必要がある．また，ある要因が関与したとしても，それへの応答は集団により異なる可能性があり，つねに同じであるとは限らない．それは遺伝的浮動のメカニズムを援用すれば，理解できよう．すなわち集団サイズが変動し，ごく少数になった場合，多型性形質のどれかに固定されることが多いが，どの型になるかは確率論的に決まる．そういった意味で偶然性（Contingency）を考慮にいれる必要もあり，形態形質は多義的である．このような資料の不足や形態の多義性があるため，形態学的特徴進化の考察は，ややもすれば主観的である，恣意的であるなどと批判される．そのような批判に配慮しつつ，以下，考察する．

スラウェシマカクの祖先，および島内での進化

スラウェシマカクの祖先はシシオザル種群であり，スンダランド，より特定すればカリマンタンもしくはジャワ島から渡来したと推測され，その時期は，シシオザル種群より後に起源し，分化し，分布を拡大したカニクイザル種群が渡来していないことから，かなり古いと考えられる[2]．そして氷河期の海退期にスンダランドとスラウェシの間の海洋幅が狭まったころに，祖先（プロト-ブタオザル）がラフティング（いかだ渡り）によって，スラウェシへ漂着したと推測されている．

このプロト-ブタオザルは入植後，島内の各地域へ分散し，さらに気候の変動によって集団間で地理的隔離と交流復活が何度か繰返された．こういった過程を通じて，地域特有の環境への適応，および遺伝的浮動的メカニズム（隔離と小集団化に起因する）によって，それぞれの地域集団は，現在見られるような独特の形態学的特徴を獲得したと思われる．一方，遺伝的背景の異なる集団間での遺伝的交流は過去にもあり，形態学的特徴セットはさらに複雑になったと推測される．地域集団が独自の特徴を獲得するに至ったことは，祖先のプロト-ブタオザル集団でも同様であり，アベグとティエリーは，現生のブタオザルの

もつ生物学的特徴を，スラウェシマカクの祖先にあてはめるべきではないと警告している[2]．このように形態学的進化史を再構築することが困難であることが指摘されるが，さまざまな形態学的特徴に適切な分析を施せば，現生7種の形態学的特徴を，祖先種から持ち越された特徴から，最近になって地域限定的に得られた特徴までのスペクトラムへ分解できるかもしれない．

スラウェシ島の地理・森林・および環境変動の形態への影響

まずマカクの形態学的特徴形成に関与したであろう，スラウェシ島の地理的形状と森林分布について短く記す．K字形をした島の中央部分には，高くてひじょうに広大な山塊があり，そこからKの字の各末端方向へ向かって脊梁山脈が伸び，森林が形成されている．その山地森林は低地によって分断される．たとえば，西南半島のつけ根部分には，広大な低地（テンペ・デプレッション）がひろがる．基本的に，これらの低地がマカクの隔離要因になっている．中央山塊地域では降雨量も多く，密な森林に覆われているが，東南地域は乾燥期間が長く，疎開林的な森林に覆われている[16]．北半島に分布するニグラとニグレッセンスの分布域は，火山が多く，脊梁山脈は森林で覆われているが，その面積はかなり限定的である．赤道がほぼ中央部を横切るスラウェシ島では，氷河期気候のマカク集団へのインパクト，乾燥化が気温低下よりも強く，それによる森林域の縮小と分散が著しかったと推定される．こういった環境条件とその変動は，スラウェシマカクの形態特徴により直接に関与する要因，たとえば地上性—樹上性，分布域の広さなどを通じて影響したと考えられる．

外観的特徴と尾長

以上のような前提に則って，スラウェシマカクの形態学的特徴の進化について，考察を加えてみたい．まずもっとも顕著な外観的特徴と尾長である．これらの形質は，祖型から派生型へという方向性を考えやすい．

外観的形態においてスラウェシマカク7種はいずれも，次のようなさまざまな著しい特徴をもつ：シリダコの形状，グルテアルフィールド，ランプパッチ，頭頂の毛並み（トサカの発達），頬毛の毛並みや色，尾長，その他である[1]．まず，体色パターンで，もっとも基本的だと思われるのは，頬など一部を除いて体全体が黒っぽいトンケアーナである[17]．東南地域の2種，オクレアータおよびブルネッセンスは，四肢の肘・膝関節付近から遠位が白っぽく，西南地域のマウルスは全身的に淡い色となっている．北半島の3種のうち，ヘッキは四肢中ほど以遠でいくらか淡いが，ニグレッセンスとニグラでは体近位部（胴体から肘・膝部分）が幾らか淡く，チョコレート・褐色である．北半島のヘッキとニグラの2種は，他のマカクに見られない独特の形状をしたシリダコを発達させている．他の外観特徴を考慮すると，北半島に分布する3種で特殊化が進んでいるが，多かれ少なかれニグレッセンスのように一般的特徴と特殊化特徴が混合されている．

7種の尾はいずれもごく短く，それらの尾になんらかの機能を認めることは困難である．尾にはロコモーションの際にバランス取り機能，あるいは社会的序列確認のコミュニケーション機能がある．ユーディはマカクの短尾，あるいは無尾は，過去の寒冷気候によるものだと示唆しているが（アレンの法則）[18]，スラウェシ島の位置を考えるとそれは適用しがたい．むしろ地上性が強く，樹上での活発・俊敏なロコモーションに依存していないことから，長い尾をもつ必要がなくなったためと思われる．同様の傾向は，マンドリル等の地上性オナガザル類に見出される．コミュニケーション機能については，後述する．

この論文の分析でもっとも長い尾をもつのはブルネッセンスで，一方，もっとも短い尾をもつものはニグレッセンスであった．尾長の進化は一般に，短くなる方向へ進み，その逆は考え難い．とすると，ブルネッセンスはもっとも古い特徴を保存し，一方，ニグレッセンスがもっとも派生的である．このような尾の進化に関して，ブルネッセンスとニグレッセンスの両方に対して，限定的生息地域を要因としてあげざるをえない．ブルネッセンスについで長い尾をもつのはトンケアーナであるが，この種の場合，気候変動にもかかわらず，その生息地域は広く，大きい集団サイズも維持されたことが，古い形質を保存させたと考えられる．トギアン諸島（トミニ湾内，スラウェシ島の東半島にも分布が示唆される）のマカク集団は，別種（トゲアヌス *M. togeanus*）にすべきだとの主張もある[7]が，本土のトンケアーナに匹敵する体サイズ（座高）をもち，より長い尾をもつ[7]．この集団の場合にもブルネッセンスと同様に，限定的分布域がもたらす祖先型の保持が示唆される．

体サイズと四肢のプロポーション

同一種内，あるいは近縁種間において，一般に体サイズの地理的変異にベルグマンの法則があてはまる．すなわち高緯度地方に生息する集団ほど大型化するという傾向で，ニホンザルなどに見出されている[18]．本研究で分析した結果，この法則はスラウェシマカクには成立しない．まず7種中，もっとも大きい種は，赤道直下に分布するトンケアーナであり，ついで北半島に分布するニグレッセンスとヘッキが大きい．しかしおなじく北部にすむニグラのサイズは小さめで，赤道から南へ遠ざかった東南地域の2種がもっとも小さい．

こういったサイズ変異に対して思いつく要因は，島嶼効果である．すなわちある程度より狭い島的環境に生息する中型以上の哺乳類集団では，広大な地域に生息する同種集団に比べて，小型化するという傾向である．この効果は，トンケアーナやブルネッセンスにあてはまるが，分布域が狭いのにサイズの大きいニグレッセンスを例外としなければならない．また，生息地の広がりでは大陸的なブタオザルのサイズが，メスではマウルス程度と小さめで，メスよりもずっと大きいオスでも，大型スラウェシマカク3種のサイズ範囲にあることも，この効果だけでは説明がつかない．

もう1つ考慮すべき点は，サイズ指標として座高だけを用いることの難点である．本研究ではサイズ指標として座高を用いたが，他の身体部位サイズ，とくに四肢のサイズも考慮しなければならない．座高で小さいスラウェシ西南地方2種は，北半島地方3種に比べて四肢が長く，座高が最大のトンケアーナは他よりも四肢部が短めである．ブタオザルは，手と足の幅，足長を除く四肢部の項目が大きく，逆にいえば，座高がプロポーション的に短い．

オナガザル類で一般に地上性四足歩行者は，樹上性四足歩行者にくらべて四肢が長いという傾向がある[19]．ブタオザルは地上性の強いことでよく知られ，それは座高に対する四肢のプロポーションに反映されている．同様に四肢が相対的に長いブルネッセンスの生息環境は他種のそれより乾燥し，樹間が開き気味であるため，同種は森林の林床部（地上）を遊動する頻度が高いのではないかと推測される．四肢部骨格には，樹上性—地上性の程度を反映する多くの形態特徴が指摘されているので，今後，四肢部骨格の比較がその程度の評価に役立つであろう．

頭顔部のサイズとプロポーションに見られる形態特徴

計量学的プロフィールにおいて種間変異幅が大きいのは，頭顔部の計測項目であり，とくに頬骨弓幅，下顎角幅，および上顔高（吻の長さ）の顔部である．それだけでなく耳長の変異幅もこれらについで高い変異性を示す．この計量学的プロフィールでスラウェシマカク各種を比較すると，中央・北半島地域4種は，南方3種に比べて上顔高が長めである．とくにニグレッセンスでは顕著な特徴が見出され，頬骨弓幅が短めだが，下顎角幅と上顔高が長く，耳も長い．ニグラも特徴的な頭顔部形態を示し，頭と頬骨弓幅が小さめで耳も短いが，上顔高がひじょうに長い．ヘッキは，上顔高がいくらか高い平均比を示すことを除き，滑らかなプロフィールが特徴である．トンケアーナは，頭顔部が全体的に大きいという特徴をもっている．

主成分分析の結果は，これまでに述べてきた種特徴をよく反映している．第2主成分はおもに，この頭顔部プロポーション変異を表現し，そのスコアの最小値は東南地域2種に，その逆の最大値はトンケアーナに見られる．この成分でブタオザルは前者に近く，トンケアーナにもっとも遠い．ニグラとニグレッセンスは前述のように，平均よりも大きい項目があれば，小さい項目もあるため，効果が打ち消されて，第2主成分スコアでは中間的な位置にある．座高に対する全体的プロポーションを表す第1主成分において，最小の端にヘッキのメスがあり，最大の端にブタオザルのオスがある．

このように頭顔部に見出される種特徴の要因の一部は，食生態＝咀嚼機能の違いに起因する形態学的帰結なのかもしれない．一方，計量的特徴で注目されるのは，東南地域2種とブタオザルの類似性（とくにメスでの）であり，生態の類似性，もしくは系統的近縁性が示唆される．その対極にあるのがトンケアーナであり，その主たる生息地，中央山塊地域に広がる密な森林における，より強い樹上性の生態への適応が示唆される．

北半島地域の3種は，頭顔部計測項目でそれぞれ固有のプロポーションをもっている．これら3種は，シリダコの形状，頭頂の毛並み（トサカなど），尾長，その他の外観的形態特徴においても著しく，かつ各種に固有の特徴をもっている[1]．これらの特徴に，樹上性―地上性とか食性といったハード面での機能形態連関も働いているのかもしれないが，それだけでなくソフト面での機能形態連関も働いている可能性がある．それはコミュニケーション・種認識などの心理・行動面の機能である．

北半島地域の3種，ニグラ，ニグレッセンスとヘッキは，ここで見出した耳長のプロポーションや頭顔の形状の違いだけでなく，他の外観的特徴でもそれぞれの特異性をもっている．したがって，身体のどこか一部を見ただけでも，種を見分けることは困難ではない．またこれらの形態がコミュニケーション機能を担っていることは，容易に理解できる．たとえば，ピンク色をしたニグラの大きなシリダコは，黒っぽい体のほか部分とコントラストが強く，目立つ．トサカの毛を立てる・下げること，耳を後ろに引くこと，顎の大きな開閉，唇の開閉などは，マカクの主要な社会的行動レパートリにある．これら3種でコミュニケーション機能を担う形態がそれぞれ固有のパターンで発達していることが，注目される．

スラウェシマカクは隣接分布種間の多くで，雑種形成が見られる[3][4][5][6][7][8][9][10][11][20]．スラウェシマカクの種は著しい差異のない環境に生息し，半隔離的環境にある集団である．なんらかの要因によって隔離条件が緩和され，個体の分散が促進されると，容易に遺伝的交流がもたれる．ニグラとニグレッセンスはどちらも分布域は狭く，ヘッキをあわせて，それらの間の地理的隔離障害はけっして高いとはいえない．しかしながら，集団のもつ形態学的特徴の上でのアイデンティティは，これまで損なわれずにきている．このことは，前述のような雑種形成に「生物学的種概念」を厳格に適用し，生殖隔離条件が破綻しているとの理由で，種分類に疑問を呈するよりも，重視されるべき事実である．

北半島地方3種の間に頻繁な遺伝的交流が起こり，同様の形態学的特徴をもつ唯一の集団になってしまわないでいるという事実は，コミュニケーション機能をもった形態に3種それぞれに異なった特徴が蓄積される方向に，進化が進んだ結果を示唆するのではないだろうか？　すなわち，同所性に分布してはいないが，これら側所的3種に形質置換（Character displacement）が働いた可能性が指摘される．アフリカの雨林に分布するオナガザル類が多様な顔色パターンを発達させ，同所性分布を可能にしているのと同様である．「認識的種概念」[21]を適用し，それぞれの地域に限定され，顕著な形態学的特徴を維持している集団を種と認めるべきだろう．

おわりに

スラウェシマカクの調査が総合的なものであるべきだと考え，形態学研究を組入れた竹中さんから，「形態学的時計」の作製が宿題として与えられた．それは分子時計のように，形態学的変異から系統関係や分岐年代を明らかにする「時計」のことなのだが，結局はこの章で書き連ねているように，かなわなかった．90年代の調査では，渡邊邦夫さんと共におこなった．スラウェシ中部の交雑問題で，かなり徹底して形態学的データを収集した．この章では，その時に得られた「純粋種個体群」からのレファレンスデータを使ったが，交雑個体群のデータは次の機会に分析・検討したい．スラウェシマカクの現状は，ひじょうに厳しい[22]．保全の施策が採られんことを祈願する．

文献

[1] Fooden J: Taxonomy and evolution of the monkeys of Celebes (Primates: Cercopithecidae). Bibliotheca Primatologica, No. 10, S. Karger, Basel. 1969.

[2] Abegg C, Thierry B: Macaque evolution and dispersal in insular south-east Asia. Biol. J. Linnean Soc., 75: 555–576, 2002.

[3] Groves CP: Speciation in Macaca: The view from Sulawesi. In: Lindburg DG (ed): The Macaques: studies in ecology, behavior and evolution. pp. 84–129. van Nostrand Reinhold, New York. 1980.

[4] Bynum EL: Hybridization between *Macaca tonkeana* and *Macaca hecki* in Central Sulawesi, Indonesia. Am. J. Phys. Anthrop. Suppl. 22: 77, 1996.

[5] Bynum N: Morphological Variation Within a Macaque Hybrid Zone. Am. J. Phys. Anthrop., 118: 45–49, 2002.

[6] Bynum EL, Bynum DZ: Morphological Intergradation between *Macaca tonkeana* and *Macaca hecki* in Central Sulawesi, Insonesia. Amer. J. Primatol., 27: 20–21, 1992.

[7] Froelich JW, Supriatna J: Secondary intergradation between *Macaca maurus* and *M. tonkeana* in South Sulawesi, and the species status of *M.togeanus.* In: Fa JE, Lidburg DG (eds): Evolution and Ecology of Macaque Societies, Cambridge Univ. Press, New York. 1996.

[8] Watanabe K: External Characteristics and Associated Developmental Changes in Two Species of Sulawesi Macaques, *Macaca tonkeana* and *M. hecki*, with special reference to hybrids and the borderland between the species. Primates 32: 61–76, 1991.

[9] Watanabe K, Lapasere H, Tantu R: External Characteristics and Associated Developmental Changes in Two Species Macaques, *Macaca tonkeana* and *M. hecki*, with special reference to hy-

brids and the borderland between the species.Primates 32: 61–76, 1991a.
[10] Watanabe K, Matsumura S: The Borderland and Possible Hybrids between Three Species of Macaques, *M. nigra, M. nigrescens*, and *M. hecki*, in the Northern Peninsula of Sulawesi. Primates 32: 365–370, 1991b.
[11] Watanabe T, Hamada Y, Takenaka O, Watanabe K, Kawamoto Y, Suryobroto B: Hybridization between Sulawesi macaques. Primate Res. 9: 285, 1993.
[12] Watanabe K, Goto S, Enomoto T: The study of hybrid monkeys between Sulawesi macaque species: progress report. Primate Res. 17: 123–123, 2001.
[13] Albrecht GH: The craniofacial morphology of the Sulawesi macaques: multivariate approaches to biological problems. Contributions to Primatology, vol. 13. S. Karger, Basel. 1978.
[14] Iwamoto M: Morphological Studies of *Macaca fuscata*: VI. Somatometry, Primates 12: 151–174, 1971.
[15] Hamada Y, Chatani K, Hayakawa S, Newell-Morris L, Suzuki J: Growth and aging in Japanese macaques (*Macaca fuscata*): Trunk length and Bone Mineral Content. Abstracts of the 15th ICCE (International Congress of Comparative Endocrinology), p. 73, 2005.
[16] Whitten AJ, Mustafa M, Henderson GS: The Ecology of Sulawesi. Gadjah Mada Univ. Press., Yogyakarta. 1988.
[17] Hamada Y, Watanabe T, Takenaka O, Suryobroto B, Kawamoto Y: Morphological studies on the Sulawesi macaques. I. Phyletic analysis o body color. Primates 29: 65–80, 1988.
[18] Eudey AA: Pleistocene Glacial Phenomena and the Evolution of Asian Macaques. In: Lindburg DG (ed): The Macaques: studies in ecology, behavior and evolution. pp. 52–83. van Nostrand Reinhold, New York.1980.
[18] 濱田　穣「ニホンザルの形態変異と環境要因」『ニホンザルの自然史』大井徹・増井憲一編著　東海大学出版会　pp. 274–295　2002年.
[19] Fleagle JG: Primate Adaptation and Evolution (2nd ed.) Academic Press. San Diego.1999.
[20] Bynum EL, Bynum DZ, Supriatna J: Confirmation and Location of the Hybrid Zone Between Wild Populations of *Macaca tonkeana* and *Macaca hecki* in Central Sulawesi, Indonesia. Amer. J. Primatol., 43: 181–209, 1997.
[21] Paterson HEH: The recognition concept of species. In: Vrba ES (ed): Species and Speciation, Transvaal museum monograph No. 4. Transvaal Museum, Pretoria. pp. 21–29, 1985.
[22] 渡邊邦夫「インドネシアにおけるマカクの研究」『霊長類研究』20: 117–122, 2004.

タイのカニクイザル ——分布と形態・生理・遺伝的特徴——

Suchinda Malaivijitnond

カニクイザルはこれまで長い間，調査・研究の対象となっていて，タイでは1988年に竹中修教授に率いられた京都大学霊長類研究所メンバーと，プチポン・バラヴディ（Puttipongse Varavudhi）教授に率いられたチュラロンコーン大学霊長類研究ユニットとの共同チームが開始し，その後も調査・研究が継続されている．カニクイザルは旧世界サル，マカカ属に分類され，学名で*Macaca fascicularis*である．一般名称として，“尾の長いサル”，“カニクイザル”，または“イヌのようなサル”と呼ばれている．カニクイザルはアジアのマカクの中で一番長い尾をもつ．それは，頭の先からお尻までの長さと同じか，それを少し上回るほどで，それによって他のマカクから容易に識別できる（写真1）．タイには5種のマカクが生息しているが，そのなかでもっとも繁栄している．広範囲の生態学的条件へ適応し，マングローブ林，一次林，人手の入った林，二次林，込み合った集落近く，小規模の公園やお寺にもすんでいる．カニクイザルは果実，花，葉，キノコ，さらには甲殻類や昆虫など，さまざまな食物を食べる．したがってタイでの分布は，最南端（ヤラ県，北緯約6°）から北部地方や東北地方の南部（ナコンサワン県やマハサラカム県など，北緯約16°）までと幅広い．

私たちの調査で明らかになった現在のタイ国内でのカニクイザル分布状態は，30年前の分布とよく似ているが，人間の活動によってその生息環境は，以前の自然の森林から小公園や寺へなるなど悪化している．その半面，大量に餌が与えられていることや，捕食者がいないことなどにより，群の個体数は10年前の調査と比べて125–875％にまで急速に増大している．ロッブリ県サン・プラカムでは，市街地にカニクイザルが生活し，毎年モンキー・ビュッフェが催されるなど厚遇されているが，食物を求めて人家に入り込んで荒らすなどの人間との軋轢も引き起こしている．

カニクイザルの成長と生殖面について，簡単に説明しよう．まず，カニクイザルの妊娠期間は5～6か月で，1回の出産で赤ん坊が1頭生まれ，双子もまれに生まれ

写真1 カニクイザルの尾は頭の先からお尻までの長さに匹敵し，アジアのマカクの中でもっとも長い．赤ん坊は少し成長すると母親の背中に乗って運搬されるようになる．

る．赤ん坊の離乳は生後約1年で，3～4歳で思春期になる．メスは最初の成熟変化のころに初潮を経験する．月経周期は約30日である．近縁のニホンザルやアカゲザルでは月経周期に伴い，排卵前にエストラディオール（女性ホルモン）の分泌が増大し，性皮が腫れたり赤くなったりするが，カニクイザルでは一般に性皮変化は明瞭ではない．ところがタイ南部に分布するカニクイザルでは尾のつけ根部分の皮膚が腫れ，赤くなる．カニクイザルは生殖面で季節性が見られず，主な性ステロイドホルモンの体内循環パターンや生殖器官系に見られる特徴でも，人間のそれらと実際上，見分けがつかないほどよく似ている．閉経は約15歳である．

つぎにカニクイザルの形態面・遺伝面での地域変異である．カニクイザルは前述のようにタイ国内で広く分布しているので，形態面でかなりの地域変異が認められる．その変異には，動物地理学の三大法則が当てはまり，南から北への地理的勾配（クライン）が見出される．すなわち体サイズ面でのベルグマンの法則，プロポーション面でのアレンの法則，体色面でのグロージャの法則である．北方の涼しい気候の地方の個体は，より南方個体に比べて大型で，相対的に短い尾をもち，体毛色も淡い傾向がある．これらの地理的勾配は，連続的な遺伝面での変異にもとづいて形成されていると思われる．しかしカニクイザルの地理的変異は，これらの法則で説明できるほど簡単なものではないようだ．タイには北緯10°のラノン市付近にあ

写真2 タイ南部のカニクイザルでは，エストラディオール（女性ホルモン）が大量に分泌される排卵前に，尾のつけ根部分の性皮が赤く腫れる．

るクラ地峡という動物地理区を分割する障壁があり，北のインドシナ区と南のスンダ区では異なるレパートリーの動物相が認められている．そういう見方でカニクイザルの形態特徴分布を見ると，サイズや相対的な尾の長さなどの面で，インドシナ区とスンダ区の間で二分パターンがあると認識できる．カニクイザルのDNA塩基配列を解析して，地域個体群間で比較すると，このパターンに合致するような変異パターンが見出された．母系遺伝するミトコンドリアDNAにある450塩基対の配列を解析すると，インドシナ区の個体群はどれも同タイプの配列で，スンダ区の配列とは異なっている．クラ地峡がなんらかの形で，カニクイザルの南北の遺伝子交流を妨げているのだろう．

カニクイザルは進化的にヒトにもっとも近縁な動物の１つであり，その形態・生理・遺伝・疾病など，さまざまな側面を研究することは，カニクイザル自身の進化史だけでなく，われわれ人類の歴史の解明にもつながるだろう．さらにカニクイザルは人類の福祉にも役立ってくれるかけがえのない動物である．それは倫理面や法的規則によってヒトでは規制されている研究をカニクイザルでおこない，得られた生物医学的知識をヒトへ応用できるからである．

戦争はさけられないか

相見　満

はじめに

竹中修さんには化学について，ことあるたびによくたずねたものだ．親切に教えていただいた．非常にありがたかった．

わたしは化学がよく理解できない．大学でもとくに有機化学がよく理解できず，教養部時代には単位を取ることができなかった．せっかく大学に入りながら化学を理解しないまま卒業するにはしのびなかった．そこで3年生の時に化学教室にかよい，有機化学の講義を取ることにした．何とか単位だけは取れた．しかし，ほんとうのところ，今でも化学はよく理解できないでいる．

海外調査のこと

竹中さんとはインドネシアのバンドンでお会いしたことがある．1980年のことだった．私はその時，バンドンにある地質調査所を基地にして，ジャワ原人の化石産地で発掘調査をしていた．竹中さんにとってははじめての海外調査だった．「これからバリ島とスマトラでカニクイザルの調査をおこなうのだ」と張り切っていた．目が輝いていた．今から25年前のことである．その後，2回ほどスマトラでいっしょにサルの調査をした．汗と泥と糞にまみれ，サルを捕まえている姿が思い出される．けっして試験管だけをふっている人ではなかった．

ニホンオオカミのこと

ある時，絶滅したニホンオオカミが話題になった．ニホンオオカミは「正真正銘のオオカミだ」というものから，「いや犬が野生化したものだ」というものまで，その由来についていろいろな説が出されていた．竹中さんは，「毛皮があればDNAをとりだせる．毛皮さえ手に入れば，すぐ結論を出せる」という．1992年のことである．準備に取りかかった．タイプ標本がオランダのライデンにある自然史博物館に保管されている. 江戸時代にシーボルトが採集したものである. その試料を手に入れる必要があった. 私はすぐライデンを訪ね, 哺乳類標本の責任者であるスメンクさんに毛皮の話をした.「日本人がくると, かならずといってよいほどオオカミを見せてくれという. シーボルトのオオカミはこの博物館のスターだ. しかし, 毛皮をくれというのはあなたがはじめてだ」とのこと. 最初は「毛だけで何とかならないか」といわれた.「毛根が必要なので, 1センチ角の皮膚がいる」と頼んだ. 剥製標本に傷がつく. スメンクさんは「ちょっと待ってくれ」とのこと. 1週間待った. ようやく, 許可が出た. 後肢のつけ根の内側を切り取ってくれた. 待望の資料を手に入れることができた. 日本で保存されているニホンオオカミといわれる毛皮と, エゾオオカミ, 大陸オオカミの資料を加え分析することにした.「3日もあれば結果を出せる」といっていたにもかかわらず, すぐには結果が出なかった. 博物館の標本は保存のため, 手が加えられている. それがどうやらDNAの増幅を阻害するというのである. そのうち解決策を見つけることができるだろうということで, 今日に至っている. 当たり前のことだが, すべてが順調にいくとは限らない. 後日談になるが, このシーボルトのオオカミがスメンクさんとともに2005年3月3日に愛知万博の瀬戸会場にやってきた. 竹中さんの命日である. 何かの因縁でもあるのだろうか.

戦争はさけられないか

竹中さんはよく,「人類はもともと攻撃的で, 戦い好きで, 戦争から逃れられないのではないか」と危惧されていた.「人類が攻撃的だとしたら, その由来をさぐりたい. いろいろな動物でどうなっているのか, シンポジウムを開き, 戦争について議論する必要がある」と考えていたようである.

最近, ある人が, こんなことをいっているのを耳にした.「戦争は人類にとって善である」というのである. その理由は「サルは樹上という楽園を手に入れた. そこには, 食べ物がふんだんにあり, 天敵もいない. したがって人口を抑制するものがほとんどない. 病気などは大した効果がない. 人口が爆発的に増加する. そうなると, 絶滅してしまう. そこで霊長類は自分で人口を抑制する方法を編み出した. 人類では, 戦争がその1つである. 戦争は, 個人にとっては殺されたりするので悪であるが, 人類を絶滅から救うという意味では善である」というのである. はたして, 戦争は善なのだろうか.

実際に見てみよう (図1). 世界の人口の推移をみると, これまで人口が確実に増えてきたことがわかる. 1939年から1945年の間, 先進国では少し傾きがゆるくなっているが, それでも増えている. この傾きがゆるやかになった時期は, 第2次世界大戦の時である. 死者が5000万人とも6000万人ともいわれている. しかし, すぐ後の1950年ごろから傾きが急になる. 発展途上国の人口が急激に増えたことによる.

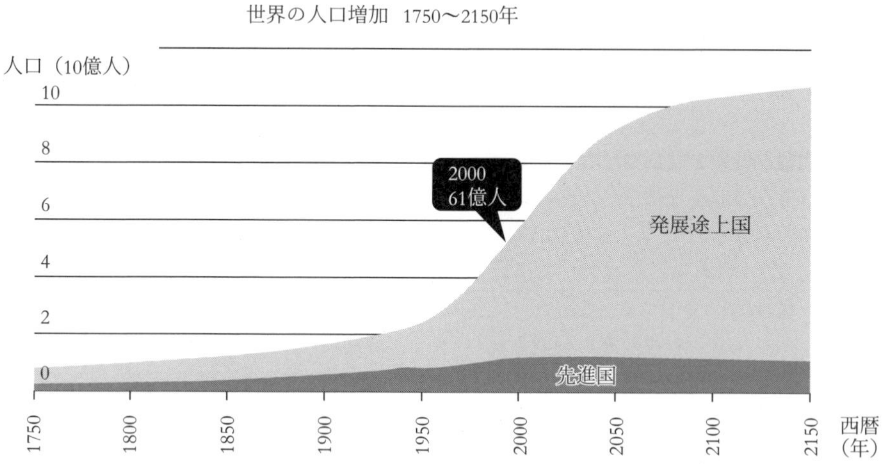

図1 国連の統計をもとにした世界の人口増加

1950年に25億人だった世界の人口が，1990年には50億を超え，2000年には61億人となる．戦争中は人口増加率が少しは減るが，全体をながめると，戦争が人口抑制には基本的に役立たないことがわかる．ということは，戦争は個人にとってと同様，人類にとっても「悪である」ということになる．

世界の三大宗教のいずれもが，殺人を戒めている．仏教では，輪廻思想と一体となり殺生そのものを戒める．キリスト教では「汝殺すなかれ」と教える．イスラム教は「人を殺した者，地上で悪を働いたという理由もなく人を殺す者は，全人類を殺したのと同じである」といい，殺人を戒める．殺人の戒めは人類が身につけた知恵としか思えない．現在，死刑廃止が世界の潮流となっているというのもうなずける．生存権は基本的人権のうちで，もっとも大切なものの一つである．日本でも憲法第13条で「すべて国民は，個人として尊重される．生命，自由および幸福追求に対する国民の権利については，公共の福祉に反しないかぎり，立法その他の国政の上で，最大の尊重を必要とする」と定めている．

われわれ人類を含む動物は，食物連鎖の中では，消費者であり，植物などの生産者に支えられて生活している．植物は太陽からエネルギーをうけ，光合成をおこない地球上で生活している．植物は，太陽エネルギーおよび地球空間により，二重に制限されて生活していることになる．動物はその上さらに植物を加え，少なくとも三重の制約を受けて生活することになる．無限にその個体数を増やすことができないことはいうまでもない．

もっとも古い戦争の記録は，今から1万2千年ないし1万4千年前のアフリカのスーダン，ジェベル・サハバにある墓だという．農業の起源とほぼ同時期である．人類の起源は今から約600万年前といわれている．戦争は人類の歴史のごく最近になって現れてきたことがわかる．

人口問題と戦争を結びつけなくてよい

戦争を人口問題と結びつけたのはマルサスである．マルサスの「人口原理」は2つの前提からなりたつ．「人の生存には生活資料が必須である」と「両性間の情欲は必須であり，すたれることはないだろう」である．かれは，「何の制限もなければ人口は幾何級数的に増加する．生活資料は算術級数的にしか増加しない．ちょっとでも数字に親しめば，前者の方が後者と比べ，莫大な力があることがわかる」と指摘する．その結果，資源を巡る争いが戦争となり，人口増加が抑制されるという．

戦争が世界の人口増加を抑制できないことは前に述べた．人類は生産力を高め，増え続ける人口を養ってきた．しかし最近，私たちをとりまく環境の悪化が目につきだしてきた．何とか知恵をしぼり，解決しなければならない．

ダーウィンもいっているように，「まちがった事実は，おうおうにして長く生きながらえるが，まちがった考えはすぐすたれる」．データをでっち上げることはけっしてやってはならないことであるが，いろいろな考えを出すことは意味のあることだろう．まちがっていたら訂正すればよい．

2004年，竹中さんとともに，全学共通科目を担当した．これは，京都大学の全学部の学生を対象にした講義である．「最後の授業になるから，自分がやってきたDNAの研究をふりかえり，何がわかったのか，さらに今後の展望を語り，一人でも多くの学生をこの分野に惹きつけたい」と力を入れていた．講義のあとの試験に竹中さんは次のような問題を出した．「ヒトのゲノムの構造が明らかにされました．皆さんが将来専攻しようとしている学問領域にどんな影響があるのか考えるところを書きなさい」．竹中さんは学生たちの反応に満足していた．竹中さんの研究は世代を超えて引き継がれることはまちがいない．

Ⅳ

DNAでわかったこと

1

サルで色覚異常を探す

三上章允

色情報は役に立つ

視覚の中で，色は役に立つ要素の1つである．日常生活の中で魚の眼の色で鮮度を見分けたり，サンマの口先の色で油の乗りを見分けたり，野菜の葉先の変色で鮮度を見分けるときも，色情報は役立っている．絵画を楽しむときも色がなければその楽しみは半減する．また，地下鉄の路線図やデータ・シートを色分けすることで日常の判別を容易にしている．交通信号も色で指示を与える．このようにヒトは色の情報をさまざまな場面で利用している．

色は視覚刺激の中で，目立つ特徴でもある．ゲゲンフルトナーとリーガーは，ヒトを被験者として遅延見本あわせ課題（色の識別と記憶の課題）をテストすると，色のついた写真の識別と記憶は，モノクロ写真の識別や記憶よりもよい成績となり，反応時間も早いと報告した[1]．八木冕らによれば，ヒトと同じ色覚をもつアカゲザルは形の識別課題よりも色の識別課題の方が得意である[2]．

かつて，医学部や工学部の一部では正常色覚をもつことが入学の条件であった．この条件がはずされたのは1960年代後半になってからである．私の友人の中にも工学部の志望をあきらめて文学部へ進んだ友人がいる．この規則が適用されていたころ，色覚異常はいくつかの職種では不都合であると考えられていた．たとえば，医療の現場では色の識別ができないと内科や皮膚科の診療で皮膚の色の変化が見えず的確な診断ができないとか，外科で動脈と静脈の区別がつかないという主張があった．しかし，実世界には純粋の色味だけが異なることはほとんどない．色の違いとともに，明るさの違い，3次元的な構造が作り出す形や凸凹の違い，対象の動きの違いなどさまざまな手がかりがある．たとえば，動脈と静脈では，明るさも表面の性状の違いに伴う輝きも違う，さらに大きな動脈は拍動が見え，触れば拍動を触覚で確かめることもできる．したがって，医療や工学分野から色覚異常を排除する理由はないという考え方が次第に主流となり，今では入学時点で正常色覚を条件としている大学はない．

このように，視覚情報には色以外にいろいろな手がかりがあり，色が見えなくても日常生活に適応可能である．しかし，色は目立つ特徴であり，また，人工物の中でさまざまなかたちで利用されていることも現実である．ヒトが豊かな色の世界を体験できるのは，網膜に波長特性の異なる3種類の錐体があるからである．網膜には光の信号を脳が扱う電気信号に変える視細胞があり，錐体は明るい環境で働く視細胞である．錐体は分子配列の異なる3種類の錐体視物質のいずれか1つをもっており，この錐体視物質の光感受性に，短波長（S）の光（青）に最大感度をもつもの，中波長（M）の光（緑）に最大感度をもつもの，長波長（L）の光（赤）に最大感度をもつものがある．このように，3種類の錐体視物質をもつことにより，3色のフィルターをもった，デジタル・カメラやビデオ・カメラと同様の原理でヒトはいろいろな色を見分けている．

色覚の進化

色覚の起源は無脊椎動物の時代にあり，彼らの色検出の分子レベルの仕組みは脊椎動物と高い共通性をもっている．行動レベルでも，照明光が変わっても安定した色感覚の得られる「色の恒常性」といった色覚の特性は，昆虫にも存在する．脊椎動物で見ると，魚類，両生類，爬虫類，鳥類の大部分は4種類の錐体視物質をもっている．一方，哺乳類は，その大部分が2種類の錐体視物質しかもたないいわゆる「赤緑色覚異常」である．哺乳類は爬虫類全盛の時代に夜行性の生活をおくるなかで，彼らの祖先が保持していた4種類の錐体視物質遺伝子の2つを失った．その後，ヒトの祖先では，長波長（L）視物質の遺伝子が2種類（MとL）にわかれ，短波長（S）と合わせて3種類の視物質をもつようになった．ヒトが現在もっている色覚には，ヒトの祖先が歩んだこうした歴史が埋め込まれている．

現在，地球上には約250種の霊長類がいる．これら現生の霊長類は原猿亜目と真猿亜目に分けられる．原猿亜目のサルは霊長類の中では下等なサルの仲間である．真猿亜目はさらに広鼻下目と狭鼻下目に分けられる．広鼻下目はアメリカ大陸にすむ霊長類であり，そのために新世界ザルとも呼ばれている．一方，狭鼻下目はさらにオナガザル上科とヒト上科に分けられる．ニホンザルもヒトも狭鼻下目の仲間である．オナガザル上科のサルはアジア・アフリカにすんでいるので旧世界ザルとも呼ばれている．さらに，チンパンジー，ゴリラ，オランウータン，テナガザルなどの類人猿は，ヒト上科に属する．

旧世界ザルと類人猿の色覚は，ヒトと同じ3種類の錐体視物質をもつ3色型色覚である．新世界ザルの色覚は，一部の例外を除き，オスは2色型，メスは2色型または3色型である．新世界ザルは種のレベルでは中波長から長波長（M—L）にかけての錐体視物質遺伝子を複数もっている．しかし，旧世界ザルが1本のX染色体上に複数の錐体視物質遺伝子をもっているのに反し，新世界ザルではM—L錐体視物質の遺伝子をX染色体上に1つしかもっていない．したがって，X染色体を1本しかもたないオスは，常染色体17番にあるS錐体視物質遺伝子と合わせて2種類の錐体視物質遺伝子しかもたない．一方，メスはX染色体を2本もつので，2本の染色体上の錐体視物質遺伝子が同じ場合は2色型，異なる場合は3色型となる．このデータから新世界ザルと旧世界ザルがわかれた約4000年前をヒトの3色型色覚のはじまりと見るのが一般的である．たとえば，スルージらはこの立場である[3]．一方，広鼻猿と狭鼻猿の共通の祖先で，より下等なサル類である原猿の仲間は，すべて，M—L錐体視物質遺伝子をX染色体上に1座位しかもたない．この点で，原猿は新世界ザルと同じである．一方，原猿の大部分はM—L錐体視物質遺伝子を種のレベルで1種類しかもたない．したがって，S錐体視物質遺伝子と合わせて2色型である．この点は，種のレベルでM—L錐体視物質遺伝子を複数もっている新世界ザルと異なる．しかし，例外もあって，原猿の仲間であるエリマキキツネザルやシファガについては，X染色体に1つだけある視物質遺伝子に複数の種類がある[4]．したがって，原猿の仲間であるこの2種については，新世界ザルと同様に，X染色体を2本もっているメスは3色型になる可能性がある．この事実は，3色型の起源が，新

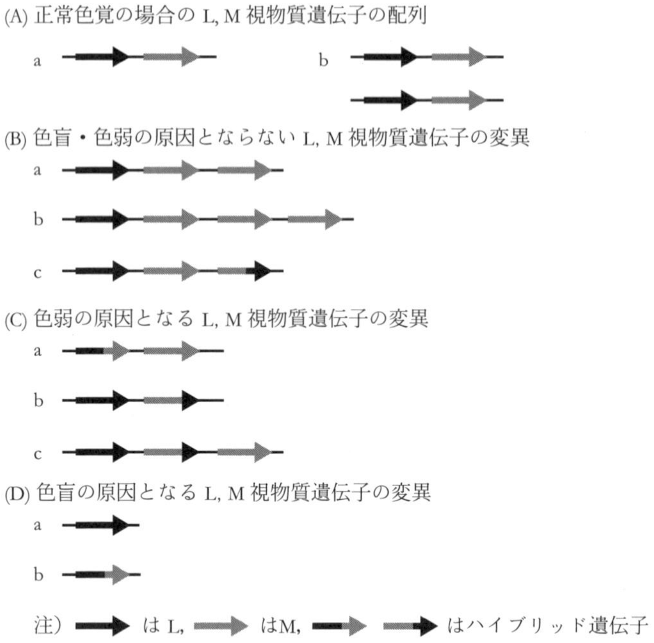

図1　ヒト，チンパンジー，サルのL, M視物質遺伝子の配列
(A) 正常色覚. aはオス, bはメスの場合. (B) 多コピーをもつが最初の2つが転写されるため正常色覚（ヒトでは66％，カニクイザルでは5％，チンパンジーでは6.9％). (C) aはハイブリッド遺伝子の吸収波長がMに近く実質的はL欠損に相当する色弱，チンパンジーの「ラッキー」はこのタイプ. bとcはハイブリッド遺伝子の吸収波長がLに近いため実質てきはM欠損に相当する色弱. (D) aはMを欠損する色覚異常，bはLを欠損する色覚異常. パンガンダランの色覚異常カニクイザルはこのタイプ[13][16].

世界ザルがわかれたころよりもさらに古いことを示すものかもしれない.

いずれにしても，ヒトの祖先で長波長側の視物質遺伝子が2種類にわかれ，異なる波長特性をもつ2種類の錐体視物質（MとL）をもつことになった. そのため，ヒトは短波長領域の最大感度のあるS錐体視物質と合わせて3色型となった. 図1Aで見るように，ヒトでは，このM, L錐体視物質遺伝子がX染色体上に並んで配列している. 両遺伝子の相同性が高いため，減数分裂時にしばしば遺伝子組み換えが起こり，遺伝子の増加や欠損が起こったり，M視物質遺伝子の一部とL視物質遺伝子の一部で構成されるハイブリッドの遺伝子が生成されたりする. ヒトではこのような組み換えによる多くの多型が見られ，色覚異常の出現頻度も男性で5～8％（白人で8％，日本人で5％）を占めている.

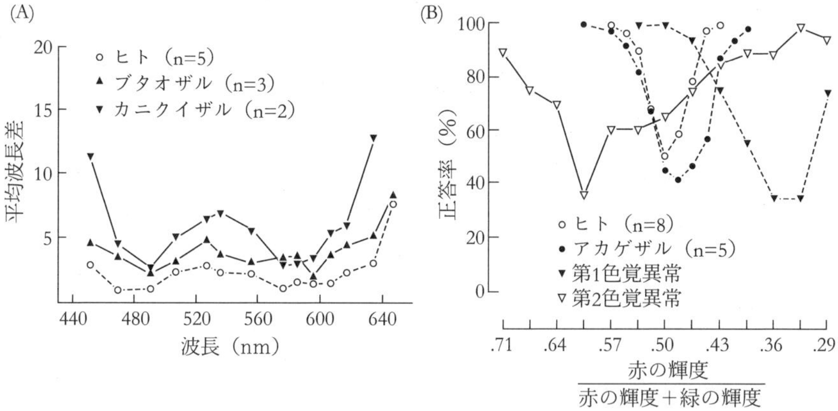

図2 マカカ属サルの色覚

(A) 各波長における識別可能な波長差. ヒトがやや成績がよいが, ブタオザル, カニクイザルと大きな差はない. ここではアカゲザルのデータは省略されているが, ブタオザルとほぼ同じ結果であった. (B) 赤と緑の混合で黄色を作り出すアノマロスコープの検査結果. アカゲザルは正常色覚をもつヒトとほぼ同じ結果であった[6].

旧世界ザルはヒトと同じ色覚をもつ

旧世界ザルの中でマカカ属のサルがヒトと同じ色覚をもつことを示す行動実験は1900年代からすでに報告があった[5]. 1960年代に入ると, いくつかの詳細な実験がおこなわれた. 図1は, デバロワらのデータである[6]. 彼らは, カニクイザル3頭, ブタオザル4頭, ベニガオザル2頭で行動実験をおこない, その色覚をヒトの色覚と比較した.

彼らが用いた課題は, 4つの光刺激のうち1つだけ異なるものを選択すると報酬を与える孤立項目課題である. まず, 定常光3つと点滅する光 (フリッカー光) 1つの条件で波長ごとにフリッカー光の検出閾値を測定し, 動物の分光感度を求めた. 10 Hz のフリッカーで調べた暗所視の感度と, 25 Hz のフリッカーで調べた明所視の感度は, 正常色覚者のヒト被験者と同じであった. つぎに, 白色光と単色光識別, および, 単色光相互の識別をテストした. これらの課題では明るさの違いが課題遂行の手がかりとならないよう, 最初の実験で測定した分光感度のデータを用いテスト光の輝度を調整した. 白色光と各波長の単色光の識別テストでは, 全頭が正解したため, 被験体のサルは2色型ではないと判定した. また, 図2Aのように, 各波長における識別できる波長差の最小値はヒト

●三上章允

のデータとよく似ていた．さらに，基準となる黄色と同じ色になる赤と緑の混色比を求めるアノマロスコープの検査でも，図2Bのようにヒトと類似のデータが得られた．一連の実験は，すべての検査個体がヒトと同じ3色型色覚をもつことを示していた．

1960年代には網膜の神経節細胞の色応答を調べた研究[7]，網膜視細胞の分光分析を用いた研究[8]もマカカ属の一種であるアカゲザルが3色型の色覚をもつことを示した．また，1970–90年代には網膜電図（ERG）を用いた研究[9]や網膜視細胞の分光分析を用いた研究[10]，さらに，1990年後半以降は遺伝子レベルによる研究がおこなわれ[11]，2003年までにオナガザル科の18種類(注1)，類人猿4種(注2)の色覚についてのデータが集まった．オナガザル科のサルについては，現生の種のまだ約15％の検査がおこなわれたにすぎないが，これまでに検査された旧世界ザルと類人猿のすべての種が3種類の錐体視物質をもっており，その色覚は3色型であった．そのため，旧世界霊長類は，すべてヒトと同じような色覚をもつとする見方が一般的である．

旧世界ザルで色覚異常を探す

一連の研究の中でヒト以外の旧世界霊長類がヒトと同様の3色型の色覚をもつらしいことが明らかになった．しかし，ヒトで見られるような視物質遺伝子の多型，とくに色覚異常がヒト以外の旧世界霊長類に存在する証拠は1998年まで得られなかった．デバロワらは，旧世界ザルで色覚異常が見つかれば，ヒトの色覚の進化の問題を解くカギが得られるであろうと述べた後，彼らが調べた15頭のマカカ属サルに色覚異常はなかったと書いている[6]．最近ではジャコブらが類人猿を含む104頭の旧世界霊長類の網膜電図（ERG）を用いて調べ，色覚異常は見つからなかったと報告している[12]．

そこで1997年，岡崎国立共同研究機構（現，自然科学研究機構）の生理学研究所，基礎生物学研究所と京都大学霊長類研究所の共同プロジェクトとして，色覚異常のサルを探す試みを開始した．プロジェクトの開始当初はヒトと同じ程度か，多少低い程度の出現頻度を予測していたため，霊長類研究所保有の約700頭のマカカ属サルから発見できるものと考えていた．しかし，2年にわたり，霊長類研究所保有のすべてのサルを調査したが，視物質の異常は見つからなかった．また，筑波霊長類センターをはじめとする日本国内の入手可能なマカカ属の血液サンプルからも異常視物質遺伝子は見つからなかった．さらに，たまたま霊長類研究所の竹中修教授の研究室を訪ねたのがきっかけとなって，竹中先生が日本，インドネシアおよびタイで採取されたマカカ属サルの血液サンプルから精製保存されていたDNA，約1,200サンプルの解析もおこなうことになった．しかし，それらのサンプルの中からも色覚異常遺伝子は見つからなかった．この時点ですでに3,000頭近いサンプルを分析していたので，マカカ属からの色覚異常は見つからないものとあきらめ，竹中先生の保有するサンプルからも見つからなかったことを大西，小池，三上が竹中先生の部屋へ報告に行った．1997年の秋である．そこで，竹中先生から「今年（1997年6月），インドネシア，ジャワ島，パンガンダランでカニクイザルのマラリア罹患の捕獲調査を後藤と実施した．そのときのDNAサンプルがあるので，調べてみてはどうか」と提案を受けた．この最後のサンプル（50頭）から色覚異常の原因となるハイブリッドの視物質遺伝子*L4M5*（注3）をもつ個体，オス3頭，メス2頭が見つかった[13]．この結果を受け，1998年より，竹中，後藤もサルの色覚異常探しのプロジェクトに加わりパンガンダランでの再調査がスタートした．再調査の目的は，パンガンダラン地域の群ごとにハイブリッド遺伝子をもつ個体の分布を調べること，ハイブリッド遺伝子をもつ個体の一部をボゴール農科大学に移動して，生理実験，行動実験により色覚の表現型を調べること，ボゴール農科大学で飼育繁殖し，誕生した色覚異常個体の一部を用いて色覚処理の脳内機構を調べること，さらに，色覚異常と同定した個体の自然環境における食性や行動を解析することであった．

カニクイザルの視物質遺伝子の解析

ヒト視物質遺伝子の解析[14][15]によれば，LおよびM視物質遺伝子は相同性が高く，364個のアミノ酸配列のうち15個のアミノ酸が違うだけである．L，M視物質遺伝子はX染色体上にL，Mの順に並んで配列する（図1）．約6割のヒトがM視物質遺伝子を2個以上もつが，最初の2つのいずれかが翻訳転写されるので，正常色覚となる．L，またはM視物質遺伝子の欠損による色覚異常は，ヒト男性の約2％存在するが，これはL，M視物質遺伝子のこのような構造に起因し，減数分裂時に同じ染色体ができずに，片方に多重が片方に欠損が起きたりする不等交差が生じ視物質遺伝子の欠損が起こるためと考えられる．さらに，不等交差や遺伝子変換により，MとL視物質遺伝子のハイブリッドができ，その転移部位に吸収波長特性に作用する遺伝子部分が含まれると，色覚異常を引き起こす原因となる．

大西ら[13][16]はおもに東南アジアおよび日本に生息する19種のマカカ属のサル合計2788頭（オス1092頭・メス1696）のゲノムDNAサンプルに関して遺伝子レベルの解析をおこなった．まずサンプル数の一番多かったカニクイザルより，遺伝子をクローニングし，その構造をヒトと比較した．その結果，カニクイザルのLおよびM遺伝子はヒトと同じく6つのエクソンで構成され，L，Mの順に並んだタンデムリピート構造を取ることがわかった．この結果は，マカカ属のサルでもヒトと同じく不等交差による視物質遺伝子の欠損や，不等交差や遺伝子変換によるハイブリッド遺伝子の出現する可能性を示した．

この結果を受け，さらに遺伝子レベルの解析をおこなった結果，エクソン1から4までがL視物質遺伝子の配列を，エクソン5と6がM視物質遺伝子の配列を取るハイブリッド視物質（4L5M）を1つだけもつカニクイザル・オスが3頭みつかった．また，この4L5M視物質を培養細胞に発現させ，吸収極大波長を測定した結果，4L5M視物質はM視物質の吸収極大波長より長波長側に6 nmシフトするものの，ほとんどM視物質と差がなかった．この結果から，これら3頭はS錐体視物質とほぼ中波長（M）に吸収極大をもつハイブリッド視物質による2色型であり，その遺伝子型はヒトでいうL視物質欠損型の第一色覚異常に相当することがわかった．この遺伝子型の出現頻度は，われわれが調べたオスのカニクイザルのサンプルで計算すると約0.4％であった．

上記の3頭は，すべてインドネシア，ジャワ島，パンガンダランのカニクイザルであった（図3）．パンガンダランには各群約30～40頭の8つの群が確認されている．そこで，この地区のカニクイザルで再度捕獲調査を実施した．その結果，4L5Mをもつ個体がオス5頭，メス10頭みつかった．これらのサルは3つの隣接する群に限局していた．オス・アダルトのカニクイザルは群を出て移動することが知られているので，4L5Mの遺伝子型は3つの群のいずれかから出て伝播した可能性が示唆された．

ところで，色覚異常の遺伝子型は不等交差による遺伝子の欠損に起因する．

図 3　色覚異常のカニクイザルがいたパンガンダラン

不等交差により遺伝子欠損が起こるとき遺伝子の増加も起こる．そのため，ヒト男性では 66％が M 視物質遺伝子を多コピーもつ．そこでカニクイザル・オスの 130 サンプルについて調べたところ，6 サンプルが M 視物質遺伝子を多コピーもっていた．これらはすべてタイ南部のヤラとソンクラのサンプルであった．カニクイザルにおける多コピーの出現頻度（5％）はヒトと比較して低かった．

ハイブリッド視物質遺伝子をもつ個体の色覚

分子遺伝学的手法により，ハイブリッド視物質遺伝子をもつと判定されたオスのカニクイザル（2 色型）は，L 視物質遺伝子を欠損しているので，網膜にも L 錐体が存在せず，赤色に対する感度が正常個体（3 色型）よりも低いことが予測される．そこで，花澤ら（2001）は網膜電図（ERG）によって網膜の赤と緑に対する相対感度を測定し，この点を検討した[17]．テスト光には，525 nm（緑）および 644 nm（赤）の発光ダイオードを用い，30 Hz の逆位相で点滅（フリッカー）呈示した．相対感度は，赤または緑の輝度を固定し他方の輝度を変化させる方法で，ERG応答のもっとも小さくなる輝度比からを求めた．

3色型では，緑と赤の輝度比が1：1のときにERG応答が最小となり，L，M両方の錐体が平等に存在することが示された．一方，ハイブリッド視物質遺伝子4L5Mのみをもつ2色型では赤に対する感度は緑の4分の1であった．X染色体の1つがL, M，もう1つが4L5Mの視物質遺伝子をもつヘテロ型のメスでは赤に対する感度は緑の2分の1であった．これらの結果は，4L5Mのみをもつオスは，その網膜にL錐体が存在せず，表現型においても2色型であり，2色性の色覚をもつ可能性が高いことを示した．一方，ヘテロ型の網膜にはL錐体が存在するが，その数は3色型よりも少ないと推定された．このように，遺伝子型と網膜の赤，緑に対する感度は良好な対応関係を示した．

さらに，知覚レベルの解析により表現型を確認するため，三上らは2色型と3色型のサルで，石原式色覚テスト票を模して作成した図形の弁別テストをおこなった[18]．訓練用の図形として，背景は明るい緑，リングは暗い赤茶で描いた刺激（P100）を用意した．この図形は色覚異常にも識別できる図形である．つぎに，ヒト第1色覚異常の混同色を用いて作成した刺激（E0）を用意した．この図形は，背景は明るさ3段階の緑，リングは明るさ2段階の赤茶（肌色）で構成し，明るさの配置が手がかりとならないように各色をモザイク状に配置した．これらの中間の条件としてP100とE0の条件を一定の比率で混合し，E50, E25, E12の刺激を用意した．これらのテスト図形がヒトの第1色覚異常検出に有効であることを確認するための予備実験をおこない，色覚異常・色弱の被験者でE12, E0条件でリングのパターンが見えないことを確認した．

サルにはリングの描かれた図とリングの描かれていない図を同時に呈示し，リングの描かれた図を選択すると正解として報酬を与えた．まず，訓練図形（P100），ついで基準図形（E50）を用い，1ブロック20試行，1日2ブロックの訓練をおこない，正答率80％以上のブロックが5回連続したとき訓練を終了した．テスト・セッションでは1ブロック中，E50を17回，E25を1回，E12を1回，E0を1回呈示した．各個体22ブロック以上テストした結果，3色型は，E25, E12, E0ともに好成績であったが，2色型個体はE12, E0で成績が有意に低下した．これら一連の結果は，ハイブリッドの視物質遺伝子1個をもつオスのカニクイザルが，ヒトの第1色覚異常と相同の視覚特性をもつことを示した．

色弱チンパンジーの発見

色覚異常のカニクイザルが自然群に存在することがわかったが，その出現頻度はヒトよりはるかに低く，多コピーの出現頻度も低かった．そこで，ヒトとカニクイザルの違いを考える上でヒトとの進化的距離の近い類人猿の視物質遺伝子のデータがヒントになると考え，つぎにチンパンジーでの色覚異常，色弱の検索をおこなった．

寺尾らはカニクイザルとほぼ同様の手法で約300頭の類人猿サンプルを検索した結果，チンパンジーのサンプルからハイブリッド遺伝子をもつ個体が4頭みつかった[19]．そのうち1頭はタンデム配列の1番目がハイブリッド遺伝子4L5M（エクソン1–4がL，エクソン5–6がM），2番目がL視物質遺伝子であった．残りの3頭は，1番目がL，2番目がMで，3番目がハイブリッド遺伝子4M5L（エクソン1–4がM，エクソン5–6がL）であった．三上ら（2002）はERGを記録し，配列の1番目にハイブリッド遺伝子をもつ個体（「ラッキー」）では赤の感度が緑の感度の4分の1しかなく，同じハイブリッド遺伝子をもつカニクイザルと同じ結果になることを確認した．配列の3番目にハイブリッド遺伝子をもつ個体のERGは，赤と緑の感度比が1対1で正常個体と同じであった[20]．

さらに，斎藤らはカニクイザルで用いたものと同じ石原色覚テスト票を模したテスト図形の弁別課題をテストした[21]．ERGで赤の感度の低かった「ラッキー」のみ，ヒト第一色覚異常の混同色で構成した図形パターンE0の弁別ができなかった．配列の3番目にハイブリッド遺伝子をもつ個体は行動実験の結果も正常色覚個体と差がなかった．以上の結果は，「ラッキー」が色弱（異常3色型）であることを示し，その色覚は実質的にはカニクイザルの色覚異常個体と同じであることが明らかになった．一方，配列の3番目にハイブリッド遺伝子をもつ個体の色覚は正常であったため，ヒトと同様，タンデム配列のうち1番目と2番目の遺伝子のみが転写されることを示した．さらに，カニクイザル，ヒトとの比較のため，M視物質遺伝子を多コピーもつ個体を調べたところ，チンパンジー・オス58頭中4頭（6.9％）であった．

●三上章允

ヒトの視物質遺伝子と進化

われわれのサンプルで計算した色覚異常の出現頻度はカニクイザルで 0.4%，チンパンジーで 1.7% であり，ヒトと比較して圧倒的に低い．ヒト以外の旧世界霊長類で色覚異常が少ない理由の 1 つとして考えられているのが，選択圧の問題である．色覚異常の個体は熟した赤い実や新芽を緑の葉の間で見つけるのが困難であり，自然の環境では不利であるという解釈である．たしかに，われわれがおこなったテストでも，色覚異常ザルは彼らが生息しているパンガンダランにありサルの餌となっている Buni (*Antidesma bunius*, Bignay) の木の実の色による完熟度を識別できなかった[22]．ヒトで色覚異常の出現頻度が高い理由も，現代人は自然の中で木の実を素早く見つけることで生き延びる生活とは無縁であり，もはや選択圧とはならないと説明される．しかし，自然界には印刷物などのように純粋に色味だけが識別の手がかりとなる条件はほとんど存在しない．対象物の識別には，形，明るさ，表面性状，動き，さらには，臭い，音など，色以外にもさまざまな手がかりがあり，色覚異常でも日常生活には適応可能と見ることもできる．パンガンダランでわれわれが色覚異常と同定したサルの何頭かは高齢になるまで生き延びたサルであり，また，オスザルの 1 頭はその群の第一位オスであったことを考えると，色覚異常が選択圧になるとする見方は単純すぎるかもしれない．さらに，自然環境にはカラーカムフラージュなど逆に色覚異常に有利となる条件もありうる[23]．

われわれの調査では，色覚には直接影響せず選択圧にはならないはずの M 視物質遺伝子を多コピーもつ個体が，カニクイザルでもチンパンジーでも圧倒的に少なかった．この事実も，カニクイザルやチンパンジーとヒトとの相違は，単純に選択圧では説明できないことを示唆している．選択圧以外の要因として考えられるのは，ヒトへの進化の過程で少数の集団から急速に拡大した時期があり，その集団がもっていた遺伝子構成の特徴が引き継がれたとする「瓶首効果」説である．そのほか，サルや類人猿では，群のサイズが小さく，移動範囲も狭いこと，さらには，イントロン部分の遺伝子構造の違いなどの可能性も考慮する必要がある．色覚異常を引き起こす遺伝子型をもつ個体がパンガンダランに限局していただけでなく，M 視物質遺伝子を多コピーもつ個体はタイ南部に限局しており，色覚異常を引き起こさないハイブリッド遺伝子型のサルがインドネシア，ジャワ島のソレアル地区に限局していたことは，これらの要因を考えるヒントになる．また，ヒトの視物質遺伝子型の研究から，色覚異常の発生率とM遺伝子の多コピーの出現率が相関するといわれているが，カニクイザルのデータはかならずしも，この仮説と合わない．今後は，他の種での調査とともに，色覚異常個体の野外での食性や行動の調査が必要と考えられる．

注1：アカゲザル，カニクイザル，ブタオザル，ベニガオザル，タラポワン，パタスモンキー，グリベットモンキー，ダイアナモンキー，ブルーモンキー，モナモンキー，ショウハナグエノン，クチヒゲグエノン，アカオザル，ブラッザモンキー，アンゴラコロブス，アビシニアコロブス，シルバートン，ギニアヒヒ

注2：テナガザル，オランウータン，チンパンジー，ゴリラ

注3：遺伝子の塩基配列はタンパク質に翻訳されるが，塩基配列の一部には翻訳されない部分が含まれている．翻訳される部分をエクソン，翻訳されない部分をイントロンと呼ぶ．錐体視物質遺伝子には，6つのエクソンがあり，エクソンとエクソンの間にはイントロンがある．インドネシアのパンガンダランで見つかったハイブリッドの視物質遺伝子L4M5は，前半が長波長（L）視物質遺伝子のエクソン1-4，後半が中波長（M）視物質遺伝子のエクソン5-6になっていた．

文献

[1] Gegenfurtner Rieger: Sensory and cognitive contributions of color to the recognition of natural scenes. Current Biol. 10, 805-808, 2000.

[2] 八木冕・篠田彰・篠原彰一・平田昭次「ニホンザルの“色・形問題”　I　一孤立項選択問題による検討一」『Ann.. Animal Psychol.』24: 87-96, 1974.

[3] Surridge AK, Osorio D, Mundy NI: Evolution and selection of trichromatic vision in primates. Trends Ecol. Evol. 18: 198-205, 2003.

[4] Tan Y and Li W: Trichromatic vision in prosimians. Nature 402: 36, 1999.

[5] Grether WF: Color vision and color blindness in monkeys. Comp psychol. Monogr. 15: 1-38, 1939.

[6] De Valois RL, Morgan HC, Polson MC, Mead WR, Hull EM: Psychophysical studies of monkey vision - 1. Macaque lumosity and color vision. Vision Res. 14: 53-67, 1974.

[7] Gouras P: Identification of cone mechanisms in monkey ganglion cells. J. Physiol. 199: 533-547, 1968.

[8] Brown PK, Wald G: Visual pigments in human and monkey retinas. Nature 200: 37-43, 1963.

[9] Jacobs GH, Deegan JF: Uniformity of colour vision in Old World monkeys. Procedings of Royal Society of London B, 266: 2023-2028, 1999.

●三上章允

[10] Bowmaker JK, Astell S, Hunt DM, Mollon JD: Photosensitive and photostable pigments in the retinae of Old World monkeys. Journal of Experimental Biology 156: 1-19, 1991.

[11] Dulai KS, Bowmaker JK, Mollon JD, Hu; nt DM: Sequence divergence, polymorphism and evolution of the middle-wave and long-wave visual pigment gnes of great apes and old world monkeys. Vision Res. 24: 2483-2491, 1994.

[12] Jacobs GH, Williams GA: The prevalence of defective color vision in Old World monkeys and apes. Col Res Appl 26: S123-S127, 2001.

[13] Onishi A, Koike S, Ida, Imai H, Shichida Y, Takenaka O, Hanazawa A, Komatsu H, Mikami A, Goto S, Bambang S, Kitahara K, Yamamori T: Finding of dichromatic macaque monkeys. Nature 402: 139-140, 1999.

[14] Nathans J, Thomas D, Hogness DS: Molecular genetics of human color vision: the genes encoding blue, green, and red pigments. Science 232: 193-202, 1986a.

[15] Nathans J, Piantanida TP, Eddy Rl, Shows TB, Hogness DS: Molecular genetics of inherited variation in human color vision. Science 232: 203-210, 1986b.

[16] Onishi A, Koike S, Ida-Hosonuma M, Imai H, Shichida Y, Takenaka O, Hanazawa A, Komatsu H, Mikami A, Goto S, Suryobroto B, Farajallah A, Varavudhi P, Eakavhibata C, Kitahara K, Yamamori T: Variations in long-wavelength-sensitive and middle-wavelength-sensitive opsin gene loci in crab-eating monkeys. Vision Res., 42: 281-292, 2002.

[17] Hanazawa A, Mikami A, Angelika PS, Takenaka O, Goto S, Onishi A, Koike S, Yamamori T, Kato, K, Kondo A, Suryobroto B, Farajallah A: Electroretinogram analysis of relative spectral sensitivity in genetically identified dichromatic macaques. PNAS, 98, 8124-8127, 2001.

[18] Mikami A, Angelika PS, Farajallah A, Suryobroto B, Hanazawa A, Komatsu H, Koida K, Takenaka O, Goto S, Onishi A, Koike S, Yamamori T, Matsumura S, Kato K, Kondo A: Identification of dichromatic macaques 3: Behavioral studies. Neurosci. Res. Supp. 25 S90, 2001.

[19] Terao K, Mikami A, Saito A, Itoh S, Ogawa H, Takenaka O, Sakai TA, Teramoto M, Udono T, Emi Y, Kobayashi H, Imai H, Shichida Y, Koike S: Identification of a protanomalous chimpanzee by molecular genetic and electroretinogram analyses. Vision Research 45: 1225-1235, 2005.

[20] Mikami A, Saito A, Itoh S, Ogawa H, Terao K, Koike S, Onish A, Takenaka O, Teramoto M, Udono T, Emi Y, Kobayashi H: Electroretinogram analysis of relative spectral sensitivity in genetically identified protanomalia chimpanzee, Neurosci. Res. Supp. 26, S37, 2002b.

[21] Saitou A, Mikami A, Hasegawa T, Terao K, Koike S, Onish A, Takeneka O, Teramoto M, Mori Y: The behavioral evidence of the color vision deficiency in a protanomalia chimpanzee (Pan troglodytes). Primates 44: 171-176, 2003.

[22] Mikami A, Suryobroto B, Angelika PS, Jayadi A, Farajallah, A, Hanazawa A, Komatsu H, Koida K, Takenaka O, Goto S, Onishi A, Koike S, Yamamori T, Matsumura S, Kato K, Kondo A: Color vision of dichromatic macaques. 3. Behavioral studies. IPS Abst. 2002a.

[23] Saitou A, Mikami A, Kawamura S, Ueno Y, Hiramatsu C, Widayati K, Suryobroto B, Teramoto M, Mori Y, Nagano K, Fujita K, Kuroshima H, Hasegawa T: Advantage of dichromats

over trichromats in discrimination of color-camouflaged stimuli in non-human primates. Amr. J. Primatol.（印刷中）

参考図書

金子隆芳『色彩の科学』岩波新書　1988 年.
金子隆芳『色彩の心理学』岩波新書　1990 年.
大山正『色彩心理学入門』中公新書　1994 年.

●三上章允

2

DNAを用いた鳥類の性判別と排泄物からのDNA抽出

能田由紀子

「私はコサギという鳥の研究をしています」というと，動物にくわしくない人からは，「どんな鳥ですか？」と聞かれる．しかし，「川や湖によくいる真っ白なサギです」と答えると，たいてい「ああ，それなら知っています．白鷺ですね」という答えが返ってくる．しかし，シラサギという鳥はいない（クロサギという鳥はいるのに）．コサギ *Egretta garzetta*（写真1）はいわゆる白鷺のうち，ダイサギ，チュウサギ，コサギ，という（考えようによってはあんまりな）名前で分けられている白いサギ類の一種である．京都の鴨川沿いを歩くと，まじめな顔つきでじっと川面を見つめている（餌となる魚を探しているわけだが）サギをよく目にする．時折，他のサギが近くに飛んでくるとそれを追い返したり，まれにつつき合いのけんかになることもあるが，その一方で複数の個体がならんで魚を探しているのを見ることもある．この違いはどうして起こるのだろうか，私の研究はこのような疑問からはじまった．彼らの行動は，性別によって異なるのか，体の大きさによって決まるのか，年齢によって変わるのか，それとも餌となる魚の多寡によって変わるのか．これらの疑問を解明するために，まず彼らの採餌行動がどのようにおこなわれているのかを観察し個体ごとの採餌効率を明らかにして，個体間の相互干渉を詳細に記録して，そのような採餌行動パターンがどのような要因によって説明できるのかを明らかにするのが私の研究内容である．私がこのコサギを研究対象に選んだ理由の1つは大学の近くに1年中た

写真1　コサギ *Egretta garzetta*

くさんいてフィールドに行きやすいこと，もう1つは翼をひろげると100 cmほどの大きな鳥なので観察しやすい（相当な近眼だった私は野外での小さい生き物の観察が苦手だった），ということだった．小さい生き物の観察が苦手で，ましてや目に見えない遺伝子，タンパク質などの研究は私には絶対にむいていない，という思いから，細胞や遺伝子といった分野ではなく鳥類の動物行動学という学問分野を選んだ私が，なぜ霊長類研究所遺伝子情報部門の竹中研究室に出入りするようになったのか．

わかりにくい鳥類の性

鳥というと，クジャクやキジ，カモ類にみられるように，派手な色のオスと地味な色のメス，という取り合わせのおかげですぐにオスかメスかはわかる，と思う人も多い．しかし，身の回りでよく見かける鳥たちは，スズメ，カラス，ツバメ，ハト，ムクドリ，ヒヨドリ，ウグイス，とどれも外見から雄雌の区別はつけられないものが圧倒的に多い．これらの羽色によって区別のできない種の性判別の方法としては，捕獲した際に体サイズの計測値や抱卵斑，総排泄口部の形などから推定する，あるいは繁殖行動などの観察から性別を判定するという方法が用いられていた．しかし，これらの方法は用いることのできる時期が比較的限られているか，ある程度の熟練が必要になることも多い．そのうえ，このような方法では雛鳥の性別判定は不可能である．動物行動学で扱われるテーマの 1 つに，子の性別によって親の子への投資が変化する，というものがあるが，鳥類に関しては雛が成熟して性別の判別が可能になるまでに時間がかかるため，興味深いテーマであっても扱いにくいものであったのだ．ところが，1996 年にグリフィスらは，鳥類の DNA を用いて性判別をおこなう新しい方法を提唱した[1]．この方法を用いればごく少量の DNA さえ手に入れることができれば，成鳥はもとより巣立ち前の雛の性判別も可能になったのだ．成長すれば捕獲がむずかしくなる鳥類も，巣立ち前ならば比較的簡単に捕獲することができる．これは，鳥の研究者にとっては画期的な方法であった．

コサギの行動観察と DNA 抽出

コサギはユーラシア，アフリカ，オーストラリア，の熱帯から温帯のきわめて広い範囲に生息するサギで，川，池，干潟などで魚を採餌する．私は 1994 年からコサギの採餌戦略を明らかにするという目的で京都の鴨川でフィールドワークをおこなっていた．コサギはほかのサギ類と同様に採餌場所から少し離れた林などに集団ねぐらをもち，毎朝採餌場所である鴨川に飛来する．96 年までの観察ではコサギには個体によって，ほかの個体を追い払って排他的に餌をとる個体と，そのような採餌場所の防衛をおこなわない個体がいるということが明らかになりつつあった．そして，この採餌なわばりの特性や，そのなりたちを明らかにするためには，長期的な個体識別をおこない，行動に影響を与える要因として考えられる体サイズ，年齢，性別などの要素を知ることが不可欠であった．幸いにも観察当初から 2 年間試行錯誤していた捕獲が 96 年の春ごろ

●能田由紀子

から成功しはじめ，体サイズの計測，個体識別のためのリングづけを開始していた．しかし，コサギはオスもメスも真っ白で，繁殖行動を観察しなければどちらがオスでメスなのかまったく見当がつかない．コサギの繁殖行動は採餌場所から離れた林などにある繁殖コロニーでおこなわれ，限られた回数しか観察できない交尾行動からの性別の判定は容易ではない．性別のデータはあきらめようか，と考えはじめていた96年の秋，鳥類のごく少量の血液からDNAをとりだして個体の性別を知る方法がある，という話を聞いたのだ．私の所属していた動物学教室・動物行動学の研究室の先輩で，当時竹中研究室で実験をしておられた小汐千春さんの紹介で，早速どのようにして採血をおこなえばよいのか，血液はどのようにして保存しておけばよいのか，を竹中研究室に問い合わせた．そののち，ぜひ実験をさせていただきたいのですが，という話になり，竹中研究室に出入りさせてもらうことが決まったのだった．捕獲した個体から0.2 ccというごく少量の血液を70％エチルアルコールに入れて最初に保存したとき，これでほんとうに性別がわかるのだろうか，という思いがわいたことを忘れられない．

はじめて犬山の霊長類研究所に行ったのは97年の春のことであった．遺伝子のことを何も知らない私が，コサギの採餌の様子，その採餌なわばりに性別が関係している可能性があって，それを明らかにするにはどうしても性判別をおこないたいと説明すると，竹中先生は，鳥類の遺伝子からの性判別を扱うのはここでもはじめてです，いっしょにがんばりましょう，と，あたたかいことばをかけてくださった．こうして，フィールドワーク一辺倒で，実験室に入ったこともなかった私への，文字通り手取り足取りの実験の指導がはじまったのだ．DNAの抽出やPCR法の原理についての教科書読みからはじまって，先生は具体的な実験方法のほかにも，（おしゃべりな私に）実験中はしゃべるとコンタミ（実験の際に目的とする細胞以外のものが混入してしまうこと）が起こること，実験作業中には無駄な動きが生じないように，そしてさまざまな処置上のまちがいが起こらないように，机の上に実験道具や試薬を置く場所と手順を最初によく考えてからはじめること，実験記録の取り方などの，実験一般に関する注意も数多く与えてくださった．

1回目の実験の時には，持参した血液サンプルを2日がかりで洗浄，分解，フェノールクロロフォルム抽出，透析，エタノール沈殿をおこなってDNAを抽出した．試験管の中に白い糸状のものが析出したのを指さして「これがDNAですよ」と，先生がおっしゃった時の感動を今でも昨日のように思い出す．

DNAを用いた鳥類の性判別

鳥類は，メスがWZ，オスがZZの性染色体をもっている．1996年にグリフィスたちによってシジュウカラのW染色体にのった遺伝子が発見され，CHD-Wと名づけられた．これは，W染色体にのったCHD（chromodomain -helicase -DNA-binding protein)-gene，つまりヘリカーゼ（二本鎖のDNAを巻き戻して一本鎖に転換する酵素）を司る遺伝子である．この遺伝子は鳥類の多くの種においてW染色体にのっており，それらの種ではnon- W-linked CHD geneもみられる．グリフィスたちは，血液から抽出したDNAを用いて，W-linked CHD geneと，non-W-inked CHD geneの構造差を検出することによって性を判定する方法を確立した（図1)．この方法では，まず抽出したDNAからCHD geneの一部をPCR法によって増幅する．増幅した110 bpの断片を制限酵素Hae III（GGCCの塩基配列のところを切断する）で処理すると，W染色体由来の断片は酵素では切断されないが，non-W由来の断片は，45 bpと65 bpに切断される．これを電気泳動法で分析すると，WとZの染色体をもつメスからのサンプルでは，W由来の切断されなかった110 bpのバンドが1本と，non-W由来の切断された45 bpと65

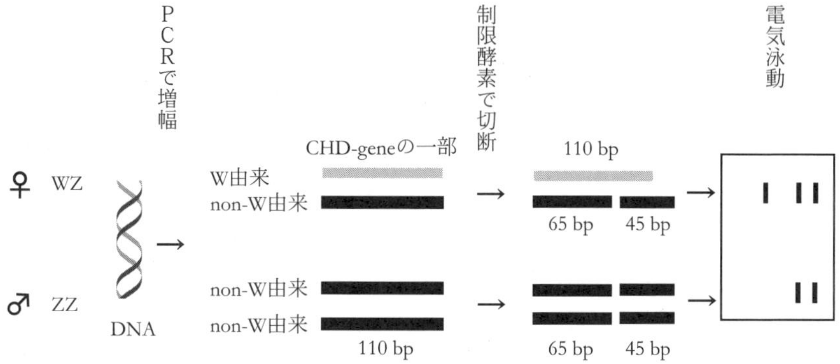

図1　CHD-geneを利用した性判別の手法．PCR法によって110 bpのDNA断片を増幅したのち制限酵素で切断し，メスのみにあるW由来の断片と，オスメス両方にあるnon-W由来の断片の構造差を検出する．

●能田由紀子

bpのバンドの合計3本が見えるが，W染色体をもたないオスからのサンプルでは，non-W由来の，切断された45 bpと65 bpのバンド2本のみが見える（詳細な条件については［1］参照）.

このようにして，DNAが抽出された後わずか1日足らずで，持参したサンプルは電気泳動ゲル上にくっきりとバンドの違いとしてオスとメスに分けられたのだ．この結果が出たときの感動は今でも忘れられない．「こんなに明確に性別が判別されるのですね！」と感嘆する私に，「遺伝子解析はフィールドワーク中心の研究においても強力な武器になれるでしょう」と，先生はうれしそうに目を細めていらした.

こうして，京都で捕獲したコサギからの血液サンプルがいくつか集まると霊長類研究所に来るという生活がはじまった．結局99年までに捕獲した68個体のうち，血液を採取した58個体すべての性別が明らかになった．ラボワークで明らかになった性別と，体サイズの計測データから，コサギではふしょ長，全長，翼開長，体重などの形態においてオスがメスよりも大きいことが明らかになった[2]．そして，採餌場所において他個体が進入してきた際に追い払う採餌なわばりの防衛行動の頻度と，体サイズや性別の関係を解析した結果，性別ではなく体サイズと採餌場所の防衛行動との間に相関があることが明らかになり，コサギはみずからの体サイズに応じて排他的に採餌をおこなうか否かを決めていることが示されたのであった[3].

コサギの糞尿からのDNA抽出と性判別の試み

何度目かの滞在でラボワークが順調に回りはじめると，竹中先生は，新しい実験をしましょう，とおっしゃった．血液の採取には概して捕獲が必要であるが，捕獲が困難な動物も多い．当時，ほ乳類において血液以外の体毛，糞尿などからDNAを抽出する仕事が出はじめていた[4][5][6]．竹中先生自身も早くから霊長類を対象として血液以外の試料からのDNA抽出の仕事をなさっていた[7][8]．捕獲の困難さが身にしみていた私は鳥類においても捕獲しなくてもDNAを採取できればすばらしいと，鳥類の糞尿からDNAを抽出する実験に挑戦することになった.

最初にターゲットにしたのはもちろんコサギである．フィールドワーク中はある個体につきっきりで観察をしているので，これまでにも，排泄行動は何度もみていた．そこでフィールドワーク中にコサギの糞尿サンプルを採取することになったのである．鳥を捕まえることに比べれば，糞尿を採取するのは簡単，と思っていた私は早速鴨川に採取用のエタノールを入れたプラスチック瓶をもって出かけた．しかし，現実はそんなに甘くはなかった．たしかにコサギの排泄は2, 3時間に一度は観察されたが，その糞尿の採取はそう簡単ではなかった．なぜなら，彼らは川の中に立ったままで排泄することが多いのだ（天然の水洗トイレである）．川で採餌後に排泄にいたりそうな気配が感じられることがよくあった．そういうときは，どうか岸か中州に移動しておくれ，と祈るのだが，たいてい水に流されて残念でした，ということになる．運よく岸辺や中州で糞をしたのを目撃したら，長靴に履き替えて川にむかって猛烈ダッシュをきることになる．できるだけ早くアルコールに入れて固定して，冷やさないといけないからだ．糞をしたとたんに自分に向かって突き進んでくる人間をみてさぞかしコサギは驚いたことであろう．

はじめのうちのサンプル採取では，できるだけたくさんの糞と尿の部分を土が混ざらないようにしてすくい取り，すぐにプラスチック瓶に入れてアルコールで固定した．このようにして集めたサンプルを竹中研に持参し，血液の時と同じプロトコルでDNAの抽出をおこなった．当然ながら血液サンプルと比べて含まれる細胞の量が少なかったので抽出されたDNAの量は少なかったが，PCRに必要程度の量は抽出された．そこで血液サンプルの時と同様に性判別を試みたが，その結果がすでに判明している血液の結果と一致しないのだ．オスであれば制限酵素によって切断された45 bpと65 bpのバンドのみが見えるはずなのにまるでメスのサンプルのように切れ残った110 bpが存在するのである．これはなぜなのか？　目に見えないものを扱っているために途中にミスがあってもどこにあったのかがわからない．作業の途中でコンタミが起こった可能性を排除するために何度かやり直してみたが結果は変わらない．実験ミスではなさそうである．竹中先生と私は頭を悩ませた．原因として考えられるのは，サンプルの中にコサギ以外のDNAが混じっていたということである．コサギは魚食性なので，餌の魚のDNAが混じっていたのではないか．性判別で用い

写真 2　コサギの排泄物　白い部分が尿，茶色い部分が糞である．水分が多いために試料採取時に夾雑物が混ざりやすく，尿中の細胞のみをとりだすことが困難である．

ている CHD-gene はヘリカーゼを司る遺伝子であり，これは鳥類以外のほ乳類でもきわめて共通した塩基配列が多いことがグリフィスたちの論文に示されている．もし糞中に餌の魚の細胞が混入していた場合，その魚由来の DNA の断片も増幅されていて，それが 110 bp のバンドとして残っている可能性が否定できないのだ．これでは性判別には使えない．どうにかしてターゲットとなる鳥由来の DNA のみを採取できないだろうか．

そこで次の作戦は尿のみを採取するというものであった．鳥類は総排泄口から糞と尿を排出するが，体内で尿を生成，貯蔵する段階ではその個体以外の動物の DNA は紛れ込まないはずである．したがって，排泄物のうち，尿のみを採取すればよいのではないか，というわけである．再びフィールドに戻り，今度は尿のみを採取することになった．しかし写真 2 に示すようにコサギの排泄物は含水量が多く糞と尿が混ざりやすい．白い尿部分でなるべく糞から離れた部分を採取して再び性判別実験をおこなった．結果は血液での判定の結果と一致するものとしないものが半々であった．プライマーを変更して増幅する断片を当初の領域よりも短く設定することで PCR による増幅ミスを減らす，という実験もおこなってはみたが実用に耐えるほどの正確さが得られなかった．結局コサギでは排泄物の含水量が多すぎて，尿を糞から充分分離できないので，残念だがこの方法はあきらめよう，ということになった．

鳥類の尿から抽出したDNAを用いた性判別

尿に含まれる細胞からのDNAを用いて性判別が可能なら，捕獲の困難な鳥類を扱う研究に対する貢献度は高いはずである．そこでわれわれは尿が糞から充分分離できればよい，という発想から，排泄物の含水量の少ない陸鳥で試してみようということになり，血液および尿のサンプルを簡単に入手できるニワトリで実験をおこなうことにした[9]．岐阜大学で飼育されていたニワトリ（オス13個体，メス12個体）から血液と糞と尿を別々に採取し，血液および尿は70％エタノールで固定し，糞はその表面を綿棒でこすり取ったものを70％エタノールで固定した．血液サンプルを洗浄，分解，フェノールクロロフォルム抽出，エタノール沈殿という従来の方法で処理し，DNAを抽出した．尿サンプルと糞サンプルは遠心分離した固形物をSTE（0.1 Mの食塩を含んだTE, 10 mMトリス, 1 mM EDTA, pH 8.0）にて2度洗浄した後, STE, 10％ドデシル酸ナトリウム，プロテイナーゼKを加えて55℃で2時間処理した．その後5 MのNaCl，クロロホルム—イソアミルアルコール，フェノールを加えてフェノールクロロフォルム抽出を2時間おこない，抽出物をDNA沈殿キット（Nippon Gene, Ethachin Mate）を用いて沈殿させた後，TEに溶解させた．このようにして抽出した血液，糞，尿由来のDNAをGriffithsらの用いたプライマーと同じプライマーを用いてPCR法によって増幅し，制限酵素で処理し電気泳動法で分析した結果が図2である．それぞれのレーンの上にB, U, Fとあるのはそれぞれ血液，尿，糞サンプルからの結果である．ここに示されているのは2個体分の結果であるが，レーン1–3（個体A），7–9（個体B）はPCRの産物，レーン4–6（個体A），10–12（個体B）はそれを制限酵素で処理した後の産物である．レーン1と2，4と5，7と8，10と11の泳動の結果が一致している．しかし，糞サンプルであるレーン12は同じ個体Bの血液サンプルであるレーン10とは異なり，110 bpの断片が残っていることが見て取れる．このことから糞よりも尿の方が適したサンプルであるといえよう．しかし，実験をおこなったオス13メス12個体のうち，メスの1オ

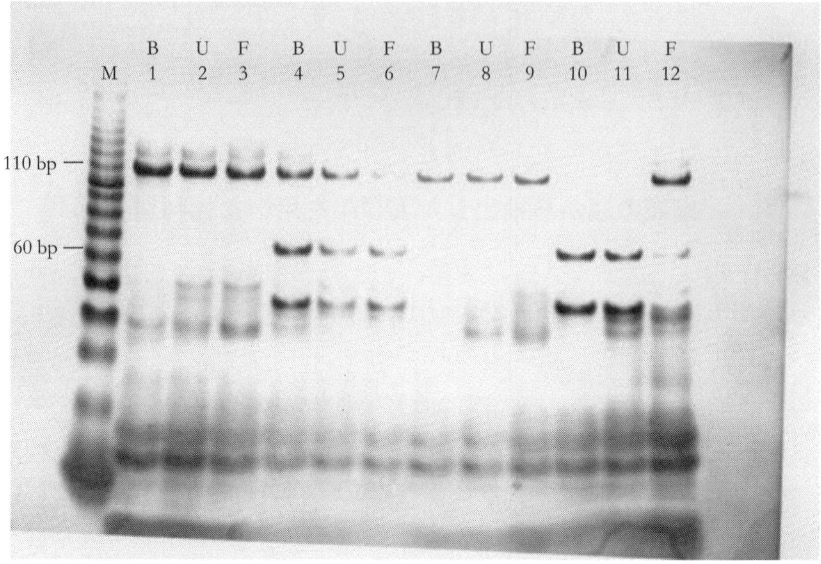

図2 ニワトリの血液(B), 尿(U), 糞(F)から抽出したDNAを用いたPCR産物(110 bp: レーン1–3, 7–9)と性判別の結果(レーン4–6, 10–12). 尿サンプルの結果は血液サンプルの結果とよく一致しているが, 糞サンプルの結果には不一致がみられる. 一番左のレーンはDNAラダー.

スの3個体においては尿サンプルの結果も血液サンプルの結果とずれがあった. これはターゲットとなった鳥以外の動物のDNAが尿の排泄時に混ざり込んでしまい, ここで用いているCHD-geneが多くの動物種間でよく似た塩基配列を保っていることから, 誤って増幅されてしまっていることを示唆する. このような不純物の混入は糞尿などのサンプルを用いる際には完全には防ぐことができない問題点である. しかし, 血液サンプルが入手困難な場合でも複数回入手可能な尿サンプルを用いることでより正確な性判別が可能になればフィールドワークにおける行動解析におおいに貢献できるはずである. このような非侵襲的な試料からのDNA抽出の方法については, 後に竹中先生が日本語でもまとめられている[10].

ラボワークとフィールドワーク

従来フィールドワークがメインとなっていた行動学の研究においても, 行動データの分析や解釈に分子生物学的手法はますます力を発揮してきている．このような実験には多くの設備や相当の訓練が必要となるため，フィールドで行動観察をおこなう学生がとりくむのは簡単ではない．しかし，私にとって竹中研究室でのラボワークはフィールドワークだけでは見えなかったものを見せてくれる，かけがえのない窓となった．これから行動学をめざす方が，かつての私のように「食わず嫌い」にならずに，機会があれば遺伝子解析をぜひ自分の手法の１つとして身につけて，２つ以上の窓をもって研究の幅を広げていただきたい．

（2000 年以降私は遺伝子解析実験をおこなっていない．鳥類の性判別実験においても新しいプライマーや実験方法が開発されている可能性がある．これから実験をおこなわれる際は，最新の情報にもとづいてほしい．たとえば制限酵素を使わずに PCR のみを使って判別する手法なども提唱されている[11]．）

文献

[1] Griffiths R, Dann S, Dijkstra C: Sex identification in birds using two CHD genes. Proceedings of the Royal Society of London Ser. B, 263, 1251-1256, 1996.

[2] Nota Y: Sexual size dimorphism from the Little egret *Egretta garzetta*. Jpn. J. Ornithol. 49: 51-54, 2000.

[3] Nota Y: Effects of b body size and sex on foraging territoriality of the Little egret (*Egretta garzetta*). Auk 120: 791-798, 2003.

[4] Constable JJ, Packer C, Collins DA, Pusey AE: Nuclear DNA from primate dung. Nature 373: 393, 1995.

[5] Goossens B, Waits LP, Taberlet P: Plucked hair samples as a source of DNA: reliability of dinucleotide microsatellite genotyping. Molecular Ecology 7: 1237-1241, 1998.

[6] Reed JZ, Tollit DJ, Thompson PM, Amos W: Molecular scatology: the use of molecular genetic analysis to assign species, sex and individual identity to seal faces. Molecular Ecology 6: 225-234, 1997.

[7] Takasaki H, Takenaka O: Paternitytesting in chimpanzees with DNA amplification from hairs and buccal cells in wages: A preliminary note. In: Ehara A, Kimura T, Takenaka O, Iwamoto M (ed): Primatology Today, Elsevier, pp. 613-616, 1991.

[8] Hayakawa S, Takenaka O: Urine as another potential source for template DNA in polymerase chain reaction (PCR). Amer. J Primatol. 48: 299-304, 1999.

[9] Nota Y, Takenaka O: DNA extraction from urine and sex identification of birds. Molecular Ecology 8: 1237-1238, 1999.

［10］竹中修・早川祥子・橋本千絵・能田由紀子「野生動物からの非侵襲的試料によるDNA採取法と実際の分析」『DNA多型』9: 125–127, 2001.

［11］Fridolfsson AK, Ellegren H: A simple and universal method for molecular sexing of non-ratite birds. Journal of Avian Biology 30: 116–121, 1999.

3

男性を決める遺伝子がたどった道とはたらき

Heui-Soo Kim

人間の進化をＹ染色体から探る

ヒトのゲノム情報が明らかになった今日，数多くの研究者たちがヒトの起源の解明に向け努力している[1]．ヒトとは何か，どこから来たのか，という疑問を解決するための遺伝的な指標として，Ｙ染色体遺伝子の分析が注目されている．この遺伝子は父系から伝えられるため，父系の進化の足跡が残っているのである．最近，ヒトの染色体の21番に当たるチンパンジーの22番染色体の遺伝子地図が完成され[2]，その塩基配列および遺伝子の構造が分析されている．将来は，Ｙ染色体遺伝子のもつさまざまな特性や，遺伝子の並び方や構造も注目されるであろう．またヒトの進化および疾病に関係する機能遺伝子を理解するために，チンパンジーの染色体の解析もさらに進められるだろう．

Ｙ染色体は，初期の細胞遺伝学者たちがヒトの細胞を顕微鏡で観察し，男性に独特な染色体として，その存在が明らかになった[3]．1950年以来，ヒトの家系に関する研究で17個のＹ染色体連関形質が報告された[4]．さらに1959年，ジャコブのクラインフェルター症候群（XXY精巣発育不全，女性化乳房を示す男性）[5]とフォードのターナー症候群（X0卵巣形成不全女性）[6]の研究から，Ｙ染色体が性決定の中枢的な遺伝子をもっていることが明らかになった．

1960年代，大野は哺乳類のＸとＹ染色体が常染色体から進化したとの説を提唱し，Y染色体はX染色体が退化したものであると考えた[7]．その後，遺伝子操作技術を用いて，Y染色体の遺伝子に注目した分子生物学的な研究が進められるようになった．最近10年あまりの間に，Y染色体の遺伝子が，生殖腺における性の逆転，ターナー症候群，移植の拒絶反応，精子形成不全などに関与していることがわかり，Y染色体の機能についての理解がさらに進んだ[8]．

ページのグループは，Y染色体研究の初期（1989年）に提唱された精巣決定因子（testis-determining factor; TDF）が，ZFY（zinc-finger protein Y：亜鉛結合タンパク質）だと考えていた．彼らはTDF遺伝子の全体を含んでいると考えられるヒトY染色体の230 Kbをクローニングした．その領域は全体としてX染色体と相同性があるが，およそ160 Kbが欠失していた．マウスの性決定領域にも相同な配列が存在していることがわかった．しかし，X染色体にも類似の配列が見られたのはどういうことだろうか．ページらが立てた仮説によると，性はこの遺伝子の発現量によって決められるという．つまり，女性ではX染色体の不活性化によって1つの遺伝子しか発現しないが，男性ではXとYで2つの遺伝子が発現するため，性が決定されると説明した[9]．

しかしその後の研究により，この仮説はまちがっていることが証明された．その代表的な証拠としてシンクレアらは有袋類ではZFXやZFYの相同遺伝子が常染色体にあることを報告した．これはZFYが有袋類では性決定因子ではないということを意味する[10]．その後，パルマーらは4人のXX男性において，ZFY遺伝子ではなく，本来Y染色体にある偽常染色体境界領域（pseudoautosomal boundary region Y; PABY）の近くにあるY特異配列がX染色体に転座しているのを発見し，その領域にTDFがあると推定した[11]．その35 Kbにわたる領域に，シンクレアらはSRY（sex-determining region Y：性決定領域）という遺伝子を発見した[12]．グベイらは性が逆転したマウスの研究から，Sryに突然変異が起こると性決定ができなくなることを示した[13]．ホーキンス（1993）はXY-女性のSRY遺伝子を解析し，SRY遺伝子内に11個の突然変異を報告した[14]．これによりSRY遺伝子はヒトの主な性決定遺伝子であることが証明された．しかし，この遺伝子の正確な機能の解明は，将来の研究を待たねばならない．

精子形成に関与する遺伝子の研究で，男性の不妊患者からY染色体遺伝子の微細欠失が見られたことで，Y染色体の重要性がわかった．このような微細欠失のある領域は，AZF（azoospermic factor regions　無精子因子領域）と呼ばれている[15]．全体の約15％にのぼる不妊夫婦の中で，約20％が男性側の原因によるものであり[16]，精子形成異常の約6−18％がY染色体の微細欠失が原因である[17]．精子形成におけるY染色体の重要性は，約25年前，チエポロとズファーディが，無精子症の患者6人の核型分析でY染色体の微細欠失を検出して明らかになった[15]．以来，細胞遺伝学的[2]，および分子生物学的研究[11]により，Y染色体のさまざまな欠失が報告されている．こうした微細欠失は，Y染色体の特異な構造に起因すると考えられる．最近，ページらによって報告された，Y染色体の巨大な回文構造（相補配列が逆向きに並んだ構造）があるとミスマッチにより間の塩基配列が取り除かれることが，主な要因になっていると推測される[8]．Y染色体の微細欠失を分析するためには，Y染色体の正確な構造を理解しなければならないし，ヒトに似通っている霊長類との比較研究も必須である．

類人猿は雌雄の体格の性差，精巣や卵巣の体重比などが異なり，このことがテナガザルのような単婚，ゴリラのような一夫多妻，チンパンジーやボノボのような乱婚まで，多様な繁殖形態に反映している．Y染色体には繁殖に関与するさまざまな遺伝子が存在する．竹中先生と筆者は，類人猿のY染色体DNAをPCR増幅により解析し，霊長類進化の途上で挿入，欠失，再編が起きていることを見出した[18]．さらに霊長類各種でTSPY，ZFY遺伝子の配列を比較し，Y染色体上の位置解明や，発現解析をおこなった[19][20][21][22]．

ヒトのY染色体は，ヒトゲノムのわずか2％を占め，長さは約60 Mbである．2つの偽常染色体領域（PAR1とPAR2）は，短腕と長腕の先端に位置しており，X染色体と相同性をもち，男性の減数分裂の間，遺伝情報の交換がおこなわれる．Y染色体全長の約95％がX-Y交差がおこなわれない領域で構成されている．そのため，以前はこの領域はNRY（non-recombining region Y：非組み換え領域）と呼ばれていた．しかし最近，Pageらの研究でこの領域でさかんに組み換えが起きていることがわかり，この領域は，今ではMSY（male-specific region Y：男性特異領域）と呼ばれるようになった（図1）[8]．Y染色体はつねに半数体で，父系遺伝する．こうした特性は，人類進化の研究，犯罪捜査，親子鑑別などに利用されている[23]．ここでは，Y染色体のたどってきた進化の道筋と，はたらきについて，これまでに明らかになった研究成果をまとめ，今後の研究の方向性を提示したいと思う．

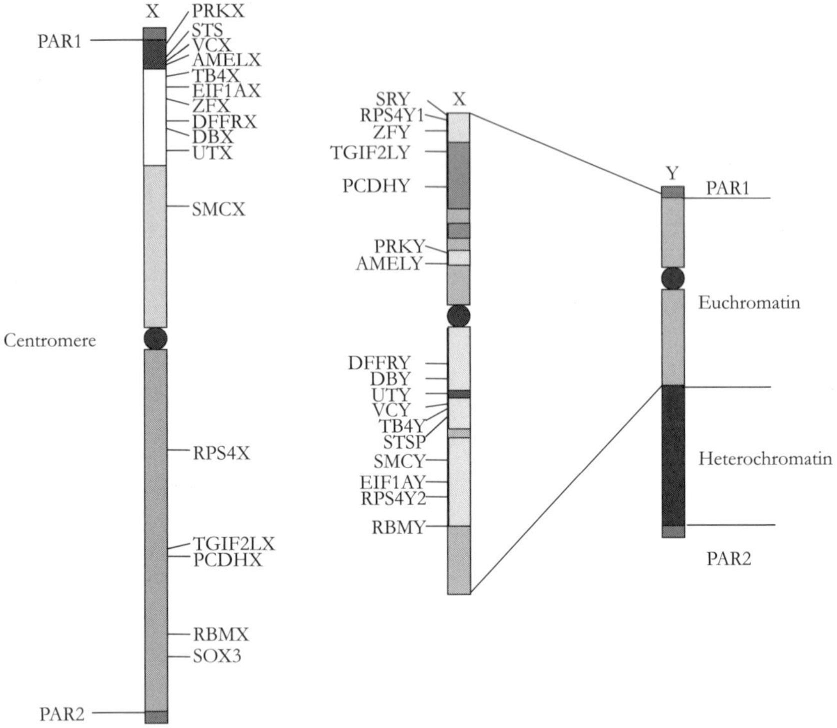

図1 ヒトのXとY染色体の遺伝子地図

ヒト男性にだけあるY染色体の遺伝子構造

ヒトと哺乳類のXとY染色体は，異なる形をした染色体である．ヒトX染色体は，中心体が中央付近にあるサブメタセントリック染色体で，約165 MbのDNAで構成されている．一方，Y染色体の大きさは，染色体の中で一番小さい21番とほぼ同じ約60 Mbで，ゲノムの約2%を占め，中心体が末端付近にあるアクロセントリック型である．ヒトX染色体には多くの重要な遺伝子（約4000余個）が存在することが知られている．Y染色体の大部分は（約40 Mb）は異質染色質（反復配列を多く含むため，細胞間期においても凝縮している）で構成されており，残りの領域（約20 Mb）は真正染色質（細胞間期において凝縮しない）で構成されて数十個の遺伝子がある．Y染色体には両端に偽常染色体相同領域（pseudoautosomal region）があり，それらに挟まれた領域が男性の特異的な領域

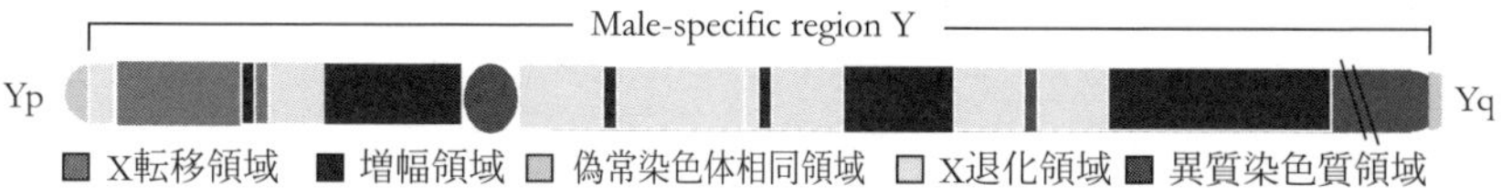

図 2　Y 染色体の擬常染色体領域およびヘテロクロマチン領域を含む模式図

(MSY) である．この男性特異的な領域は多くの部分が異質染色質で構成されており，真正染色質は X 転移領域 (X-transposable region)，X 退化領域 (X-degenerate region)，増幅領域 (ampliconic region) の 3 つの領域に区分される (図 2) [8]．

X と Y 染色体は，減数分裂時の組み換えにより，配列情報が交換できる．その領域が偽常染色体相同領域であり，ヒトの性染色体には 2 つの相同領域 (PAR1 と PAR2) がある [24] [25]．大きい方の領域 (PAR1) は約 2.6 Mb 以上で，X と Y 染色体の短腕 (p-arm) の先端に位置しており，12 個ぐらいの遺伝子がある．ごく小さい領域にもかかわらず，高度の組み換え頻度を示す．性染色体の平均組み換え頻度は 28％で，正常の組み換えの約 10 倍にもなる．この領域の交差頻度は，約 50％にも達する．PAR1 の組み換えは XG 遺伝子の中で見られ，SRY はその地点から約 5 Kb ぐらい離れている [24]．小さい領域 (PAR2) は約 320 Kb で，長腕 (q-arm) の先に位置している．PAR1 とは違い，この領域は X-Y の間での交差があまり頻繁ではなく，減数分裂ごとに現れるわけでもない．この領域には，たった 2 つの遺伝子，IL9R と SYBL1 が存在する [24]．PAR 領域は進化的に保存されてはおらず，マウスにはヒトの PAR2 に相応する遺伝子はない．IL9R のマウスの相同遺伝子は常染色体にあり，Sybl1 のマウス相同遺伝子は X 染色体の中心体の近隣にある．また，ほかの種では，ヒトの PAR1 内の多くの遺伝子は常染色体にある．これは常染色体の断片が PAR 領域とともに Y 染色体に加わったという説と一致する．PAR1 の近隣領域は比較的不安定な領域だと考えられ，PAR1 内や近接の遺伝子は，突然変異速度が早い．SRY 遺伝子は主要な偽常染色体領域の境界からわずか 5 Kb しか離れておらず，進化の間に保存されている程度が低い [24]．

鳥類と哺乳類の分岐した約 3 億年前，性染色体は常染色体の対から分化した．このころに SRY 遺伝子領域で逆位が起き，その後，Y 染色体上の多くの遺伝子が退化して，常染色体や X 染色体の間で組み換えが起こり，現在の MSY 領域が誕生した [24]．この領域には長い 5−7 Kb の散在型反復配列である LINEs (long in-

表1　MSY遺伝子ファミリー

MSY class	略称	遺伝子名	コピー数	発現組織
X-transposed	TGIF2LY	TGF (beta)-induced transcription factor 2-like Y	1	精巣
X-degenerated	PCDH11Y	Protocadherin 11 Y	1	胎児脳, 脳
	SRY	Sex determining region Y	1	全組織, 主に精巣
	RPS4Y	Ribosomal protein S4 Y	1	全組織
	ZFY	Zinc finger Y	1	全組織
	AMELY	Amelogenin Y	1	歯
	TBL1Y	Transduction (beta)-like 1 protein Y	1	胎児脳, 前立腺
	PRKY	Protein kinase Y	1	全組織
	USP9Y	Ubiquitin-specific protease 9 Y	1	全組織
	DBY	Dead box Y	1	全組織
	UTY	Ubiquitous TRP motif Y	1	全組織
	TMSB4Y	Thymosin (beta)-4 Y	1	全組織
	NLGN4Y	Neuroligin 4 isoform Y	1	胎児脳, 脳, 前立腺, 精巣
	CYorf15A	Chromosome Y open reading frame 15A	1	全組織
	CYorf15B	Chromosome Y open reading frame 15B	1	全組織
	SMCY	SMC (mouse) homologue, Y	1	全組織
	EIF1AY	Translation inhibition factor 1A Y	1	全組織
	RPS4Y2	Ribosomal protein S4 Y isoform 2	1	全組織
Ampliconic	TSPY	Testis specific protein Y	~35	精巣
	VCY	Variable charge Y	2	精巣
	XKRY	XK related Y	2	精巣
	CDY	Chromodomain Y	4	精巣
	HSFY	Heat shock transcription factor Y	2	精巣
	RBMY	RNA binding motif Y	6	精巣
	PRY	PTP-BL related Y	2	精巣
	BPY2	Basic protein Y 2	3	精巣
	DAZ	Deleted in azoospermia	4	精巣

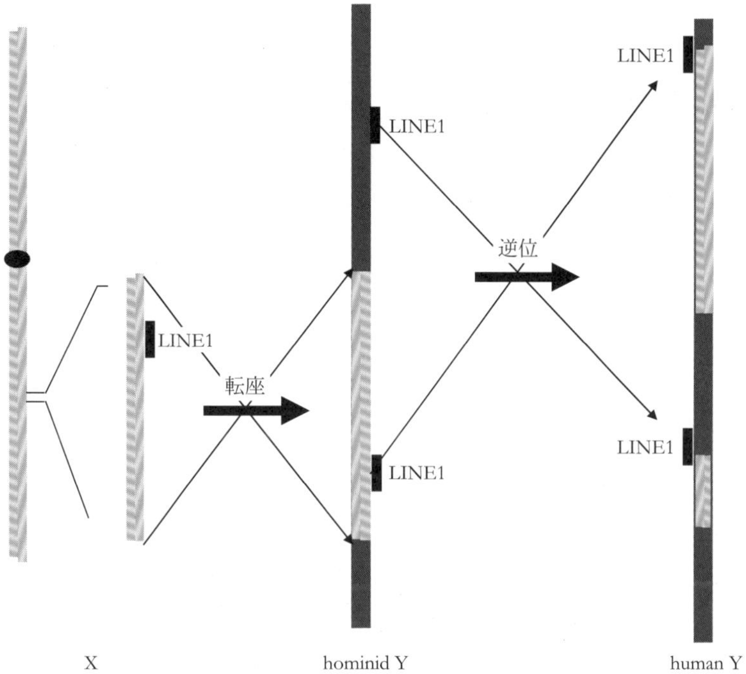

図 3　ヒト科の進化途上で起きた Xq21.3 から Yp11.2 への再編成（transposition と inversion）

terspersed nuclear elements），または短い散在型反復配列である SINEs のような反復配列を含む大きな異質染色質が大部分を占めていて，遺伝子はごく少ない領域を占めている．MSY は最近の研究で，3 つに大別される染色質をもっていることが報告されている[8]．MSY 領域の遺伝子の，コピー数および発現様式については表 1 にまとめているが，その構造と進化の特徴を以下に述べる．

(1)　X 転移領域はヒトの MSY の中に約 300 ～ 400 万年前ヒトとチンパンジーが分岐した後，X から Y へ転座（transposition）して，約 10 ～ 20 万年前に相同な 2 つの LINE 配列の間で組み換えが起きたことによって Yp 逆位（inversion）が生じ，現在の 2 つの不連続の X 転移領域が作られた（図 3）[26]．この領域は約 3.4 Mb の長さで，わずか 2 つの遺伝子（TGIF2LY, PCDHY）が同定されただけで，遺伝子の密度が低く，反復配列の割合が高い．とくに LINE1 が X 転移領域の 36％を占める．この数値はゲノム全体の平均 20％のほぼ 2 倍に達する[1]．この X 転移領域はヒトにだけ存在する領域であり，

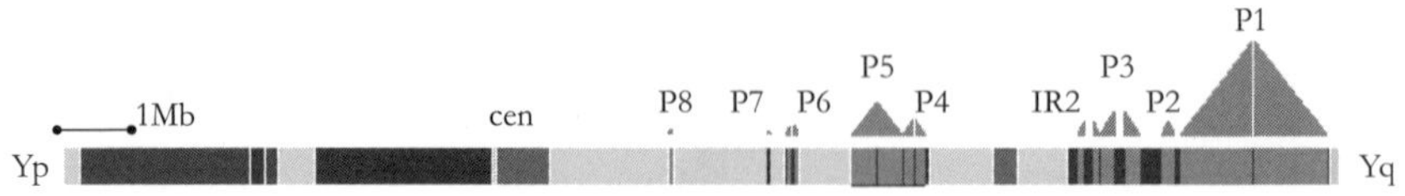

図4 三角形は8個の回文配列（P1–P8）とIR2 inverted repeat（arm同士は99.95％相同）のサイズと位置を示す．向き合う三角形の隙間は，回文配列のarm間の複製されないspacerを示す．

ヒトの特異的な2つの遺伝子（TGIF2LY, PCDHY）が存在する．チンパンジーやゴリラのX染色体には元のこの領域があるが，Y染色体には存在しない．したがって，Y染色体にあるこの遺伝子の産物がヒトに必要なため淘汰されずに残っていると推定される．この遺伝子は組み換えがおこなわれないと予想される領域にあるので，突然変異の蓄積で退化してしまう可能性もある．しかしこの領域がヒトの特異的な性質を保ち続けていくのに必須であるなら，まだ知られていないメカニズムで，その2つの遺伝子の機能が保存されていると考えられる．

(2) X退化領域は16個のX連関遺伝子で構成されている．これらの塩基配列はX染色体にある相同領域と60～96％類似している．この遺伝子は，いわば古代の常染色体の化石のようなものである．このうち，12個のX退化領域の遺伝子はあらゆる組織で，4個は脳，精巣，前立腺，および歯で特異的に発現される[2]．この領域の遺伝子は大部分がX不活性化を逃れている．このことから，X退化領域に残る遺伝子は，男性と女性で遺伝子の発現量の補正の役割を果たしてきたと推定されている[27]．

(3) 増幅領域は99.9％以上の相同性をもつ巨大な反復配列（10.2 Mb）から成っている．反復配列で作られた巨大な回文構造は図4で見られる[8]．増幅領域はMSY真正染色質の3つの領域の中で遺伝子の密度が一番高い．ここには9種類の別々のMSY特異的タンパク質をコードする遺伝子群が存在し，そのコピー数は2回（VCY, XKRY, HSFY, PRY），3回（BPY2），4回（CDY, DAZ），6回（RBMY）そして35回（TSPY）の複製したコピーがある．これら9種類の遺伝子群の中にはほぼ60個の転写，翻訳単位が含まれていることになる．しかも増幅領域配列には他に少なくとも75個の偽遺伝子の転写，翻訳単位が含まれている．遺伝子および偽遺伝子の転写，翻訳単位を集めて分析してみるとMSYで同定された156個の転写，翻訳単位の中で135個がこの増幅領域に含まれている．9個の遺伝子群はすべて主として精巣で発現するが[8]，X退化領域と対照的に増幅領域の遺伝子は高度に発現が制限されている．増幅領域に存在するこの巨大な回文構造は，その中にある男性特異的な遺伝子が，突然変異の蓄積によって機能を喪失することを防ぐために，こういう構造になっていると考えられる．つまり，MSY領域の遺伝子の場合，発生した有害な突然変異をX染色体との交差を通じて除去できないので，この回文構造の両側で発生する遺伝子変換により，有害な突然変異を防いでいると推定される[8][28]．増幅領域の回文構造について大型類人猿と配列を比較してみた結果，8個の回文構造の中で少なくとも6個がヒトとチンパンジーの分岐以前に存在し，約500万年前に発生したと推定される．ローゼンらの研究では，新たに生まれる男性の中で平均約600個の塩基がY-Y遺伝子変換をすると推定されている[28]．

ヒトY染色体遺伝子の生物学的な機能

ヒトY染色体は，精巣決定と男性不妊を含めた男性の適応能力に直接的に関与し，男性特異的機能において重要な役割を果たしている．Yの短腕に位置しているSRYは精巣の発達開始に必須である．SRYは精巣決定の連鎖反応を調節する中心的な遺伝子である．さまざまな遺伝子，WT (Wilm's tumour gene)，SF-1 (steroidogenic factor 1) そしてSOX-9 (SRY-box domain 9) が，性決定においてSRYと関係がある．しかしSRYが同定されて以来10年の間に，多くの研究がおこなわれたが，SRYがどのような遺伝子の発現を調節しているかや，SRYの機能については依然として不明である[12][29][30]．

またY染色体遺伝子は男性生殖細胞の発達と維持にも関与する．男性不妊の約20％がY染色体の長腕でのAZF領域の微細欠失によって引き起こされる[23]．微細欠失は3つの領域 (AZFa, AZFbおよびAZFc) で構成される (図5)[31]．AZFc領域で欠失が多数報告されたのは，研究がこの領域に集中した結果である．最近，AZFa領域にHERV15として知られている2つのヒト内在性レトロウイルス (レトロウイルスの遺伝子であるRNAが逆転写されて，cDNAとなりヒトの核DNA内に挿入されている) があり，これがAZFaの欠失の部分の末端にあることが明

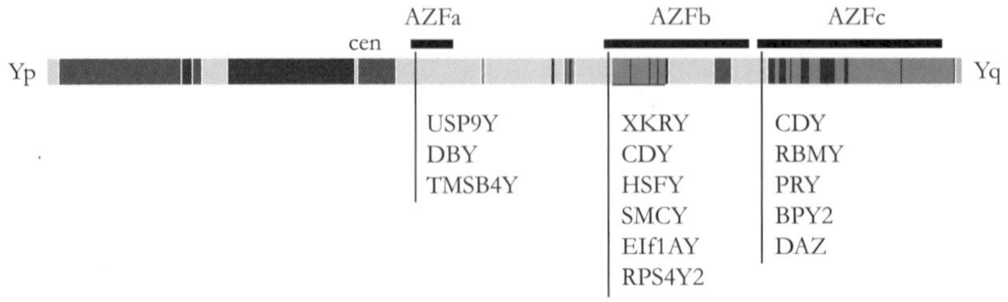

図5　ヒトY染色体の模式図
Y染色体はdeletion intervals (AZFa, AZFb and AZFc) によって分割される．3か所のAZF領域は精子形成不全と関連している．

らかになった．この領域のHERV15ファミリーは完全なレトロウイルス構造で，それらの間で塩基配列の類似性の高い領域の組み換えでできた欠失は，男性不妊を招く[32]．

以上の代表的な遺伝子の機能以外にも，MSY領域の他の遺伝子の特徴を次にあげる．

1) ZFY遺伝子はヒトではYp 11.23領域に位置するが，有袋類ではXやY染色体上ではなく，常染色体上にある[33]．この遺伝子のくわしい生化学的な機能は知られていないが，亜鉛と結合し指の形をしたモティーフをもっていたので男性のステロイドホルモンの受容体として作用すると考えられる．

2) DFFRY (Drosophila fat facets-related, Y linked) またはUSP9Y (ubiquitin-specific protein 9, Y chromosome) 遺伝子はYq 11.2領域に位置する[34]．この遺伝子から推定したタンパク質はシステインとヒスチジンドメインが保存されて，ユビキチンC末端加水分解酵素の役割をする．そしてヒトの発達過程や成人の広範囲の組織で発現する．DFFRYとDFFRX遺伝子はタンパク質に読みとられる領域で89％の塩基配列の類似性がある．この遺伝子は男性不妊の候補遺伝子として，男性不妊患者で欠失した例が報告されている[35]．

3) DBY (DEAD/Hbox3, Y linked) 遺伝子はあらゆるヒトの組織で発現し[36]，2つの主組織適合複合体 (MHC) の発現を調節する役割があるが，この遺伝子もまた男性不妊に関する候補遺伝子である．この遺伝子の欠失した患者では，発生初期の未分化生殖腺がセルトリ細胞（精子形成には直接関与せず，精原細胞の支柱，栄養補給をする）と精原細胞 に分化せず，セルトリ細胞のみが存在する．

4) TSPY (testis specific protein Y：精巣特異的タンパク質) 遺伝子はY染色体内に35個ぐらいのコピーが連続的に繰り返しながら存在している[8]. 免疫組織学的研究でTSPYは精原細胞の細胞質に集中している. シュニーダースはTSPYが精原細胞の成長に影響すると述べた[37]. またローは, 精巣と前立腺癌におけるTSPYの役割を提案した. TSPY遺伝子は, 真獣類が分岐する以前から, 哺乳類のY染色体で選択的に維持されてきた[38].

5) CDY (chromodomain Y) 遺伝子はAZFbとAZFc領域にある各2個のコピーで, それらはCDY1, CDY2と呼ばれる. CDY1とCDY2の塩基は約98％の類似性がある. この遺伝子は常染色体にあるCDYL遺伝子のmRNAが逆転位してY染色体上に複製したものと報告された. CDYは2つのドメインをもっていて, クロモドメインは染色質を曲げて, アセチルトランスフェラーゼドメインは染色質でヒストンタンパク質の構造を変化させてタンパク質合成を促す[36].

6) VCY2 (variable-charged Y) またはBPY2 (basic protein Y) 遺伝子は 等電点が約pH 10.0の塩基性アミノ酸に富むタンパク質をコードしており, 精子形成の全過程で発現する[36].

7) PCDHY (protocadherin Y) 遺伝子はヒトのみがもつ特異な遺伝子で, X転移領域に存在している. この遺伝子は脳と中枢神経系で発現するがくわしい機能はまだ明らかではない[39].

ここまで, Y染色体上の遺伝子の中で活発な研究がおこなわれている遺伝子を中心に, 各遺伝子の特徴と機能を説明した. まだ機能的な研究が進められていない多くの遺伝子がある.

ヒトY染色体の男性特異的領域の分子から見た進化

ヒトのXとY染色体はふつうの常染色体対から進化したと考えられてきた. そのため, 研究者たちにはX-Yの相同遺伝子が先祖X-Y染色体から生き残った化石だと考えられている. ラーンとページはX-Y遺伝子対の進化年度をX-Y遺伝子のアミノ酸を変化させない同義塩基置換を用いて計算した[40]. 彼らはY染色体に含まれる遺伝子が挿入された年代が古いほど, ヒトX染色体上の相同遺伝子との類似度は低いことを観察した. MSY領域の遺伝子の進化過程を図6に

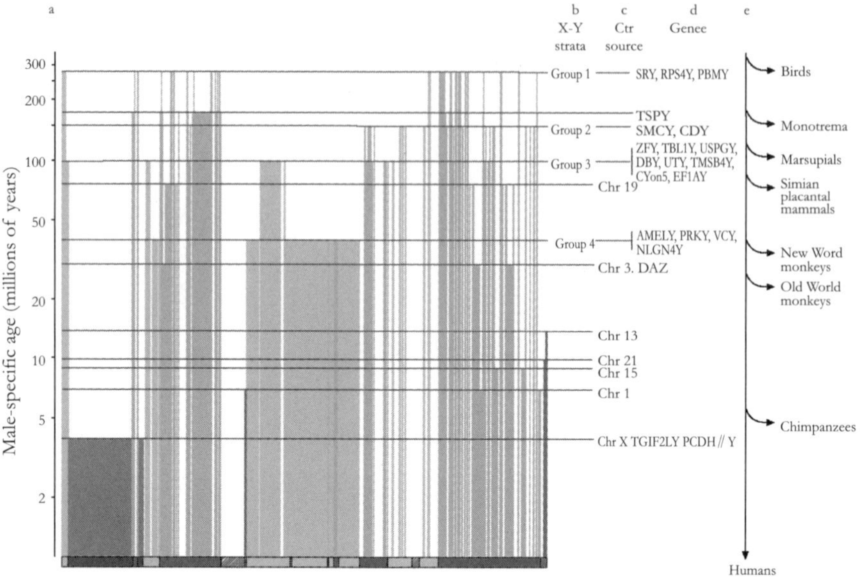

図 6　MSY 領域の進化地図

a. 下部の横軸は図 1 と同じ，MSY 領域の模式図である．この模式図から上に伸びている長方形は，それぞれの領域の年代を log 関数で示す．b. X-Y 分岐の段階．c. ampliconic 配列が由来した染色体．d. それぞれの時期に出現した遺伝子．e. 脊椎動物の系統分岐年代．

示す．19 個の X-Y 遺伝子対の研究でこれらの遺伝子が X 染色体と同じように 4 段階の進化を示したことが明らかになった．1 段階目は鳥と，2 段階目は単孔類と，3 段階目は有袋類と，4 段階目は霊長類と分岐した時にそれぞれ Y 染色体に挿入された複数の遺伝子がある．したがってヒトの性染色体の進化では，各段階の遺伝子は X と Y の交差に影響したことが推定される．しかし，X 染色体では短腕から長腕へ進むほど年代が古くなるのに対し，Y 染色体上の MSY 領域では年代順に並んでいない[41]．X 退化領域と増幅領域の性質は互いに似ており，特異な環境下で進化してきた．つまり，2 つとも男性生殖細胞で幅広く転移するが減数分裂の間は交差がおこなわれない．しかしこの 2 つの領域は構造的および機能的にまったく違っている．増幅領域には回文構造があって，翻訳単位があり，反復配列は X に比べて少ない．X 退化領域は一般的な性染色体の進化理論のように，X と Y 染色体は常染色体対から進化し，そして X 染色体は大部分の遺伝子を保っている反面，Y 染色体では進化速度が速くなったと説明される．

一方，この考え方は増幅領域にはあてはまらない．増幅領域は完璧な回文構造を形成しているため，男性の妊性を維持するために進化した痕跡だと考えられる[8]．X 退化領域の配列とは違い，増幅領域はゲノムの起源がさまざまである．VCY や RBMY は X と似ているが DAZ は 3 番染色体の DAZL との類似性をもち，転座で生成され[9]，CDY は常染色体の CDYL の mRNA から逆転写された cDNA が挿入されて生成されたと考えられる[3]．こういう多様な起源にもかかわらず 増幅領域の遺伝子が精巣の精子形成に関与する理由は何であろう．哺乳類の進化過程で，XY 性染色体の分業と Y 染色体上で男性の特異なドメインの発生により，男性の生殖細胞の発達を強めることができた．進化の過程で，精巣で発現する遺伝子の増幅は高い水準となり，精子の生産が増加した．しかしこの領域では X 染色体との間の交差が起きないので，増幅領域以外の相同組み換えによる遺伝子変換が，遺伝子機能を保全する手段となった[28]．

ヒト Y 染色体遺伝子研究の展望

Y 染色体の分子生物学的研究は，それ以前の細胞遺伝学の研究で明らかになった多くの遺伝的機能のパラダイムの転換を招き，私たちがヒトの性染色体のもつ躍動性と多様性を理解する基礎になっている．ほかの常染色体での遺伝形質伝達の機序とは違い，Y 染色体の一部（PARs）は X-Y 染色体間で交差できるが，一部 X 転移領域は約 300 万年前に X から Y へ染色体間で転座した．また一部 X 退化領域はずっと前から X 染色体と相同性をもち，増幅領域の遺伝子は回文構造内あるいは逆反復配列による遺伝子変換で遺伝子の機能を維持している．こういう躍動性と多様性は，ヒトと哺乳類の染色体進化を研究する鍵になる．このように重要な Y 染色体を研究するためには，ヒトとは別の霊長類の Y 染色体を比較研究する必要がある．とくに，ヒトと一番似ているチンパンジーの Y 染色体の配列決定は，ヒトの進化または男性の不妊の研究に必要である．今日，日本と韓国およびアジア諸国でチンパンジー Y 染色体のゲノムプロジェクトに関するコンソーシアムが作られ，Y 染色体の配列決定または構造を理解する努力が進められている．また，ヒトとチンパンジーの Y 染色体の進化を比較するためには，ゴリラの Y 染色体も配列が決定されるべきである．なぜなら，ヒトとチンパンジーをゴリラと比較すると，ヒト特異的な配列かチンパンジー特異的な配列かが決定できるからである．私たちはY染色体の進化速度を霊長類種間で比較して，X退化領域と増幅領域の理解に役立つ指標を探している．さらにこの遺伝子のタンパク質の構造を明らかにして，その遺伝子の機能を疾病研究に繋げてゆきたいと考えている．

簡単にまとめると，ヒトY染色体は厳密に父系遺伝し，その領域のほとんどは男性の減数分裂の間，交差しない．この領域は非組み換え領域Yと呼ばれてきたが，頻繁に組み換えが起きていることが発見され，呼び名が男性特異領域(MSY)に変更された．MSYには異質染色質配列と3つに分類した真正染色質配列(X転移領域, X退化領域，増幅領域)がモザイク状に存在する．X転移領域の配列はX染色体の相同座位と約99%同一である．X退化領域配列は，古代の常染色体が現代のXとY染色体に進化して以降，残っている部分である．増幅領域の8個の回文構造はヒトY染色体の男性特異領域の4分の1を占める．ここには多くの精巣特異遺伝子があり，回文構造の配列間の相同性は約99.97%である．この回文構造内あるいは近傍の遺伝子は回文構造間の遺伝子変換によって維持され，相互に協調して進化している．新たに生まれる男性では，Y染色体の中で平均約600塩基当たり1か所において遺伝子変異が起こり，精巣特異的多重遺伝子群の進化において重要な役割を果たしている．

文献

[1] International human genome sequencing consortium. Initial sequencing and analysis of the human genome. Nature 409: 860–921, 2001.

[2] Fujiyama A, Watanabe H, Toyoda A, Taylor TD, Itoh T, Tsai SF, Park HS, Yaspo ML, Leharach H, Chen Z, Fu G, Saitou N, Osoegawa K, de Jong PJ, Suto Y, Hattori M, Sakaki Y: Construction and analysis of a human-chimpanzee comparative clone map. Science 295: 131–134, 2002.

[3] Painter TS: The Y chromosome in mammals. Science 53: 503–504, 1921.

[4] Stern C: The problem of complete Y linkage in men. Am. J. Hum. Genet. 9: 147–166, 1957.

[5] Jacobs PA, Strong JAA: A case of human intersexuality having a possible XXY sex determining mechanism. Nature 183: 302–303, 1959.

[6] Ford CE, Miller OJ, Poleni PE, De Almeida JC, Briggs JHA: A sex-chromosome anomaly in a case of gonadal dysgenesis (Tuner's syndrom). Lancet 1: 711–713, 1959.

[7] Ohno S: Sex chromosomes and sex-linked genes. Springer, Berlin, 1967.

[8] Skaletsky H, Kawaguchi TK, Minx PJ, Cordum HS, Hillier L, Brown LG, Repping S, Pyn-

tikova T, Ali J, Bieri T, Chinwalla A, Delehaunty A, Delehaunty K, Du H, Fewell G, Fulton L, Fulton R, Graves T, Hou SF, Latrielle P, Leonard S, Mardis E, Maupin R, McPherson J, Miner T, Nash W, Nguyen C, Ozersky P, Pepin K, Rock S, Rohlfing T, Scott K, Schultz B, Strong C, Wollam AT, Yang SP, Waterson RH, Wilson RK, Rozen S, Page DC: The male-specific region of the human Y chromosome is a mosaic of discrete sequence classes. Nature 423: 825–837, 2003.

[9] Page DC, Mosher R, Simpson EM, Fisher EMC, Mardon G, Pollack J, McGillivray B, de la Chapelle A, Brown LG: The sex-determining region of the human Y chromosome encodes a finger protein. Cell 51: 1091–1104, 1987.

[10] Sinclair AH, Foster JW, Spencer JA, Page DC, Palmer M, Goodfellow PN, Graves JAM: Sequences homologous to ZFY, a candidate human sex-determining gene, are autosomal in marsupials. Nature 336: 780–783, 1988.

[11] Palmer MS, Sinclair AH, Berta P, Ellis NA, Goodfellow P, Abbas NE, Fellous M: Genetic evidence that ZFY is not the testis-determining factor. Nature 342: 937–939, 1989.

[12] Sinclair AH, Berta P, Palmer MS, Hawkins JR, Griffiths BL, Smith MJ, Foster JW, Frischauf AM, Lovell-Badge R, Goodfellow PN: A gene from the human sex determining region encodes a protein with homology to a conserved DNA-binding motif. Nature 346: 240–244, 1990.

[13] Gubbay J, Collignon J, Koopman P, Capel B, Economou A, Munsterberg A, Vivian N, Goodfellow PN, Lovell-Badge R: A gene mapping to the sex-determining region of the mouse Y chromosome is a member of a novel family of embryonically expressed genes. Nature 346: 245–250, 1990.

[14] Hawkins JR: Mutational analysis of SRY in XY females. Hum. Mutat. 2: 347–350, 1993.

[15] Tiepolo L, Zuffardi O: Localization of factors controlling spermatogenesis in the nonfluorescent portion of the human Y chromosome long arm. Hum. Genet. 34: 119–124, 1976.

[16] Tionneau P, Marchand S, Tallec A, Ferial ML, Ducot B, Lansac J, Lopes P, Tabaste JM, Spira A: Incidence and main causes of infertility in a resident population (1,850,000) of three French regions (1988–1989). Hum. Reprod. 6: 811–816, 1991.

[17] Reijo R, Lee TY, Salo P, Alagappan R, Brown LG, Rosenberg M, Rozen S, Jaffe T, Straus D, Hovatta O: Diverse spermatogenic defects in humans caused by Y chromosome deletions encompassing a novel RNA-binding proteine gene. Nat. Genet. 10: 383–393, 1995.

[18] Kim H -S, Takenaka O: Evolution of DNA on Y-chromosome in hominoid primates as examined by PCR. Hum. Evol. 12: 233–239, 1997.

[19] Kim H -S, Takenaka O: A comparison of TSPY genes from Y-chromosomal DNA of the great apes and humans: sequence, evolution, and phylogeny. Am. J. Phys. Anthropol. 100: 301–309, 1996.

[20] Kim H -S, Takenaka O: Evolution of the X-linked zinc finger gene and the Y-linked zinc finger gene in primates. Mol. Cells 10: 512–518, 2000.

[21] Kim H -S, Hirai H, Takenaka O: Molecular features of the TSPY gene of gibbons and Old

World monkeys. Chrom. Res. 4: 500–506, 1996.

[22] Kim H. -S, Kageyama T, Nakamura S, Takenaka O: Nucleotide sequence of cDNA and the gene expression of testis-specific protein Y in the Japanese monkey. Zool. Sci. 14: 609–614, 1997.

[23] Quintana-Murci L, Krausz C, McElreavey K: The human Y chromosome: function, evolution and disease. Forensic Sci. Int. 118: 169–181, 2001.

[24] Ciccodicola A, D'Esposito M, Esposito T, Gianfrancesco F, Migliaccio C, Miano MG, Matarazzo MR, Vacca M, Franzè A, Cuccurese M, Cocchia M, Curci A, Terrancciano A, Torino A, Cocchia S, Mercadante G, Pannone E, Archidiacono N, Rocchi M, Schlessinger D, D'Urso M: Differentially regulated and evolved genes in the fully sequenced Xq/Yq pseudoautosomal region. Hum. Mol. Genet. 9: 395–401, 2000.

[25] Lahn BT, Pearson NM, Jegalian K: The human Y chromosome, in the light of evolution. Nat. Rev. Genet. 2: 207–216, 2001.

[26] Schwartz A, Chan DC, Brown LG, Alagappan R, Pettay D, Disteche C, McGilivray B, de la Chapelle A, Page DC: Reconstructing hominid Y evolution: X-homologous block, created by X-Y transposition, was disrupted by Yp inversion through LINE-LINE recombination. Hum. Mol. Genet. 7: 1–11, 1998.

[27] Jegalian K, Page DC: A proposed pathway by which genes common to mammalian X and Y chromosomes evolve to become X inactivated. Nature 394: 776–780, 1998.

[28] Rozen S, Skaletsky H, Marszalek JD, Minx PJ, Cordum HS, Waterson RH, Willson RK, Page DC: Abundant gene conversion between arms of palindromes in human and ape Y chromosomes. Nature 423: 873–876, 2003.

[29] Goodfellow PN, Lovell-Badge R: SRY and sex determination in mammals. Annu. Rev. Genet. 27: 71–92, 1993.

[30] Hossain A, Saunders GF: The human sex-determining gene SRY is a direct target of WT1. J. Biol. Chem. 276: 16817–16823, 2001.

[31] Vogt PH, Edelmann A, Kirsch S, Henegariu O, Hirschmann P, Kiesewetter F, Kohn FM, Schill WB, Farah S, Ramos C: Human Y chromosome azoospermia factors (AZF) mapped to different subregions in Yq11. Hum. Mol. Genet. 5: 933–943, 1996.

[32] Kamp C, Hirschmann P, Voss H, Huellen K, Vogt PH: Two long homologous retroviral sequence blocks in proximal Yq11 cause AZFa microdeletions as a result of intrachromosomal recombination events. Hum. Mol. Genet. 9: 2563–2572, 2000.

[33] Muller G, Schempp W: Mapping the human ZFX locus to Xp21. 3 by in situ hybridization. Hum. Genet. 82: 82–84, 1989.

[34] Jones MH, Furlong RA, Burkin H, Chalmers IJ, Brown GM, Khwaja O, Affara NA: The Drosophila developmental gene fat facets has a human homologue in Xp11. 4 which escapes X-inactivation and has related sequences on Yq11. 2. Hum. Mol. Genet. 5: 1695–1701, 1996.

[35] Brown, GM, Furlong RA, Sargent CA, Erickson RP, Longepied G, Mitchell M, Jones MH, Hargreave TB, Cooke HJ, Affara NA: Characterisation of the coding sequence and fine map-

ping of the human DFFRY gene and comparative expression analysis and mapping to the Sxr-b interval of the mouse Y chromosome of the Dffry gene. Hum. Mol. Genet. 7: 97–107, 1998.

[36] Lahn BT, Page DC: Functional coherence of the human Y chromosome. Science 278: 675–680, 1997.

[37] Schnieders F, Dork T, Arnemann J, Vogel T, Werner M, Schmidtke J: Testis-specific protein, Y-encoded (TSPY) expression in testicular tissues. Hum. Mol. Genet. 5: 1801–1807, 1996.

[38] Lau YFC: Sex chromosome genetics: gonadoblastoma, testicular and prostate cancers, and the TSPY gene. Am. J. Hum. Genet. 64: 921–927, 1999.

[39] Yoshida K, Sugano S: Identification of novel protocadherin gene (PCDH11) on the human XY homology region in Xq21. 3. Genomics 62: 540–543, 1999.

[40] Lahn BT, Page DC: Retroposition of autosomal mRNA yielded testis-specific gene family on human Y chromosome. Nat. Genet. 21: 429–433, 1999.

[41] Lahn BT, Page DC: Four evolutionary strata on the human X chromosome. Science 286: 964–967, 1999.

4

遺伝子からタンパク質まで

アデニル酸キナーゼ，その機能と構造を探る

綾部貴典

はじめに

私は，91年に医師になり，現在，呼吸器外科を中心とした臨床外科に携わっている．93年から4年間研究生活に入ったが，外科であっても，分子生物学的手法を駆使して，治療に応用したいと考えていた．がんや生活習慣病（高血圧，糖尿病，動脈硬化など）の治療や予防を，遺伝子のレベルで考えることは，当たり前になっている．しかし，疾患を引き起こす原因遺伝子が明らかになってきたばかりで，その遺伝子が読み取られてできてくるタンパク質の構造や機能はわかっていないことも多い．アデニル酸キナーゼという酵素をモデルに，宮崎大学（旧宮崎医科大学）医学部衛生学の濱田稔教授の研究室で研究することになった．そこには，霊長類研究所の竹中修先生の弟さんである竹中均先生がおられて，当時，「タンパク質の構造や機能を解析するためには，遺伝子のことがわからないといけない．また，遺伝子だけでも，タンパク質のことがわからないといけない」と教えられ，お兄さんである竹中修先生との共同研究がはじまった．私は，タンパク質が専門の弟，遺伝子が専門である兄，竹中兄弟の二人から教わった．研究対象は，霊長類ではなくヒトであり，酵素であり，医学と臨床に通じる研究が，このようにしてスタートしたのである．

遺伝子の窓から見た酵素タンパク質

酵素タンパク質をイカという生物にたとえてみる．イカの姿，形を明らかにするため，スルメイカからイカの立体構造を調べるには，X 線結晶回折研究，死んだイカの溶液中の立体構造を解析するには，NMR 解析研究，生きているイカをいろいろな条件の溶液中で泳がせることで，イカの動きを観察するには，酵素の反応速度を調べる研究がある．どれも重要な研究である．酵素タンパク質の構造と機能を調べることは，イカの水中での姿やダイナミックな動きを調べることである．イカの遺伝子を作り変えて変異型イカを多数準備して，さまざまな条件で泳がせて，イカの泳ぎ方，動き方を観察してみる．生体細胞内での酵素タンパク質がどう動いているかは，直接観察したり測定することはできない．だから，細胞内にできるだけ近い条件を試験管内に再現して，アミノ酸が置き換えられた変異型酵素を走らせて，酵素の形や動きを解析しようというのだ．そうすると，どのアミノ酸が酵素の働きにとって大事かがわかってくる．

エネルギー反応に使われる酵素「アデニル酸キナーゼ」

生命を営むほとんどすべて細胞は，化学的エネルギーを ATP（アデノシン三リン酸）に一時的に蓄え，エネルギーを使用する際にはリン酸が 3 つ結合している ATP から，リン酸を 1 つはずして ADP，2 つはずして AMP とし，その時に出てきたエネルギーを利用する．また，細胞内では，解糖系，クエン酸回路，酸化的リン酸化反応による ATP 生産系と，筋肉を動かしたり，化学反応を起こしたりする ATP 利用系があり，複雑な調節機構により，お互いに均衡を保っている．その調節因子の中で，中心的な役割を果たしているのがアデニンヌクレオチド自身である．細胞内のアデニンヌクレオチドの濃度変化に関与する諸因子は，生命体の維持に重要な役割を果たしている．

アデニル酸キナーゼ酵素は，マグネシウムイオン（Mg^{2+}）の存在下，3 つのリン酸をもつ ATP と 1 つのリン酸をもつ AMP から，2 つのリン酸をもつ ADP を 2 分子生成するリン酸転移反応を可逆的に触媒する．

$$\mathrm{ATP} + \mathrm{AMP} \overset{Mg^{2+}}{\rightleftarrows} 2\mathrm{ADP}$$

この酵素が欠損した場合，生物は，重篤な状態に陥ることになる．遺伝子上の変異によって，正常酵素とは構造の違った変異酵素が生産され，この酵素に依存した代謝に異常がおこる．たとえば，ヒトにおいては，この酵素の遺伝的異常症（128番目のアミノ酸残基がアルギニンからトリプトファンへの置換）による溶血性貧血や先天性非球状溶血性貧血などが報告されている．

アデニル酸キナーゼは，細菌から哺乳動物まで広く存在している．哺乳動物には，AK1, AK2, AK3の3種類がある．AK1は，細胞質に存在し，骨格筋，脳，および，赤血球に見出される．ミトコンドリアには外膜と内膜があり，内膜の内側をマトリックス，外膜と内膜の間を膜間スペースという．AK2は，ミトコンドリア膜間スペースに，AK3は，ミトコンドリアマトリックスに存在し，肝臓，腎臓にみられる．AK1は1943年はじめてウサギ骨格筋から精製された．1957年ウサギ骨格筋酵素の結晶としての単離に成功し，物理化学的諸特性が明らかにされた．1974年ヒト骨格筋，ブタ骨格筋より，1985年大腸菌より，1986年ニワトリ骨格筋から単離された．これらのアデニル酸キナーゼ酵素ファミリーのアミノ酸の配列順序は，相互に85％以上の非常に高い相同性を示している（図1）．

酵素について

生物は非常に多くの種類の酵素をもっている．酵素は，生体内でのほとんどすべての代謝をつかさどる触媒機能をもったタンパク質である．酵素の作用を受ける物質は基質といわれ，活性部位とよばれる酵素分子のくぼみに結合する．酵素の活性部位には，基質と結合する結合部位，触媒反応に関与する触媒部位の2つがある．

アデニル酸キナーゼには基質であるATPとAMPそれぞれの結合部位と，リン酸の転移反応を触媒する触媒部位がある．あるいは，2つのADPから，1つのATPと1つのAMPを生成する逆反応も触媒する，非常におもしろい酵素なのである．

ブタの骨格筋アデニル酸キナーゼのX線結晶回折研究から明らかになった3次元立体構造には，10本のα-ヘリックスと5本のβ-ストランドが含まれている（図2）．本酵素は，194残基のアミノ酸から構成される分子量21700の球状タンパク質である．グリシンが豊富に存在する折れ曲がったループ構造の領域があり，

●綾部貴典

	1										10										20										30		
ヒト	M	-	E	E	K	L	K	K	T	K	I	I	F	V	V	G	G	P	G	S	G	K	G	T	Q	C	E	K	I	V	Q	K	Y
ウサギ		-						K	A																						H		
ウシ		-						K	A																						Q		
ブタ		-						K	S																						Q		
ニワトリ		S						H	H																						H		

								40										50										60					
ヒト	G	Y	T	H	L	S	T	G	D	L	L	R	S	E	V	S	S	G	S	A	R	G	K	K	L	S	E	I	M	E	K	G	Q
ウサギ													A							A				K		S	E						Q
ウシ													A							A				M		S	E						Q
ブタ													A							A				M		S	E						Q
ニワトリ													A							E				K		Q	A						E

					70										80										90								
ヒト	L	V	P	L	E	T	V	L	D	M	L	R	D	A	M	V	A	K	V	N	T	S	K	G	F	L	I	D	G	Y	P	R	E
ウサギ					E											V			A	D													Q
ウシ					E											V			V	N													Q
ブタ					E											V			V	D													E
ニワトリ					D											L			A	D													E

		100										110										120										130	
ヒト	V	Q	Q	G	E	E	F	E	R	R	I	G	Q	P	T	L	L	L	Y	V	D	A	G	P	E	T	M	T	R	R	L	L	K
ウサギ		Q							R	R		A	Q											P				Q	K				
ウシ		Q							R	R		A	Q											P				Q	K				
ブタ		K							R	R		G	Q											P				T	K				
ニワトリ		K							K	K		A	P											K				V	K				

									140										150										160				
ヒト	R	G	E	T	S	G	R	V	D	D	N	E	E	T	I	K	K	R	L	E	T	Y	Y	K	A	T	E	P	V	I	A	F	Y
ウサギ																																		
ウシ																																		
ブタ																																		
ニワトリ																																		

						170										180										190				194			
ヒト	E	K	R	G	I	V	R	K	V	N	A	E	G	S	V	D	E	V	F	S	Q	V	C	T	H	L	D	A	L	K			
ウサギ	E	K						K	V					S			N			S				T	H			A		K			
ウシ	E	K						K	V					S			N			S				T	H			A		K			
ブタ	E	K						K	V					S			D			S				T	H			A		K			
ニワトリ	K	G						Q	L					T			E			Q				S	Y			K		-			

K：リジン，V：バリン，など一文字表記のアミノ酸

図1 アデニル酸キナーゼファミリーのアミノ酸一次構造の比較

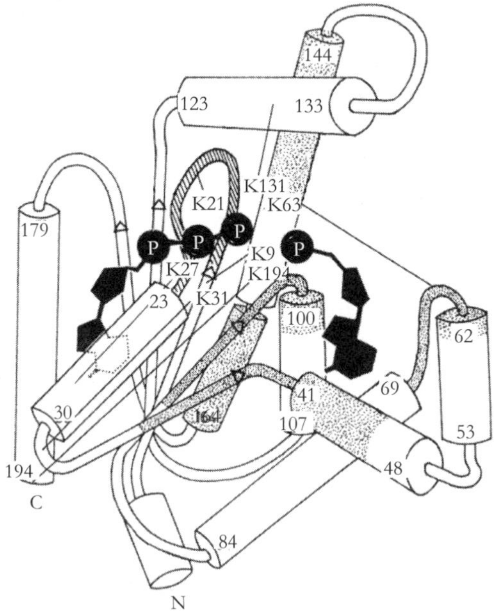

図 2　アデニル酸キナーゼの立体構造とリジン残基の位置

この領域には，ATP などが結合する多くのヌクレオチド結合タンパク質と共通なモチーフがみられ，タンパク質のヌクレオチドおよびリン酸基質結合部位の比較研究のモデルタンパク質となっている．

アデニル酸キナーゼの実験的背景

アデニル酸キナーゼのどの部位が基質と結合しているかや，リン酸転移反応を起こす酵素タンパク質の構造や機能を調べる研究は，その他のリン酸転移酵素の反応機構やヌクレオチド結合の基質認識機構の研究にとってきわめて重要である．

1970 年代ごろから，X 線結晶回折研究や NMR 解析研究が ATP と AMP の基質結合部位同定のためにおこなわれてきた．1977 年当時は，ブタの AK1 結晶の X 線結晶回折研究により，AMP が左側，ATP が右側に基質結合部位のあるモデルが推定されていた．1987 年には，NMR 研究により，AMP と ATP の基質結合

●綾部貴典

部位が左側にあるモデルが提唱されていた．1990年キムらのタンパク質工学的研究により，本酵素の人工遺伝子が作成され，変異型酵素の酵素反応速度論的解析により，ATPは左側でAMPは右側に基質結合部位のあるモデルが提唱された（図2）．なぜこのように，X線回折，NMR研究，反応速度論から得られた結果が異なるのかは，冒頭で触れたように，未知のイカの生態を想像するときに，乾かしたスルメの測定結果と，水中で生かしたイカの測定結果が異なるであろうことで，想像がつく．しかし，ATPやAMPの基質結合やリン酸転移反応に，どのアミノ酸残基が関与するのかは，詳細に解明されていない．

哺乳動物種間で相同性の高いアミノ酸残基は酵素反応において重要な役割をするため，変化していないと考えられるので，それらのアミノ酸残基を置換させ，基質との相互作用を調べる実験を計画した．分子生物学的手法を用いて，アデニル酸キナーゼ酵素の人工遺伝子の特定の部位をいろいろな塩基で置換させる．その結果，アミノ酸残基が置換した変異型酵素を大腸菌で大量に発現させて，分離精製し，得られた変異型酵素の反応速度を調べることで，ATPやAMPの 基質結合やリン酸転移反応の触媒作用について解明を試みようと考えた．

遺伝子から変異型酵素の作製

遺伝子の運び屋であるプラスミドベクターにヒトアデニル酸キナーゼの人工遺伝子（hAK1）を挿入して，変異体作製，遺伝子解析，およびタンパク質の発現が可能であるプラスミドを完成させた．このプラスミド（pMEX8-hAK1）から，変異型酵素を作成するまでの過程を，図3に示した．

プラスミドを大腸菌に形質転換後培養し，ヘルパーファージを加えて，このプラスミドの一本鎖DNAを抽出し，次の反応の鋳型とした．この1本鎖DNAに，プライマーを結合させて，相補2本鎖DNAを合成した．この時のプライマーを工夫した点は，置換させようとする標的のアミノ酸部位がプライマーの中央になるように設定し，ランダムに複数の変異体が一度の操作で作製できることを期待して，コドンの第1番目と2番目の塩基（X）は，アデニン（A），グアニン（G），シトシン（C），チミン（T）の混合物となるように，第3番目の塩基（Y）は，グアニン（G），シトシン（C）の混合物としたことである．

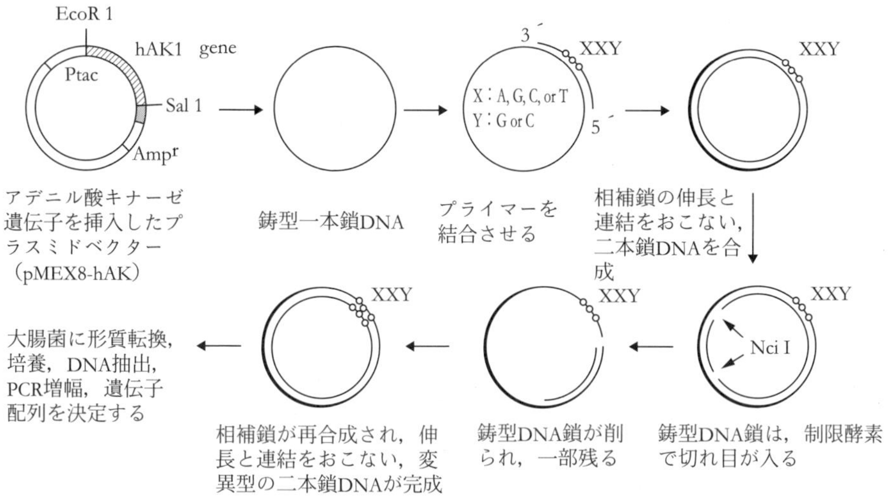

図 3　遺伝子から変異型酵素の作製のフローチャート

次に制限酵素で鋳型 DNA 鎖に切れ目を入れ，鋳型 DNA のみを削りとり，残っている変異型一本鎖に対する相補鎖を伸張して，変異二本鎖 DNA を完成した．これを，大腸菌に形質転換後培養し，プラスミド DNA を抽出した．その後，変異体 DNA の塩基配列を決定した．

置換させるアミノ酸残基の候補は，アデニル酸キナーゼ酵素を構成する 194 個のアミノ酸残基から，1）リン酸転移反応に関与すると思われる塩基性のリジン残基，2）親水性のトレオニン残基，3）C 末端領域に存在する疎水性残基のバリン，システイン，ロイシン残基など 14 か所を選択した．最終的に 48 種類（27.9％）の変異体を得た．

たとえばリジン^{194}残基の変異は，20 個スクリーニングして，8 個の変異が判明した．遺伝子変異は，それぞれ，AAA（リジン）から TCC（セリン）が 3 つ，AAC（アスパラギン），GTG（バリン），ATA（イソロイシン），CCC（プロリン），TTG（ロイシン）の変異体が得られた．変異体の種類としては，6 種類得られた（表 1）．

表1 変異型酵素の遺伝子変異効率，タンパク質収量，比活性，酵素キネティックスのデータ

標的残基	コドン	変換体			タンパク質収量	比活性	Km (ATP)	Km (AMP)	kcat (%)
					(%)*	(%)*	1.0	1.0	100
リジン9	(AAG)	CCG	K9P	プロリン	23	1.2	0.2	0.2	9.3
		TTC	K9F	フェニルアラニン	28	0.5	2.6	1.5	0.3
		CTC	K9L	ロイシン	13	8	2.3	6.8	0.4
		ACC	K9T	トレオニン	4	40.4	11.4	10.6	1.6
リジン21	(AAA)	CCG	K21P	プロリン	2	5.1	19.5	13.8	5
リジン27	(AAA)	CTC	K27L	ロイシン	23	4.2	6.6	1.5	2
		GTC	K27V	バリン	不溶	-	-	-	-
		CGC	K27R	アルギニン	8	2.3	3.6	1.2	1.7
		ATA	K27I	イソロイシン	79	0.4	8.9	1.1	0.5
リジン31	(AAA)	TTC	K31F	フェニルアラニン	24	6.9	12.1	2.4	1.1
		ATC	K31I	イソロイシン	29	0.7	0.9	1.4	1.9
		TCG	K31S	セリン	27	0.5	3.6	23.6	0.5
リジン63	(AAA)	TTC	K63F	フェニルアラニン	14	0.7	8.1	0.8	0.8
リジン131	(AAG)	GCC	K131A	アラニン	30	1.9	16.9	1.6	0.4
		TTC	K131F	フェニルアラニン	57	1.3	3.2	1.4	0.4
		CCC	K131P	プロリン	不溶	-	-	-	-
リジン194	(AAA)	TCC	K194S	セリン	15	12.6	14.5	3.4	37.3
		ATA	K194I	イソロイシン	27	0.3	0.2	0.6	2.4
		TTG	K194L	ロイシン	18	1	9.6	0.1	13.7
		CCC	K194P	プロリン	76	0.2	2.9	0.2	0.8
		AAC	K194N	アスパラギン	13	4.3	3	1.6	3.7
		GTG	K194V	バリン	27	1.7	0.9	20.8	1.4
トレオニン35	(ACT)	CCC	T35P	プロリン	28	1.3	2.1	0.2	2.5
		TAC	T35Y	チロシン	86	0.6	3.2	1.4	0.4
トレオニン39	(ACT)	GTC	T39V	バリン	102	36.7	2.7	13.3	97
		CCC	T39P	プロリン	62	11.1	0.6	58.9	101
		TTG	T39L	ロイシン	52	0.8	1.9	0.4	1.8
		TCC	T39S	セリン	31	30.4	2.5	5.6	2.8
		TTC	T39F	フェニルアラニン	41	0.4	3.2	0.3	0.7
バリン182	(GTA)	GCG	V182A	アラニン	203	0.1	11.1	11.9	0.1
		GGG	V182G	グリシン	41	0.7	7.4	1.9	0.7
		AGC	V182S	セリン	132	0.5	2	1.5	0.5

バリン 186	(GTA)	TCC	V186S	セリン	23	1	7	7.5	1
		GGG	V186G	グリシン	11	1.2	1.3	1.9	1.2
		GAC	V186N	アスパラギン	不溶	-	-	-	-
システイン 187	(ACG)	GTC	C187V	バリン	227	0.2	0.6	1.9	0.2
ロイシン 190	(CTG)	GCG	L190A	アラニン	13	1.6	2.7	5.3	1.6
		TCG	L190S	セリン	17	0.5	25.9	82.3	0.5
		CCC	L190P	プロリン	不溶	-	-	-	-
		ACG	L190T	トレオニン	不溶	-	-	-	-
		AAC	L190N	アスパラギン	不溶	-	-	-	-
ロイシン 193	(CTG)	ATC	L193I	イソロイシン	74	0.7	7.8	32.1	0.7
		CAG	L193Q	グルタミン	149	0.4	9.3	7.4	0.4
		CCC	L193P	プロリン	83	13.5	2.7	0.1	13.5
		TCG	L193S	セリン	24	6.4	1.6	0.1	6.4
		TTC	L193F	フェニルアラニン	180	2.2	0.4	3.2	2.2
		CGC	L193R	アルギニン	114	1.6	1	3.8	1.6
		TAG	L193S-top	アミノ酸欠失	104	0.8	1.6	11.3	0.8

一文字表記のアミノ酸は，図1と同じ

変異型酵素のタンパク質発現と精製方法

遺伝子変異が入ったプラスミドを，再び大腸菌に形質転換して培養し，タンパク質を発現させた．大腸菌を超音波破砕後，遠心した上清を，ブルーセファロースカラムに注入し，塩化ナトリウムの濃度勾配をかけて，アデニル酸キナーゼタンパク質を溶出させた．ブルーセファロースは，アデニル酸キナーゼなどのヌクレオチドと結合する酵素を特異的に吸着し，高濃度の塩濃度により，結合したタンパク質を溶出する．

野生型酵素と同じ条件で精製した変異型酵素のタンパク質の収量や比活性は，野生型酵素を100％としたときの相対値で表した（表1）．ほとんどの変異型酵素のタンパク質収量は野生型酵素より少なく，ほとんどの変異型酵素の比活性は，野生型酵素と比較して，1％前後に低下しており，活性の増加した変異型酵素は見られなかった．K27V（リジン[27]残基がバリンへ置換）などのように6種類，の変異型酵素は，大腸菌で発現することは確認されたが，大腸菌破砕液の可溶性画分には溶出されず，不溶性であったので，活性は測定できなかった．

●綾部貴典

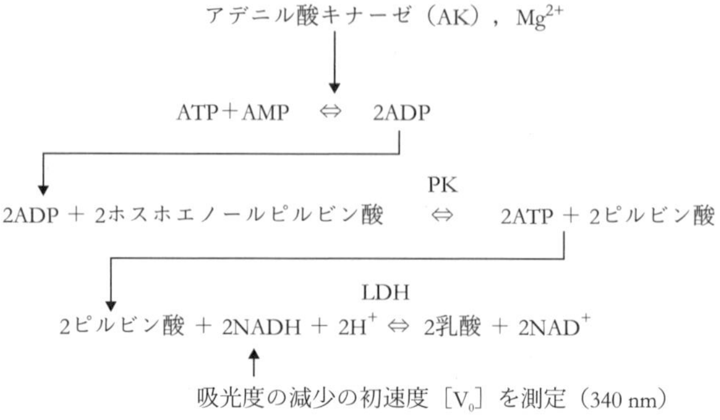

図4 アデニル酸キナーゼの酵素活性の測定系

アデニル酸キナーゼの酵素活性の測定

酵素活性の測定は，NADH，ホスホエノールピルビン酸，乳酸脱水素酵素，ピルビン酸キナーゼを共存させる反応系を用いた（図4）．アデニル酸キナーゼ酵素の正反応はATPとAMPから2つのADPを生成する反応である．酵素の反応液に，種々の濃度のATP，AMPを加える．この酵素反応液にアデニル酸キナーゼを加えると，まず，ATPとAMPから2つのADPが生成される反応が開始する．生成されたADPは，ホスホエノールピルビン酸と反応して，ATPとピルビン酸となる．ピルビン酸はNADHとH^+と反応して，乳酸脱水素酵素の存在下，NAD^+を生成するが，このとき，溶液中のNADHが減少し，NADHの340 nmの吸光度が減少しはじめる．この吸光度減少の初速度［V_o］を求める．

酵素反応速度論

ミカエリスとメンテンは，図5に示すような酵素反応式を提唱した．酵素（E）と基質（S）とが結合して，中間的に酵素・基質結合体（ES）を作り，この状態で基質（S）は，反応産物（P）に変化する．

アデニル酸キナーゼは，2つの基質（ATPとAMP）があるので，2つのミカエリス定数Kmをもつ．片方の基質濃度は固定し，もう一方の基質濃度を変化させて，ミカエリス定数（Km）を求める．AMPに対するミカエリス定数，Km（AMP）

$$E + S \underset{k_{-1}}{\overset{k_{+1}}{\Leftrightarrow}} ES \xrightarrow{k_2} E + S$$

$$v = \frac{V\,[S]}{Km + [S]} \qquad Km = \frac{k_{-1} + k_2}{k_{+1}}$$

図5　ミカエリス・メンテンの酵素反応の式

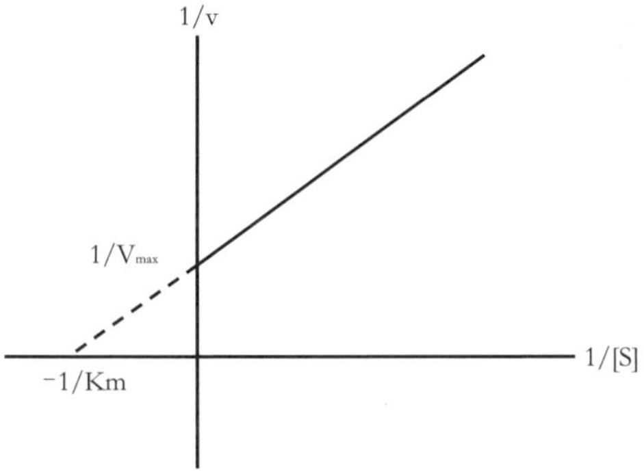

図6　Lineweaver-Burk プロット（両逆数プロット）

値は，ATP 濃度を固定した条件で，AMP 濃度を ATP 固定濃度の 1/2, 1/3, 1/4 と変えて，初速度を測定して算出される．また，ATP に対するミカエリス定数，Km (ATP) 値は，AMP 濃度を固定し ATP 濃度を同じように変えて，初速度を測定して算出される．それぞれの基質濃度［S］と初速度［V_o］の逆数をプロットして，得られる直線グラフが図 6 である．この直線プロットの X 軸との交点から，野生型酵素の Km (ATP) は 0.27 mM，Km (AMP) は 0.33 mM と算出された．ここで，Y 軸との切片から求めた最大速度 Vmax を酵素濃度［S］で割った値が，酵素反応定数 (kcat) であり，酵素の反応サイクルの最大回転数を表している．野生型酵素の kcat 値は，571 sec^{-1} であった．やさしくいいかえると，Km 値は，基質との結合力や親和性を表し，kcat 値は，酵素の触媒効率や反応速度効率を表す．

変異型酵素の酵素速度論から導き出されたこと

野生型酵素のミカエリス定数と比較して，変異型酵素の基質との親和性（Km

値）が何倍，触媒効率（kcat値）が何％にあたるかを表に示した（表1）．ほとんどの変異型酵素において，基質との親和性（Km値）は変化し，触媒効率（kcat値）は大きく減少した．さまざまな変異型酵素の酵素反応速度の解析結果をまとめてみると，

1）野生型酵素より変異型酵素の基質との親和性（Km値）が増加すれば，基質との結合力が弱まり，基質との親和性（Km値）が減少すれば，基質との結合力が強まったことを示す．基質との親和性（Km値）が5倍以上に大きく増加すれば，置換前のアミノ酸残基がより特異的に基質結合に関与していることが示唆される．

2）野生型酵素より変異型酵素の触媒効率（kcat値）が増加すれば，酵素反応効率が増加し，触媒効率（kcat値）が減少すれば，酵素反応効率が減少することを示す．触媒効率（kcat値）が10％以下に減少すれば，置換前のアミノ酸残基がより特異的に触媒反応に関与していることが示唆される．

3）基質との親和性（Km値）が変化せず触媒効率（kcat値）のみが変化した場合，酵素反応効率のみが影響を受け，また，基質との親和性（Km値）が大きく変化し触媒効率（kcat値）が変化しない場合，基質結合のみが影響を受けることが示唆される．

4）ほとんどの変異型酵素は，基質との親和性（Km値），触媒効率（kcat値）も大きく変動した．変異型酵素は，基質結合と触媒反応に大きく問題が生じたことが示唆された．

5）同じアミノ酸残基で，置換したアミノ酸残基の種類により，基質との親和性（Km値）や触媒効率（kcat値）も多様化した．これは，置換したアミノ酸残基側鎖の性質の相違や，周辺アミノ酸残基に与える影響の相違も考慮に入れる必要がある．

このように，基質親和性（Km値）や触媒効率（kcat値）がさまざまに変化し，酵素活性が低下した．その原因として，1）基質結合がうまくいかない，2）触媒反応がうまくいかない，3）その両方が正常に機能しない，4）酵素の3次元立体構造が変化した，などが考えられる．その解明のためには，立体構造上の変化の有無をX線結晶回折研究やNMR解析研究で明らかにしなければならない．試験管内での溶液中における酵素反応の研究は，細胞レベルでの酵素の働きの状態を，よりダイナミックな変化として再現していると思われる．

以上のことを踏まえて，アデニル酸キナーゼのランダム変異実験で得られた変異型酵素の解析結果をまとめてみると，

1）リジン残基の変異により，リジン^{9}残基，リジン^{31}残基は，ATPとAMPの両基質との相互作用に働くこと，リジン^{21}残基は，ATPとAMPの両基質と関連するが，ATP側により大きな影響を与えること，リジン^{27}残基，リジン^{63}残基，リジン^{131}残基は，ATP側とより密接に関与すること，リジン^{194}は，ATPとAMPの両基質の結合反応に関与し，AMP側により大きな影響を与えることが示唆された．これらの速度論的結果より，X線結晶回折研究によるブタAKの立体構造モデルに，置換したリジン残基の位置と，リジン残基と基質との相互作用の関係を示した（図2）．これらのリジン残基は，ATPとAMPにおけるリン酸転移反応に関与するであろうと思われた．

2）親水性残基の変異により，トレオニン^{35}残基は，触媒に関与し，トレオニン^{39}残基は，AMPの結合反応と触媒に重要な役割を果たしていると思われた．

3）C末端領域の疎水性残基（バリン，システイン，ロイシン）変換により，バリン^{182}残基は，ATP，AMP両基質との相互作用に働き，ATPにより大きな影響を与える．バリン^{186}残基は，ATPとAMPの両方に関与する．システイン^{187}は，触媒に関与する．ロイシン^{190}残基は，ATPとAMPの両基質との相互作用に働き，AMPにより大きな影響を与える．ロイシン^{193}残基は，ATPとAMP両基質との相互作用に働き，AMPにより大きな影響を与える．C末端領域のアミノ酸残基の変異は，置換するアミノ酸の種類によりATPやAMPへの影響力は変わるが，ロイシン^{190}，ロイシン^{193}，リジン^{194}残基へと置換したアミノ酸残基がC末端に近ければ近いほど，ATPのみならず，AMPにも影響してくることから，この疎水性C末端領域は，ATPとAMPの両基質との疎水的な相互作用に関与し，両基質のリン酸転移反応に重要な役割を果たしていると思われた．

図7に示すように，リジン残基のアミノ基（$-NH^{3+}$，正電荷を帯びた塩基性アミノ酸）は，ATPのリン酸基（負電荷を帯びた）を，AMPのリン酸に移して，2つのADPが生成される化学反応の触媒を，トレオニン残基などと協調して，関与していると推察された．

●綾部貴典

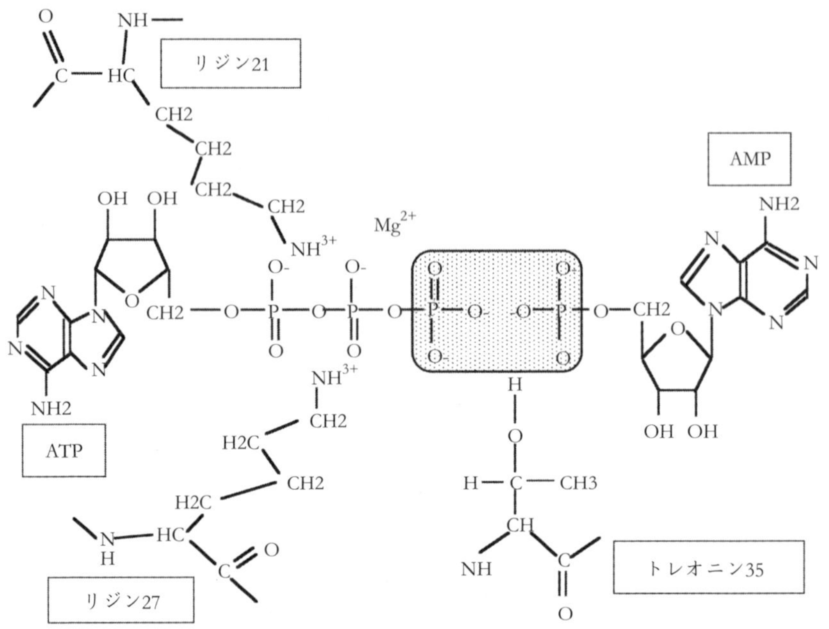

図 7 ATP, AMP のアデニンヌクレオチドやリン酸基とアデニル酸キナーゼのリジン残基やトレオニン残基との相互作用

おわりに

酵素の役割は，生体において化学反応速度を高める，または，必要に応じて抑制して反応速度を生体の生理的要求に適したレベルに調節することにあるわけであるから，生体が恒常性を保つ上で酵素は大事な役割をしている．

アデニル酸キナーゼは，194 個のアミノ酸からなり，エネルギー代謝に必須不可欠な酵素である．この小さな酵素の人工遺伝子を作成して，重要なアミノ酸残基をターゲットとして，部位特異的に遺伝子（コドン）を組み換えて，変異型酵素を大量に精製し，基質との結合やリン酸転移反応との相互作用を調べた．遺伝子の変異から，その表現形であるアミノ酸が置換され，置換したアミノ酸の性質をとりこんだ変異型酵素タンパク質の構造や機能も変化し，溶液中における酵素活性が変化した．アデニル酸キナーゼの遺伝子からタンパク質までの実験系を紹介し，その構造と機能の解析に迫る過程の実験を紹介した．

ATPの結合部位が左側，AMPの結合部位が右側に存在するであろうことは想定されても，194個のアミノ酸残基のそれぞれが，反応溶液中で2つの基質のどの部分を認識し結合し，触媒反応にどう関与するのかはまだ詳細な解明が待たれるところであるが，本実験の結果からは，少なくとも，リジン残基がリン酸転移反応に重要な役割を果たしているのであろうことが示唆された．最後に，アデニル酸キナーゼ酵素に関する詳細なデータは，インターネット・ホームページ http://www.ayabe.umin.jp/id に公開されている．また，本稿の内容をより専門的に解説したFlashサイト・ウェブ版も公開しているので，興味のある方は，ぜひクリックしてみてほしい．

●綾部貴典

5

ヘモグロビンとフィールドワーク

竹中晃子

生体材料の拾得

生物を研究するとき，かならず問題になるのはサンプルをどう手にするかということである．今のように非侵襲的方法でDNA試料を手にすることができるなら，生物を専攻していたかもしれない．しかし，高校時代に生物クラブへ入ろうとした時，まず，先生がカエルをいとも簡単に解剖したことに抵抗を覚え，生物部に入れず，大学，大学院では化学を専攻した．柴田和雄研究室（東京工業大学）ではタンパク質の高次構造を化学修飾試薬で明らかにする研究をおこなった．その際にも，結晶化されて市販されているタンパク質は少なく，リゾチームは鶏卵から，キモトリプシンはウシ膵臓から，ヘモグロビンはウマ血液から，ミオグロビンはマッコウクジラの肉から抽出しなければならなかった．リゾチーム取りは100個の卵白を使用するため，残った卵黄とホットケーキの素をビーカーで混ぜてバットに伸ばし，アルミホイルをかぶせて乾燥器で焼いて研究室の皆と食べた楽しい思い出がある（今，乾燥器をこんな風に使ったら汚れるとしかられるが）．ところが，いよいよ屠殺場に行ってウシやウマの試料をもらって来なければならなくなったとき，電車の中で足が震えてどうにもならなかったことを覚えている．それでも，毎日私たちはきれいに梱包されたパック入りの肉を何の疑問も感じずに食べていることに思いを馳せた．甘えは許されないと肝に銘じ，現場に入り，試料を分けていただいた．その後1か月間でしかなかったが，まったく肉を食べることができなかった．この時出会ったヘモグロビンが長く研究テーマになった．

ヘモグロビンとの出会い

ミオグロビンは1本のペプチド鎖と1個のヘムとからなり筋肉中にあるが，ヘモグロビンはミオグロビンによく似た4本のペプチド鎖がサブユニットとなってひと塊の分子として赤血球の中ではたらいている（図1）．各サブユニットにはヘム鉄が存在し，肺で酸素と結合し，末梢組織で酸素を離す．なぜ4個のサブユニットである必要があるのか，各サブユニットの中のアミノ酸，とくにヒスチジン残基の化学修飾試薬に対する反応性とか，中性溶液中でタンパク質変性剤として作用するように開発したトリクロロ酢酸ナトリウム（Na-TCA）に対する反応性はミオグロビンと同じなのか異なるのか，をテーマとした．研究を進めるうち，タンパク質部分ではないヘム鉄にリガンド（酸素やシアンイオン）が結合するとタンパク質部分が動くこと，さらにこの動きはヘモグロビン分子の中ではサブユニット構造がお互いに相互作用するためミオグロビンより大きくなることを実感することができた[1][2]．この構造変化のためにヘモグロビンはミオグロビンとは異なる酸素との結合能力を示していることがわかった．

化学実験での精度

そのころ（1966年ごろ），柴田先生は光合成の機構を探る研究もしておられ，また濁った試料を分光光度計にかけて濁りの分を差し引いた吸光度を測定することができるオパールグラス法（後に紫綬褒章受賞）を開発されていた．生育している藻類のスペクトルを測ることができるため，そのオパールグラスを搭載した分光光度計をもって，オーストラリア・グレートバリアリーフをベンソン博士等とともに実験船「αヘリックス」号で探索しておられた．帰国されてから，美しい青空の下の珊瑚礁や実験装置を乗せた船での実験風景などのスライドを見せていただきながら，こんなことができたらいいだろうなと憧れていた．その同じ研究室に大学院生として，後に夫となる竹中修もいた．私たちはタン

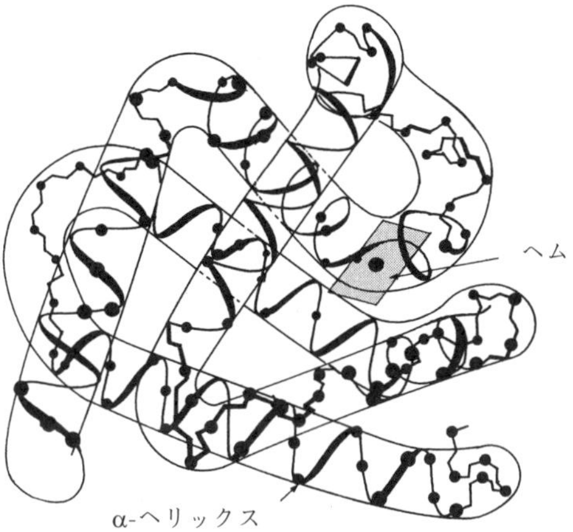

図 1a　ミオグロビンの構造

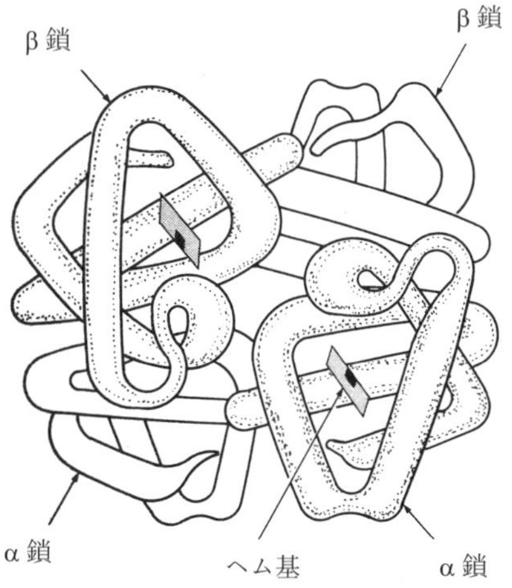

図 1b　ヘモグロビンの構造

図 1　ミオグロビンとヘモグロビンの構造：ヘモグロビンはミオグロビンとよく似たサブユニット 4 つからなり，鉄を含むヘムがそれぞれのサブユニットに 1 つずつある．分子状酸素がこのヘム鉄に結合する．（出典不明*）
＊章末を参照のこと．

パク質の立体構造を明らかにする方のグループだったので，毎日毎日ピペットと試験管をもって実験していた．200本もの試験管を並べガラスのピペットで1本1本口で試薬を吸っては吐きを繰り返し，実験結果を出していた．分析化学ではピペットは精度4桁であるから，吸って標線にメニスカス（液面がガラス壁とふれている部分は表面張力で実際の液面より上にはいあがる）の下部を合わせ自然に落下させた後，最後に残る液体をピペットのふくらんだ部分を左手で暖め内部の空気を膨張させて出すことと指導されている．しかし，200本もの試験管に何種類かの試薬を入れるのにいちいちそんなことはしていられない．ピペットから液を口で吐き出して，次から次へやっていっていた．しかしある時サンドペーパーでピペットの先端をごりごり削っている竹中がいた．そのころ彼はタンパク質の疎水領域に結合する蛍光色素を見出す実験をしていた．最後に結果を測定する蛍光光度計の誤差が3%だから，少し流れをよくする程度に先端を削っても問題はない．そんな誤差が影響するようなわずかな差しかでないような実験結果はあまり意味がないと，先端を削った場合と削っていない場合との液量を天秤で測った結果，大丈夫と割り切っていた．初学者はいつも実験をする際にどこまでの精度が必要なのか迷う．精密にやればよいというものでもない．実験段階の中で精度が悪い部分が含まれていれば，それに応じて手抜きをすることもうまい実験のやり方である．しかし分析化学でピペットとはこうして使うものとたたき込まれていたので，私には先端を削るなどという発想は出てきようがなかった．

抽出されたタンパク質の構造を調べることはおもしろくはあったが少々物足りなさを感じ，生命そのものに迫る何かをやりたいと思っていた．シュミット・ニールセンの『動物の生理学』（岩波書店）[3]をおもしろく感じ，何かそんなことをやりたいねと話し合ったりしていた．

夏休みには竹中を中心として準備していた北アルプスへの登山に隣の研究室の教官，院生も含めて10人ほどで毎年のように出かけた．ある時には一人が高山病にかかり，ウイスキー入りの甘い紅茶を飲んだところ一番に山小屋に着いたということもあった．こうした経験が後にニホンザルを乗鞍岳へ連れて行ったり，その後のフィールドワークをすることの原点として作用したのかもしれない．

ヘモグロビンと環境

ヘモグロビンの研究はその後，まず竹中が京都大学霊長類研究所に赴任してから再開した．地球に生命が誕生したころ，酸素は非常に少なく，藻類が光合成をはじめたことで酸素が増加しはじめたが，海に酸素がとけ込むため真核生物が登場し酸素を利用できるまでに長い時間を必要としたと考えられている．その後も海から川，陸へと生息域を広げた高等動物の組織への酸素の供給は進化とともに増加してきた．各種動物が血液100 cc当たり何ccの酸素を結合できるか見ると，甲殻類3 cc，軟体動物1.5～8 cc，魚類9 cc，哺乳動物25 ccと飛躍的に延びている[4]．ほ乳動物に至っては胎児は胎内で母親から酸素を受け取る機構が成立している必要がある．ヘモグロビンは酸素を肺から末梢組織に運搬するため，その機能が充分でないと貧血症状を引き起こす．ヘモグロビンは赤血球中に高濃度で存在するため，少量の採血さえできれば電気泳動してアミノ酸の変異を見出したり，アミノ酸配列を決定することもできる．また，血液中の赤血球数や，赤血球の血液中に占める割合であるヘマトクリット値，血色素量を測定することにより貧血の程度を個体ごとに求めることができる．これらの値は簡単な遠心器と光度計，血球計算盤と顕微鏡により求めることができるのでフィールドでの実験が可能であった．ヒトでは世界各地で異常ヘモグロビンが見出されており，アフリカで見出されたヘモグロビンSとマラリア抵抗性との関連は有名であった．

胎児の高酸素親和性

霊長類が低酸素にさらされるのは胎児の時と，高地に登ったときである．胎児が母親より高い濃度の酸素を得る方法として3つのタイプが明らかになっていた．1）ヒツジやヤギのように胎児型ヘモグロビンそのものの酸素親和性が成体型より高いタイプ[5]．2）ヒトのようにヘモグロビンの酸素親和性を低下させる2, 3-ジホスホグリセリン酸（DPG）への胎児型ヘモグロビンの応答が低いタイプ[6][7]．3）ウマ，ブタ，イヌのようにDPG濃度が胎児血球中に低いタイプである[8]．当時チンパンジー，マカカ属サルの胎児型ヘモグロビン構成鎖であるα鎖，γ鎖のアミノ酸配列や個体発生については調べられていたが，機能面での

●竹中晃子

図2 ニホンザルの赤ん坊

酸素親和性は調べられていなかった．生まれたばかりのニホンザルを人工保育していたので (図2)，1 ml ほど採血させてもらって，ニホンザルの胎児型と成体型ヘモグロビンをカラムクロマトグラフィーで分離した．分光光度計で吸収スペクトルを測定できるセルがついた密閉容器にヘモグロビン溶液を入れて，酸素濃度を変え吸収スペクトルを測定し，酸素との結合量を求め，同時に容器の中の酸素分圧を測定した．DPG の濃度を変化させながら酸素親和性曲線を書き 50％飽和になる酸素濃度を測定した結果が図3である．DPG が含まれていないときの両者の 50％飽和度はほぼ同じ (4.5 ～ 6.2 mmHg) であるが，赤血球中の DPG 濃度と同じ 5 mM DPG があると 50％飽和度は胎児型では 8.65 mmHg で，成体型では 18.3 mmHg であった．このことからサルの胎児はヒトと同じように胎児型ヘモグロビンが DPG に対して低い応答しか示さないために酸素と結合しやすく，より多くの酸素を母親から得ていることが明らかとなった[9]．

その後，私も加わりニホンザル胎児型ヘモグロビンを構成する γ 鎖のアミノ酸配列を決定した．成体型ヘモグロビンは α 鎖と β 鎖二本ずつからなる $\alpha_2\beta_2$ 型であるが胎児型ヘモグロビンは β 鎖が γ 鎖に置き変わった $\alpha_2\gamma_2$ 鎖からなっている．γ 鎖のアミノ酸配列を決めた結果，146 個のアミノ酸のうちヒトとは 3 個異

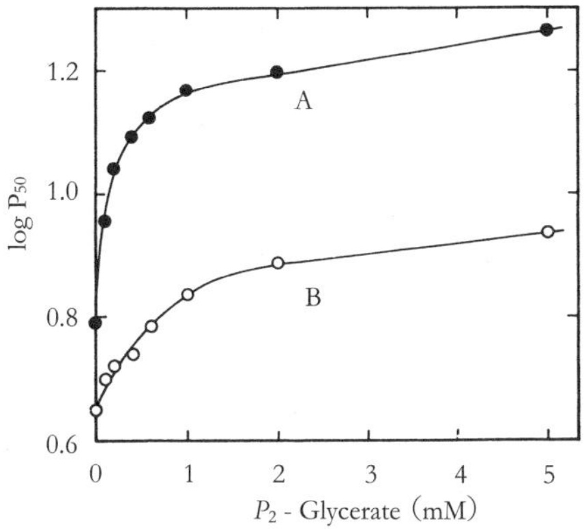

図3　2, 3-DPGに対する胎児型と成体型ヘモグロビンの50%酸素飽和度の変化　A：成体型ヘモグロビン，B：胎児型ヘモグロビン．胎児型ヘモグロビンはDPGの影響をあまり受けず，50%酸素飽和度は低いままであるので，酸素分圧が低くても酸素と結合しやすい．

なっていた[10]．ヒトβ鎖のDPGとの結合部位はいずれも正荷電をもつN末端アミノ基と，2番目ヒスチジン（His），82番目リジン（Lys），143番目ヒスチジン（His）であることが報告されていた[11]．ニホンザルもγ鎖にはN末端アミノ基，^{2}His，^{82}Lysはあるが，β鎖にある^{143}Hisがγ鎖ではセリン（Ser）に置き換わっておりヒトと同じであった．この結果からニホンザルの胎児もヒトと同じ機構で酸素親和性を上げていた．

高地適応

次に同じく低酸素状態である高い山にサルを連れて行ったらどうなるか．高地適応も次の3タイプが知られていた[12][13]．1）ヘモグロビンそのものが高い酸素親和性をもつラマのタイプ．2）DPG濃度を上昇させることでヘモグロビンの酸素親和性を低下させるヒト，ウマ，イヌ，ウサギなどのタイプ．このタイプはラマと比べると逆の方向で不思議に思えるが，ラマは肺で酸素と結合しやすくしているのに対し，このタイプでは身体の内部の組織で酸素を離しやすくしていると考えられる．3）DPGの濃度が低く，さらにDPGに対する応答も低く

表1-A　赤血球中の2, 3-ジホスホグリセリン酸濃度（μモル/ml赤血球）

	犬山	乗鞍	比（乗鞍/犬山）
178♀	4.95 ± 0.09	5.62 ± 1.39	1.14
179♀	4.24 ± 0.81	5.52 ± 1.91	1.30
292♂	4.35 ± 1.40	5.11 ± 1.37	1.17

表1-B

日時		乗鞍到着後の時間	免疫化学単位（ミリ）
9月9日	10:00	−	43.7
9月16日	17:30	1	62.5
	22:30	6	175.0
9月17日	10:00	17.5	87.5
9月18日	9:00	40.5	100.0
9月19日	7:00	62.5	75.0
9月22日	10:00	−	33.3
10月1日	10:00	−	41.7

なっているタイプ（ヒツジ，ヤギ，ウシ，ネコ）に分類されていた．

霊長類の中でゲラダヒヒはエチオピア高原に，ラングールやアカゲザルはヒマラヤ高原に生息していることが知られ，それらのヘモグロビンのアミノ酸配列も決定されているにもかかわらず，どのように高地に適応しているかの研究はまったくなかった．そこで手はじめに成体のニホンザルオス1頭，メス2頭を標高2,870 mの乗鞍岳（東京大学東京天文台乗鞍コロナ観測所）へ4日間連れて行った[14]．酸素分圧の推定値は犬山158 mmHg，乗鞍112 mmHg，肺胞内水蒸気圧を差し引くと肺胞内酸素分圧は犬山100，乗鞍67 mmHgと計算された．メスは個別ケージに，オスはモンキーチェアーにつけていた．脈拍数はメスが1.15倍，オスが1.89倍も高くなった．呼吸数は余り変化がなく，最高血圧が8割に低下した．DPG濃度は乗鞍で約1.2倍になり，骨髄幹細胞から赤血球に増殖分化させるエリスロポエチンは乗鞍到着後10時間で約4倍の最高値になったあと徐々に低下し，犬山に帰ると正常値に戻ったが，赤血球数に変化はなかった（表1）．以上の結果から1）脈拍は秒から分の対応で増加し，心拍出量が増加した．2）DPG濃度，エリスロポエチン濃度は時から日の対応でいずれも増加したが，3）週から月の単位で対応する赤血球数，ヘモグロビン濃度などは期間が短かったため観察されなかった．ニホンザルではDPG濃度を上昇させ，酸素親和

表2　ヒヒヘモグロビンの酸素平衡

ヘモグロビン	DPG	P_{50}	P^{+}/P^{-}	P/Ph
グラダヒヒ	0	4.85	—	—
	2 mM	16.9	3.48	0.83
アヌビスヒヒ	0	5.56	—	—
	2 mM	18.9	3.40	0.93
マントヒヒ	0	6.27	—	—
	2 mM	20.4	3.25	1.00
ニホンザル*	0	6.18	—	—
	2 mM	15.7	2.54	0.77
ヒト**	0	4.35	—	—
	2 mM	13.2	3.02	0.65

DPG: 2, 3-ジホスホグリセリン酸，P_{50}: 半飽和のときの酸素分圧（mmHg）
P^{+}/P^{-} : DPG存在下のP_{50}のDPG非存在下におけるP_{50}に対する比率
P/Ph: 2mMDPG存在下におけるマントヒヒヘモグロビンのP_{50}に対する各種霊長類ヘモグロビンのP_{50}の比率[9][32]

性を下げることにより組織へ渡す酸素量を増やすタイプであり，エリスロポエチン濃度が一時的であるにせよ上昇したことから長時間滞在すれば赤血球数も増加するであろうことが明らかになった．

次に高地に生息するゲラダヒヒと低地に生息するアヌビスヒヒとマントヒヒのヘモグロビンの酸素親和性を測定した．酸素親和性はゲラダヒヒ＞アヌビスヒヒ＞マントヒヒの順でゲラダヒヒがもっとも高かったが，差は小さかった（表2）．DPGはいずれの種のヘモグロビンに対しても同じように酸素親和性を低下させた．酸素親和性（50％酸素飽和度）は動物の体重とも相関し，体重が同じ場合，ラクダの仲間では高地の低地に対する比は約0.68になることが報告されていた[12]．ゲラダヒヒとマントヒヒのこの比は0.83，アヌビスヒヒとマントヒヒの比は0.94であり，体重はほぼ等しいことからゲラダヒヒのヘモグロビンの酸素親和性はたしかに他の2種に比べ高いのではあるが，その差は高地にすむラクダの仲間のラマほどに大きくなく，高地適応への途上にあり，現段階では霊長類としては新しい高地の環境に慣れることで対応していると考えられた[15]．

●竹中晃子

カニクイザルのヘモグロビンと血液性状

はじめての海外野外調査　バリ島とスマトラ島

ニホンザルも含まれるマカカ属サルは熱帯地域から降雪地域まで幅広い環境に適応している．その中でカニクイザルはアジア大陸の南東部から東南アジアの多くの島々に生息域を広げることに成功した種である．血液は肺，腎臓，小腸，皮膚などで外部環境と接しているため，水，酸素，栄養などが変化すると血液に変化が現れる．血液の性状を調べると生物と環境とのかかわりを推測することができる．1980年に野沢謙隊長の調査隊に竹中も加わり，インドネシアのバリ島とスマトラ島でカニクイザルの採血をおこない，その血液性状値の測定とヘモグロビンの調査をおこなった．まず調査許可を取るのに3週間，効率のよくない役所回りに振り回されることからはじまった（これはその後の調査の際も同様でV部1章参照）．やっと許可がおり，漁網を張ってその中に餌をまいてサルを慣らした後，翌日網を落として麻酔をかけ一時捕獲をする．採血は上腕静脈あるいは股静脈から成体で10 ml程抜かせてもらう．抗凝固剤を入れたボトルに移し，一部は10 cmくらいの長さの毛細管に吸わせ，片方をパテで塞いだ後ヘマトクリット用の遠心器にかけ，血球が沈んだら，パテから血漿表面までの長さに対する血球表面までの長さの比を求めて，ヘマトクリット値とする．赤血球数は血液をメランジュール管に一定量吸い上げ，さらに生理食塩水を追加して吸い上げ希釈した後に，カバーグラスをかけた血球計算盤の隙間に一滴垂らした後顕微鏡で数を数える．血色素量はシアンヘモグロビンにして光度計のある研究所で吸光度を測定した．残りは血漿と血球に遠心分離して氷冷して持ち帰る．日本でおこなうフィルドワークとは，電気がないために遠心器をかけるのに遠くの研究所まで行かなければならなかったり，血球数を数えるのに夜までかかると顕微鏡にランプの光を当てなければならなったのがたいへんだった．当時の竹中の日記から拾ってみよう．

1980年9月15日（月）（バリ島ウブドにて）　4時半過ぎにベランダというかポーチというか部屋の外にある椅子に座って物々の声に耳を傾けている．日の暮れが速いのと同じように明け染めていくのも速い．近く，遠くからニワトリのトキの声，犬の鳴き声をベースに時々牛の鳴き声，その上に燕雀目の小鳥たちのさえずりが乗って，1つのシンフォニーのような盛りあがりを見せて行く．5時，今は懐中電灯の光をたよりに書いているが，もう10分もすればそれも要らなくなる．そして夜明け，シンフォニーは最終章を迎え，ニワトリの声は小さくなり，今は近くで小鳥たちの声が大きくなった．そして人びとの，働きはじめた人びとのたてる物音がそれらに代わっていく．今日はデンパサールのDIC（疾患研究センター）でTeruk Trima, Pulakiのsampleの測定である．……5時15分　すっかりと夜が明ける．そして物々たちの鳴き声のシンフォニーは終わり，人びとの音に代わった．

9月29日（月）　1つ拾った話．Sangehで最初建てた檻は6 m × 12 mそこにピーナッツ，バナナ，パパイヤをまく．ピーナッツなどは1 Kg 650ルピア，日本円になおすと300円弱でそれは安いものだが，こちらではそうはいかないのだろう．2日目の午後に檻を6 m × 6 mに縮小した時，削った方の芝にまかれたピーナッツを老人と子どもたちが拾ったという．老人はまだ檻のある方のピーナッツは拾ったらだめと子どもたちにつけ加えたそうで，仕事のためとはいえわれわれが，なんでも金をまけばよいと金で「かた」をつけていこうとする考え方が醜怪に見えてくる．

（日記の（　　）は著者注．以下同）

この調査の前年に川本芳さん（京大霊長類研究所）がおこなったバリ島での予備調査で電気泳動によりβ鎖が異なる移動度を示す変異型ヘモグロビンをククーで見つけていた[16]．今回の調査の竹中の主な目的はこのHbBaliと名づけられた変異型ヘモグロビンが熱帯地域に生息しているカニクイザルのマラリア抵抗性と関連があるのではないかとの期待の元に，Hb Baliをもつ個体と正常個体の生息環境の中での血液性状を知ることであった．しかし調査の期間中にジャワのインドネシア大学で川本さんがヘモグロビンの電気泳動をしたところククー からわずか20 km弱しか離れていないサンゲやウブドで58頭および北西部2か所で52頭も捕獲できたにもかかわらず，1頭もHb Baliを保持していないことが明らかになった．これでは当初の目的が達成されないことになり，急遽再びバリ島に戻りククーで再調査することとなった．日程に3日しか余裕がなく，1日目は小学生の遠足と重なりまったくだめ，2日目にやっと13頭捕獲でき，血液性状を調べることができた[17]．

10月30日　川本君はもうすでに仕事をやっていて，Kukuhのsampleで13頭の内4頭がabnormal Hb（異常ヘモグロビン）をもつことが電気泳動でわかったとの

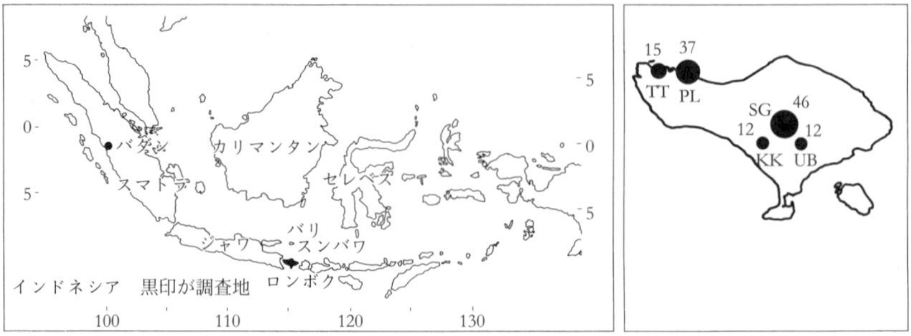

図4　バリ島とスマトラ島での調査地
TT；テルック・テリマ，PL；プラキ，KK；ククー，UB；ウブド．数字は捕獲数.

こと．どうやら自分のfirst targetの最低限は確保できたが，まだ計算していないから何ともいえないが，hematological abnormalities（血液性状の異常）はなさそうである．がまあ，しかたのないこと．Nature is nature（自然は自然）である．

日本に戻ってからその4頭の血液から抽出したHb Baliの構造を調べた結果80番目のアスパラギンが正荷電をもつリジンに置き換わっていた．この領域はヘモグロビン分子の表面にあるため，酸素を結合する能力に異常が出なかったのだろうと考えられた[18].

このように変異型ヘモグロビンに関する結果は期待したようにはならなかったが，バリ島5か所，スマトラ島1か所の血液性状調査でカニクイザルが地域によって厳しい環境の中で生きていることを明らかにすることができた．バリ島は8月，9月は雨が少なく，山岳地帯の南側は60～90 mm，赤道側の北側では6～10 mmで南は稲田が広がっているのに対して，北側では稲はなく，木々はまばらで，下草も枯れている風景であった．調査は西北部の乾燥地帯のテルックトゥリマとプラキ，および南部のサンゲ，ククー，ウブドでおこなった(図4).血漿総蛋白量，クレアチニン，血漿ナトリウム濃度すべてにおいて西北部の2か所で高い値を示した．血漿ナトリウム濃度はヒトでは危険域とされる15％以上を超えている個体もあり，脱水症状が進行している状況であった(図5)[19].

次にスマトラ島中部パダン近郊のグヌンメルでの赤血球関連の値をバリ島と比較するとグヌンメルのサルたちが著しい貧血を示していた(図6).グヌンメル群のヘモグロビン，ヘマトクリット，赤血球数は低く，中にはヘモグロビン6.6，ヘマトクリット24.6，赤血球数300万と正常値の約半分しかない貧血症状

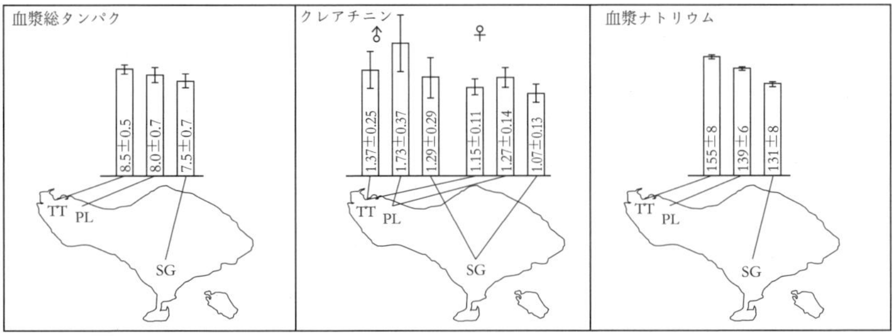

図 5　バリ島西北部の脱水症状．西北部 2 か所の血漿総タンパク質，クレアチニン，ナトリウム量はいずれも高く血液中の水分量が低いことを表している．

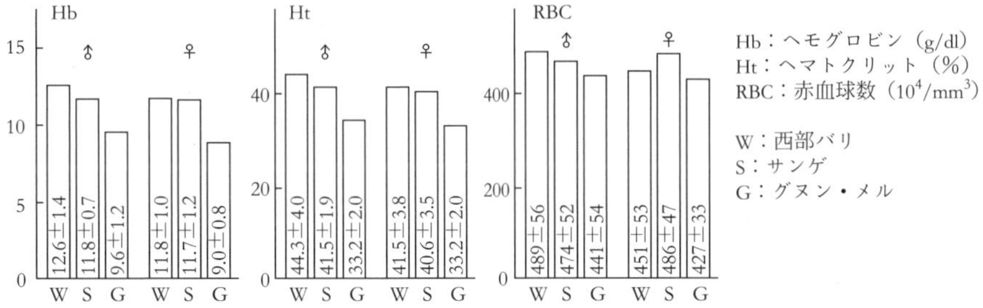

図 6　スマトラ島とバリ島のカニクイザルの赤血球関連値．グヌンメルで貧血症状があることを示している．

を示す個体もいた．また赤血球中のヘモグロビン濃度は変わらないが 1 つ 1 つの赤血球が小さくなるような貧血症状を示していた．この赤血球指数は赤血球が壊される溶血性貧血か鉄欠乏性貧血の初期が考えられた．日本にサンプルを持ち帰って，血漿中に含まれる鉄と結合して鉄が体外に流出するのを防ぐ働きをするトランスフェリンと，溶血した際に血球の外に出たヘモグロビンを肝臓へ運搬するハプトグロビン量を測定した (図 7)．グヌンメル群ではトランスフェリンが上昇し，ハプトグロビンは 1/3 以下になっていた[17][20]．体内に鉄が欠乏したとき，トランスフェリンが増えることは知られているので，グヌンメル群は鉄欠乏状態にあることがわかった．ハプトグロビンは肝臓へヘモグロビンを運搬しいっしょに分解されてしまうので，グヌンメル群では溶血が起きその結果鉄欠乏貧血になっていると考えられた．その原因は寄生虫による腸内出血やマラリアなどの可能性が考えられた．

●竹中晃子

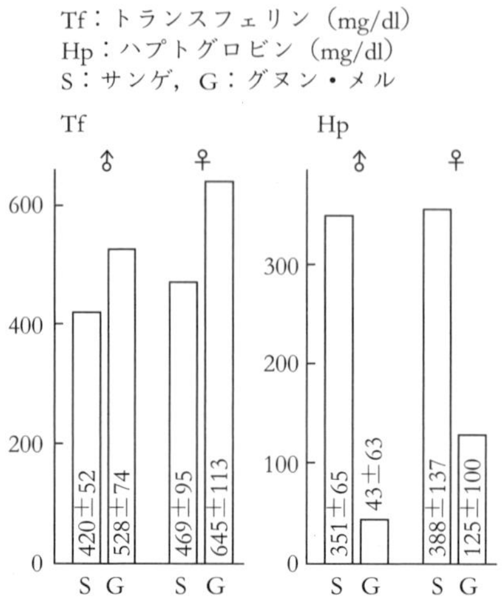

図7 スマトラ島とバリ島のカニクイザルのトランスフェリン（Tf）とハプトグロビン（Hp）．グヌンメルで鉄血乏性溶血性貧血があることを示している．

2年後私もいっしょにグヌンメルに調査に出かけたが，もっとも肝心な実験でフィールドならではの失敗をしてしまった．赤血球中のマラリア原虫を見出すためには血液を1滴スライドグラスの上に垂らし塗抹標本を作り，その後メタノールで細胞を固定しなければならない．このメタノールを現地の薬局で手に入るだろうと日本からもっていかず，薬屋で未開封の500 ml瓶を買い，手順どおりに固定した．その後日本に帰ってギムザ染色をして，顕微鏡で覗いてみると赤血球細胞がまったく見えない．購入したメタノールがスマトラの湿気を吸って赤血球を溶血させてしまったと考えられた．化学で「メタノールなどの脱水には無水硫酸銅の粉末を入れることとあったなー」と思っても後の祭りであった．後の1993年に後藤俊二さん（京大霊長類研究所）と竹中が再びグヌンメルで調査した際には23頭のうち87％のカニクイザルがマラリアに罹患していることがわかった[21]．またマラリアに罹患している個体の赤血球関連値は低かった．グヌンメルのカニクイザルたちは恒常的にマラリアに悩まされかなりの貧血状態に陥っていたことになる．

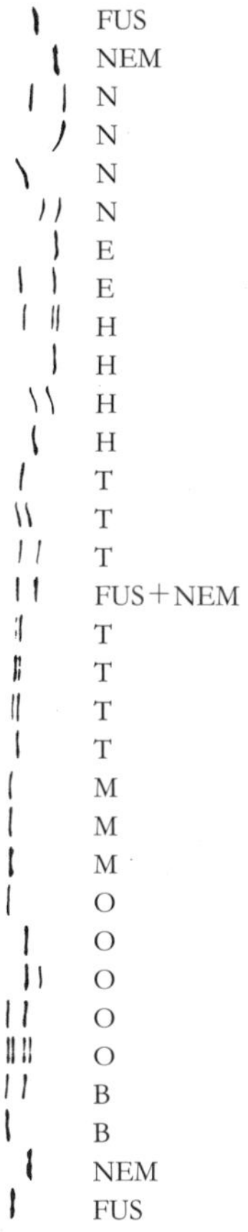

図8 スラウェシマカクのヘモグロビンの等電点電気泳動パターン

スラウェシマカクの種分化とヘモグロビン

ヘモグロビンの異なる分子種を見出すのに，でんぷんゲル電気泳動から，等電点電気泳動に変えてカニクイザルで試みたところ，今まで分離できなかった成分が異なる等電点をもっているため移動距離が異なって現れることがわかった．この方法はスラウェシマカクの種分化を探る上にも役に立った（図8）[22]．

スラウェシ島は本州とほぼ同じ面積であるが，7種ものマカカ属サルが生息している（詳細はV部1章参照）（図9，口絵）．本州にはニホンザル1種しかいない

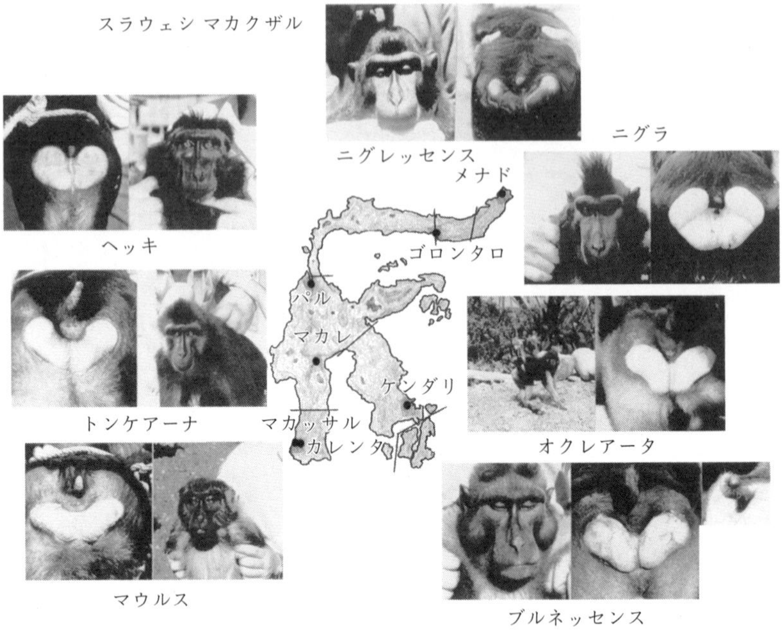

図9 スラウェシマカク7種の顔とシリダコの形態と分布域

のにどうしてそんなに多くの種がいるのか．またスラウェシ島はオーストラリア地区に属する生物種がいるのにどうしてアジア地区の動物種であるマカカ属サルがいるのか．これらを明らかにしようとスラウェシ島への調査をおこなった．再び竹中の日記から．

> **1981年9月18日（金）** もうMakaleが近くなって一軒の奥まったカンポン（村）を訪れてそこのサルを見たとき驚いた．それがトンケアナというのだろうか．外見がそれまでの5頭と違っている．日ごろそうは驚かない自分が秘かに興奮を覚えた．Fooden, Glovesの先達がスラウェシマカクの論文を書く気持ちがわかるような気がした．
>
> **9月26日（土）** Gorontaro 2日目である．昨夜夕食後Kota（街）を歩いて情報を集めたのと，今朝警察に顔を出して，そこの情報課？　の長がSemarang出身でEdyさんと話があって，サルの居場所を教えてもらい，それが手がかりになったので，7～8頭のinspection（調査）が可能になる．がすべてhechi（ヘックモンキー）なのである．……
>
> **9月29日（火）** 27日の午前中Gorontaloでinspection 2頭を終えてメナドにやっ

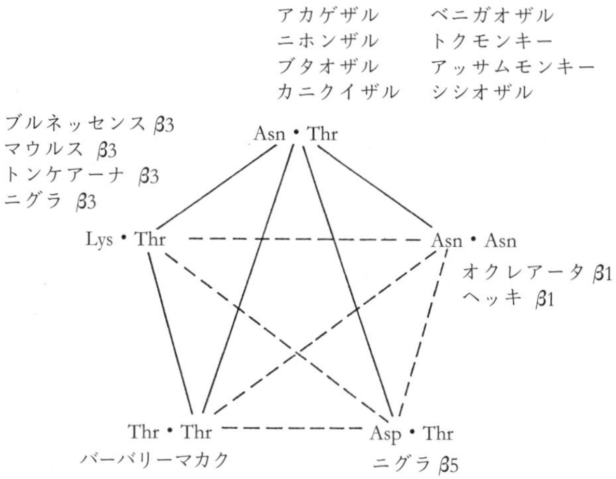

図10　マカカ属サルの有する5種類のヘモグロビンβ鎖分子型の相関図
実線：最小1塩基置換で変化しうる
点線：少なくとも2塩基置換が必要である

て来る．ついにクロザル，nigra（クロザル）といった感もする．その日は夕刻ホテルに着いて休息．昨28日は例によってK. Sospol（住民登録課），K. Polisi（警察）と役所に顔を出して，それでも午前中に終えて，午後から市内を廻る．例によってペテペテをチャーターして，路地裏作戦，5頭のinspection．頭頂から後に伸びている長い毛，広く太い顔面，シリダコ，誰が見てもトンケアナ，ヘッキとはまったく違う外部形態である．ついに……である．そして今日は役所仕事も2時間程で終わる．その後もnigra, nigressence（ゴロンタロモンキー）を捜して……である．パル，ゴロンタロ，メナドとこの22日から8日間多忙な，そしてそれだけ愉快な毎日であった．トンケアナを見て驚き，ヘッキ，ニグラと毎日毎日変わったサルを見ることができたのだから．

帰国して，スラウェシ島を広範囲に移動して集めたヘモグロビンのアミノ酸配列を決めた．その結果，146個のアミノ酸のうち9番目と13番目のアミノ酸が他のマカクと大きく違っていた．アミノ酸から推定されるDNAの塩基（A, G, C, T）の置換を考えると，スラウェシマカクの間で2つの塩基の違いを考えなければならなかった（図10）．しかし2つの塩基置換が起きるのに必要な時間はマカカ属サルの種分化を考えるよりも長い時間となってしまう．したがって，アフリカ起源のバーバリーマカクのタイプ（Thr-Thr）がアジアで2手にわかれ

(Lys-Thr) タイプと (Asn-Thr) タイプとなり，その一方の (Lys-Thr) がまずスラウェシ島に入った後，(Asn-Thr) タイプが入ってきて (Lys-Thr) を押しのけ (Asn-Asn) タイプと (Asn-Thr) タイプになったのではないかという仮説を立てることができた．このように考えると1つの塩基の違いで説明ができ，また，はじめに入ったと推定される (Lys-Thr) をもつ種がスラウェシ島にパッチ状にいることも納得がいくという結果になった[23][24]．その後ミトコンドリアDNAのチトクロームb領域を解析した結果二波到来説を裏づけるにはまだデータが必要であるが，南端のマウルスと北端のニグラが，系統樹の同じ枝から分岐している結果が得られている[25]．

マカカ属サルのα-グロビン遺伝子重複

カニクイザルのヘモグロビンを等電点電気泳動で調べると4分子種があることがわかり，さらに1個体の中で3分子種をもっている場合が何例か見出された．それらの異なる分子種のα鎖を分離して，アミノ酸配列を決定したところ，今まで報告されていたHbA, Q, Pの他にRとTと命名した分子種が新たに加わった[26]．

ヘモグロビンを構成するサブユニットの遺伝子座はヒトではα-グロビンは二重複，β-グロビンは単一である．カニクイザルもHbAとHbQ, 時にHbPが出現しても，HbPは変異型としてヒトと同じようにα-鎖は二重複していると考えられていた．しかし新たな分子種の出現，一個体にα鎖の変異に起因する三分子種があること，およびその発現割合からα-グロビン遺伝子座が二重複ではないのではないかと疑問をもった．そこで，それまでのタンパク質のアミノ酸配列を調べる姿勢から，DNA解析へと舵をきることとなった．免疫グロブリン遺伝子を研究していた植田信太郎さん（東京大学理学部人類学教室）からDNA解析の技術をまったくの初歩から習得した．DNA分解酵素はどこにでもあるので，器具はすべてオートクレーブや乾熱滅菌すること，実験者のDNAはもちろんのことサンプルどうしのDNAが混ざらないようにマイクロピペットのチップやプラスチックチューブは1回しか使用せず捨てること等，今までにやってきた実験とはかなり趣が異なっていた．約1年間の研修期間を終わって犬山に戻り，DNA実験用のセットアップをして，さあ白血球からDNAを取ろうと意気込んではじめたものの，50％の確率でしか，高分子のDNAがとれない．実験段階のどこかでDNA分解酵素が入り込んでしまっているらしかった．いろいろ調べた結果，水が原因であることがわかった．水は蒸留し，イオン交換樹脂を通し，さらに活性炭やフィルターを通した純水と呼んでいる水を使っていた．この水に，DNA分解酵素のはたらきを助けるマグネシウムイオンを取り除くためのエチレンジアミン四酢酸を加えたところ，100％の確率でDNAがとれるようになった．また当時は放射性物質であるP^{32}を用いていたので，一滴でも机に垂らしたら机を覆っているカバーを全部取り替えなければならなかったし，実験そのものを鉛のエプロンをし，使い捨て手袋をはめて，アクリル板の衝立の向こう側に手を回してやらなければならない不便さがあった．後に竹中が言っていたことであるが，タンパク質の実験は目的の物質をきれいに如何に精製するかが鍵を握るのに対して，DNAの実験はとくにその後に開発されたPCR法でわかるように，目的のDNAをとりだすのでなく，その他のDNAも含まれているなかで如何に目的のDNAを目に見える形にするかが鍵を握るという発想の転換が必要であった．

グロビン遺伝子座の数を調べるにはサザンハイブリダイゼーション法でおこなう必要があった．特定のDNA配列をもつ部位だけを切断する制限酵素でサルのDNAを切断した後，アガロース電気泳動する．ゲル内のDNAをナイロンメンブレンに写しとった後に，ヒトのα-グロビン遺伝子の配列をもつDNAにP^{32}を結合させたプローブをかけて，X線フィルムに感光させると，α-グロビン遺伝子領域がバンドとして見える．この実験もプローブと反応させる温度，目的のDNA領域以外のDNAに結合したプローブを洗い流す温度や時間，イオン強度などバンドが出るまでに試行錯誤を繰り返さねばならなかった．が，一度条件が決まるとやれば結果が出てくるので楽しくなる．バンドの泳動距離から制限酵素で切られたα-グロビン遺伝子を含む長さを推定し，αグロビン遺伝子座の重複度を求めた．

カニクイザルのα-グロビン遺伝子領域は単一のものから，四重複しているものまであることが明らかになった（図11）．とくにマレーシアやインドネシアに三重複の頻度が高く0.432と0.275であったが，フィリピン，タイ北部と中心部のカニクイザルでは三重複は見出されなかった（図12，表3）[27]．タイ南部に

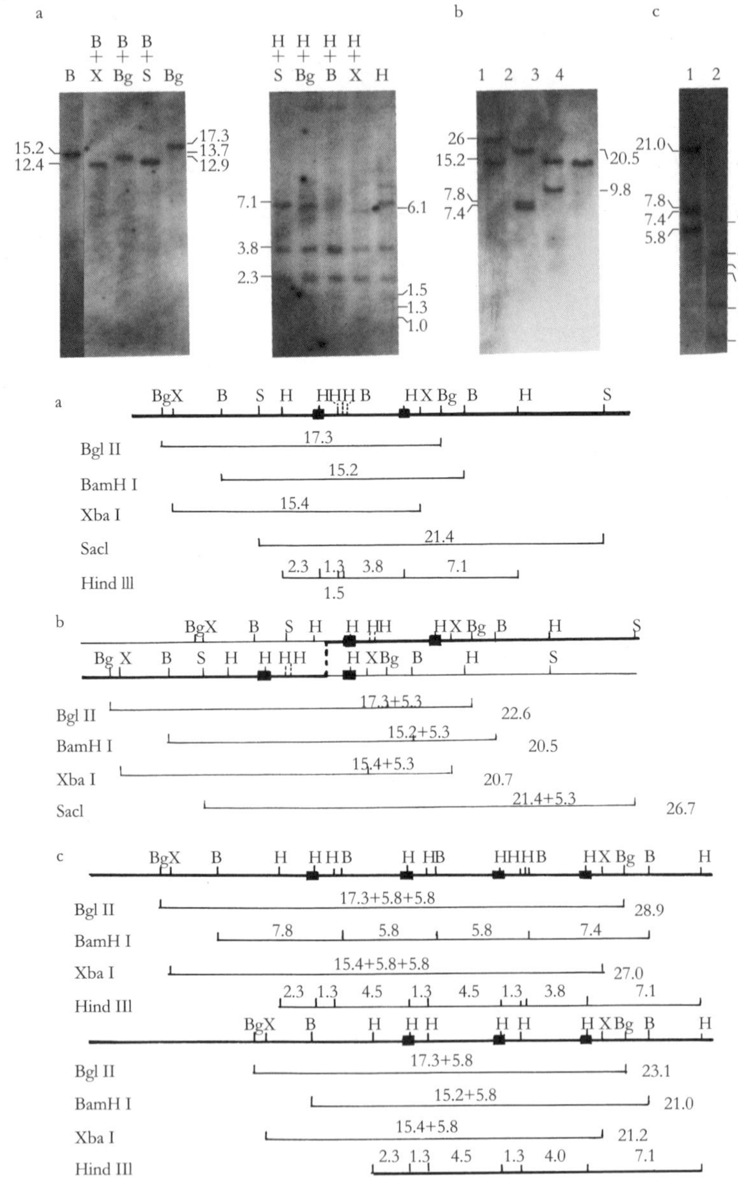

図 11　カニクイザルに見出されたα-グロビン遺伝子座の多重複
制限酵素 Bg: Bgl II，B: BamH I，H: Hind III，S: Sac I，X: Xba I による切断位置
a 各制限酵素による切断断片
b BamH I による切断パターン　個体 1 (QD)，2 (TD)，3 (DM)，4 (DD)
レーン 2 の二重複遺伝子座の一つには BamH I 切断部位がある．
c QT をもつ個体を BamH I と Hind III で切断した断片
M: 単一遺伝子座，D: 二重複，T: 三重複，Q: 四重複

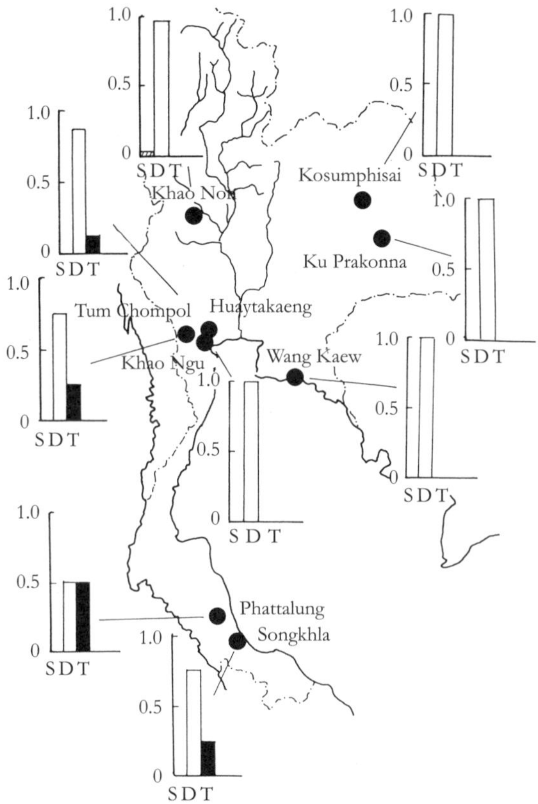

図 12　タイに生息するカニクイザルの α- グロビン遺伝子座の重複度マレー半島のカニクイザルには三重複遺伝子頻度が高い
S：単一遺伝子座，D：二重複，T：三重複

はマラリア罹患個体は見出されなかったが，α- グロビン遺伝子を三重複でもつ個体の赤血球数は高いという結果が出た．

チンパンジー，オランウータンの α- グロビン遺伝子重複

他の霊長類についても α- グロビン遺伝子座の重複度を調べると，熊本三和化学と京大霊長類研究所で飼育されている野生由来のチンパンジー計 44 頭では 8 割が三重複，マレーシアのセピロク保護センターのオランウータン 19 頭で

表3　非ヒト霊長類におけるα-グロビン遺伝子座の多重複の種類と出現頻度

	N	SD	DD	DT	TT	DQ	TQ	S	D	T	Q
カニクイザル（タイ）											
Songkhla	10	0	5	5	0	0	0	0	0.75	0.25	0
Phattalung	12	0	3	6	3	0	0	0	0.50	0.50	0
Tum Chompol	12	0	7	4	1	0	0	0	0.75	0.25	0
Huaytakaeng	12	0	9	3	0	0	0	0	0.88	0.13	0
Khao Ngu	12	0	12	0	0	0	0	0	1.00	0	0
Kao Noh	14	1	13	0	0	0	0	0.04	0.96	0	0
Kosumphisai	15	0	15	0	0	0	0	0	1.00	0	0
Ku Prakonna	8	0	8	0	0	0	0	0	1.00	0	0
Wang Kaew	7	0	7	0	0	0	0	0	1.00	0	0
アカゲザル											
中国	14	0	12	2	0	0	0	0	0.93	0.07	0
インド	13	0	12	1	0	0	0	0	0.96	0.04	0
ニホンザル	30	1	28	1	0	0	0	0.02	0.93	0.02	0
チンパンジー	44	0	0	9	26	0	9	0	0.10	0.80	0.10
オランウータン	19	0	11	8	0	0	0	0	0.79	0.21	0

表4　異なるα-グロビン遺伝子重複度をもつチンパンジーとオランウータンの赤血球関連値

	N	RBC ($x10^{-4}$)	Hb (g/dl)	HT (%)	MCV (fl)	MCH (pg)	MCHC (g/dl)
チンパンジー							
DT	7	519.0 ± 38.5	14.46 ± 1.45	43.44 ± 3.36	83.74 ± 2.79	27.86 ± 2.06	33.24 ± 2.17
TT	24	559.8 ± 52.1	15.28 ± 1.29	45.79 ± 3.76	82.26 ± 7.88	27.39 ± 1.82	33.48 ± 2.58
TQ	9	536.8 ± 34.8	14.68 ± 0.70	43.29 ± 1.35	80.86 ± 4.19	27.48 ± 2.52	33.93 ± 1.89
DTタイプに対するt検定のプロバビリティー							
TT		$p<0.001$	$0.10<p<0.20$	$0.001<p<0.01$	$0.20<p<0.30$	$0.40<p<0.50$	$0.70<p<0.80$
TQ		$P<0.001$	$0.60<p<0.70$	$0.80<p<0.90$	$0.01<p<0.02$	$0.60<p<0.70$	$0.30<p<0.40$
オランウータン*							
DD	11	451.6 ± 100.6	8.37 ± 1.24	35.59 ± 4.55	81.08 ± 13.77	18.99 ± 3.06	23.51 ± 1.65
DT	8	456.1 ± 106.0	8.09 ± 1.82	33.44 ± 6.29	92.66 ± 9.62	17.99 ± 3.34	24.08 ± 2.05

チンパンジーの赤血球関連値は1984～1989年にわたり年一度得られたデータの平均値である．
＊ DD型5個体とDT型4個体はマラリア原虫をもっていた．

も2割が三重複していた．さらに三重複をホモ接合型でもっているチンパンジーの赤血球数，ヘマトクリット値はヘテロ接合型よりも有意に高く，マラリア抵抗性と関連があるのではと示唆された（表4）[28][29]．ヒトの場合マラリアで年間100万人が死亡していることを考えるとチンパンジーがこれほど高い割合で三重複α-グロビン遺伝子座をもっていることはマラリアに対し有利だからなのではないかと考えられた．しかしサザンハイブリダイゼーション法には多量のDNA（4 μg）が必要なので，フィールド調査で毛や糞から採取したDNAではこれだけのサンプルを得ることができないのが残念である．

まとめ

ヘモグロビンというポピュラーなタンパク質を指標にして，サルたちは彼等をとりまく環境とどうかかわり合いながら生きているのか，その姿を浮き彫りにしたいと，実験室とフィールド，タンパク質からDNAへと手法も変えてとりくんできた．ヒトのDNAには30億個の塩基（A, G, C, T）があり，顕微鏡でなければ見えない1つの細胞の核からDNAをまったく拡大しないでつなげてとりだすと1 mほどになる．この中にタンパク質に読みとられる部分は多く見積もっても5％しかない．残る95％はタンパク質に読みとられない領域で，50万コピーものAluと呼ばれる反復配列や，宿主のDNAに挿入され書き込まれたレトロウイルスやその残骸，1つの働いていた遺伝子が重複を重ね，その一部が突然変異を受けて新たな働きをもった遺伝子や，働けなくなった偽遺伝子，2, 3個の塩基が10回も20回も重複を重ねたものなど各個人が生まれるまでにたどってきた進化の情報を載せている．したがって情報量はタンパク質に比べて格段に多い．領域によって遺伝子変異が起きる速度が異なり，領域を選ぶことによって，個体レベル（マイクロサテライト，ミニサテライト），種レベル（ミトコンドリアDループ，チトクロームb，グロビンなど）の差を追求することが可能である．また，視点を変えるとミトコンドリアDNAでは母系遺伝を，Y染色体特異的遺伝子では父系遺伝を調べることもできる．

一方，これまでの研究は霊長類がどのような外部環境の中で生息しているかが焦点であった．スラウェシマカクは種分化という観点で見ているが，ここにも地理的隔離という外部環境が内包されている．次のテーマとして竹中が選んだのは,「群内での個体間関係をDNAを用いて明らかにしよう」であった. 生物は血縁の遺伝子を残すべく行動していると考えれば行動が説明できるという社会生物学が提唱されていた. また, 1985年に個人を識別するのにDNAフィンガープリント法が開発された[30]. この方法を用いて, ニホンザルオスの繁殖成功度を調べたいというのが動機であった. これまで無理だとされてきたニホンザルの父子判定が可能になるかもしれないと思えた (II部1章参照). 習得してきたばかりのハイブリダイゼーション法で, ミニサテライトをプローブにして井上 (村山) 美穂さんと実験してみると, ニホンザルにも個体差が出た. これは井上さんばかりではなく私たちにとっても, DNAを切り口にして霊長類の生態に迫る新しい領域に踏み込めるという思いで興奮する出来事だった. 井上さんが現像したばかりのX線フィルムを, 雫がたれている状態で待ちかねて見せてもらい, 赤ん坊たちの父親がいろいろなオスであることがわかってきた時には, サルの群のベールに包まれていて見せてもらえなかった内情を暴きだしてしまったような不思議な感情にとらわれた[31]. その後生態学者たちから, DNAを用いて新たな視点で研究したいと興味あるテーマがつぎつぎに持ち込まれた. しかしながら, 個々の生物のDNAをいかに抽出するか, どのように種特異的な領域で個体差を見つけるか, フィールドでいかに目的の生き物を傷つけずにサンプルを集めるか, これらを解決するには化学的手法が必要であった. 毛, ワッジ (しがみかす), 糞, 尿, ふけ (クジラ), 足跡 (貝) に至るまで, それぞれの共同研究者と竹中との共通のテーマとなった. 私自身は誘われるままに喜んでフィールドへも出かけたラボワーカーであるが, 竹中の動物たちの生きざまを見ようとしたフィールドワークへの興味と, 化学的知識と技術とが相まって, この本の著者たちとの共同研究が可能になったと思う.

文献

[1] Takenaka A, Takenaka O, Horinishi H, Shibata K: States of amino acid residues in protein. XXII. Effect of cyanide on the reactivities of histidine and tyrosine residues in ferrihemoglobin and ferrimyoglobin. J. Biochem. 67 (3): 397–402, 1970.

[2] Takenaka A, Yokoyama S, Mizota T, Takenaka O, Inada Y: Effects of sodium trichloroacetate on the heme bindings in hemoglobin and myoglobin derivatives. Arch. Biochem. Biophys. 146: 348–352, 1971.

[3] Schmidt-Nielsen K: Animal Physiology: Adaptation and environment. Cambridge University Press London, New York, Melbourne, 1975.（[シュミット　ニールセン，柳田為正訳「動物の生理学」『現代生物学入門』5 岩波書店　1972年.）

[4] ボールドウィン「比較生化学入門」『現代科学叢書』12　物質代謝研究会訳　みすず書房　1955年.

[5] Huisman THJ, Lewis JP, Blunt MH, Adams HR, Cozy AM, Boys EM: Hemoglobin C in newborn sheep and goats: a possible explanation for its function and biosynthesis. Pediat. Res. 3: 189–198, 1969.

[6] Bauer C, Ludwig I, Ludwig M: Life Sci. 7: 1339–1343, 1968.

[7] Tyuma I, Shimizu K: Different response to organic phosphates of human fetal and adult hemoglobins. Arch Biochem. Biophys. 129: 404–405, 1969.

[8] Bunn HF, Kitchen H: Hemoglobin function in the horse: the role of 2, 3-diphosphoglycerate in modifying the oxygen affinity of maternal and fetal blood. Blood 42: 471–478, 1973.

[9] Takenaka O, Morimoto H: Oxygen equilibrium characteristics of adult and fetal hemoglobin of Japanese monkey (*Macaca fuscata*). Biochim. Biophys Acta 457–462, 1976.

[10] Takenaka A, Takenaka O, Ohuchi M, Nakamura S, Takahashi K: Complete amino acid sequence of chain of fetal hemoglobin of Japanese macaque (*Macaca fuscata*). Hemoglobin 10 [1]: 1–13, 1986.

[11] Arnone A: X-ray diffraction study of binding of 2, 3-diphosphoglycerate to human deoxyhaemoglobin. Nature 237: 146–149, 1972.

[12] Schmidt-Nielsen K, Larimer JL: Oxygen dissociation curves of mammalian blood in relation to body size. Am. J. Phyiol. 195: 424–428, 1958.

[13] Monge C, Whittembury J: High altitude adaptations in the whole animal. In: (Bligh J., Cloudsley-Thompson J. L. and Macdonald A. G., Eds) Environmental physiology of animals pp. 289–308. Oxford: Blackwell Scientific Publications.

[14] 竹中修「乗鞍山へ登ったニホンザル—霊長類の高山環境への適応—」『モンキー』20 (149): 26–29, 1976.

[15] Takenaka O: Oxygen equilibrium characteristics of hemoglobin of baboons, *Theropithecus gelada, Papio hamadryas and Papio anubis*. J. Hum. Evol. 9: 269–275, 1980.

[16] Kawamoto Y, Nozawa K, Ischak TbM: Genetic variability and differentiation of local populations in the Indonesian crab-eating macaque (Macaca fascicularis). Kyoto Univ. Overseas Research Report of Studies on Indonesian Macaques, 1: 15–39, 1981.

[17] Takenaka O: Blood characteristics of the crab-eating monkeys (Macaca fascicularis) in Bali and Smatra. Kyoto Univ. Overseas Report of Studies on Indonesean Macaques 1: 41–46, 1981.

[18] Takenaka O, Takenaka A, Takahashi K, Kawamoto Y, Nozawa K: Hb Bali (*Macaca*) 80 (EF4) Asn → Lys: The first hemoglobin variant found in the crab-eating monkey (Macaca fascicularis) on Bali island, Indonesia. Primates 26 (4) : 464–471, 1985.

[19] Takenaka O: Blood characteristics of the crab-eating monkeys (*Macaca fascicularis*) in Bali

island, Indonesia: Implication of water deficiency in west Bali. J. Med. Primatol. 15: 97–104, 1986.

[20] 竹中修「血液性状から見たカニクイザルと生息環境」『モンキー』25 (4): 6–11, 1981.

[21] 竹中修・後藤俊二・川本咲江・竹中晃子・Bambang Suryobroto「スマトラ，グヌンメルのカニクイザル群のマラリア感染について」『霊長類研究』10: 167, 1994.（日本霊長類学会抄録 p. 35）

[22] Takenaka O, Hotta M, Takenaka A., Kawamoto K, Suryobroto B, Brotoisworo E: Origin and Evolution of the Sulawesi macaques. 1. Electrophoretic analysis of hemoglobins. Primates 28 (1): 87–98, 1987.

[23] Takenaka O, Hotta M, Kawamoto Y, Suryobroto B, Brotoisworo E: Origin and evolution of the Sulawesi macaques. 2. Complete amino acid sequences of seven chains of three molecular types. Primates 28 (1): 99–109, 1987.

[24] 竹中修「インドネシア，スラウェシ島のサル」『遺伝』41 (7): 69–77, 1987.

[25] 竹中修「スラウェシ島マカク7種の謎」『海のアジア』尾本恵市・濱下武志・村井吉敬・家島彦一編　岩波書店　p. 53–76　2001年.

[26] Takenaka A, Takahashi K, Takenaka O: Novel hemoglobin components and their amino acid sequences from the crab-eating macaques (*Macaca fascicularis*). J. Mol. Evol. 28: 136–144, 1988.

[27] Takenaka A, Ueda S, Terao K, Takenaka O: Multiple -globin genes in crab-eating macaques (*Macaca fascicularis*). Mol. Biol. Evol. 8 (3): 320–326, 1991.

[28] Takenaka A, Udono T, Miwa N, Varavudhi P, Takenaka O: High frequency of triplicated α-globin genes in tropical primates, crab-eating macaques (*Macaca fascicularis*), chimpanzees (*Pan troglodytes*) and orang-utans (*Pongo pygmaeus*) . Primates 34 (1): 55–60, 1993.

[29] 竹中修「ヘモグロビンの進化」『分子進化実験法』日本生化学会編　東京化学同人　pp. 126–137　1993年.

[30] Jeffreys AJ, Wilson V, Thein SL: Hypervariable ‘minisatellite’ regions in human DNA. Nature 314: 67–73, 1985.

[31] 竹中修・井上美穂「DNAフィンガープリント法による霊長類の父子判定」『遺伝』44 (12号): 48–52　1990年.

[32] Imai K: Hemoglobin Chesapeake (92 α arginine → leucine) . Precise measurements and analysis of oxygen equilibrium. J. Bio. Chem. 249: 7607–7612, 1974.

参考図書

『分子進化学入門』木村資生編　培風館　1984年.

『続分子進化学入門』今堀宏三・木村資生・和田敬四郎共編　培風館　1986年.

『分子進化学への招待』宮田隆著　講談社　1994年.

『DNAからみた人類の起源と進化—分子人類学序説—（増補版）』長谷川政美著　海鳴社　1989年.

＊本章図1については出典が不明です．原典をご存知の方はご一報ください．

●竹中晃子

V

フィールドワーク

1

スラウェシ調査行

渡邊邦夫

私の大学院生活も終わりに近づいたころ，隣の部屋に新設の生化学部門が入ってきた．そこには若い助教授だった竹中先生がいて，なにやら発達に伴うヘモグロビン型の変化を調べるとかで，マーサというコザルを飼っていた．当時は新設部門も大学院部屋も，たまたま空いている余分な部屋をあてがわれるのが常であった．竹中さんの部屋は元工作室，私の部屋は元宿直室で畳4畳半がそのまま残されていた．玄関のある1階より多少低い最下層の部屋で，外に出た方が隣へは近道であった．何が困るといって，私が机に向かっているとマーサがやってくることだった．生まれたばかりのコザルは可愛いからついつい相手をするが，サルは猫と違って相手をしないわけにはいかない．簡単にいえば，放っておくと悪さのしほうだいなのである．

私の部屋はそういう作りだから，若手教官，事務職員，大学院生などの飲み部屋，麻雀部屋だった．隣の部屋は……当然そんなはずはない．夜中遅くまで実験に明け暮れていた……ようである．だが無類の酒好きだった竹中さんと顔をあわせ，談論風発するのも当然の成り行きだった．竹中さんは前年はじめてジャワからスマトラへと渡り，カニクイザルの調査を終えて帰ったところだった．私はスマトラの西海岸に浮かぶメンタワイ諸島での調査を終え，次の調査地を探しているところでだった．「スラウェシに行こうか」そんな思惑が合致したのはそういう酒の席である．インドネシアのスラウェシ島には，ニホンザルの仲間であるスラウェシマカクが生息している．本格的な調査はまだ誰も手がけていなかった．

フィールドワーカーと実験屋

スラウェシに狙いを定めたのにはそれなりの理由があって，本来霊長類が生息しないはずのオーストラリア区側，つまりウォーレス線を越えた東側の地域に，どことなくヒヒに似た変わったサル（スラウェシマカク）がいて，それも7種にまで分化しているということに興味をもったからである（口絵）．私の前の調査地，メンタワイ諸島にすむメンタワイブタオザルが，これまただいぶ変わった形をしていて，スラウェシのサルに似ている．だからスラウェシのサルを調査することは，ようやくこのごろ本格的になってきた東南アジア島嶼部のサルの進化，種分化の研究を進める上では，その全体像を展望できる，非常に大きなパースペクティブをもった研究の糸口になる．そんな確信があったのである．

こうしたテーマを追究するには，生態や生化学など一分野だけではどうにもならない．ひとつフィールドワーカーと実験屋が組んで，新たな調査をやってみようではないかということである．酒の効能の1つが，高揚した気分の中での大風呂敷を広げた夢談義だとすれば，それから25年ほど続いた竹中さんとの酒席は，そんな大風呂敷をいかに現実のものとして解き明かしていくか，そのために何をすればいいのかということの，確認と調整の場だった．私は，手堅い仕事ばかりしていては，いずれ発想が枯渇してしまうと思う．酒がなければならないというつもりは毛頭ないが，少なくともわれわれにとっての酒は格好の刺激剤であったし，フィールドや研究室ですべてを円滑に進める上での潤滑油でもあった．

さて，まずはインドネシア生活に慣れた私がスラウェシ入りし，下調べをすることになった．目的は2つ，将来にわたって有望な調査地を探すこと，そして分析用の血液サンプルをどうやって集められるか，その可能性，展望を探ることである．私はフィールドワーカーだから，調査地を探すのは自己責任でどうとでもなる．問題は，サンプルを必要とする実験屋さんに，どうサンプルをとってもらうかだった．いいかえればフィールドワーカーにとって調査地は

「お宝」である．できるだけ観察を妨害されたくはない．サルを餌づけして捕獲するにしても，その結果サルの行動に影響はでないだろうか．いやいや餌づけする前に，きちんと調べておくべきことは山のようにある．だがそんなことを待っていたら実験屋さんは日干しになってしまうだろう．当時はまだPCR法もなかったし，糞や毛からDNAを抽出するなどということは，考えようもなかった．

ペットからの採血

幸いなことに，スラウェシ島内どこへいっても，多少なりとはペットのサルが飼われていることがわかった．竹中さんは，まず島内を広く回ってペットから採血し，同種内，さらには種間の変異を調べることにした．南スラウェシでは，乗り合いの小型乗用車をペテペテと呼ぶ．竹中さんは，このペテペテを借り切って毎日近隣を乗り回し，ペットのサルを探し出しては，採血して歩いた．ただ問題が2つあった．1つはコミュニケーションの問題，もう1つはペットの飼い主から得られる情報の信頼度の問題である．

インドネシアは多民族国家として知られており，言語もすべてマレー語系に属するとはいえ地方によって千差万別である．ひどいときには集落を1つ違えると，もうことばも習慣も違っていたりする．そしてみんなとっても親切で調子がいいけれども，あんがいいうことがあてにならない．1 km先といわれて歩いてみたら，とんでもない，半日がかりの行程だったりする．ひどい場合になると，わざわざ騙しておいて警察まで連れて行かれたりする．この辺で見たこともない変な奴らが来たというわけである．あげくの果てには，旧日本軍の子孫が隠しておいた宝を掘り出しに来たのではないか，などというあらぬ疑いをかけられたりする．

こうした事情をよくわかった現地のガイドが要る．この問題を上手に片づけてくれたのがエディさんとその後をついだバンバンさんだった．二人とも中部ジャワのガジャマダ大学出身だから，スラウェシの土地も言葉も不案内である．しかしそのつど適当に対応しながら，要点は逃さずに報告してくれる．場合によっては，ペットからの採血を嫌がる飼い主を上手に説得し，必要な情報を手際よく集めてくれる．ジャワ流イスラム教徒の彼らは，竹中さんとのアルコールつき晩餐を楽しみながら，必要とされている仕事を完璧に理解してくれたし，日本文化のよき理解者になってくれたのである．

やっかいだったのは，とびきり煩雑なお役所との対応である．とにかく当時は，国からはじまって州，県，市もしくは郡，そして町村（ひどい場合にはその下の通りの長にまで）と調査許可を下ろしていかなければならない．それもそれぞれの行政府の長官から許可証をとりつけ，警察でも登録してもらわなければならない．1日待って，長官は結局来なかった．明日また来いといわれることなど当たり前だった．こんなことを続けていたら，時間がいくらあってもたりない．どう乗り切っていくかは，日数に制限のある外国人研究者にとっては死活問題だった．だから，最低限のお役所まわりをしながらも，口八丁手八丁で何とか仕事を進めていく．エディさんもバンバンさんも，共同研究を通じて来日し，京都大学の論文博士を得た俊英だが，彼らの果たした役割は非常に大きかった．

情報の確かさ

ペットのサルの飼い主から情報を得るということだが，これがほんとうは一番肝要な点だった．ペットのサルというのは，つねに人びとの間を流れていく．3～4人の手を経ると，もはやどこから来たサルなのか，どこで捕獲されたのかが，まるでわからなくなる．1つの島の中で7種にも分化していると，ペットの移動次第で本来の分布からはずれた多数のサルが存在したのである．ひどい例をあげれば，南スラウェシはかつてマダガスカルまで行ったという海洋民族（ブギス族）の住処であり，所によってはカリマンタンやジャワのサルが入ってきていた．「動くものなら扉以外，飛ぶものなら飛行機以外は食べる」といわれている北スラウェシでは，クリスマスが近づくとあちこちからサルが集められてくる．そしてクリスマスが過ぎると，食べられていなくなってしまう．とにかくいわれたとおりに信用して論文を書いた日には，どんなまちがいをおかすか知れたものではない．

エディさんは，こうした情報のあやふやさを選別するために，Information Fidelity（IF：情報の正確さ）という判断基準をもうけた．IF①はペットの飼い主，あるいはその家族の誰かが直接捕獲した場合，②は捕獲した人から直接もらい（あるいは買い）受けたという場合，③はすでに何人かの手にわたってきているが，飼い主の話からまだそれなりに信頼できる場合，④はもはや信頼するに足る情報が得られない場合である．①②はほぼ問題ない，③もまぁまぁと考えるのだが，それでも気をつけなければならない場合がある．私も経験したことだが，明らかにそこにはすんでいるはずがない種が飼われていて，そこで直接自分が捕まえたのだという．よくよく聞いてみると，走っている車から跳び降りて逃げたサルであった．現場でいかにそのつどきっちりしたデータをとっていくのか，こういうことは後になって聞き直すわけにはいかない．フィールドワークというのは，いつもデータをとるその現場が勝負なのである．

その他にも，おかしやすい過ちがいくつかあった．具体的にいうと，スラウェシマカクの1種，ニグレッセンスはドゥモガ川の左岸，北側に分布している．ニグラが右岸，南側である．車の通る道は一本だけ，道筋の集落では両種がともに飼われていた．川幅はせいぜい 20 ～ 30 m だから，種分化がどうやって起こったのかもよくわからないが，とにかく注意してデータをとっておかないと，とんでもない結果を報告することになる．もう1つはトンケアーナとヘッキの境界に存在する種間雑種であるが，かつてシカゴ・フィールド博物館のフーデン博士が，ラブアン・ソレというところで捕獲されたというそれらしい個体を報告している．その報告を採用したグローブス博士は，2種の境界をスラウェシの細い北半島のつけ根部分から尾根沿いに，半島に沿って 100 km ほども長いものとして設定した．私たちの調査では，どうみてもそんなに北まで種の境界が伸びているはずがなかった．それもそのはずである．ラブアン・ソレというのは，「夕方の港」という意味で，インドネシア中あちこちにある地名なのである．つまりラブアン・ソレという地名を記載した博物館の標本の位置確認がまちがっていたわけであり，現場でのデータ確認がいかに大切かということを示す格好の事例であろう．

試料，サンプルが必要な研究者は，とかくそれさえ得られれば目的を達したように思ってしまいがちである．だがほんとうは，その試料が得られた現場は，もっともっと有用な情報に満ちあふれている．それも酒の席で，何度となく話し合ったことだった．

●渡邊邦夫

フィールドの仁義

「仁義」というとなにやらやくざっぽくなるが，われわれ研究者の世界にも守らなければならない仁義は存在する．実験屋さんであれば採ったサンプルの使用権，フィールドワーカーならその調査地における先行研究者の存在である．とかく煙たいものであるが，この点を無視するわけにはいかない．こうした面倒な人間関係に巻き込まれたくなければ，サンプルは自分で集め直せばいいし，フィールドワーカーは調査地を変えればいい．しかしそうはいっても，急速に自然の改変が進んでいる現代社会では，二度と手には入らないサンプルが多いし，また新たな調査地を探すということは，だいたいの場合観察条件が悪いか，アクセスが困難か，そのいずれかを覚悟しなければならない．

私たちがスラウェシでの調査をはじめたころは，まだいい時代だった．先行する研究者がほとんどいなかったからである．ただしまったくいなかったわけではない．北スラウェシのタンココ・バツアングス自然保護区には，スラウェシマカク7種中もっとも特殊化した種であるクロザルがいて，その生息密度はものすごいとしかいいようがないほどに高かった．先に入ったイギリス人研究者の助手たちによってすでに人づけされており，観察も容易だった．その研究者はすでに帰国していたが，かつての助手たちの話を聞くとかなりデータもとれていたように思う．いずれは論文が出てくるだろうし，また誰か若手を送り込んでくるかもしれない．それが私たちがこの調査地をあきらめ，スラウェシ島南端，ちょうど反対側のもっとも特殊化の進んでいない種，マウルスの調査を手がけた理由である．

そんなわけで私たちは，南スラウェシのマカッサルから50 kmほど東に入ったカレンタ自然保護区での調査をはじめた．餌づけはうまくいったし，観察は期待以上に順調に進んだ．だがここで別の問題にぶつかってしまった．「いつ捕まえるか」である．私はフィールドをだいじにしたいから，遅いほうがありがたい．それもできれば主調査群ではない方がいい．しかしそれは竹中さんから見れば，目の前に置いてある大好きなウィスキー，シーバス・リーガルの蓋をあけるなというようなものである．

似たような問題は，次年度以降の計画でも起こった．タンココ・バツアングス自然保護区で捕獲調査をおこないたい．一応，先行した研究者にも手紙を送り同意を求めたけれども，返事がない．さぁどうしよう，というわけである．結局，こうした問題に答えはないと思う．そのつど関係者の間で判断し，実行して行くしかない．実際には，両方とも集団捕獲を実行し，それだけの成果が得られたわけであるが，問題はそのプロセスである．一応，われわれの間では何度となく話し合い，さまざまな代替案をも検討しながら，結果的に最善と思う実行案を採用してきたわけである．

やはり仁義をとおすということは，面倒であっても，どの社会でも必要なことではないだろうか．とかく最近は，ことさら不要な摩擦を引き起こしながら強引に物事を進めようという事例も見受けられるようになった．周囲に気を使ってばかりいては何もできないというのは事実であるが，すべては時と場合による．楽しい酒の中で，こうした問題にも折りあえる環境があったということは，たいへんありがたいことだった．

出てきた成果と研究の流れ

周辺事情ばかり書いて，いったい何をしていたのかを紹介しないわけにはいかない．手短にこの25年間にわかってきたことにふれておきたい．スラウェシ島全域から全7種を含む600頭以上のサンプルが集められた．形態上，7種の区別は明瞭であり，一種ずつ場所を違えて（異所的に）分布している．そして北の特殊化した種（ニグラ，ニグレッセンス，ヘッキ）から南のより一般的な形質を保持した種（トンケアーナ，マウルス，オクレアータ，ブルネッセンス）へと，連続した変化が認められる．おもしろいことに，とった血液を用いてその血液性状から遺伝的特徴を調べてみると，やはり北から南へと地理的な勾配が認められるのだが，種ごとの違いは明瞭ではなく，種間でオーバーラップしてしまう．つまり7種間にははっきりした境界がなく，種ごとにはっきり標識になるような特徴はないということである．ヘモグロビン鎖を調べた竹中さんの研究からは，スラウェシマカクはボルネオのブタオザル近縁の祖系から二度にわたって渡来したことが示唆された．

7種間の生態学的な違いはほとんどない．熱帯林にすみ，果実食であり，小型の群を作り，行動域も狭い．行動も互いに似ているが，群間でなきかわすラウドコール（Loud Call，主として単雄群を形成する霊長類のオスが発するきわだって大きな声）が少しずつ（これも北の種から南の種へと）変わっていく．ただしニホンザルなどとはかなり違い，平等主義者といわれるように，争いが少ない．餌場では2〜3群がはち合わせをして，しばらくいっしょに食べたりする．

最初は，フーデン博士やグローブス博士がいうような種間雑種の存在は信じられなかった．全島で600頭以上も見て歩いたサルは，すべて7種中のどれか1つにまちがいなく分類することが可能だったからである．だが種の境界にあたる非常に限られた地域では，明らかな種間雑種が存在することが判明した．ではほとんど同じような環境で同じような生活をしている2つの種が，交雑を繰り返しているのになぜ混じり合ってしまわないのか，その機構はどうなっているのか，その解明が次の問題になった．

トンケアーナとヘッキの境界域では，たった20 kmほどの距離の間でトンケアーナからヘッキへと変わっていく急激な形態上の勾配（地域的連続変異）が認められる．この交雑帯を横切る形で，8群99頭の捕獲をおこなった．おもしろいことに，遺伝的には非常によく混じっていて，黙って渡されたら1つの種だとしか思えないという．つまり形態の変化は，血液を用いた現在の遺伝学的分析にはひっかかってこないということである．いいかえれば，ごく些細な遺伝的差異がこうした形態変化をもたらしているということになる．

ここのサルの特徴は，ドラキュラ（吸血鬼）グループといわれるほど世界中で多数のサルを捕まえてきた竹中さんたちにいわせると，「汚い」ということだった．毛が抜けていたり，ダニが脇の下や耳などにたくさんついており，また皮膚病にかかったサルも多い．麻酔が効きにくいのもいる．そして何頭か明らかな奇形ザルもいる．

ただ何が原因で狭い交雑帯が維持されるのか，その点がまだもう1つわからない．今現在，雑種集団の繁殖や生き死にを経時的に追いかけているのだが，繁殖がそう悪いわけではない．奇形ザルやダニつき，皮膚病ザルにしても，早死にするわけではない．4年間追いかけた結果からは，どうもメスが早く死ぬようだということがわかってきたが，それとても確実な話として確かめるためにはまだもう少し時間がかかる．竹中さんたちが調べたミトコンドリアDNAの分析からいくと，交雑帯のサルはすべてヘッキのタイプだという．しかしY染色体でみるとちょうど両者が入り交じるあたりになる．

実験屋さんの苦労

竹中さんは，とにかくメモ魔，スケジュール魔だった．いつどこで何をして，次にあそこにいってどんな処理をする，そのための打ち合わせをいつやるか，すべてノートにびっしり書き込んでいく．私はもともとフィールドは，そんな予定通りなんかいくもんじゃないと思っているから，はなから相手にしなかった．だから竹中さんがペット探しのどさ回りにでて，帰ってくるといっていた当日夜遅くになっても帰ってこない時も，それみたことか，当たり前だと思っていた．ところが真夜中になって，よれよれのペテペテをとばして帰ってきた．それからがたいへんだった．こちらは山から帰ってきて酔っぱらって寝込んだ後だし，そもそも帰れるはずもないと思っているから，用意するはずの氷も切らしてしまっていた．夜中に店をたたき起こして，氷を買いに走った．

われわれは，フィールドノートに書き込めばそれで済みだが，実験屋さんにとってはその後の処置こそが肝心なのだということがよくわかる．とにかく血液をとったなら，それを手早く処理して保存しなければならない．スラウェシの山奥では，とにかくまず保存用に氷を準備すること，電気のあるところで遠心分離器を使うこと，血液から分離したサンプルを冷凍保存するための冷凍庫，あるいはドライアイスをどうやって手に入れるか，こうした手順をきちんとこなさないと，すべての努力は水泡に帰すことになるわけである．

種間雑種の捕獲をおこなっていたときには，山の上のレストランの裏の小さな安宿に泊まり込んで調査をおこなった．ここには肉や魚用の大きな冷凍庫がある．これで大丈夫と思っていたら，料理するたびに開けるわけで，日中の温度はさほど下がっていないことがわかった．これはまずい，なんとかしなければならない．だが町は遠いし，行ってもどこに満足のいく冷凍庫があるかもわからない．この時は，調査隊員の川本芳さんの機転で，氷水に塩を加えていくと－21.3℃まで下がるという便法を用いることができた．実際には彼もやったことはないという．温度計を睨みながら，零点を超えてどんどん温度が下がっていくのを確認した時は心底ほっとしたものである．

だから竹中さんがメモ魔，スケジュール魔だったのは，立派な理由があってのことなのである．酒を飲んでいようと，熱を出して寝込んでいようと，最低限のノルマをこなさないと，すべてがパーになる．フィールド屋は，どちらかというとフィールドに合わせて臨機応変，ここぞというときにがんばらなければならない．むしろそのがんばりどころに気がつくことがだいじなわけで，フウテンの寅さんのような風まま気ままがいいと（私は）思っている．だがやはり，綿密な計画の下に1つ1つ手際よくこなしていく計画性には正直頭が下がる．ただの飲み助ではこういうわけにはいかない．

おわりに

研究というのは終わりがない．やらねばならない，好奇心をそそる問題はつぎつぎに生まれてくる．だが一方で，世の中は急速に変わっている．このフィールドにも，インドネシアの世情不安の影響が忍び寄ってきている．この地域にいつまでサルのすめる環境が残されているのか．不安はつきない．

私がいいたいのは，フィールドではフィールドから学ぶことが一番大切なのだということである．そしてフィールドで成功するためには，現場での人間関係が非常に重要だということである．ともすれば他人の理論にもとづいて仮説をたて，いずれかの仮説に合致すればそれで良しとする風潮がみられるが，それではフィールドのおもしろさは半減してしまうし，いずれ肝心な点を見落とすことによって，フィールドに裏切られることになろう．竹中さんと，酒を酌み交わしながら楽しんだこの25年間は，そんなフィールドに浸かりきることの大切さを充分に教えてくれた年月であった．

文献

Albrecht G: The craniofacial morphology of the Sulawesi macaques - multivariate approaches to biological problem. Contri. Primatol. 13: 1–151, 1978.

Fooden J: Taxonomy and evolution of the monkeys of the Celebes (Primate: Cercopithecidae). Bibliotheca Primatol. 10: 1–148. Karger Basel. 1969.

Fujita K, Watanabe K: Visual preference for closely related species by Sulawesi macaques. Am. J. Primatol. 37: 253–261, 1995.

Fujita K, Watanabe K, Widarto TH, Suryobroto B: Discrimination of macaques by macaques; The case of Sulawesi species. Primates 38: 233–245, 1997.

Goto S, Takenaka O, Watanabe K, Hamada Y, Kawamoto Y, Watanabe T, Suryobroto B, Sajuthi D: Hematological values and parasite fauna in free-ranging *Macaca hecki*/*M. tonkeana* hybrid group of Sulawesi Island, Indonesia. Primates 42: 27–34, 2001.

Groves CP: Speciation in Macaca: the view from Sulawesi. In: D. G. Lindburg (ed): The Macaques; Studies in Ecology, Behavior and Evolution, van Nostrand Reinhold., New York, pp. 84–124, 1978.

Hamada Y, Watanabe T, Takenaka O, Suryobroto B, Kawamoto Y: Morphological studies on the Sulawesi macaques. I. Phyletic analysis of body color. Primates 29: 65–80, 1988.

Hill O: Primates, Comparative Anatomy and Taxonomy, VII. Cercopithecus (Cercocebus, Macaca, Cynopithecus), University Press, Edinburgh. 1974.

Kawamoto Y, Takenaka O, Brotoisworo E: Preliminary report on genetic variations within and between species of Sulawesi macaques. Kyoto University Overseas Research Report of Studies on Asian Nonhuman Primates 2: 23–37, 1982.

Kawamoto Y: Population genetic study of Sulawesi macaques. In: Shotake T, Wada K (eds): Variations in the Asian Macaques, Tokai Univ. Press, Tokyo, pp. 37–65, 1996.

Kawamoto Y, Matsubayashi K, Takenaka O, Hamada Y, Watanabe T, Suryobroto B: Introgressoin and gametic disequilibrium in a contact zone of *Macaca tonkeana* and *M. hecki* in Sulawesi, Indonesia. Kyoto University Overseas Research Report of Studies on Asian Nonhuman Primates 9: 41–50, 1995.

Matsumura S: A preliminary report on the ecology and social behavior of moor macaques (*Macaca maurus*) in Sulawesi, Indonesia. Kyoto University Overseas Research Report of Studies on Asian Nonhuman Primates 8: 27–41, 1991.

Matsumura S, Watanabe K: Sexual behavior and female reproductive cycles in a wild group of moor macaques (*Macaca maurus*). In: JJ Roeder, Thierry B, Anderson JR, Herrenshmidt N (eds): Current Primatology, vol. 2, Social Development, Learning, and Behavior. pp. 33–37, 1994.

毛利俊雄・渡辺邦夫・渡辺毅「スラウェシマカクの頭蓋サイズの性差」『霊長類研究』13: 29–39, 1997.

Okamoto K, Matsumura S, Watanabe K: Life history and demography of wild moor macaques (*Macaca maurus*): a summary of ten years' observation. Intnl. J. Primatol., 52: 1–11, 2000.

竹中修「スラウェシマカクの分布と種間差」『モンキー』184: 14–20, 1982.

Takenaka O, Hotta M, Takenaka A, Kawamoto Y, Suryobroto B, Brotoisworo E: Origin and evolution of the Sulawesi macaques. 1. Electopholetic analysis of hemogrobins. Primates 28: 87–98, 1987.

Takenaka O, Hotta M, Kawamoto Y, Suryobroto B, Brotoisworo E: Origin and evolution of the Sulawesi macaques. 2. Complete amino acid sequences of seven β chains of three molecular types. Primates 28: 99–109, 1987.

竹中修「スラウェシマカクの起源と進化」『学術月報 44』(4): 72–80, 1991.

Thierry B, Bynum EL, Baker S, Kinnaird MF, Matsumura S, Muroyama Y, O'brien TG, Petit O, Watanabe K: The social repertoire of Sulawesi macaques. Primate Research 16: 203–226, 2000.

●渡邊邦夫

Watanabe K: Some observation of the Mentawai pigtail macaques, *Macaca nemestrina pagensis*, on Siberut Island, West Sumatra, Indonesia. Report of Overseas Scientific Survey 1976-78, pp. 86-92, 1979.

Watanabe K: Field observation of Sulawesi macaques. In: Kyoto University Overseas Research Report of Studies on Asian Non-Human Primates 2: 3-9, 1982.

渡辺邦夫「スラウェシのムーアモンキー」『モンキー』184: 6-13, 1982.

渡辺邦夫「スラウェシのサルの来た道」『アニマ』207: 90-95, 1989.

渡辺邦夫「スラウェシマカクはいくつの種に分類できるか―種分化と雑種形成の謎」『モンキー』227/228: 5-12, 1989.

Watanabe K, Brotoisworo E: Present situation of Sulawesi macaques. Kyoto Univ. Overseas Res. Rep. 7: 43-61, 1989.

Watanabe K, Lapasere H, Tantu R: External characteristics and associated developmental changes in two species of Sulawesi macaques, *Macaca tonkeana and M. hecki*, with special reference to hybrids and the borderland between the species. Primates 32: 61-76, 1991.

Watanabe K, Matsumura S, Watanabe T, Hamada Y: The borderland and possible hybrids between three species of macaques, *M. nigra*, *M. nigrescens*, and *M. hecki*, in the northern peninsula of Sulawesi. Primates 32: 365-369, 1991.

Watanabe K, Matsumura S: Distribution and possible intergradation between *Macaca tonkeana* and *M. ochreata* at the borderland of the species in Sulawesi. Primates 32: 385-389, 1991.

渡辺邦夫「サル類と種間雑種の形成（1）　スラウェシマカクの例から」『遺伝』47（8）: 52-57, 1993.

渡辺邦夫「サル類と種間雑種の形成（2）　移行帯の特徴と雑種形成のメカニズム」『遺伝』47（9）: 50-55, 1993.

Watanabe K, Matsumura S: Social organization of moor macaques, *Macaca maurus*, in the Karaenta Nature Reserve, South Sulawesi, Indonesia. In: Shotake T, Wada K（eds）: Variations in the Asian Macaques, Tokai Univ. Press, Tokyo, pp. 147-162, 1996.

渡邊邦夫「アジア産霊長類の生態と進化」『霊長類学のすすめ』京都大学霊長類研究所編　丸善　pp. 37-55　2003年.

スマトラの森での思い出

大井　徹

私は，かつて，竹中先生が展開されていたアジアのサルの研究プロジェクトに加えていただきました．このプロジェクトはマカクの種分化の過程を生態学，形態学，遺伝学，生化学などから多面的に解明しようという学際的かつ壮大な計画でした．プロジェクトの中で私はインドネシアスマトラ島のブタオザルの生態研究を担いました．

1986年7月，竹中先生が，西スマトラのクリンチ山の麓にある私の調査フィールドに二晩滞在されたときのことです．

「エー，ゾウ？」．私がゾウの足跡だと指し示す地面の大きな窪みを一瞥された先生は冗談いうなよとばかりの様子でした．しかし，次に，指の型もまだ残っている窪みをまじまじとご覧になると私のいっていることがほんとうであると合点され，ちょっと驚かれたようでした．足跡の主は，つい5日前にサル観察用のブラインドテントを破壊していった1頭のオスゾウでした．それまでにもインドネシアでの調査経験はおもちの先生でしたが，いろんな動物が蠢く熱帯林の中に入られたのははじめての体験だったとのことでした．このゾウの足跡は，森の地面を垂直に深く削り取って流れる沢を横切って西方の丘へと続いていました．両側が切り立った沢を渡渉できる場所は限られており，そこには，ゾウの他，クマ，シカなどさまざまな動物の足跡がついていました．短時間でしたが，先生はゾウの足跡をたどっての森歩きを，子どものように目を輝かせながら楽しんでおられました．

また，この時には観察が可能になったばかりのブタオザルをいっしょに観察しました．そうしたことがあって，この年の調査報告書の序文では，私の報告がさまざまな点で魅力的な野生ブタオザルの生態を明らかにした最初のものであると持ち上げていただきました．実のところ，私の研究は，海のものとも山のものともつかない段階でしたが，その後も，いろいろな場面で（もちろんお酒を飲ませていただきながら）励ましていただき，2年後には学位論文として提出することができたのです．

その後，就職が決まった折にはご自宅で宴席を設けてくださり，先生自身が恩師から授かったという「自分の能力を信じて，何事もがんばれ」というような意味のことばを私自身にも授けてくださいました．専門の違う私は先生から研究の指導を受けたわけではありませんが，研究指導された学生以外にも私のように竹中先生に励まされ育った若手がたくさんいます．誠に懐の深い方でした．

2

栄養素の小窓から

フィールドと実験室を結んで

中川尚史

なぜ〈栄養素の小窓〉を開けることになったのか？

何をどれだけ食べるのか？　実に素朴な疑問である．人間や飼育下の霊長類相手ならその気になって調べさえすれば比較的容易にわかることが，野生の霊長類では意外とわかっていない．もちろんわかろうという努力は長年続けられてきた．まれに食べる，頻繁に食べるといった定性的な記述から，定量的データにもとづく記述へ．糞として排泄された未消化物の重量という定量的データから，採食時間という定量的データへ，時代とともに推移してはいる．

しかしここでみなさんに問うてみよう．「今日，焼肉屋に行って，骨つきカルビ 20 分，ニンジン 2 分食べた」というような表現に違和感を覚えないか？　おそらく多くの方が違和感を覚え，肉なら 200 g，ニンジンなら 40 g とか 4 分の 1 本とか言ってもらわないと量をイメージできないと思われることだろう．しかもこの例では，ニンジンは 1 分間に 20 g 食べた計算になるのに，カルビは肉を骨からきれいにこそげ落とすのに時間がかかったので 1 分間に 10 g しか食べられなかった．これでは時間で評価したときの相対的な食べた量の違いが，重量で評価したときの違いとパラレルではなくなってしまう．さらに，同じ重量でもカルビとニンジンが栄養学的に等価ではないことは誰しもご存知だろう．ダイエットに励んでおられるあなたなら，カルビ 200 g で 600 kcal，ニンジン 40 g

で 13 kcal というところまで計算されるかもしれない．野生霊長類の場合，栄養過多でなく不足が問題になってくるのだが，いずれにせよ，栄養素やカロリーの摂取量が個体の維持，成長，繁殖にとって重要なのはいうまでもない．それにもかかわらず，野生のサルがどれだけ食べるかを，重量，さらにはカロリー摂取量，タンパク質摂取量という定量的データで表す研究はあまり進んでいない．

もちろんこれにはいくつかの理由がある．どれだけ食べたかを時間ベースでなく重量ベースで表すために必要なデータは 2 つ．1 つは，単位採食時間当たりに採食する果実の個数や葉の枚数．もう 1 つは，果実 1 個，葉 1 枚の重量．後者は，サンプル採集に多少手間がかかることはあれど努力さえすれば集まる．問題は前者だ．よほどの至近距離から，しかもある程度継続して観察できないと精度の高いデータは望めない．いくらサルが観察者に慣れていても，彼らが急斜面を遊動して追跡できず頻繁に見失うようだと具合が悪い．また，見えていても高さ 30 m もの樹上で採食中とあらばむずかしい．さらに，タンパク質や脂肪といった栄養素レベルやカロリーで摂取量を表そうとすれば，それぞれの果実や葉 1 g 当たりどれだけの栄養素，熱量が含まれるのかといったデータが必要となる．人間はもとより飼育下の霊長類については食物の栄養含有量はおおむね調べがついているが，野生霊長類ではそうはいかない．そこで食物の栄養分析というラボワークが必要になってくる．

野生霊長類の食物摂取量を重量ベースで，さらには栄養素や熱量の摂取量ベースでおさえようする試み自体は 1970 年代にはじまっている [1]．日本でも宮崎大学の岩本俊孝さんが非常に精度の高い先駆的な研究を宮崎県・幸島のニホンザルやエチオピア・セミエン国立公園のゲラダヒヒを対象におこなっていた [2] [3] [4]．1984 年 4 月より京都大学霊長類研究所・生活史部門（現在，社会生態研究部門・生態機構分野）に修士課程の大学院生として籍を置くことになった私は，河合雅雄先生の指導のもとに，金華山島のニホンザル A 群を対象に調査を開始した．金華山島は宮城県牡鹿半島の沖合いに位置する面積およそ 10 平方 km の小島で，ここに当時 5 群およそ 180 頭のサルがすんでいた（写真 1）．島の多くはブナを中心にした落葉広葉樹にモミやアカマツなどの針葉樹が混交した森で覆われている．積雪がまれなため，冬になっても秋に実った木の実の落果を拾い食いできるので，落葉樹林帯にすむサルにしては恵まれてはいるが，それでも

写真1　宮城県・金華山島のニホンザル

木の実がなくなるにつれて冬芽や樹皮に頼らざるをえなくなる．そのあたりの変化に着目し，「生息環境の質の低下に対するニホンザルの採食戦略」というテーマで，2年後に無事修士号を取得した．しかし，生息環境の質の季節変化をうまく定量化できたことにはその時点では満足していたが，サルの採食量の変化を栄養素や熱量レベルで定量化できていなかった点に物足りなさを覚えてきた．金華山のサルは，冬季常緑樹の葉に依存する幸島のサルに比べさらに厳しい環境にあることが予測されたからなおさらだ．

やはり栄養分析をするしかないか？　幸運なことに実験装置は生活史部門の実験室にあらかた備わっていた．問題は指導者である．高校時代，しょっちゅう化学の授業をサボって別の教室に隠れていた化学嫌いの私．じつは学部は農学部畜産学科に籍を置いていたので，まさに今からやろうとしている栄養分析をしたのだと思う．しかし，いやいやっていたから正直記憶がない．こんなことになるのだったら，いくら嫌でもまじめにやっておくのだった，といっても後の祭り．そんな具合の私だから化学実験の「いろは」から教えてもらう必要があった．

以上のような希望と悩みをたしか宴席の場である方に打ち明けてみた．生化学部門（現在，分子生理研究部門・遺伝子情報分野）の竹中修先生である．すると酒の勢いからか，なんと指導することを快諾してくださったのである．私は，指導義務などない他の研究室の院生である．しかもご自身は栄養分析をされた経験はないとのことなので，勉強する必要があるとおっしゃっていた．ふつうならかなり面倒なことだと思うのだが，竹中先生の感覚はどうやら違うらしい．ご自分でやったことのない分析だからこそ，試行錯誤の余地があり，おもしろそうだと思われた節がある．実験器具の洗浄，直示天びんの使い方といった「いろは」から教えなくてはならないことまでこのとき覚悟されていたかは不明だが，ともかく私にとってはこれ以上にない強い助っ人を得て，フィールドワーカーのラボワークがはじまることになった．本書の編者，村山（井上）美穂さんが，ラボワーカーとしてフィールドワークをおこなったおよそ2年前のことである．ただ，博士後期課程ではアフリカ・カメルーンのカラマルエ国立公園でパタスモンキーとタンタルスモンキー（サバンナモンキーの1亜種）の比較生態学的研究をおこなうことが決まっており，1986年6月から3か月間，予備調査に出かけることになっていた．だから実際には，帰国後の11月下旬に秋の行動データを収集し，そのときに採集した食物サンプルの分析を12月に開始することになった．

〈栄養素の小窓〉を開ける準備

まず，分析用サンプルの収集から話をはじめよう．これは先にも書いたとおり，努力さえすれば集まるが手間はかかる．粗タンパク質，粗脂肪，粗繊維，粗灰分というもっとも基本的な4種の栄養成分をひととおり分析するだけでも，乾燥重量で最低4gは必要である．たった4gというなかれ．これが意外とたいへんなのである．たとえば秋から冬にかけての主要食物であるイヌシデの実は，乾燥重量にすると1個たった0.01g．だから最低でも400個集めねばならない．寒風吹きすさぶ中，悴んだ手をこすりこすりイヌシデの樹下に座り込んで拾う姿を想像いただきたい．もちろんちょっとした木登りも時には必要である．採集を終えてベースキャンプに戻ってきてからも一仕事せねばならない．採集してきた果実や葉の数を数え，総重量を計測して，1個，1枚当たりの湿重量を計算する．

次はサンプルの保存．金華山における調査の場合には短期集中でおこなったこともあり，行動データ収集後サンプルを採集して，いったんベースキャンプにある冷凍庫で冷凍させ，翌日には－20℃に設定された研究所のフリーザーに運びこむことが可能だった．ところがカメルーンでの調査はそうはいかない．ベースキャンプから数日で研究所に戻ることもむずかしいしそもそも冷凍庫などない．そこで通常は乾燥させて保存可能な状態にして持ち帰る．湿潤な森林では紙の小袋に入ったサンプルを灯油などの空き缶内におき，下から灯油ランプで緩やかに熱を加えて強制的に水分を飛ばす[5]．私の調査地は乾燥地帯のため，日光に当てるだけで乾燥した．ただ，雨季に雨に遭って結局サンプルをかびさせてしまったこともあった．

さて研究所に戻っても分析前にやらねばならないことがある．冷凍して持ち帰ったサンプルはもちろん，フィールドで乾燥させたサンプルでも完全に水分を飛ばしてから分析に供する必要がある．これは同時に水分含有量を測ることにもなる．乾燥には真空乾燥器を用いた．ヒーターで80℃くらいに熱を加えながらポンプを使って減圧する方式である．乾燥作業そのものはもちろんこの機械がやってくれるのだが，それでも手間と時間がかかる．水分が完全に飛んだかを確認するため，恒量に達するまで計量と乾燥を何度も繰り返さねばならないからである．葉は丸1日もかければ恒量に達するのだが，最初のうちはどれほどかかるか見当がつかないので数日は要した．やっかいなのは果実．大きな果実は小さく切り刻めば早く乾燥するのだが，小さくても果皮が厚い場合時間がかかった．メギやガマズミなどの果実では，恒量に達するまでおよそ1週間．最初からそれだけかかることがわかっていれば計量は数回で済むのだが，できるだけ早く次に進みたいので短い時間間隔で計量を繰り返し，この間13回目も計ることとなった．

私の場合，さらにやっかいな事情があった．乾燥器も含め実験装置はおおむね研究所5階にある生活史部門実験室に備わっていたのだが直示天びんはなく，2階の生化学部門実験室のものを使用させてもらうしかなかった．新規に購入してもらうという手もあった．しかし，直示天びんはかなりデリケートな計量器で定期的に検査をして性能を確認する必要があるため，埃っぽい生活史の実験室に置くのは不安だということで購入は見送られた．だから計量のたびに5階と2階を往復するはめに陥った．若干熱くなったサンプルを冷ますためにデシケーターに入れ，台車に乗せてガラガラと音をたてて運ぶものだから，教官や先輩諸氏から「また，ガラガラがきたぞ」とからかわれることとなる．その後，しばらくして電子水分計を購入して生活史実験室に置くことになりかなり作業は楽になった．ガラガラの必要がなくなっただけでなく，乾燥しながら随時計量してくれるから．ただ，一度に扱える量が少なく，1サンプルずつなのはもちろん，かさ高いサンプルの場合一度では最低限必要な分量を乾燥しきれないのがやっかいだった．

やっとの思いで乾燥させたサンプルは，電動ミルで粉砕後ようやく分析に供されることになる．

〈栄養素の小窓〉

食物を構成している栄養素の種類は数多い．しかしここで分析の対象としたのは通常一般成分といわれる，粗タンパク質，粗脂肪，粗繊維，粗灰分，そして可溶性無窒素物である (図1)．

粗タンパク質には，真のタンパク質だけでなく少量の非タンパク質窒素化合物も含まれてしまっている．タンパク質は構成成分として窒素を含むことが特徴のため，実際には窒素を定量するためだ．そして，タンパク質には平均して窒素が16％の割合で含まれることから，分析で得られた窒素量に係数6.25を乗じて粗タンパク質量とする．

粗脂肪にも真の脂肪といもいえる中性脂肪だけでなく，クロロフィル，カロチノイドなどの色素，コレステロール，アルカロイドなども含まれている．これも脂肪がエーテルに溶けるという特徴を利用して分析しているため，ほかのエーテル可溶物が含まれるわけである．だから粗脂肪のことを別名エーテル抽出物とも呼ぶ．

粗繊維は，希酸，希アルカリに不溶の一群の化合物で，植物細胞壁の構成成分であるセルロース，ヘミセルロース，不溶性ペクチン，リグニンなどである．ただし，私が採用した後述の定量法では，こうした難消化成分を全部回収することができないことがわかり，適切な方法とはみなされていないことを注記しておく．現在では，これらを高い精度で定量できる中性デタージェント繊維 (NDF) 法によるNDF，より難消化性のセルロースとリグニンを定量できる酸

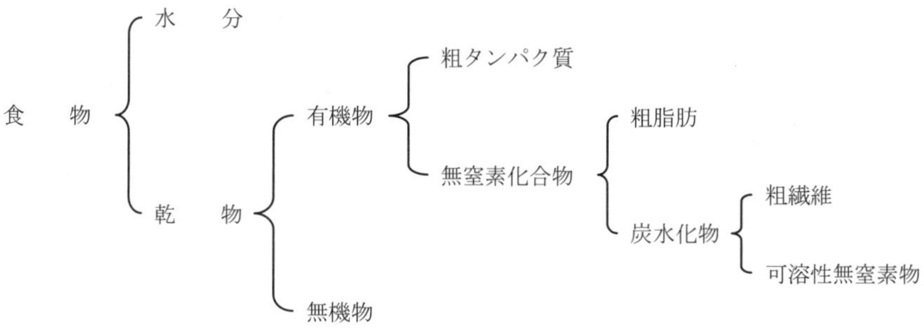

図 1　食物の一般栄養成分

性デタージェント繊維（ADF）法によるADFが，繊維の標準値として採用されている．

粗灰分は，カルシウム，リン，鉄，塩化ナトリウムなどなどの無機質（純灰分）の総量にほぼ相当するが，有機物に由来する炭素を含むこともある．

可溶性無窒素物は，ショ糖，麦芽糖，ブドウ糖，果糖，でんぷん，デキストリン，ガム質，可溶性ペクチン，コンニャクマンナンなどの粘質物などが含まれる．この成分は通常直接定量せず便宜的に，サンプルの乾燥重量より粗タンパク質，粗脂肪，粗繊維，粗灰分の合計を差し引いて求める．

なお，カロリー含有量（単位：kcal）は以下の式を用いて算出した．

カロリー＝粗タンパク質％× 5.65 ＋粗脂肪％× 9.40 ＋（粗繊維％＋可溶性無窒素物％）× 4.15

係数はそれぞれの栄養素 1 g を燃焼させたときに得られる平均的な熱量である．皆さんにとっておなじみなのは，粗タンパク質 4，粗脂肪 9，炭水化物（粗繊維＋可溶性無窒素物）4 という係数であろう．これら 4, 9, 4 という値は，ヒトの体内で実際に消化吸収できる熱量を表している．いいかえれば，糞や尿として排泄される熱量を差し引いた値である．サルについてはまったくわかっていないので，食物が本来もっている熱量で表すことにした．

〈栄養素の小窓〉の開け方

いずれの成分も標準的な方法を用いて分析したので，くわしくは類書[6]をご覧いただくこととして，簡単に記す．

●中川尚史

写真2 ケルダール窒素定量法の酸化分解過程

粗タンパク質はケルダール窒素定量法によった．化学の素養が欠落している私にとっては，この分析が原理的にも技術的にもむずかしかった．この分析は，酸化・蒸留・滴定の大きく3つの過程からなる．まずは酸化．分解ビンに粉砕したサンプルを入れ，触媒と濃硫酸を加えて酸化装置上で加熱沸騰させる（写真2）．するとサンプル中の窒素化合物はアンモニアに分解されて硫酸中に捕捉され硫酸アンモニアになる（のだそうだ）．加熱しはじめは徐々に火にかけないと噴きこぼれてしまう．実際これでいくつかサンプルを無駄にした．泡が出なくなり煙が出はじめると定常状態であり，あとは時々びんの上方にこびりついた灰を振って溶かしてやる必要はあるが，基本的には火にかけたままでよい．酸化が進行するにつれ，液の色が黒褐色，茶褐色，緑褐色，そして透明黄緑色になればOKである．なにか色が変わっていくと化学反応が起こっているのが体感できて，いかにも化学実験をしているという気持ちになれる．この過程に要する時間は，類書には数時間と書いてあるが，私の場合は長いと半日ほどかかった．次は蒸留．竹中先生をして美しいといわしめた装置を用いる（写真3）．かなり手の込んだガラス細工であり，その中をいくつもの物質が姿を変えなが

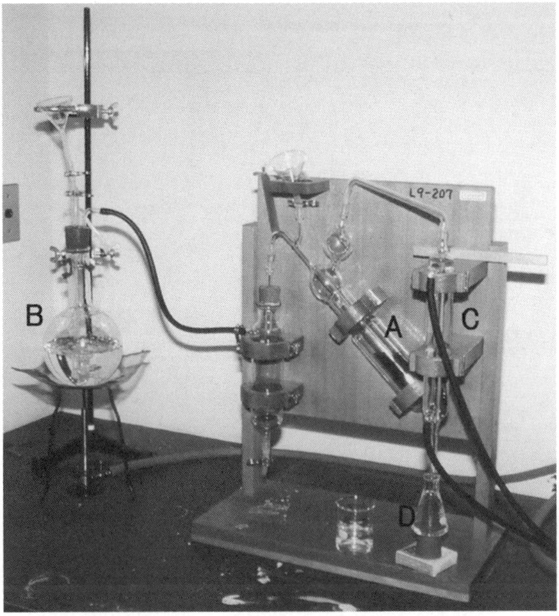

写真 3 ケルダール窒素定量法の蒸留過程

ら流れていくのが見える．精密な分析機器にサンプルをほうりこみさえすれば何か数値が出てくるというのとは対極にあるような，きわめてアナログ的な装置である．管 (A) 中に酸化過程で得られた硫酸アンモニアを流し込んだあと，水を加えて希釈し，さらに濃水酸化ナトリウム溶液を加え内容を強アルカリ性にする．その後，丸型フラスコ (B) で発生した熱水蒸気により硫酸アンモニアを沸騰させ，純粋なアンモニアを遊離する．管 (C) には水道水が常時流れており，アンモニアはこの管をくぐることにより冷却されて，小さな三角フラスコ (D) 中の希硫酸に再度捕捉される．蒸留は数十分でよいが，1 サンプルずつかたづけないといけないのがやっかいだ．最後に滴定．アルカリ性であるアンモニアを捕捉した三角フラスコには，まだ中和されていない希硫酸が残っている．水酸化ナトリウム溶液をビュレットで加えていき，これが完全に中和されるまでの量を測り，この値を用いて窒素量を算出する．

粗脂肪はソックスレー抽出法．丸底フラスコの上部につながった管内の円筒ろ紙内に粉砕したサンプルを入れ，コーヒーをサイフォンで入れる時の要領で，水の代わりにエーテルを用いて抽出する．抽出後，丸底フラスコの底部にた

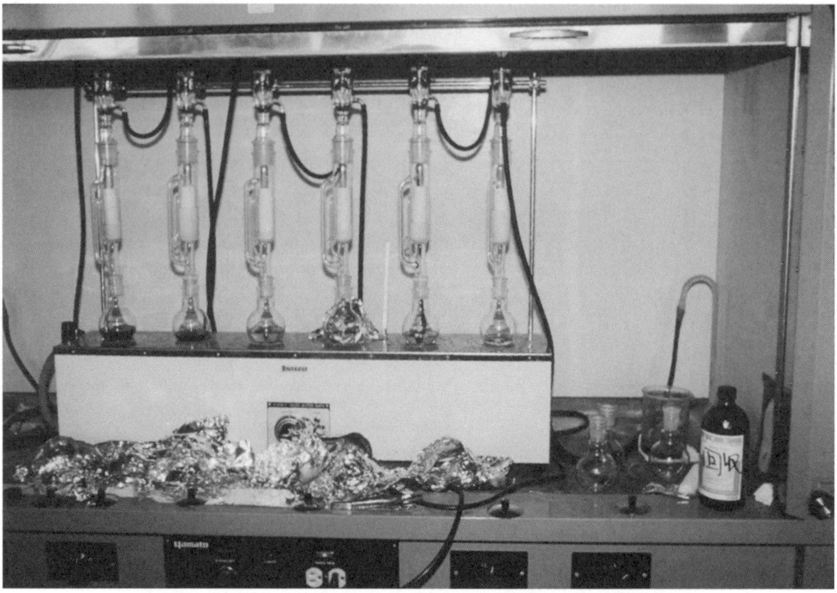

写真4 ソックスレー抽出法による粗脂肪の分析

まったエーテルを蒸発させ，残ったのが粗脂肪であり，乾燥後重量を測定する(写真4)．丸底フラスコの下にある装置は電気定温湯浴器で中には湯が入っている．この湯熱でフラスコ内のエーテルが気化しては管の上部に上ったのち，冷やされ液化してフラスコに下りる過程で抽出がおこなわれ，また気化して……と，これがうまく繰り返されるような仕掛けになっている．エーテルを用いているから火気厳禁である．はじめは生活史の実験室で換気扇をフル稼働させておこなっていたが，安全を考えて隣の系統部門(現在，進化系統研究部門・系統発生分野)実験室にあるドラフトチェンバー内でおこなうようになった．所要時間は抽出に最大18時間程度だが，恒量に達するまで乾燥させるのに，さらに30時間もかかるサンプルがあった．

粗繊維は，ヘンネブルグ・ストーマン法．サンプルとしては脂肪抽出後，円筒ろ紙に残った残渣を用いた．これを大型のビーカーに入れ，まず1.25％硫酸溶液を加え，下からガスバーナーで加熱し30分間煮沸する(写真5)．サンプルは浮いてきて膜のようになり吹きこぼれやすい．よって火力調節をしたりガラス棒で攪拌してやらねばならないから，ほっておくわけにはいかない．これが

写真5　ヘンネブルグ・ストーマン法による粗繊維の分析

すむと漏斗にろ紙をしいて，ビーカー内のサンプルを吸引ろ過器で濾す．次に漏斗のろ紙をあけて，もとのビーカーに戻し，今度は1.25％水酸化ナトリウム溶液で同様の作業をする．繊維分が多いとろ過がなかなか進まず意外と時間がかかる．そしてろ紙の残渣をうまく剥いで，やはり恒量に達するまで乾燥させる．これには無機質（灰分）の一部が含まれているため，灰化させ，燃えかすの重量を差し引いた分が粗繊維である．

粗灰分は，灼熱法．粉砕サンプルをるつぼに入れ，550℃程度で焼いて灰化させ（写真6），恒量に達したときの残渣を定量してやればよい．いたってシンプル．しかし，炉内の温度が上がりすぎないように注意すること，恒量に達しているか確認するのに何度も計量せねばならないこと，そのたびに冷ます時間がかかることなどがやっかいな点である．

このとき分析したのは，1986年11月の食物を中心に15品目．基本的に1品目につき1度ずつしか分析していないが，失敗したなどの理由で2度分析した品目もある．ケルダールの酸化装置やソックスレー抽出器が一度に6検体分析できるため，6品目を単位に3サイクル繰り返したことになる．12月6日にサン

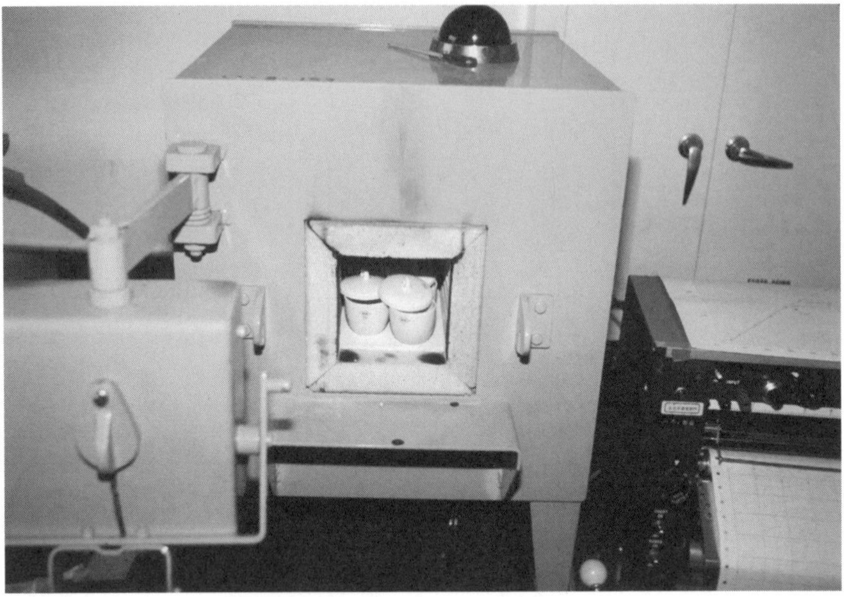

写真6 灼熱法による粗灰分の分析

プルの乾燥をはじめてから25日間．年も押し迫った30日になんとか分析は終えることができた．

〈栄養素の小窓〉を開けて見えたこと

一般成分の分析結果を，各品目の採食時間割合，採食重量割合とともに一覧表に示した（表1）．採食時間割合は，通常用いられる指標で，総採食時間に占める各品目の採食時間の割合である．それに対し採食重量割合は本研究ならではの指標で，採食した食物の総乾燥重量に占める各品目の採食重量の割合である．なお，この表には採食時間割合が2％未満で栄養分析をおこなっていないものは載せていない．

いずれの採食割合の指標でも圧倒的に高い割合を示したのが，乾燥重量で1個たった0.01 gしかないイヌシデの実である（写真7）．この季節，地上に落ちている実を落ち葉をかきわけながら，なんと1秒間に1個という猛烈なスピードで拾って食べる．カヤやボタンヅルの種子とともに，粗タンパク質，粗脂肪の

表1 金華山島に住むニホンザルにおける秋の主要食物品目の採食時間割合，採食重量割合，そしてカロリーおよび栄養素含有量（水分以外は，乾燥重量1gに占める割合）

種 名	部 位	採食時間割合（%）	採食重量割合（%）	水 分（%）	粗タンパク質（%）	粗脂質（%）	粗繊維（%）	可溶性無窒素物（%）	粗灰分（%）	カロリー（kcal）
ボタンヅル	種子	9.90	4.36	19.85	18.98	10.50	24.62	41.87	4.03	4.36
イヌシデ	種子	63.04	53.14	20.71	15.78	10.37	44.63	24.65	4.57	4.34
カヤ	種子	3.88	2.90	70.87	17.33	20.38	10.13	47.45	4.71	4.83
オオウラジロノキ	果実	3.72	23.79	65.80	1.06	11.72	14.18	70.61	2.43	4.49
ガマズミ	果実	3.03	2.69	67.12	5.94	7.52	23.45	58.67	4.42	4.20
メギ	果実	0.37	0.50	48.61	11.26	7.27	12.07	64.88	4.52	4.18
ノイバラ	果実	2.85	4.93	51.99	8.28	4.12	24.49	58.04	5.07	4.00
スイカズラ	果実	0.14	0.12	70.34	11.25	8.95	8.97	64.84	5.99	4.21
スイカズラ	葉	4.35	5.23	71.33	13.44	5.20	16.37	56.67	8.32	3.93
ニガイチゴ	葉	0.64	0.46	75.24	14.62	8.01	12.66	56.19	8.52	4.06
チヂミザサ	地下茎・葉	2.52	0.70	41.97	6.29	0.52	32.77	51.17	9.25	3.66

●中川尚史

写真7 秋の食物サンプルの例．イヌシデの実（左）とオオウラジロノキの果実（右）．スケールとして直径 5 cm の一眼レフカメラのキャップ．

含有量が高く，必然的にカロリー含有量の高さが際立った食物である．しかし，種皮が厚いので繊維含有量がもっとも高く，実際利用できる熱量はさほど高くないだろう．重量割合でイヌシデに次ぎ，しかもその半分くらいの割合（23.8％）を占めるのが，オオウラジロノキの果実である．ところがこの果実，時間割合では 3.7％とかなり低くなる．乾燥重量で 1 個 1.3 g もあるから，1 分間には個数としては 3.5 個だが重さでは 4.4 g と，イヌシデと比べても 7, 8 倍もの速さで食べることが可能だ．これで採食時間が採食量を表す指標として適切ではないことを再認識してもらえたに違いない．オオウラジロノキはガマズミはじめそれ以外の果実も含めて，可溶性無窒素物含有量が高いのが特徴である．カロリー含有量もそこそこ高い．葉で比較的よく食べるのがスイカズラで，いずれの指標でも 5％前後を占める．葉は，ニガイチゴも含めてみてもらえばわかるように，果実に比べてタンパク質含有量が高いが，カロリー含有量は低いという特徴がある．なお葉の繊維含有量が果実と比べて低いのは意外に感じられるかもしれないが，果実に含まれる種子も込みにして分析に供したためである．

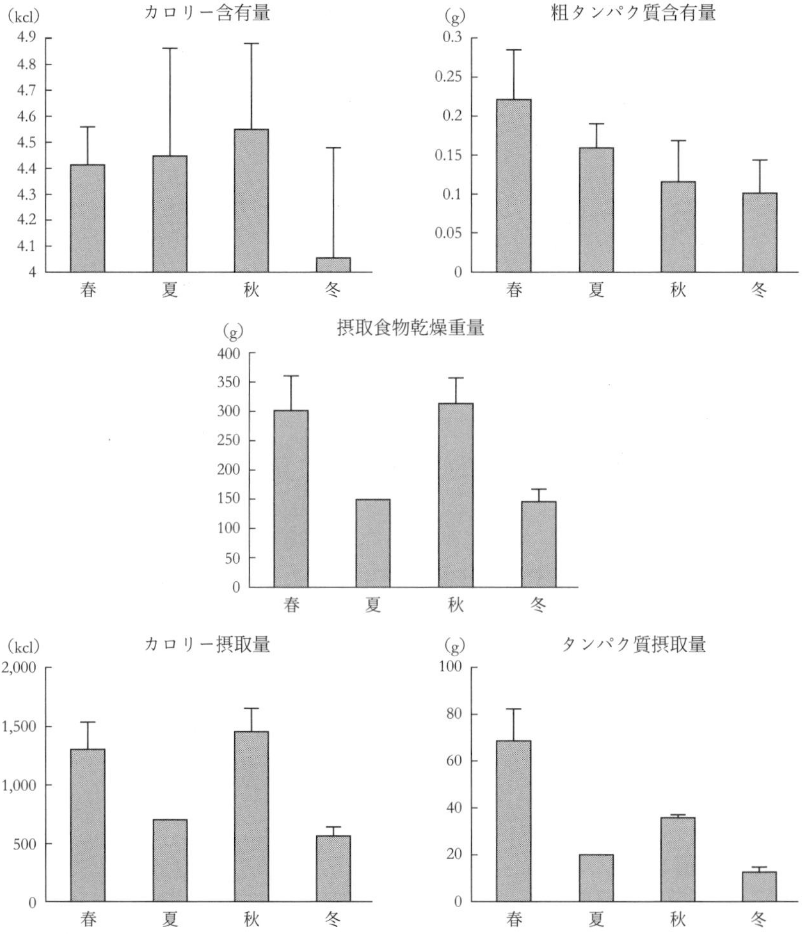

図2　金華山島にすむニホンザルにおける食物のカロリーおよび粗タンパク質含有量，摂取食物乾燥重量，カロリーおよび粗タンパク質摂取量の季節平均

以上のような栄養分析と行動観察を，冬，春，そして夏にも行って，年間通じた食物のカロリーおよび栄養含有量，乾燥重量ベースの採食量，カロリーおよび栄養摂取量を季節ごとに求めることができた（図2）．その結果はすでに拙著[7]にくわしく述べているので，ここでは簡単に記すに留める．

まずは含有量から．冬の食物のカロリー含有量は他の季節に比べて格段に低い．これは冬の主要食物である冬芽，樹皮，草本の地下茎のカロリー含有量の低さに由来する．タンパク質含有量でみると，夏，秋の食物と見劣りせず，むし

●中川尚史

ろ春の食物の高さが際立っている．これは若葉のタンパク質含有量が高いことによる．次に採食重量．春と秋が平均300 g程度．乾燥重量で300 gといえば，茶碗7膳分の米，大きめのミカンおよそ20個に相当する．ニホンザルのオトナメスの体重はおよそ8 kgだから，体の大きさを考えれば結構な大食感である．それに対して，夏と冬はその半分以下の平均140 g程度．実をいうと，夏は終日のデータが採れたのはたった1日なのだが，それがかなわなかった日のデータからみてさほどおかしなデータではない．カロリー摂取量は，採食重量とほぼパラレルな結果であり，やはり夏は冬と同等に低い．タンパク質摂取量もこれと似たような傾向だが，春は秋に比べても有意に高い点が異なる．

〈栄養素の小窓〉からさらに見えること

これまで述べたように，私が食物の栄養分析をするに至ったのは，サルの採食量をカロリーとか栄養素レベルで把握するためであった．しかし，その過程で，果実，種子，葉などといった食物カテゴリーごとに一定の栄養学的な特徴があり，それぞれが採食メニューに占める割合の季節ごとの違いが，季節ごとの食物のカロリーや栄養含有量の平均値の違いをもたらしていることもみえてきた．さらに，ニホンザルでは金華山以外にも幸島など4地域で同様の研究がおこなわれたため，地域間の比較が可能になり，冬季，金華山は幸島よりカロリー，タンパク質とも摂取量がかなり低いことなどがわかった．私は博士後期課程に入って，アフリカ・カメルーンのパタスモンキーとタンタルスモンキーを対象に，同様の分析をおこなった[8]のだが，冒頭に述べた観察条件の制約からこうした研究はまだまだ少ない．

しかし，食物の栄養素を含めた化学成分分析そのものは霊長類を対象に広くおこなわれている．その目的は，サルの食物選択の究極要因を探ることである．そして，葉の選択に際しては，一般にサルは縮合性タンニンという消化阻害物質や酸性デタージェント繊維含有量のわりにタンパク質含有量の高い葉を選択していることがわかっている．さらに，葉を主食とするコロブス亜科の霊長類では，粗タンパク質／酸性デタージェント繊維比で表される葉の質によって，彼らの生息密度が決まっているという[9]．他方，果実については，糖質やカロリー含有量の高さがその選択に効いているようだ．私は，パタスモンキーとタンタルスモンキーの調査から，すべてのカテゴリーの食物を一括して扱っても，彼らが粗タンパク質／粗繊維比とカロリー含有量の高い食物を好むことを示唆する結果を得た[10]．また，こうした嗜好性には若干の種差があることも知られている．アヌビスヒヒ，西ゴリラ，リーフモンキー（クリイロリーフモンキーとクロカンムリリーフモンキー）の順に，酸性デタージェント繊維含有量のわりにタンパク質含有量の高い食物を採食している．この結果は，リーフモンキーが分化した胃のひと部屋で，ゴリラが大きな結腸で，セルロース分解酵素をもつ細菌の力を借りて繊維を分解しているという事実とよく一致する．なお，本節においても，引用文献を明示していない事項については，拙著[7]にくわしいので参照されたい．

〈栄養素の小窓〉を開けてみての感想

この小論では，フィールドワーカーである私がおこなった栄養分析というラボワークの内容を中心に紹介した．その中で何度も「やっかいだ」「時間がかかる」などの否定的な感想を漏らしてきた．もちろんフィールドワークにも，やっかいなことや時間がかかることはいっぱいあるのだが，フィールドワーカーである私から見て，ラボワークでとくに「やっかいだ」と思ったのは，まず時間が不規則なこと．フィールドワーカーはフィールドではサルの活動にあわせて活動するため，昼行性のサルを相手にしているかぎりは，基本的には夜はフリーである．ところがラボワークはそうはいかない．思うように処理が進まなければ，時間はどんどん押していき，深夜，早朝までかかることもざらである．もう1つ「やっかいだ」と思ったのは，ある種，潔癖でなくてはならないこと．実験をはじめて間もないころ，確か抽出した粗脂肪が入った丸底フラスコだったと記憶しているが，直示てんびんで計量後，じかに実験台の上に置いてしまい竹中先生から注意を受けた．実験台はクリーンだとは限らないのだから，薬包紙の上に置きなさいとのこと．実験室ではもっともな話だ．しかし，フィールドでは病気にかからない程度には気をつけねばならないが，潔癖というのではむしろやっていけない世界である．

私にとってはやっかいで時間のかかったラボワーク．しかも，私がおこなった一般成分の分析は，学部によっては学生実験としておこなう程度に標準的な手法が確立されている．手馴れた人がやればさほどやっかいなシロモノではないのだろう．だから実は，カメルーンで収集したサンプルの分析はある研究所に有償でしてもらった．しかしそれでも，一度は自分でやってみてよかったと思う．それはやはりそれぞれの栄養素というものが，どういう性質をもっており，それを利用してどんな原理の分析で定量できるものかを頭ではなく体で理解できたことにあると思う．

文献

[1] Hladik CM: A comparative study of the feeding strategies of two sympatric species of leaf monkeys: *Presbytis senex* and *Presbytis entellus*. In: Clutton-Brock TH (ed): Primate Ecology: Studies of feeding and ranging behaviour in lemurs, monkeys and apes, pp. 324-353, Academic Press, London, 1977.

[2] Iwamoto T: A bioeconomic study on a provisionized troop of Japanese monkeys (*Macaca fuscata fuscata*) at Koshima Islet, Miyazaki, Primates 15: 241-262, 1974.

[3] Iwamoto T: Feeding Ecology. In: Kawai M (ed): Ecological and Sociological studies of gelada baboons, pp. 251-278, Kodansha Scientific, Tokyo, 1979.

[4] Iwamoto T: Food and nutritional condition of free ranging Japanese monkeys on Koshima Islet during winter, Primates 23: 153-170, 1982.

[5] Hladik CM: Field methods for processing food samples. In: Clutton-Brock TH (ed): Primate Ecology: Studies of feeding and ranging behaviour in lemurs, monkeys and apes, pp. 591-599, Academic Press, London, 1977.

[6] 橋本俊二郎・波平元辰・山藤圭子『食品化学実験　新版』講談社　2001 年.

[7] 中川尚史『食べる速さの生態学』京都大学学術出版会　1999 年.

[8] Nakagawa N: Foraging energetics in Patas monkeys (*Etythrocebus patas*) and Tantalus monkeys (*Cercopithecus aethiops tantalus*): Implications for reproductive seasonality. American Journal of Primatology 52: 169-185, 2000.

[9] Oates JF, Whitesides GH, Davies AG, Waterman PG, Green SM, Dasilva GL, Mole S: Determinants of variation in tropical forest primate biomass: new evidence form West Africa. Ecology 71: 328-343, 1990.

[10] Nakagawa N: Difference in food selection between patas monkeys (*Etythrocebus patas*) and Tantalus monkeys (*Cercopithecus aethiops tantalus*) in Kala Maloue National Park, in relation to nutrient content. Primates 44: 3-11, 2003.

キーワード

用　語	説　明
ATP	アデニンとリボースが結合したアデノシンにリン酸が3つ結合したRNA．生体内ではエネルギーの通貨としての働きがある．リン酸とリン酸の間の結合にエネルギーが保存されていて，リン酸がはずれるとエネルギーが放出される．このエネルギーを利用して筋肉収縮，化学反応，膜輸送などの生体内反応が起きる．
cDNA	レトロウイルスのRNAから逆転写酵素によりcDNAが合成され，RNA-DNAハイブリッドを形成する．逆転写酵素末端にあるRNA分解酵素HによってRNAが分解される．さらに逆転写酵素はできた一本鎖DNAを鋳型にして二本鎖DNAを合成する．できあがったレトロウイルスの二本鎖DNAは宿主のDNAに組み込まれてプロウイルスとなる．
DNAフィンガープリント法	DNA指紋法．ミニサテライトを検出すると各個人で異なるため，この名前が使用されていた．検出方法はサザンハイブリダイゼーション法でおこなう．
DNAマイクロアレイ法	顕微鏡で使うスライドグラスにDNAを1〜3万種類ほどつけておき一本鎖にする．細胞から取り出したmRNAと相補結合させ，どの遺伝子が多く発現しているかを調べることができる方法．
LINE	Long interspersed elementの略で，反復単位が5-7Kbの大型の散在型反復配列．ほ乳類では半数体あたり，10^4〜10^5コピー存在する．GCに富むプロモーター，その下流に逆転写酵素の遺伝子をもつ．この遺伝子のmRNAが逆転写され，ゲノム上に転移，増幅するレトロトランスポゾンの一種．
NADH	補酵素ニコチンアミドアデニンジヌクレオチド（NAD）の還元型で，還元反応において水素（H）を渡す役割をする．
PCR法	ポリメラーゼ連鎖反応法である．塩基配列がわかっているDNA領域を増幅するために，目的配列の両端と相同な約20塩基のプライマーを化学合成し，A, G, C, Tのヌクレオチドと，鋳型DNAに相補する塩基を連結する酵素のポリメラーゼを混合する．温度を94℃にして鋳型DNAの二本鎖を一本鎖とし，約55℃に下げプライマーを鋳型一本鎖に結合させ，約72℃でヌクレオチドを連結させる方法を30〜40回繰り返すことにより約10億倍に増幅することができる．
SINE	Short interspersed elementの略．短い散在型のレトロポゾンのひとつ．7SL RNAを起源とするAluや，tRNAを起源とするグループに大別される．SINEは逆転写酵素遺伝子をもっていない．
X染色体不活性化	ほ乳類のメスの体細胞では2本のX染色体のうち，一方は遺伝的に不活性化されている．発生初期に各細胞で非選択的に起き，いったん不活性化したX染色体はその後の細胞分裂を通じて変化しない．しかし不活性化したX染色体上の遺伝子でも活性を

用　語	説　明
	もつものも存在する．DNA のメチル化が不活性化に重要な役割をしていると考えられている．
遺伝子変換	相同的組み換えは遺伝形質の分離の仕方によって，通常は対立遺伝形質が均等に分離する相互的組み換えであるが，2 つの近い遺伝子間の組み換えはしばしば非相互的組換えを起こす．ホリデー構造をとっているときにヘテロ二本鎖を修復する段階で，一方の親の形質が失われ，もう一方の親の形質に変換される．この現象を遺伝子変換という．
エタノール沈殿	0.5 M 塩化ナトリウム存在下，DNA 溶液にエタノールを加え，最終濃度 70％にすると DNA が糸状に見えはじめ，遠心して沈殿させる方法.
回文構造	AGGCCT のように AGG の相補鎖は TCC であるが並び順が逆になっているような配列をいう．AGG……CCT のようになっているとAとT, CとG 間が水素結合するため，一本鎖の中でヘアピンのような構造をとることができる．パリンドロームともいう.
偽遺伝子	機能していた遺伝子に突然変異がおき，欠失，挿入によるアミノ酸への読み枠のずれ，塩基置換などによるアミノ酸の置き換えや，終始コドンへの変化，エクソン－イントロン境界領域の変異，プロモーター領域の変異などにより，正常なタンパク質を合成できなくなった機能を失った遺伝子のこと.
逆転写酵素	一本鎖 RNA を鋳型として，相補的な DNA に逆転写する酵素. 普通の転写は DNA を鋳型にして RNA を合成する.
クローニング	核 DNA を制限酵素で切り出し，ベクターに組み込み，大腸菌に取り込ませ増殖させて，特定配列を持つ大腸菌を検出し，単離して別個の系統として増殖させること.
形質転換	外来遺伝子を細菌や生細胞に取り込ませ，細胞の性質を変化させること.
ゲノム	個体として生存するために必要十分な遺伝情報のセットのこと.
減数分裂	有性生殖をおこなう真核生物において，二倍体（2n）の始原生殖細胞から半数体（n）の配偶子を形成する細胞分裂．この過程で両親から受け継がれた相同染色体間で組み換えが起きる.
コードする	タンパク質のアミノ酸配列に相当する DNA の塩基配列のこと.
コドン	メッセンジャーRNA 上の 3 つの塩基が特定の 1 つのアミノ酸に対応する．開始コドンから 3 塩基ずつが転移 RNA のアンチコドン（コドンの相補配列）と結合し，その転移 RNA が運んできた個別のアミノ酸がリボゾーム上でタンパク質として連結される.
触媒	自らは反応によって変化しないが，反応を助ける働きがある物質.
ジンクフィンガータンパク質	DNA 結合タンパク質の DNA 結合ドメインがとる立体構造の一つ．C2H2 型では 2 個のシステイン，2 個のヒスチジンの間に亜鉛イオンが結合して，これらのアミノ酸を含む 12 個のアミノ酸が

用　語	説　明
	指の形をとり，タンパク表面に突出している．指と指の間にDNA鎖が結合する．
制限酵素	核酸の特定の塩基配列を認識して切断する，細菌類により生産される酵素．酵素は細胞内に進入してくる外来のDNAを選択的に切断排除することにより生体防衛に寄与している．
転写と翻訳	遺伝子DNAの塩基配列をDNA依存性RNAポリメラーゼによりメッセンジャーRNAの塩基配列に置き換えることを転写といい，このメッセンジャーRNAの塩基配列を転移RNAが運んできたアミノ酸配列に置き換えることを翻訳という．
透析	DNA抽出過程でDNA溶液中に含まれたフェノール，クロロホルム，界面活性剤などの低分子化合物を取り除くため，セロファン膜の中にDNA溶液を入れ，緩衝液に一晩，外液を交換しながら放置する操作．，
内在性レトロウイルス	ある系統の動物のすべての体細胞と生殖細胞にプロウイルスとしてウイルス遺伝子が存在する場合に内在性ウイルスという．生殖細胞にもあるので，感染を経ずに子孫に伝達される．
ハイブリダイゼーション法	ゲノムDNAを制限酵素で切断し，アガロース電気泳動をおこなうとDNAが高分子から低分子まで帯状に並ぶ．これをナイロン膜に毛細管現象を使って写し取り，アルカリ処理して一本鎖とするる．次に，目的の塩基配列をプローブとして，ナイロン膜にかけ，余分なプローブを除くと，目的の塩基配列を含んだ断片がバンドとして検出できる．大腸菌のコロニー選択の場合にはコロニーそのものをナイロン膜に吸着させる点が異なるが，原理は同じである．
発現ベクター	細胞内で特定の遺伝子を発現させて，タンパク質合成を行わせるように開発されたベクター．プラスミドの形で細胞内に導入されることが多い．タンパク質に読みとられる部分と，プロモーター，(発現調節領域)，ターミネーター（転写終結領域）を含んでいる．
フェノール・クロロフォルム抽出	細胞内DNAを抽出する際，まず，界面活性剤を作用させ，リン脂質主体でできている細胞膜を溶解する．タンパク質分解酵素を入れ細胞内タンパク質を切断する．次にフェノール・クロロホルムによりタンパク質を変性させ，遠心すると上層がDNA溶液，フェノール・クロロホルム層との中間に変性タンパク質層ができる．
プライマー	一本鎖DNAを二本鎖とするには開始のヌクレオチドが必要である．PCR法では鋳型DNA配列に相補的な約20塩基を化学合成しプライマーとする．
プラスミド	細胞内で宿主染色体と分かれて存在し，自己複製能力を持ち，安定に子孫に受け渡されていく寄生性の遺伝因子．接合して遺伝子を伝達する性決定因子（F因子），抗生物質を不活性化させて薬剤耐性の性質を持たせる薬剤耐性因子などがある．人工改変してクローニングベクターとして使用される．

用　　語	説　　明
プロウイルス	宿主の遺伝子（DNA）に組み込まれた状態のウイルス遺伝子．HIVはヒトにエイズ（後天性免疫不全症候群）を引き起こす．
プローブ	核DNAから目的とする特定の配列部分を検出するため，その特定配列の相補一本鎖DNAのこと．このプローブに放射性物質を結合させたり，最近では検出できるような化学物質を結合させて用いる．
ベクター	種の異なる遺伝子でも任意の生物内で自律複製できるDNA分子に挿入することによって，その生物内で均一なものとして増殖することができる．このときのDNA分子をクローニングベクターという．ベクターを挿入された菌のみを選択的に増殖させるための薬剤耐性遺伝子と，外来遺伝子を挿入するための制限酵素認識部位を組み入れた改変プラスミドやファージ，YAC（酵母人工染色体）が使用されている．
ヘルパーファージ	大腸菌のF繊毛（F因子を含むプラスミドをもつ）に感染し，一本鎖DNAを回収することができる．
マイクロサテライト法	2〜6塩基が高頻度反復するようなDNA配列（GT）nや（CAG)nの反復回数を検出する方法．メンデル遺伝を示すが反復数は通常の遺伝子よりも変わりやすく個人ごとに異なり，PCR法と電気泳動法により容易に検出できる．1個体に多数散在しているため，特定のマイクロサテライトの増幅をするには，マイクロサテライトに隣接する個別の特定配列部分にプライマーを設定してPCRを行い他個体と比較する．ミニサテライト法に比べ，用いるDNA量が非常に少なくてすむので，非侵襲的方法により集めた微量のDNAで実験が可能．
ミニサテライト法	20-30塩基の長さの塩基配列がタンパク質に翻訳されない領域に散在しているため，その配列の外側で切断する制限酵素で切断し，その配列が含まれている断片の長さを比較する事ができ，父子判定の初期に用いられた方法．
レトロウイルス	逆転写酵素をもつ，RNAが遺伝子であるウイルスをレトロウイルスという．
分子生態学	分子生物学的方法を利用して生態学的な問題を解決しようとする学問分野．DNA多型を用いた親子判定，DNAの配列情報から推定された分子系統樹を用いた種間比較や進化の研究などがある．
行動生態学	動物の行動について全般的に研究する動物行動学のうち，特に行動の適応的意義と進化について研究する学問分野．動物のさまざまな行動が，その動物の生存や繁殖に与える影響を研究する．
利他行動	自らの生存や繁殖を犠牲にして他個体が生涯に残す子の数を増大させる行動．利他行動が血縁個体間で見られる場合，その進化は包括適応度にもとづく血縁選択によって説明される．

用　語	説　明
包括適応度	ある遺伝子をもつ個体が生涯に残す子のうち，生殖齢まで達した子の数を適応度という．更に，血縁個体はある確率で同じ遺伝子を有するので，血縁個体経由の効果も含めた場合を包括適応度という．
血縁度	ある個体Xと他個体Yが共有する同じ遺伝子の割合，もしくは，個体Xにある遺伝子が存在したとき，同じ遺伝子が他個体Yに共有されている確率．親子間では0.5，両親を共有する兄弟姉妹間では0.25となる．
メンデル遺伝	広義にはメンデルの遺伝法則（分離・独立・優勢の法則）に従う遺伝，狭義には分離の法則に従う遺伝．染色体上の遺伝子はメンデル遺伝，細胞質遺伝は非メンデル遺伝する．
性染色体	雌雄の分化や生殖細胞の形成に関与する染色体．雌雄のいずれかが異型の性染色体を持ち，哺乳類ではオスが異型をもつオスヘテロ型，鳥類ではメスが異型を持つメスヘテロ型である．
父権否定率	母子関係が正しいと仮定した場合の，正しくない父を検出できる確率．調査する多型マーカーの数，各マーカーにおけるアリルの数と頻度などが影響する．

参考文献

『生化学辞典第3版』今堀和友・山川民夫監修　東京化学同人　1998年.

『分子生物学・免疫学キーワード辞典』永田和宏・長野敬・宮坂信之・宮坂昌之編集　医学書院　1997年.

『生態学事典』巌佐庸・松本忠夫・菊沢喜八郎・日本生態学会編　共立出版　2003年.

『生態学入門』日本生態学会編　東京化学同人　2004年.

『家畜ゲノム解析と新たな家畜育種戦略』動物遺伝育種シンポジウム組織委員会編　シュプリンガー・フェアラーク東京　2000年.

あとがき

2004年10月14日．京都大学霊長類研究所の竹中修教授の研究室で，竹中先生と，渡邊邦夫，村山美穂の3人が，翌年3月の退官を記念する出版について，はじめて話し合った．竹中先生は，執筆者と研究内容のリストを用意されていた．相談の後は，いつものように酒宴になった．しかし，私たちが先生を囲んで飲みかつ語り合ったのは，その夜が最後となってしまった．それから間もなくして，先生は体調を崩し入院されたからだ．

本どころではない事態になった．一方で私たちにとっては，本を作る以外，何も為すすべのない状況でもあった．先生の早いご回復を願いつつ，ともかく出版に向けて動きだした．先生は病床で，執筆者から集まってきたタイトルのリストをうれしそうに眺め，いつものように几帳面にメモを書き込まれていた．順調に回復されているようだったが，2005年2月末に容態が急変し，3月3日，退官記念の最終講義が予定されていた日に，帰らぬ人となってしまわれた．

本書の著者の出身は，理学部，農学部，医学部など多様で，専門も生化学から行動学まで，現在の身分も大学院生から教授まで，幅広い．各章のタイトルは，ふつうなら1つの本の中で並ぶ機会のないものだ．共通項といえば，竹中研究室で時を過ごし，現在の研究活動に何かしらその経験を活かしていることくらいかもしれない．しかし，夫人の竹中晃子も編者に加わって，再出発した私たちは，本書を単なる追悼書や同窓会報にはしたくないと思っていた．執筆者には，研究成果のみならず，対象動物の背景や生化学的解析の意義，試料の採集段階から実験的分析の要点までをも，エピソードを交えながら，わかりやすく解説してもらった．それは本書を，野生動物の研究に遺伝的解析を導入する場合のガイドとしても，役立つものにしたいと願ってのことである．本書に登場するのは野生動物だけではない．実験室の外に広がる世界を，遺伝子の窓から眺めたら……そこにどんな景色が見えたのだろうか．多彩な研究者を惹きつけ続けた研究室で，日々おこなわれていた議論や工夫，失敗や成功，発見とは，どんなものだったのか．ユニークな方法や，予想を超えた成果が生みだされた場所の物語は，竹中研究室を知らない読者をも，きっと魅了するだろう．自分も新しい窓を開いてみたい，と思う読者がおられたら，とてもうれしいことだ．

本書の刊行は，多くの皆さんのお力添えなしには実現しなかった．河合雅雄先生，西田利貞先生は，素晴らしい序文で，竹中先生の人となりや，本書の研究内容のみならず多方面にわたるさまざまな貢献を，紹介してくださった．多くの著者と友人で，漫画家の清原なつのさんからは，原稿への丁寧なコメントをいただいた．彼女による13頁の挿絵は，1991年ごろ，「DNAをわかりやすく説明したい」という竹中先生の依頼で描かれた．たくさんの著者から，原稿以外にも，励ましやご協力をいただいた．そのうち，小汐千春さんには，用語解説でもお世話になった．また濱田穣さんには，Suchinda Malaivijitnondさんの文章の和訳をお願いした．竹中研究室の秘書をつとめておられた宮田正代さんにも，執筆者への連絡など，さまざまなことで助けていただいた．京都大学学術出版会の鈴木哲也さん，桃夭舎の高瀬桃子さんには，原稿への詳細なコメントをはじめ，出版の各段階において行き届いた助言をいただき，経験の少ない編者らはたいへんお世話になった．また，京都大学教育研究振興財団および，退官記念事業会より，出版資金の援助を受けた．心から感謝したい．

もうすぐ竹中先生の一周忌を迎える．完成した本書を先生にお見せできないのは，残念でならない．「迫力があったね」が，学会での発表に対する，先生の最大の賛辞だった．結果に関する自信と，皆に伝えたいという強い意志を，もっとも評価しておられた．みずからすべての研究の先頭に立って来られた先生に，編集にかかわっていただくことができていたなら，あるいは本書はもっと「迫力」が増したかもしれないが，それはかなわなかった．それでも，頁を繰ると，それぞれの著者からの，先生への最後の手紙や，先生の手を借りずに切り拓く未来への覚悟が，見えてくる．どの章にも，静かな「迫力」がみなぎっているように感じられる．フィールドに出る生化学者として，新たな研究分野を開拓された先生の魂は，たしかに著者たちに引き継がれている．

最後に，著者を代表して，竹中先生から受けた多方面にわたるご指導とご貢献に，あらためて深謝し，先生のご冥福をお祈りして，本書を捧げたい．

2006年2月

編者一同

索　引

［サ行］

［タ行］

［ナ行］

［ハ行］

［マ行］

[ヤ行]

[ラ行]

[ワ行]

編　者

村山　美穂（むらやま　みほ）
岐阜大学応用生物科学部助教授

渡邊　邦夫（わたなべ　くにお）
京都大学霊長類研究所附属ニホンザル野外観察施設教授

竹中　晃子（たけなか　あきこ）
名古屋文理大学健康生活学部教授

遺伝子の窓から見た動物たち：フィールドと実験室をつないで

2006年4月30日　初版第一刷発行

企画　竹中　修
編者　村山美穂
渡邊邦夫
竹中晃子
発行人　本山美彦

発行所　京都大学学術出版会
京都市左京区吉田河原町15-9
京大会館内（〒606-8305）
電話（075）761-6182
FAX（075）761-6190
URL http://www.kyoto-up.gr.jp
振替 01000-8-64677

装幀　鷺草デザイン事務所

ISBN 4-87698-682-7
Printed in Japan

印刷・製本　㈱クイックス東京
定価はカバーに表示してあります